T0253625

Eine kurze Geschichte der Genetik

Rolf Knippers

Eine kurze Geschichte der Genetik

2. Auflage

Dr. med. Rolf Knippers
em. Professor für Genetik
Fakultät für Biologie
Universität Konstanz
Konstanz, Deutschland

ISBN 978-3-662-53554-7   ISBN 978-3-662-53555-4 (eBook)
DOI 10.1007/10.1007/978-3-662-53555-4

Die Deutsche Nationalbibliothek verzeichnet diese Publikation in der Deutschen Nationalbibliografie; detaillierte bibliografische Daten sind im Internet über http://dnb.d-nb.de abrufbar.

© Springer-Verlag GmbH Deutschland 2012, 2017
Das Werk einschließlich aller seiner Teile ist urheberrechtlich geschützt. Jede Verwertung, die nicht ausdrücklich vom Urheberrechtsgesetz zugelassen ist, bedarf der vorherigen Zustimmung des Verlags. Das gilt insbesondere für Vervielfältigungen, Bearbeitungen, Übersetzungen, Mikroverfilmungen und die Einspeicherung und Verarbeitung in elektronischen Systemen.
Die Wiedergabe von Gebrauchsnamen, Handelsnamen, Warenbezeichnungen usw. in diesem Werk berechtigt auch ohne besondere Kennzeichnung nicht zu der Annahme, dass solche Namen im Sinne der Warenzeichen- und Markenschutz-Gesetzgebung als frei zu betrachten wären und daher von jedermann benutzt werden dürften.
Der Verlag, die Autoren und die Herausgeber gehen davon aus, dass die Angaben und Informationen in diesem Werk zum Zeitpunkt der Veröffentlichung vollständig und korrekt sind. Weder der Verlag noch die Autoren oder die Herausgeber übernehmen, ausdrücklich oder implizit, Gewähr für den Inhalt des Werkes, etwaige Fehler oder Äußerungen.

Planung: Frank Wigger
Einbandabbildung: © Firstsignal / Getty Images / iStock

Gedruckt auf säurefreiem und chlorfrei gebleichtem Papier

Springer ist Teil von Springer Nature
Die eingetragene Gesellschaft ist Springer-Verlag GmbH Deutschland
Die Anschrift der Gesellschaft ist: Heidelberger Platz 3, 14197 Berlin, Germany

Danksagung

Ich habe vielen Personen zu danken, die mir beim Schreiben und bei der Fertigstellung des Buches geholfen haben. Ich nenne nur wenige. Christine Schreiber von der Zeitschrift *BIOspektrum* hat mir den Weg zum Springer-Verlag gezeigt. Dort haben sich Sabine Bartels und Ulrich Moltmann um die erste sowie Frank Wigger und Bettina Saglio um die zweite Auflage gekümmert. Und das haben sie behutsam und freundlich, doch mit Nachdruck und professionellem Geschick getan.

Ich danke dem Georg-Thieme-Verlag, Stuttgart, für die Erlaubnis, Abbildungen aus meinem Lehrbuch *Molekulare Genetik* (2006) zu benutzen. Ebenso bedanke ich mich bei Ruth Hammelehle, Graphikbüro Epline, für einige Neuzeichnungen (wie an den betreffenden Stellen vermerkt) sowie bei Martin Lay für die Neuzeichnung der Abb. 23.3.

Verschiedene Verlage haben dankenswerterweise die Wiedergabe von Bildern erlaubt (auch das ist im Text erwähnt).

Vorwort zur 2. Auflage

Die erste Auflage ist vom biologisch interessierten Publikum freundlich aufgenommen worden. Das hat zu einer Neuauflage ermutigt. Ich habe einige Teile des Textes neu geordnet, andere Teile verbessert, ergänzt und auf einen aktuellen Stand gebracht. Überdies bin ich dem Wunsch mehrerer Leserinnen gefolgt und habe ein Glossar mit wichtigen genetischen Begriffen eingefügt.

Ein Wort zum Titel. Wie ich irgendwo gelesen habe, gibt es mehr als zwei Dutzend Bücher, deren Titel mit „Eine kurze Geschichte der ..." beginnt. Dabei heißt es dann, die Autoren hätten den Titel im Hinblick auf den phänomenalen Super-Bestseller *Eine kurze Geschichte der Zeit* (1988) von S. Hawkins gewählt. Ob das so allgemein zutrifft, kann ich nicht sagen. Aber was mich betrifft, so will ich gern gestehen, dass ich ein Vorbild hatte. Aber das war nicht das Hawkins-Buch, sondern das Buch *A History of Genetics* von A. H. Sturtevant (1966) (über den im Kap. 3 mehr zu lesen ist). Ich habe sein Buch mehrere Male im Laufe der Jahre gelesen und bewundert, mit welch leichter Hand er den weiten Bogen von der Zeit „Vor Mendel" bis etwa 1950 gezeichnet hat. Und das auf weniger als 150 Seiten Text.

Um den Faden der Erzählung in der Hand zu behalten, musste Sturtevant auswählen. Deswegen kam ein persönlicher Bericht zustand, was der unbestimmte Artikel im Titel zum Ausdruck bringt: es ist nicht „die" – also: definitive – Geschichte der Genetik, sondern „eine" Geschichte der Genetik. Aber immer wenn ich Sturtevants Buch durchblätterte, dachte ich, dass er gut daran getan hätte, dieses Persönliche im Titel noch deutlicher zu machen. Zum Beispiel durch eine einfache Ergänzung: *A **Short** History of Genetics*.

So kam dann in Erinnerung an Sturtevant der Titel zu meinem Buch zustande. Was wäre denn die Alternative (wenn man das Wort „Geschichte" vermeiden will)? Vielleicht so etwas wie „Von Mendel bis CRISPR"?

Da bleibe ich doch lieber bei *Eine kurze Geschichte der Genetik* und riskiere das spöttische Lächeln einiger Journalisten und Leser.

Konstanz, im Sommer 2016   Rolf Knippers

Vorwort

Dies ist ein Lesebuch, kein Lehrbuch und schon gar keine wissenschaftlich historische Abhandlung.

Ich habe keine Interviews geführt und nicht in alten Archiven gestöbert, aber einige Dutzend Biographien und noch viel mehr originale Publikationen gelesen. Das habe ich übrigens mit Vergnügen getan und mit zunehmendem Respekt vor dem Leben und der Arbeit der wichtigen Protagonisten der Genetik-Geschichte. Beim Lesen habe ich Notizen gemacht, zuerst für den eigenen Gebrauch, aber dann entstand daraus allmählich die Erzählung, die zu diesem Buch führte.

Die Genetik-Geschichte bis zur Erfindung der Gentechnik ist mehr oder weniger kanonisiert. Ich erzähle diesen Kanon neu und ergänze ihn durch Kapitel über Eugenik, über die hundertjährige Angeboren-Anerzogen-Debatte und über deutsche Um- und Sonderwege in der Zeit bis 1945.

Dagegen gibt es keine Vorbilder oder Richtlinien über die Art und Weise, wie man die Geschichte nach Erfindung der Gentechnik erzählen soll. Trotz oder gerade wegen der nahezu unübersehbaren Reihe von Büchern, die seit Mitte der 1970er-Jahre zu genetischen Themen geschrieben wurden. Natürlich leitet die Gentechnik eine epochale Wende in der Genetik-Geschichte ein, und manche Themen dürfen einfach nicht fehlen. Zum Beispiel die barocken Strukturen der Gene von Tier und Pflanze oder die Wunder der Epigenetik. Aber es ist Ansichtssache, ob überhaupt und, wenn ja, wie ausführlich Genomik, der Kampf um die Gene des Menschen und die Entwicklung der Genetik zu *Big Science* mit oft mehr als hundert Autoren pro wissenschaftlicher Veröffentlichung in einer kurzen Geschichte der Genetik vorkommen soll. Manche meinen, dass das nichts anderes als Politik und Geschäft ist, aber ich finde, dass es dazu gehört, und deshalb erzähle ich relativ ausführlich davon, freilich mit eigener, vielleicht eigenwilliger Auswahl und Wertung.

Dies ist ein Lesebuch, und das heißt auch, dass jedes Kapitel für sich gelesen werden kann, gleichsam als Untererzählung. Doch es ist empfehlenswert, das Buch von vorn bis hinten zu lesen, denn dann entfaltet sich ein spannendes Stück Ideengeschichte mit dem Begriff Gen im Mittelpunkt. Ein Begriff, der ständig neue und andere Bedeutungen erhalten hat, und zu einem der Schlüsselwörter des Jahrhunderts wurde.

Konstanz, Oktober 2011   Rolf Knippers

Prolog

„Das Geheimnis des Lebens gefunden"

Samstag, 28. Februar 1953, mittags: „[...] zur Essenszeit schwebte Francis in den *Eagle* (– die Stammkneipe im englischen Cambridge –) und erzählte jedem in Hörweite, dass wir das Geheimnis des Lebens gefunden hätten".

So erzählt es James D. Watson 15 Jahre später, also im Jahre 1968, in seinem Bestseller *Die Doppelhelix*, dem romanhaft-spannenden Bericht über eines der großen Abenteuer der Natur- und Geistesgeschichte, nämlich wie er und Francis Crick die Struktur der Gene aufgeklärt hatten. Watson erzählt, wie er am Vormittag jenes Februartages im Jahre 1953 gleichsam das letzte Stück eines Puzzles eingesetzt hatte. Viel Nachdenken, schier endlose Diskussionen und das Entwerfen immer neuer Modelle hatten ihre Früchte gebracht, und es ergab sich ein Bild, das in seiner Ästhetik und Überzeugungskraft bald die Biologie revolutionieren sollte. Übrigens – Crick selbst konnte sich später nicht mehr an die Episode im *Eagle* erinnern, aber ausschließen wollte er sie auch nicht.

Warum schreibt Watson, dass sie damit das „Geheimnis des Lebens" entdeckt hätten? Die Frage, was das Leben ist, hat viele beschäftigt. Biologen natürlich, Philosophen vor allem, auch Dichter. Keiner hat eine Antwort in Form eines überzeugenden einzigen Satzes geben können. Aber Kennzeichnungen sind möglich. Lassen wir – statt eines Rückblicks auf fast zweieinhalbtausend Jahre Geschichte der Philosophie – einen berühmten Biologen zu Wort kommen: Jacques Monod, dem wir später noch einmal begegnen werden.

Er schreibt in seinem Buch *Zufall und Notwendigkeit* (1970), dass alles Lebendige durch drei besondere Eigenschaften gekennzeichnet ist, nämlich die Fähigkeit zur Ausprägung artspezifischer Formen; dann Stoffwechsel, der die Energie zur Aufrechterhaltung dieser Formen und deren Funktionen liefert; und drittens die Fähigkeit, alle Informationen, die für Gestaltbildung und Stoffwechsel notwendig sind, getreulich von Generation zu Generation zu vererben. Man könnte Monods Liste fortsetzen, etwa durch Begriffe wie Komplexität und Vielfalt und darauf hinweisen, dass jedes Lebendige auf Erden ein Ergebnis der Evolution ist.

Aber auf eine komplette Liste von Lebenseigenschaften kommt es für unsere Geschichte erst einmal gar nicht an. Denn wenn Watson und Crick die Frage „Was ist Leben" hörten, kam ihnen, wenn überhaupt, vermutlich nur nebenher die Philosophiegeschichte in den Sinn. Dagegen dachten sie sofort an ein Buch des großen österreichischen Physikers Erwin Schrödinger (1887–1961; Nobelpreis für Physik 1933).

Schrödinger war vor dem Nazi-Terror aus Wien nach Dublin geflohen und hatte dort kurz vor Ende des Zweiten Weltkriegs ein Buch mit dem provokanten Titel *What is Life* veröffentlicht. „Provokant" für Biologen, weil sie die große Frage ihres Faches in den Händen eines Physikers sahen, dem sie nicht viel an Einsicht zutrauten. Mit einem gewissen Recht, denn was den eigentlich biologischen Inhalt angeht, enthält das Buch nichts Neues, ja, es ist wohl nicht einmal auf der Höhe der biologischen Wissenschaft jener Jahre. Trotzdem war das Buch enorm einflussreich. Vor allem in Kreisen von Physikern und anderen, die der traditionellen Biologie eher fern standen. Denn wenn sich einer der Gründungsväter der neuen Physik, eine unbestritten höchste Autorität, der Biologie zuwendet, dann musste da etwas Wichtiges zu holen sein.

Schrödinger fragte sich, wie es möglich ist, dass biologische Information in Form von Genen unverändert über lange Zeiträume und viele Generationen erhalten bleibt und nicht zerfällt, wie man es nach den Gesetzen der Thermodynamik erwarten würde. Er meinte, Chromosomen, die Träger von Genen, seien „aperiodische Kristalle", aufgebaut aus einer Folge von Einzelelementen, die zusammen einen Code und zwar einen vererbbaren Code bildeten. Er deutete an, dass bei der Erforschung dieser Verhältnisse vielleicht sogar neuartige physikalische Gesetze zu Tage treten könnten.

Man versteht, dass solche Gedanken die Fantasien junger Forscher anregen konnten, zumal sie nicht aus den obskuren Ecken der Vitalisten stammten, sondern von einem Großmeister der Wissenschaft. Wichtig ist, dass im Mittelpunkt dieses Gedankenspiels die Gene standen, Gene als Träger von Information. Denn für Schrödinger war die Stabilität biologischer Gestalten und biologischer Funktionen nicht das eigentliche große Problem, denn die konnte durch die ständige Zufuhr äußerer Energie, letztlich also durch das Sonnenlicht, gewährleistet werden. Nein, für ihn lag das Geheimnis des Lebens in den Genen, in der Art, wie Gene stabil und verlässlich ihre Information behalten, über viele Generationen, ja über die langen Zeiten der Evolution hinweg.

Beide, Watson und Crick, hatten Schrödingers Buch gelesen. Es hat dem jungen Watson den Weg in die Molekulare Biologie gewiesen; und dem nicht mehr ganz so jungen Crick klargemacht, dass man über biologische Probleme in physikalischen Begriffen nachdenken kann und dass es dabei womöglich aufregende Dinge zu entdecken gibt, allem voran die Struktur der Gene.

Damit erklärt sich ihr – ganz und gar unbescheidener – Satz, sie hätten das Geheimnis des Lebens gefunden.

Inhaltsverzeichnis

1 Mendel und die ersten Jahrzehnte 1

2 Chromosomen 11

3 Der Fliegenraum 19

4 Gene im Mais 29

5 Zwischen Genetik und Eugenik – der Einfluss der Umwelt 35

6 Um- und Irrwege: Genetik in Deutschland zwischen
  1910 und 1950 51

7 Ein Gen – ein Enzym 59

8 Auf dem Weg in die Molekulare Genetik 61

9 Watson, Crick und die Struktur der DNA 79

10 Der genetische Code 95

11 Wie Gene reguliert werden 109

12 Bewegliche Gene 123

13 Anfänge der Gentechnik 129

14 Eukaryotische Gene sind anders 155

15 Jagd auf Gene – und die Konsequenzen daraus 169

16 Gene für die Entwicklung 193

17 Fortschritte. Modelle für die genetische Forschung:
Hefe, Fliege, Wurm und Maus sowie einige Pflanzen 203

18 Das andere Genom: DNA in Mitochondrien und Chloroplasten 219

19 Genomik 237

20 Das Humangenomprojekt 247

21 Gene des Menschen 273

22 Genetik und menschliche Vielfalt 293

23 RNA-Welten 309

24 Epigenetik 327

25 Um- und Ausblicke 355

Literatur 367

Glossar 379

Personen und Sachregister 389

1

Mendel und die ersten Jahrzehnte

Die ersten Jahre in der Geschichte des Gens beginnen kurz nach der Wende vom 19. zum 20. Jahrhundert. Biologen hatten grundlegende Entdeckungen gemacht, aber was ein Gen ist oder sein könnte, blieb vollständig unklar. Hier die Aussagen einiger prominenter Forscher.

Um 1913

Ludwig Plate (1862–1937), Professor für Zoologie in Jena, schrieb in seinem Buch, einem der ersten Lehrbücher der Genetik mit dem Titel *Vererbungslehre* (1913):

> *Da die Erbeinheiten nicht direkt beobachtet werden können, sondern nur als hypothetische Gebilde aus den verschiedenen Kombinationen der äußeren Merkmale erschlossen werden können, ist über ihre Natur … nichts bekannt. Es ist daher überflüssig, darüber zu spekulieren.*

Um 1935
Barbara McClintock, eine der bedeutendsten Gestalten in der Geschichte der Genetik (1902–1992; Nobelpreis: 1983), ließ ihre Biografin, Evelyn Fox-Keller, im Jahre 1983 schreiben:

> *Damals (also um 1935) stand sie denjenigen skeptisch gegenüber, die meinten, sie könnten das Genom aufklären. Für sie war das Gen nicht aufklärbar. Es war nichts als ein Symbol.*

Und im Originalton von B. McClintock: „Wir benutzten einen Satz von Symbolen, so wie die Physiker ihre Symbole benutzten."

© Springer-Verlag GmbH Deutschland 2017
R. Knippers, *Eine kurze Geschichte der Genetik*, DOI 10.1007/978-3-662-53555-4_1

> **Um 1950**
> Alfred Kühn (1885–1968), zuletzt Professor für Zoologie und Direktor am Max-Planck-Institut für Biologie, Tübingen, notierte in seinem Lehrbuch *Grundriss der Vererbungslehre* (1950):
>
> > *Die Frage nach der Natur der Gene ist vorerst die wichtigste der Genetik. […]. Ein Gen ist definiert durch das Allelie-Verhältnis; es tritt nur aus dem Erbgefüge hervor durch eine Mutation als mendelnder Unterschied.*
>
> Und im Glossar eines Lehrbuchs für Gymnasien mit dem Titel *Allgemeine Biologie* (1951) von Otto Schmeil findet man:
>
> > *Gen: Erbfaktor, für den die Mendelschen Regeln gelten.*

Im Rückblick über ein Jahrhundert hinweg können wir die Zurückhaltung von Ludwig Plate verständlich, ja sympathisch finden. Denn das waren damals – um 1910 – wirklich frühe Jahre in der Geschichte der Genetik, und es gab tatsächlich nicht viel, worüber man hätte „spekulieren" können. Dagegen leuchtet uns heute die Skepsis der jungen Barbara McClintock – um 1935 – nicht ganz ein, denn bedeutende Vertreter des Faches konnten damals ihre „Spekulationen" über die Struktur von Genen und Genomen sehr wohl begründen. Jedenfalls waren die meisten Biologen damals überzeugt, dass Gene Abschnitte auf den Chromosomen sind, aufgereiht wie die Perlen einer Kette.

Aber was den deutschen Studenten und Schülern – noch um 1950 – angeboten wurde, waren Sätze, die geradezu als Muster an hölzerner Akademikersprache gelten können. Noch im Nachhinein möchte man den Autoren einen Stoß geben, damit sie über den Schatten der trockenen Wissenschaftlichkeit springen können. Zumindest Alfred Kühn hätte das leicht tun können, denn sein Lehrbuch enthält schöne Bilder von Chromosomen, auf denen die Gene hintereinander angeordnet liegen. Mehr noch, wie wir noch sehen werden, war er einer der Ersten, die zeigen konnten, dass Gene konkrete Funktionen haben und Informationen zum Bau von Enzymen tragen.

Was immer der Grund für die Wortwahl war, es fällt auf, dass die beiden deutschen Professoren, Alfred Kühn in seinem Lehrbuch für Studenten und Otto Schmeil in seinem Schulbuch, einen Namen erwähnen, mit dem tatsächlich alles anfing: Gregor Mendel. Seine Bedeutung als Gründungsvater der Genetik ist unumstritten, und sein Name eine Art Haushaltswort. Jedenfalls hat man aus seinem Namen ein Verb („*mendeln*"; siehe: der „mendelnde" Unterschied) oder ein Adjektiv („*Mendel'sche*" Regeln) gemacht. Auch hat man zeitweilig die ganze Art der modernen Genetik nach ihm benannt: Mendelismus. Übrigens nicht nur im Deutschen, sondern gerade auch im Englischen: *Mendelian Inheritance* oder *Mendelian Genetics* und dergleichen, auch *Mendelism*.

Wer war's?

Gregor Mendel (1822–1884)

Die meisten Leser dieses Buches werden den Namen gehört haben und wohl auch wissen, dass Mendel Mönch war und seine Studien mit Erbsenpflanzen im Klostergarten durchgeführt hat. Unwillkürlich stellt man sich den Bilderbuch-Mönch vor, der behaglich seinen Garten pflegt und so nebenbei, quasi am Wegesrand, seine Regeln liegen sieht.

Keine Vorstellung wäre unzutreffender. Denn Mendel war ein begeisterter, motivierter Naturwissenschaftler, dessen Wissen und Können ganz dem Stand seiner Zeit entsprachen, theoretisch und experimentell. Nur, damals gab es kein Stipendium, das einem begabten Bauernsohn aus dem slowakischen Heinzendorf (heute: Hyncice) ein Universitätsstudium ermöglicht hätte. So trat er mit 20 Jahren in das Augustinerkloster in Brünn (heute: Brno) ein.

Berücksichtigt man Zeitverhältnisse, Lebensumstände und persönliche Begabung, war das eine glückliche Fügung, denn er traf auf Klosterbrüder, die ebenfalls begeisterte Naturforscher – Philosophen, Mathematiker, Geologen und Botaniker – waren. Sie verdienten ihr Geld als Lehrer am örtlichen Gymnasium. Bezeichnend, dass der zuständige Bischof den geistlichen Zustand am Kloster beklagte. Es würde zu viel Naturwissenschaft betrieben und zu wenig für's Seelenheil getan. Ein günstiges Ambiente für Mendels intellektuelle Entwicklung.

Mendel bekam die Chance für ein Studium der Physik, Statistik und Botanik an der Universität in Wien und hat sich vermutlich das Motto eines seiner akademischen Lehrer, des Pflanzenphysiologen Franz Unger (1800–1870), zu Herzen genommen, der einmal geschrieben hatte: „Die Aufgabe der Physiologie ist es, Lebensphänomene in die bekannten Gesetze von Physik und Chemie zu übersetzen." Es war eine wissenschaftlich aufregende Zeit, besonders für Biologen.

Für unsere Geschichte ist wichtig, dass sich die Zellenlehre fest etabliert hatte und dass die Biologen lernten, dass zur Befruchtung der Eizelle eine einzige Spermie ausreicht. Man ahnte, dass vererbbare Instruktionen im Zellkern liegen müssen.

Voller Ideen und Anregungen kam Mendel nach dem Studium ins Kloster zurück, übernahm Lehraufgaben und bemühte sich, wissenschaftlich auf dem Laufenden zu bleiben. Er korrespondierte mit bekannten Gelehrten in Mitteleuropa, las und erarbeitete sich die wissenschaftliche Literatur der Zeit. Wir notieren das, um deutlich zu machen, dass Mendel seine Ideen nicht in einem luftleeren Raum entwickelte. Aber anders als viele seiner Zeitgenossen hatte er die Begabung, das wirklich Wichtige in der großen Masse von Einzelbeobachtungen zu erkennen. Er merkte, dass die unzähligen Berichte über Züchtungen und all die Beschreibungen von Züchtungsergebnissen meist eines vermissen ließen – ordentliche Zahlenangaben und eine quantitative Auswertung.

Wie bei allen bedeutenden biologischen Forschungsprojekten kommt es entscheidend auf die Wahl des Untersuchungsobjektes an. Mendels Wahl war die Erbsenpflanze, mit systematischem lateinischem Namen *Pisum sativum*. Das war eine gute und glückliche Wahl, nicht nur weil die Pflanze leicht verfügbar war und sich ohne Probleme im Klostergarten kultivieren ließ, sondern vor allem weil es klar definierbare Paare von Kennzeichen gab – groß- oder kleinwüchsig; gelbe oder grüne Keimblätter; runde oder kantige Samen usw. Dazu kommt, dass Kreuzungen genetisch übersichtliche Ergebnisse liefern. In diesem Punkt hatte Mendel Glück gehabt, wie im Rückblick nach vielen Jahrzehnten erst richtig deutlich geworden ist. Denn jedes Merkmalpaar entspricht allelen Gene auf homologen Chromosomen. Wir werden darauf zurückkommen. Glück? Intuition eines großen Forschers?

Langwierige Vorarbeiten waren notwendig. Das Herstellen von, wie man später sagte, „reinen Linien", genetisch einheitlichen Pflanzen, die sich von anderen Pflanzenlinien in einer Reihe gut erkennbarer Kennzeichen unterschieden und diese Kennzeichen auch von Generation zu Generation beibehielten. Dann musste die aufwendige experimentelle Methode erprobt werden – künstliche Bestäubung, die Übertragung der Pollen einer Pflanze auf die Fruchtknoten derselben oder einer anderen Pflanze. Mendel hatte Statistik studiert und kannte daher den Wert großer Zahlen. Man schätzt, dass er im Laufe von acht Jahren mindestens 28.000 Pflanzen gezogen hat, darunter „mehr als 10.000, welche genauer untersucht wurden", wie er selbst schrieb. Zur Verfügung standen ihm ein Versuchsfeld von 7 × 35 m und ein kleines Gewächshaus.

Wie ein typisches Experiment ablief, zeigt folgendes Beispiel. Mendel nahm Erbsensorten mit „kantiger" Samengestalt und übertrug deren Pollen auf die Fruchtknoten von Sorten mit runden Samen. Oder umgekehrt: Pollen von Pflanzen mit runden Samen auf Fruchtknoten von Pflanzen mit kantigen Samen. Egal, in welcher Richtung, alle Nachkommen, Hybride genannt („von verschiedenen Eltern"), hatten runde Samen. War das „Merkmal", das zur Ausprägung der Eigenschaft „kantig" führt, bei den Hybriden verloren gegangen? Mendel übertrug den Pollen einer Hybridpflanze auf den Fruchtknoten der gleichen Pflanze. Das Ergebnis im Originalton: „Von 253 Hybriden wurden im zweiten Versuchsjahr 7324 Samen erhalten. Darunter waren rund oder rundlich 5474, und kantigrunzlig 1850 Samen. Daraus gibt sich ein Verhältnis von 2,96:1." Aufgerundet 3:1. Das war das wesentliche Ergebnis.

Die Keimzellen jedes Elternteils, also Pollen oder die Eizellen im Fruchtknoten, enthalten – in Mendels Sprache – „Merkmale" für jeweils eine der beiden beobachteten Eigenschaften, rund oder kantig. Bei der Befruchtung erwirbt der entstehende Organismus ein Merkmal von jedem Elternteil, und dabei steht oft eines der beiden Merkmale im Vordergrund als dominierend, „dominant". Das andere „Merkmal" tritt zurück oder ist „rezessiv". Weil „rund" dominant ist, haben in unserem Beispiel die Hybride runde Samen.

Bei der Reifung der Keimzellen werden die „Merkmale" wieder aufgeteilt, wobei jede Keimzelle wieder nur ein „Merkmal" erhält. Bei der Befruchtung vereinigen sich zwei Keimzellen mit ihren jeweiligen „Merkmalen" nach den Regeln der Statistik. Damit wird das Aussehen der Nachkommen, jedenfalls im Hinblick auf das betreffende Paar von Kennzeichen, voraussagbar, 3:1 (Abb. 1.1).

Mit anderen Worten, „Merkmale" werden als vererbbare Einheiten über die Keimzellen getreulich von Generation zu Generation weitergegeben, auch wenn sich ihre Anwesenheit nicht immer am Erscheinungsbild ablesen lässt.

Mendel hat die Ergebnisse dieser und anderer komplizierterer Experimente am 8. Februar und am 8. März 1865 vor dem „Naturforschenden Verein" in Brünn vorgetragen. Die Anwesenden haben offensichtlich die Bedeutung verstanden, jedenfalls applaudierten sie freundlich. Die Vorträge wurden gedruckt und erschienen auf 47 Seiten unter dem Titel „Versuche über Pflanzen-Hybriden" im 4. Band der *Verhandlungen des Naturforschenden Vereins in Brünn* (1866). Das war auch damals keine Zeitschrift mit hohem Impaktfaktor, und das wird Mendel wohl auch so gesehen haben, und so schickte er Sonderdrucke an mehrere Universitäten, auch an 120 Bibliotheken in Europa und den USA. Aber sie blieben meist ungelesen liegen. Die gut bestallten Professoren dachten wohl, dass aus Brünn nichts Gutes kommen kann.

Mendel war ein großer Naturwissenschaftler und, wenn man seinen Biografen folgt, auch ein sympathischer Mensch. Deswegen wollen wir, bevor wir den ersten Abschnitt unserer Geschichte schließen, noch zwei Sätze zu seinem weiteren Lebensweg schreiben. Mendel wurde im Jahre 1868 zum Abt seines Klosters bestimmt, hatte immer weniger Zeit für seine Experimente, verstrickte sich ins politische Tagesgeschäft und starb mit 62 Jahren. Eine große Trauergemeinde versammelte sich an seinem Grab, darunter viele arme Bauern, die ihn als Wohltäter und Menschenfreund verehrten. Des singulären Wissenschaftlers Mendel gedachte niemand (Abb. 1.2).

Anfänge

Historiker haben alte Bücher und Zeitschriftenbände durchforstet und gefunden, dass im Laufe der 35 Jahre bis 1900 nur drei Wissenschaftler Mendels Arbeiten zitiert haben. Einer davon war Dr. med. Wilhelm Focke (1834–1922), praktischer Arzt in Bremen und eifriger Hobby-Botaniker. Er hat sich die Mühe gemacht und alle verfügbaren Publikationen über Kreuzungen von Feld- und Gartenpflanzen gesichtet und kommentiert. Er fasste die Ergebnisse seiner Nachforschungen in einem Buch mit dem Titel *Die Pflanzen-Mischlinge* (1881) zusammen. Auch der Mendel-Aufsatz war darunter.

Weil man in den Jahrzehnten nach 1865 viel kreuzte und pflanzte, wurde Fockes Buch zu einem nützlichen Nachschlagewerk, auch für akademische Bo-

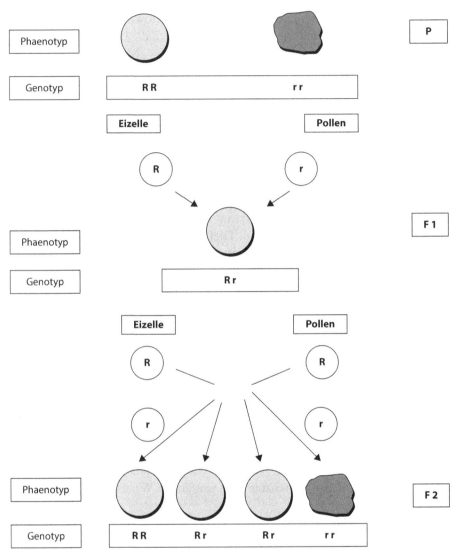

Abb. 1.1 Mendels Erbsen. Eine Kreuzung von reinen Linien mit den phänotypischen Eigenschaften „runde Frucht" und „runzlige Frucht". Mendels wichtige Erkenntnis war, dass dem beobachtbaren Phänotyp ein Genotyp zugrunde liegt, der sich durch je zwei Symbole („Gene") kennzeichnen lässt. Den reinen Linien der Eltern- oder Parentalgeneration (P) werden die Buchstaben RR (*dominant*) und rr (*rezessiv*) zugeordnet. Die Reifung der Geschlechtszellen geht mit der Aufteilung der „Gene" einher. Anders gesagt, unreife Geschlechtszellen sind (wie alle anderen Körperzellen) „diploid" (*zweifach*); reife Geschlechtszellen sind haploid (*einfach*)

taniker. Darunter Carl Correns, damals Privatdozent in Tübingen. Er bemühte sich um die Deutung eigener Kreuzungsexperimente. Die Lösung, schrieb er, sei ihm in einer schlaflosen Nacht eingefallen. In den Tagen danach stürzte er sich

Offizieller Poststempel des Kongresses

Abb. 1.2 Gregor Mendel. Das Foto ist ein Ausstellungsstück im Mendel-Museum in Brno, Tschechische Republik. Nach Angaben des Museums wurde es im Jahre 1862 aufgenommen. Es zeigt also den 40-jährigen Mendel. Mendel, der Vorvater der Genetik, hat die frühen Jahrzehnte in der Geschichte der Genetik stark geprägt. So zeigt der Poststempel des 5. Internationalen Kongresses für Vererbungswissenschaften in Berlin (1927) das Foto im Schema

in eine intensive Lektüre einschlägiger Publikationen und fand im Focke-Buch einen ausführlichen Bericht über das Mendel-Paper. Er las das Original und war so beeindruckt, dass er den Namen „Mendel" nicht erst im Text, sondern schon im Titel seiner eigenen Arbeit nennt: „Mendels Regeln über das Verhalten der Nachkommenschaft der Rassen-Bastarde" (1900).

Im gleichen Jahr entdeckten der Niederländer Hugo de Vries und der Österreicher Erich von Tschermak-Seysenegg unabhängig voneinander die Mendel-Arbeit und zitierten sie in ihren eigenen Publikationen. Die Arbeiten der drei Forscher erregten enormes Aufsehen in der Fachwelt, denn sie – oder besser Mendel vor ihnen – hatten ein überzeugendes Erklärungsmodell für zahlreiche Beobachtungen und Phänomene der Züchtungsforschung geliefert.

Auch wenn sie in den folgenden Jahrzehnten als Professoren der Botanik oder Pflanzenzüchtung noch Beachtliches geleistet haben, können wir die drei Forscher und „Wiederentdecker der Mendel-Regeln" hier getrost aus unserer Geschichte entlassen. Denn jetzt betritt der Brite William Bateson (1861–1926) die Szene. Bateson hatte seine Laufbahn als Zoologe begonnen, sich dann aber mehr und mehr für allgemein-biologische Fragen interessiert. Er wollte einen Beitrag zum Verständnis der Evolution leisten und untersuchte Abweichungen und Variationen des Erscheinungsbildes von Organismen, Pflanzen oder Tieren innerhalb einer Art. Ihn interessierte, ob und wenn ja wie solche Variationen vererbt werden.

Viele Biologen hatten sein Buch *Materials for the Study of Variation* (1894) gelesen. So war Bateson um 1900 schon ein weltweit geachteter Wissenschaftler, als er sein Erweckungserlebnis hatte. Seine Frau Beatrice erzählte später, es sei am 8. Mai 1900 gewesen, als William Bateson mit dem Zug von Cambridge nach

London fuhr, wo er vor der Königlichen Gartenbau-Gesellschaft einen Vortrag halten wollte, als er einen Brief von de Vries geöffnet habe. Ein Brief, dem eine Kopie des Mendel-Papers beigelegt war. Da sei es ihm wie Schuppen von den Augen gefallen. Seine bis dahin unklaren Kreuzungs- und Züchtungsergebnisse hätten sich sozusagen schlagartig deuten lassen. Angeblich soll er noch während der Fahrt den Text seines Vortrags geändert und den versammelten Gartenbauern und Pflanzenzüchtern die Mendel'schen Regeln erklärt haben.

Wissenschaftshistoriker haben ihre Zweifel, ob die Geschichte so stimmt, aber das ist nicht so wichtig, denn es bleibt die Tatsache, dass Bateson sofort zum wortgewaltigsten und überzeugendsten Vertreter der neuen Genetik wurde. Ja, er war es, der überhaupt das Wort „Genetik" erfunden hat. Zuerst vermutlich in Gesprächen und Briefen, dann öffentlich und zwar auf einem Internationalen Pflanzenzüchter-Kongress (1906): „Ein neuer und bereits gut entwickelter Zweig der Physiologie ist entstanden. Diesem Gebiet sollten wir den Namen Genetik geben." Der Begriff setzte sich auch bald durch. Nur die deutsch-sprechenden Forscher blieben noch Jahrzehnte lang bei Bezeichnungen wie Vererbungslehre, Vererbungswissenschaft oder dergleichen.

Bateson hatte einen großen Einfluss in der Frühgeschichte der Genetik – begründet durch herausragende wissenschaftliche Arbeiten, die einen weiten Bogen spannten, von der Vererbung bei Gartenpflanzen bis zur Genetik des Menschen. Dann schrieb er ein weit verbreitetes eindrucksvolles Buch mit dem Titel *Mendel's Principles in Heredity* (1902, 1909). Dazu kam seine außergewöhnliche organisatorische Begabung, die sich zeigte, als er das neue *John Innes Horticultural Institution* einrichtete und bald zu einem Zentrum für Pflanzenzucht in Europa machte. Kurz, Bateson war eine starke Persönlichkeit, und es ergab sich sozusagen von selbst, dass er der weltweit anerkannte Sprecher des neuen Wissenschaftsgebietes wurde.

Die Wiederentdeckung der Arbeiten von Mendel, gefördert durch Batesons Vorbild, regte eine enorme wissenschaftliche Produktivität an. Weltweit überprüften Forscher an allen halbwegs geeigneten Tier- und Pflanzenarten die Gültigkeit der Mendel-Regeln und versuchten, daraus Nutzen für Tier- und Pflanzenzucht zu ziehen. Man stieß auf allerlei Schnörkel, noch Unklares und Unverständliches, aber im Großen und Ganzen waren die Ergebnisse überzeugend. Ein neues wissenschaftliches Konzept war entstanden.

Die enorme Aktivität hatte zur Folge, dass der Verfasser eines *Lehrbuchs der Biologie für Hochschulen* bereits im Jahre 1914 schreiben musste: „… in den letzten Jahren … ist … die Fülle der Literatur auf diesem Gebiet – Genetik – derart angestiegen, dass es nur dem Spezialisten möglich ist, sie vollständig zu beherrschen."

Das Interesse an dem neuen Forschungszweig hatte zur Folge, dass bis 1914 acht Lehrbücher der Genetik allein in deutscher Sprache herauskamen. Eines dieser Bücher hat den Titel *Elemente der exakten Erblichkeitslehre* (1909), geschrieben von dem dänischen Botaniker Wilhelm Johannsen (1857–1927). Dieses Buch ist ein „sehr gründliches Werk", wie die Biologen-Kollegen damals (1909) anerkennend schrieben, freilich „nicht geeignet für Anfänger". Trotzdem ist das Buch für unsere Geschichte wichtig, denn hier hat jemand, nämlich Wilhelm Johannsen, erstmals das Wort „Gen" benutzt. Er suchte nach einem Wort, das keine Assoziationen zu speziellen Denkschulen oder Forschungtraditionen weckte, wie etwa das Wort „Pangen", das de Vries in Anlehnung an Darwin verwendete, oder Wörter wie „Merkmal, Faktor und *Character*", die in jeweils anderen Forschergruppen gebräuchlich waren. Das Wort „Gen", sagte er, sei frei von jeder Hypothese und solle nur zum Ausdruck bringen, dass viele Besonderheiten eines Organismus in den Keimzellen festgelegt würden, in Form von einzigartigen, voneinander getrennten und unabhängigen Einheiten, eben in Form von **Genen**.

Ein semantischer Vorteil ist, dass sich das Wort zu Ableitungen eignet. Ein Beispiel stammt von Johannsen selbst: Genotyp – die Gesamtheit der Gene eines Organismus. Der Gegensatz dazu ist Phänotyp, das Beobachtbare, das Erscheinungsbild eines Organismus. Am Phänotyp kann man nicht unbedingt erkennen, wie der Genotyp aussieht. So ist in Mendels altem Experiment der Phänotyp der Erbsen in der F1-Generation „rund" und der Genotyp **Rr**, wie in der Abb. 1.1 notiert.

Wir fassen zusammen: „**Gen**" bedeutete damals etwas höchst Abstraktes und Formales – „**nichts als ein Symbol**" – und notiert wurde es in Form von großen und kleinen Buchstaben A oder B und a oder b, wie in der Abb. 1.1 gezeigt.

2

Chromosomen

So, wie wir es bisher erzählt haben, klafft eine Lücke zwischen den Jahren 1865, als Gregor Mendel sich in aller Bescheidenheit der wissenschaftlichen Öffentlichkeit vorstellte, und 1900, als seine Ideen endlich in der Welt der Biologie angekommen waren. Aber in den dreieinhalb Jahrzehnten gab es bedeutende Fortschritte in den biologischen Wissenschaften. Physiologie von Mensch, Tier und Pflanze; Zellbiologie und Entwicklung; Embryologie und Evolution – auf allen Gebieten kam es zu neuen Erkenntnisse. Forschungsprogramme wurden entworfen, die zum Teil heute noch auf der Agenda stehen.

Für unsere Geschichte sind die Forschungen über Chromosomen wichtig. Das war keine gerade Linie von klarer Fragestellung zu überzeugendem Ergebnis. Es gab Unsicherheiten und Fehlschlüsse und entsprechend heftige Kontroversen zwischen den beteiligten Wissenschaftlern. Wir möchten das nicht im Einzelnen nachzeichnen, sondern nur einige Stationen aufführen.

Eine erste und wichtige Erkenntnis war, dass es die Zellkerne sind, die im Zentrum des Vererbungsgeschehens stehen. Das folgte unter anderem aus Beobachtungen an Eiern von Seeigeln. Der Zoologe und spätere Philosoph des Vitalismus, Hans Driesch (1867–1941), schrieb in seinen *Lebenserinnerungen* über eines seiner Experimente im Jahre 1890: „Glashell und durchsichtig" sind die Eier, „und es war eindrucksvoll, am lebenden Objekt die Befruchtung des Seeigeleies zu sehen und dann zu beobachten, wie sich in etwa halbstündigem Rhythmus eine Furchung nach der anderen vollzog". Es zeigte sich, dass ein einziges Spermium für die Befruchtung ausreicht; dass der Kern des Spermiums zunächst erhalten bleibt und erst etwas später mit dem Kern der Eizelle verschmilzt (und sich nicht etwa auflöst, wie vorher oft vermutet worden war). Die Folgerung liegt auf der Hand, nämlich dass in den Zellkernen die Information für die gesamte Entwicklung stecken musste, von der befruchteten Eizelle bis zum erwachsenen Tier.

© Springer-Verlag GmbH Deutschland 2017
R. Knippers, *Eine kurze Geschichte der Genetik*, DOI 10.1007/978-3-662-53555-4_2

Das Innere der Zellkerne lässt sich mit geeigneten Farbstoffen in charakteristischer Weise anfärben. Deswegen sprach Walter Flemming (1843–1901), Professor für Anatomie in Kiel, von **Chromatin** (nach dem griechischen Wort für Farbe: *chroma*). Das war ein verbaler Volltreffer, denn das Wort ist griffig und hat sich in der wissenschaftlichen Welt durchgesetzt. Bis heute, wo Forschungen über Chromatin ein spannendes Kapitel der molekularen Genetik und Zellbiologie sind, wie wir später sehen werden.

Andere Forschungsarbeiten galten den Chromosomen, die sichtbar werden, wenn Zellen sich teilen und vermehren. Dann verdichtet sich das Innere des Kerns zu fadenförmigen Strukturen. Man sprach zuerst von „Kernfäden, Kernschleifen" oder „chromatischen Elementen", bis dann der Berliner Anatomie-Professor Heinrich Wilhelm Waldeyer (1836–1921) als Erster das Wort benutzte, das bald eine der wichtigsten Vokabeln der Biologie wurde – **Chromosom**. In seinem 122-seitigen Aufsatz im *Archiv für mikroskopische Anatomie und Entwicklungsmechanik* (1888) beschrieb Waldeyer, dass sich Chromosomen direkt vor der Zellteilung der Länge nach spalten und dass die Spaltprodukte in je eine der Nachkommenzellen gelangen. Danach werden die Chromosomen unsichtbar, bis sie sich dann bei der nächsten Zellteilung wieder zeigen (Abb. 2.1).

Theodor Boveri (1862–1915)

Damals wurde heftig diskutiert, ob die Chromosomen zwischen den Zellteilungen verloren gehen oder anders gefragt, ob es eine Beziehung zwischen dem Chromatin in ruhenden und den Chromosomen in sich teilenden Zellen gibt.

Diesen Streit entschied einer der bedeutenden deutschen Biologen jener Zeit, Theodor Boveri (1862–1915), ab 1892 Zoologie-Professor in Würzburg. Noch heute werden Boveris Arbeiten mit einem Zug von Verehrung zitiert, übrigens nicht nur von deutschen Wissenschaftlern und vor allem mit dem Blick auf ein Spätwerk: *„Zur Frage der Entstehung maligner Tumoren"* (1914). Boveri war der Erste, der eine Beziehung zwischen Chromosomenveränderung und der Entstehung der Krebskrankheit sah. Um ihren großen Gelehrten zu ehren, hat die Julius-Maximilian-Universität in Würzburg ein Theodor-Boveri-Institut für Biowissenschaften mit Lehrstühlen für Genetik, Zell- und Entwicklungsbiologie und dergleichen eingerichtet.

Wie viele seiner wissenschaftlichen Zeitgenossen war Boveri ungeheuer fleißig und „produktiv" und zwar auf mehreren Gebieten der Zoologe. Er schrieb Beiträge zur Anatomie, Physiologie, Evolution und Embryologie. Er forschte über die Vereinigung von Eizelle und Spermium und über die Zellteilungen bei der frühen Entwicklung des Embryos. Im Zuge dieser Forschungen machte er seine wichtigen Beobachtungen über Chromosomen.

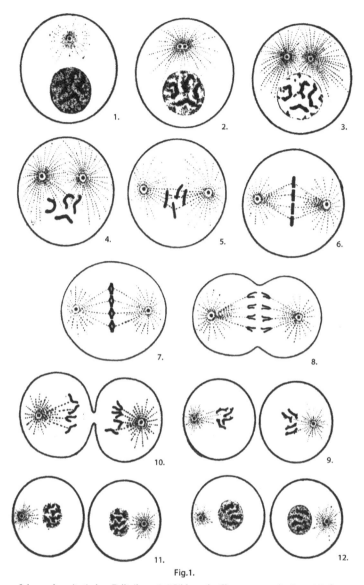

Fig.1.

Schema der mitotischen Zellteilung. 1–3 Bildung der Chromosomen im Kern, 4 Auflösung des Kerns, 5, 6 Bildung der Aequatorialplatte, 7, 8, 10 Auseinanderweichen der
Tochterplatten, 9, 11, 12 Rekonstruktion der Tochterkerne. Gez. von Dr. Dingler.

Abb. 2.1 Chromosomen. Das Bild stammt aus dem Buch von Richard Goldschmidt
*Einführung in die Vererbungslehre. In zweiundzwanzig Vorlesungen für Studierende,
Ärzte und Züchter.* Das Buch erschien 1913 und ist eines der ältesten Lehrbücher der
Genetik. Der Zustand in (*6*) wird heute als Metaphase bezeichnet: die Chromosomen
mit den beiden dicht aneinander liegenden Teilen (Chromatiden) befinden sich in der
Mitte der Zelle und sind mit dem Tubulin-Gerüst des Spindelapparats verbunden. Den
Zustand in (*7*) und (*8*) bezeichnet man als Anaphase. In dieser Phase werden die Chro-
matiden mithilfe des Spindelapparates voneinander getrennt. Sie gelangen schließlich
in die beiden neu entstehenden Zellen

Die Forschungsarbeiten sind kompliziert in der Anordnung und Interpretation und heute nur noch verständlich, wenn man sich klar macht, dass damals all das erst mühsam erarbeitet werden musste, was heute längst so etwas wie biologische Folklore geworden ist. Aber eines sollten wir doch erwähnen, nämlich dass Boveri, wie alle großen Biologen, mit Sorgfalt seine beiden Forschungsmodelle aussuchte. In Würzburg war es der Pferdespulwurm *Ascaris megalocephala*, der den Vorteil hat, dass er nur vier Chromosomen besitzt, was natürlich den Überblick erleichterte. Boveris zweites Modell war der Seeigel, mit dem auch andere experimentierten, wie wir gesehen haben. Boveri arbeitete mit Seeigeln, wenn er, wie oft im Sommer, Gast an der meeresbiologischen Station in Neapel war.

Hier geht es zunächst einmal um Arbeiten, die Boveri im Jahre 1888 in Form eines mehr als 200 Seiten dicken Papers unter dem Titel „Zellstudien II. Die Befruchtung und Teilung des Eies von *Ascaris megalocephala*" in der *Zeitschrift für Naturwissenschaft* veröffentlichte. Der für uns wichtigste Punkt: Im Verlauf von Zellteilungen bilden sich aus den dünnen Chromatinfäden die Chromosomen und diese lösen sich am Ende einer Teilung wieder auf, sodass aus Chromosomen wieder Chromatin wird. Mit anderen Worten, Chromosomen behalten ihre Individualität im Laufe des Lebens von Zellen und von Organismen. Sie verändern nur ihren Zustand: aufgelockert in ruhenden Zellen; dicht verpackt in sich teilenden Zellen.

Boveri bezieht sich in seinem Paper auf Carl Rabl (1853–1917), einen österreichischen Forscher, der zuerst in Wien, dann als Anatomie-Professor in Prag, später in Leipzig, ebenfalls über das Verhalten von Chromosomen forschte. Tatsächlich hat Rabl schon ein paar Jahre früher als Boveri von der Konstanz der Chromosomen gesprochen und mit seinen Arbeiten an Salamander-Zellen begründet. Nun haben Salamander-Zellen 24 Chromosomen, und diese lassen sich nicht so gut beobachten wie die vier Chromosomen von *Ascaris*. So blieb Einiges an Unklarheit, und es ist wohl fair, wenn man sagt, dass es Boveri war, der zu diesem Thema das letzte Wort gesprochen hat. Aber bittere Gefühle blieben, jedenfalls bei Rabl, der noch Jahre später sagte, „dass ich die Theorie der Chromosomenindividualität ... als mein ausschließliches geistiges Eigenthum in Anspruch nehme und dass ich mich weder mit Boveri noch mit irgendeinem anderen in die Priorität teile", ja dass man sich an der wissenschaftlichen Wahrheit versündige, wenn man Boveri als Urheber oder Begründer der Theorie bezeichne.

Chromosomen in Zahl und Form

Wie auch immer, der führende Zellforscher der Zeit, E. B. Wilson, übrigens ein guter Freund Boveris, fasste in seinem einflussreichen Buch *The Cell in Development and Inheritance* (1900) die Forschungsarbeiten von zwei Jahrzehnten zusammen:

- Jede Tier- und Pflanzenart hat ihre spezielle Zahl von Chromosomen. *Ascaris* hat vier, Salamander 24 Chromosomen und so weiter. Übrigens – wie viel Chromosomen der Mensch hat, wurde erst um 1950 endgültig geklärt. Die Zahl ist 46. Wir kommen darauf zurück.
- Jedes Chromosom kommt in zwei Exemplaren vor, sozusagen als Paar. Ein Exemplar stammt von der Eizelle, das andere von der Spermie. Man spricht von „homologen Chromosomen".
- Geschlechtszellen haben halb so viele Chromosomen wie Körperzellen. Anders gesagt, die Reifung der Geschlechtszellen geht mit einer Reduktion der Chromosomenzahl einher.
- Wenn sich dann Ei und Spermium bei der Befruchtung treffen, wird die volle Chromosomenzahl wieder hergestellt.

Wilson gibt die Meinung vieler Biologen wieder, wenn er – sehr vorsichtig – notiert, dass Chromosomen die Träger genetischen Materials sein könnten. Wilsons Buch erschien im Jahre 1900. Im gleichen Jahr geriet die biologische Welt durch die Wiederentdeckung der Mendel-Forschungen in Aufregung. Ließ sich beides, nämlich das Wissen von den Chromosomen und die Vererbungsregeln, unter einen Hut bringen?

Zwei Forscher versuchten es als Erste. Einer war Theodor Boveri, der andere Walter S. Sutton.

Boveri machte seine Experimente mit Seeigeln. Es gelang ihm, einzelne Eier mit mehreren Spermien zu befruchten. So kam nicht nur, wie normalerweise, ein väterlicher Chromosomensatz in die Eizelle, sondern zwei oder auch mehr. Wenn das passierte, geriet die Chromosomen-Situation der befruchteten Eizelle völlig durcheinander. Die Konsequenz war, dass die frühen Embryonalzellen zufällig zusammengewürfelte Chromosomenzahlen erhielten. Eine normale Embryoentwicklung war unmöglich.

Nur unter einer Bedingung ging die Entwicklung ihren normalen Weg, nämlich dann, wenn eine frühe Embryozelle zufällig den intakten und vollständigen Satz von Seeigel-Chromosomen erhalten hatte. Der Schluss: Jedes Chromosom trägt „Merkmale" – oder sagen wir ruhig: Gene (obwohl es das Wort erst seit 1909 gab), die für die Entwicklung des Organismus notwendig sind.

Wenn man diese Erkenntnis mit dem zusammenbringt, was damals über Chromosomen bekannt war und was in Wilsons Buch aufgelistet ist, liegt der Schluss nahe, dass Chromosomen die Träger der Mendel'schen „Merkmale" sind. Boveri hat erstmals im Jahre 1903 bei einem Treffen der Zoologischen Gesellschaft über seine Experimente und Schlussfolgerungen gesprochen und kam in späteren Arbeiten immer wieder darauf zurück.

Walter S. Sutton (1877–1916)

Der zweite Forscher, der Chromosomen als Träger von Genen erkannte, war Walter Sutton. Er arbeitete als Doktorand (*graduate student*) im Labor von E. Wilson an der *Columbia University* in New York. Er publizierte zwei Aufsätze, den ersten im Jahre 1902, den zweiten im Jahr darauf. Das waren die beiden einzigen Arbeiten, die er veröffentlichen sollte, denn er verließ – ohne Doktortitel – Wilsons Labor, studierte Medizin und praktizierte später als Chirurg.

Aber die beiden wissenschaftlichen Arbeiten haben Sutton einen prominenten Platz in der Geschichte der Biologie eingebracht. Sutton untersuchte die Reifung von Keimzellen am Modellsystem der Heuschrecke. Diese Tiere haben zwar die etwas unhandliche Zahl von 22 Chromosomen, aber die Chromosomen sind unterschiedlich groß und lassen sich gut voneinander unterscheiden. Sutton untersuchte die Reifung der Keimzellen und sah, dass Paare gleich großer („homologer") Chromosomen sich eng zusammenlegen, je ein Chromosom, das ursprünglich vom väterlichen und eines, das vom mütterlichen Elternteil stammt. Er sah weiter, dass die Paare bei der Reduktionsteilung voneinander getrennt und an die Keimzellen weitergegeben werden. So weit, so gut. Das war bekannt und steht ja auch so in Wilsons Buch. Aber Sutton ging einen wichtigen Schritt weiter. Er schloss, dass die Chromosomen wie im Kartenspiel gemischt werden. Die Verteilung von väterlichen und mütterlichen Chromosomen ist rein zufällig. So kann es der Zufall dazu bringen, dass eine Keimzelle nur väterliche Chromosomen bekommt, eine andere 21 väterliche und eine mütterliche, wieder eine andere 20 väterliche und zwei mütterliche usw. Jede neue Keimzelle, Ei oder Spermie, erhält eine je eigene Mischung der Chromosomen beider Eltern. Die Abb. 2.2 zeigt eine vereinfachte Version und eine Verallgemeinerung dieses Zahlenspiels.

Sutton notierte am Ende seines ersten Papers: „Ich möchte die Aufmerksamkeit darauf lenken, dass das paarweise Aneinanderlagern von väterlichen und mütterlichen Chromosomen und die darauffolgende Trennung bei der Reduktionsteilung die physikalische Grundlage für die Mendel'schen Gesetze der Vererbung sein könnten" (1902), und über das zweite Paper schreibt er schon selbstsicher und selbstbewusst „*The Chromosomes in Heredity*" (1903).

Wem gehört die Priorität? Boveri notiert im Jahre 1907 etwas herablassend: „Ich bezweifle durchaus nicht, dass Sutton selbständig auf diese Beziehung aufmerksam geworden ist, wenn aber überhaupt einer von uns beiden diesen Gedanken von anderen haben sollte, so könnte nach der zeitlichen Folge der Publikationen ihn Sutton von mir haben, nicht aber ich von ihm haben."

Suttons Zahlenspiel

Chromosomen kommen in unreifen Geschlechtszellen (und in Körperzellen) in doppelter Ausführung als Paare vor. Man sagt: unreife Geschlechtszellen (und Körperzellen) sind diploid. Ein Chromosom eines Paares stammt von der Mutter (A, B, C, D), das andere vom Vater (a, b, c, d).

Bei der Reifung der Geschlechtszellen werden die ursprünglich väterlichen und ursprünglich mütterlichen Chromosomen voneinander getrennt und neu kombiniert. So entstehen sechzehn verschiedene Kombinationen. Reife Geschlechtszellen (Gameten) haben nur ein Exemplar jedes Chromosoms. Sie sind haploid.

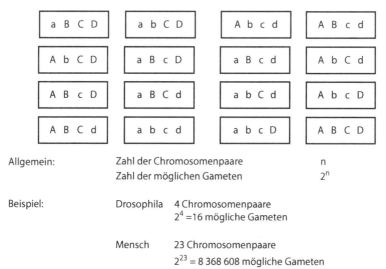

Allgemein: Zahl der Chromosomenpaare n
               Zahl der möglichen Gameten 2^n

Beispiel: Drosophila   4 Chromosomenpaare
                             $2^4 = 16$ mögliche Gameten

               Mensch   23 Chromosomenpaare
                             $2^{23} = 8\,368\,608$ mögliche Gameten

Abb. 2.2 Freie Kombination von ursprünglich väterlichen und ursprünglich mütterlichen Chromosomen. Jeder Buchstabe entspricht einem anderen Chromosom. Das hier abgebildete Kombinationsspiel stammt von W. S. Sutton. Er zeigte es als Beispiel in seinem berühmten Aufsatz mit dem Titel „The Chromosomes in Heredity". Der Aufsatz erschien im Jahre 1903 im 4. Band der Zeitschrift *Biological Bulletin*. Übrigens gilt sie als die älteste biologisch-wissenschaftliche Zeitschrift der USA

Ob die Behauptung stimmt, mögen Historiker entscheiden. Die Wissenschaftler damals lösten den Konflikt um Prioritäten auf die einfachste Weise. Sie sprachen schlicht von der Boveri-Sutton-Theorie oder noch einfacher von der Chromosomentheorie der Vererbung. Aber, welche Bezeichnung jemand auch wählen mochte, es wäre ihm nicht in den Sinn gekommen, das Problem als gelöst anzusehen. Es war eben nur eine Theorie, und noch einige Jahrzehnte Wissenschaftsgeschichte mussten vergehen, bis man sie als Tatsache akzeptieren konnte.

Entscheidend dafür war eine Gruppe von Personen, die sich im Labor von Thomas Hunt Morgan zusammengefunden hatte.

3

Der Fliegenraum

Thomas Hunt Morgan (1866–1945)

Geboren wurde Morgan in Lexington, Kentucky, als Sohn einer wohlhabenden und angesehenen Familie – *Southern Aristocracy*, wie die amerikanischen Biografen gern schreiben. Das ist erwähnenswert, denn diese Herkunft mag einige Charakterzüge geprägt haben, die Thomas H. Morgan auszeichneten – vor allem Selbstsicherheit und Gelassenheit. Was ihn noch auszeichnete, waren Großzügigkeit, Freundlichkeit und Fleiß. Man zählt 22 Bücher aus seiner Feder, über 370 wissenschaftliche Artikel in Fachzeitschriften, dazu Aufsätze über die Organisation von Universitäten, Forschungseinrichtungen und dergleichen sowie unzählige Briefe.

Morgan begann als Zwanzigjähriger das Studium der Zoologie an der neu gegründeten Johns-Hopkins-Universität in Baltimore. Als Doktorand arbeitete er über ein evolutionsbiologisches Thema. Dafür erhielt er im Jahre 1891 den Doktortitel und die Stelle eines Professors für Biologie am Bryan Mawr College, eine damals fortschrittliche und mustergültige Ausbildungsstätte für Frauen. Übrigens heiratete er später (1903) eine seiner Studentinnen, Lilian Vaughan Sampson. Sie war selbst eine begeisterte Wissenschaftlerin, die lebhaften Anteil an den Arbeiten ihres Mannes nahm, aber jahrzehntelang ihre eigenen Forschungen zurückstellte, um sich den vier Kindern widmen zu können. Aber später im Leben ergab sich für sie doch noch die Zeit und Gelegenheit zu eigener und origineller Forschung.

Morgan war ein engagierter Hochschullehrer, aber er achtete auch darauf, dass ihm genug Zeit für die Forschung blieb, hauptsächlich während der Sommermonate, wenn der Lehrbetrieb ruhte und er an die meeresbiologische Station in Woods Hole in Massachusetts fahren konnte. Übrigens eine Reise, die er, wenn's irgend ging, auch in späteren Jahren machte. Von Zeit zu Zeit unterbrach er die

© Springer-Verlag GmbH Deutschland 2017
R. Knippers, *Eine kurze Geschichte der Genetik*, DOI 10.1007/978-3-662-53555-4_3

Routine von Lehre und Forschung. Dann reiste er nach Europa. Ein Höhepunkt war immer der Besuch der meeresbiologischen Station in Neapel, eine der Hochburgen der damaligen Biologie. Die Wochen in Neapel waren aufregend und stimulierend. Dort traf Morgan auf die Elite der europäischen Zoologen, zumal solche, die sich für die Embryologie interessierten, darunter der Deutsche Hans Driesch, mit dem ihn eine lebenslange Freundschaft verband.

Im Jahre 1904 wechselte Morgan an die *Columbia University* in New York. Er war in Biologenkreisen bekannt und hoch angesehen, hatte zwei Bücher geschrieben und dazu etwa hundert wissenschaftliche Aufsätze. Sein Hauptthema war die experimentelle Embryologie in der Tradition der sogenannten Entwicklungsmechanik, wie sie in Deutschland entstanden war. Ihr Credo war, dass die Embryonalentwicklung nicht von außen dirigiert wird, sondern vielmehr eine Folge von Ereignissen ist, die vom befruchteten Ei ausgeht und gesteuert wird.

Columbia University, New York und das Jahr 1910

Das sind Ort und Zeit, wo das nächste Kapitel in der Geschichte des Gens beginnt. Mendel war das Thema aller fortschrittlichen Biologen, aber Morgan blieb skeptisch. Er meinte, dass das Projekt Mendel aus zu viel Theorie und zu wenig experimentellen Daten besteht. Überhaupt hatte Morgan eine fast grundsätzliche Abneigung gegen solche Ideen und gedankliche Konstrukte, die sich nicht direkt aus beobachtbaren Grundlagen ableiten lassen. Ein solches gedankliches Konstrukt war für ihn die Aufteilung der elterlichen Gene bei der Bildung von Gameten, ebenso wie die Chromosomentheorie von Sutton und Boveri. Ausgerechnet Morgan, möchte man im Nachhinein sagen, denn Jahre später, 1933, erhält Morgan einen Nobelpreis und zwar gerade für Arbeiten über Chromosomen und Gene. Man fragt sich, wie aus dem Saulus ein Paulus und aus dem Skeptiker ein Glaubender wurde.

Das begann mit der Wahl eines für ihn neuen Forschungsmodells. Die kleine, gerade einmal 2–3 mm lange Fruchtfliege *Drosophila melanogaster*. Der Vorteil: kurze Generationszeiten von 10–12 Tagen, große Nachkommenschaft und die einfache Züchtung, nämlich in Milchflaschen auf zermatschten und faulenden Bananen. Es war wohl einer der Columbia-Studenten, Ferdinandes Payne, der die Fliege 1907 in Morgans Labor brachte. Paynes Aufgabe war ein simples evolutionsbiologisches Experiment. Er sollte *Drosophila* im Dunkeln züchten und dann nachschauen, was mit den Augen passiert. Morgan und mit ihm sein Student Payne hielten es für möglich, dass sich die Augen oder vielleicht auch nur das Sehvermögen nach vielen Generationen im Dunkeln zurückbilden. Das Experiment ließ sich gut – ja eigentlich nur – mit *Drosophila* durchführen: 40 Generationen in einem Jahr. Das ist eine überschaubare Zeit für ein studentisches Projekt. Natürlich zeigte sich nach Jahr und Tag, dass sich nichts an den *Drosophila*-Augen verändert hatte. Aber die Fliegen waren da und wurden weiter gezüchtet.

Es wird erzählt, dass Morgan eines Tages früh im Jahre 1910 Besuch von einem Kollegen bekam. Morgan soll ihn in sein Labor geführt und auf die inzwischen über Tausend Flaschen mit *Drosophila* gezeigt haben: „Da stehen zwei vergeudete Jahre. Ich habe die ganze Zeit Fliegen gezüchtet und nichts dabei gewonnen."

Dann kam im Mai 1910 die Erleuchtung. Morgan entdeckte etwas Neues in einer der vielen Flaschen: eine einzige männliche Fliege mit weißen, statt der normalen roten Augen. Offensichtlich eine zufällige Mutation. Morgan fand das sofort enorm interessant. Er kreuzte das weißäugige Männchen mit normalen, also rotäugigen Weibchen und erhielt ausschließlich rotäugige Nachkommen. Das war leicht nach Mendel zu erklären: rotäugig war dominant, weißäugig rezessiv. So kreuzte er getrost die erste Generation von Fliegen untereinander: Tatsächlich treten neben den rotäugigen Nachkommen auch wieder weißäugige Tiere auf – aber alle weißäugigen waren alle männlich.

Eine Überraschung. Die Eigenschaft weißäugig wird zusammen mit dem Geschlecht vererbt. Das war der ausschlaggebende Punkt und eine Publikation wert. Noch im Juli 1910 erschien Morgans berühmter Artikel auf zwei Seiten in der Zeitschrift *Science* unter dem Titel *„Sex limited inheritance in Drosophila"*. Berühmt und grundlegend, weil erstmals gezeigt wurde, dass zwei Gene – also das Gen, das für Weißäugigkeit verantwortlich ist, und das Gen, das das Geschlecht bestimmt – gemeinsam („gekoppelt") vererbt werden; und das lässt den – erst ein Jahr später, ebenfalls in einem Paper in *Science* – deutlich ausgesprochenen Schluss zu, dass die beiden Gene gemeinsam auf einem Chromosom, dem Geschlechts- oder X-Chromosom, liegen.

Noch im selben Jahr 1910 entdeckte Morgan mehrere andere Mutationen, und Ende 1912 hatte er an die 40 Fliegen, die sich durch sichtbare Auffälligkeiten, etwa andere Körperfarben oder andere Flügelformen und dergleichen, von den normalen Fliegen unterschieden. Jede dieser Auffälligkeiten markiert ein bestimmtes Gen; und anhand dieser Auffälligkeiten lässt sich der Gang der Gene von Eltern auf Nachkommen und von diesen auf weitere Nachkommen verfolgen.

Manche Gene werden wie das Gen *w* (für Weißäugigkeit) gekoppelt mit dem Geschlechtschromosom vererbt, andere nicht. Im Laufe von wenigen Jahren stellte sich heraus, dass sich die Gene von *Drosophila* in vier Kopplungsgruppen anordnen lassen. Eine dieser Kopplungsgruppen muss sehr klein sein, denn es dauerte lange, bis ein Gen gefunden wurde, das in diese vierte Kopplungsgruppe passte. Das waren wichtige Erkenntnisse, denn *Drosophila* hat vier Chromosomenpaare und eines dieser vier Paare ist viel kleiner als die anderen. Was liegt näher als Kopplungsgruppen mit Chromosomen gleichzusetzen? Ein Meilenstein in der Geschichte des Gens. Was Sutton und Boveri mehr ahnten als sahen, lag jetzt deutlich vor aller Augen: Chromosomen tragen Gene. Man konnte sogar eine Verallgemeinerung wagen und sagen, dass jedes Chromosom viele Gene für viele verschiedene Eigenschaften trägt. Diese Einsicht war ein bedeutender Fortschritt gegenüber den Vorstellungen der Mendel-Nachfolger.

Es ist ein Leichtes, von Morgans Arbeiten zu erzählen. Dabei mag nicht deutlich werden, wir hart es war, diese Erkenntnisse zu erarbeiten. Lange und komplizierte Kreuzungsexperimente bedeuten viele Stunden am Experimentiertisch, Arbeiten bis in den späten Abend und an den Wochenenden. Morgan konnte das bald nicht mehr allein schaffen. Er brauchte Hilfe: Studenten. Unter diesen waren drei, die sich durch Intelligenz und Engagement weit vor allen anderen auszeichneten. Ja, manche Biografen meinen, dass Morgan ohne diese drei nicht zu der überragenden Figur in der Geschichte der Biologie geworden wäre. Wir wollen ihre Namen nennen und sie vorstellen.

Drei Studenten und Kollegen

Alfred H. Sturtevant (1891–1970) und Calvin B. Bridges (1889–1938) kamen als Erste. Morgans Unterricht hatte sie interessiert. Seine Vorlesungen orientierten sich an den neusten Forschungsergebnissen, und zwar schon im ersten Semester, was über die Köpfe der meisten Studenten hinwegging, aber gute Studenten umso mehr beeindruckte. Sturtevant und Bridges waren gute Studenten und baten Morgan um eine Stelle in seinem Labor. Das war im Herbst 1910. Sturtevant wurde sogleich Forschungsassistent, während Bridges zunächst einmal die Aufgabe hatte, die *Drosophila*-Zuchtflaschen zu reinigen. Aber er hatte ein wachen Verstand und gute Augen. So entdeckte er bei der Routinearbeit des Flaschensäuberns einige neue *Drosophila*-Mutanten. Das brachte Anerkennung und schon bald saß er am Arbeitstisch, so wie Sturtevant und Morgan selbst.

Ein paar Jahre später kam der Dritte dazu, Herman J. Muller (1890–1967). Auch andere, etwa F. Payne, den wir schon erwähnten. Aber es waren Sturtevant, Bridges und Muller, die mit Morgan zusammen das einzigartig produktive Ambiente der *Drosophila*-Gruppe schufen. Dabei war das Laboratorium, *Fly Room* genannt, nicht mehr als ein kleines Zimmer, vielleicht 40 m² umfassend, unordentlich und vollgestellt mit acht Tischen, an den Wänden Regale mit Tausenden von Flaschen, in denen die Fliegen gezüchtet und gekreuzt wurden. Es stank nach faulem Bananenbrei. Morgan selbst hatte noch ein kleines Büro. Dort erledigte er seine Schreibarbeiten und ließ Zeichenarbeiten durchführen.

Morgan erwartete absolutes Engagement für die Sache. Intensives Arbeiten wurde als selbstverständlich vorausgesetzt. Es wurde viel geredet und diskutiert. Morgan war meist der Ideengeber, brillant und intuitiv den richtigen Weg vorgebend. Aber wie technische Details gelöst und wie die oft komplizierten Kreuzungen im Einzelnen durchgeführt wurden, besprachen die Studenten untereinander. Muller schrieb viele Jahre später: „Morgan [...] bot uns viele Möglichkeiten und behandelte uns als Ebenbürtige" und „manchmal, wenn er abends nach Hause gegangen war, saßen wir zusammen und überlegten uns Modelle, entwarfen Kreuzungen und viele andere Dinge, die zu machen waren. Morgan wusste gar nicht, womit wir uns beschäftigten".

Allen gemeinsam war die Freude an der Arbeit und das Engagement für die Forschung, aber sonst waren sie unterschiedlichen Temperaments. Sturtevant, ruhig, geduldig, sorgfältig und genau, ein Mann ohne viel Worte. Bridges, eher unkonventionell, politisch interessiert, liebenswürdig und hilfsbereit. Muller, mit scharfem Verstand gesegnet, aber oft unduldsam, ohne die Leichtigkeit und Gelassenheit, die Morgan, aber auch Sturtevant und Bridges auszeichneten. Er arbeitete zwar eng mit der Gruppe zusammen, hatte aber nie die unkomplizierte Beziehung zu Morgan, wie es Sturtevant und Bridges hatten. Wir kommen auf Muller noch zurück.

Aber zuerst der nächste Fortschritt in der Geschichte des Gens. Das war die Beobachtung, dass die Kopplung von Genen manchmal unterbrochen wird.

Was das bedeutet, zeigt die Abb. 3.1, die dem Lehrbuch von Alfred Kühn (1950) entnommen ist, aber ursprünglich aus einem der Morgan-Bücher stammt. Wir sehen ein *Drosophila*-Männchen mit den Genmarkern a (schwarze Körperfarbe) und f (veränderte Flügelform) und ein normales Weibchen (Genmarker **A** für graue, normale Körperfarbe und **F** für normale Flügel). Das Ergebnis einer Kreuzung ergibt in der ersten Generation (F1) Weibchen mit dem normalen „dominanten" Phänotyp: grau und normalflügelig. Wenn diese Weibchen mit einem Mutanten-Männchen „rückgekreuzt" werden, erwarten wir, dass eine Hälfte der Nachkommen (F2) grau-normalflügelig und die andere Hälfte schwarz-stummelflügelig ist, einfach weil die Gene auf einem Chromosom vorkommen und als Kopplungsgruppe weiter vererbt werden sollten. Das trifft auch meistens zu, aber eben nur meistens, denn 17 % der Nachkommen sind vom Typ grau-stummelflügelig oder schwarz-normalflügelig. Die Genmarker sind getrennt worden, die Kopplung ist unterbrochen.

Was die Sache interessant machte, war, dass bei anderen Genkombinationen ebenfalls Brechungen von Kopplungsgruppen auftraten, aber mit anderen Häufigkeiten. Morgan hatte die Erklärung: Bei der Reifung der Eizellen legen sich die Chromosomen eng aneinander, und dabei kann es zu Brechungen und kreuzweisem Wiedervereinen kommen, wie in Abb. 3.1 angedeutet. Man sprach damals von *Cross-over* und später meist von Rekombination.

Sturtevant schrieb: „[...] Ende 1911 fiel mir plötzlich ein, dass die Unterschiede, mit denen Kopplungen unterbrochen werden, [...] eine Möglichkeit bieten, die Reihenfolge von Genen entlang eines linearen Chromosoms zu bestimmen. Ich ging nach Hause und verbrachte einen Teil der Nacht damit – übrigens unter Vernachlässigung meiner Hausaufgaben – die erste Chromosomenkarte

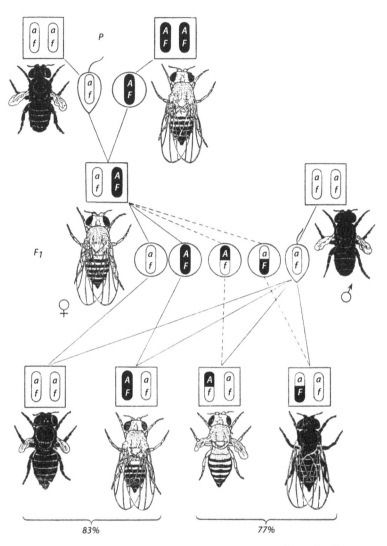

Abb. 3.1   Kreuzung von Drosophila. Das Bild stammt aus dem Klassiker von Alfred Kühn *Grundriss der Vererbungslehre. Zweite und verbesserte Auflage* (1950). Der Autor gibt an, dass er das Bild einer Vorlage von T. H. Morgan entnommen hat. In der Parentalgeneration (*P*) sieht man *rechts* das Schema eines Wildtyp-Weibchens mit normaler Körperfarbe (*A*) und normaler Flügelform (*F*). *Links* daneben ein Mutanten-Männchen mit dunkler Körperfärbung (*a*) und verkrüppelten Flügeln (*f*). Die Nach-kommen (F1) sind heterozygot. Sie sind phänotypisch normal, weil die Wildtyp-Eigen-schaften dominant sind. Rückkreuzung mit dem Mutanten-Männchen (Mitte) ergibt die nach den Mendel-Kombinationen erwarteten Phänotypen. Allerdings nur in 83 % der Fälle, denn in 17 % sind die Reihenfolgen der Genmarker unterbrochen. Die alle-len Gene sind neu kombiniert worden (Rekombination). (Mit freundlicher Genehmi-gung des Quelle & Meyer Verlags)

herzustellen" und zwar mit sechs Genen auf dem X-Chromosom „in der Reihen-folge und den relativen Abständen, wie sie immer noch in der Standard-Genkarte verzeichnet sind". Was Sturtevant „plötzlich einfiel" war, dass *Cross-overs* selten vorkommen sollten, wenn zwei Gene eng beieinander, und häufiger vorkommen, wenn zwei Gene weit voneinander entfernt liegen. Mit anderen Worten, die pro-zentuale Häufigkeit von Rekombinanten ist ein Maß für den Abstand zwischen zwei Genen.

Er konnte diese bedeutende Entdeckung auch bald publizieren, und zwar als Alleinautor, ohne Erwähnung des Namens seines Meisters und Mentors (was heute kaum denkbar wäre). Es wurde eine der klassischen Arbeiten in der Ge-schichte der Biologie: „*The linear arrangement of six sex-linked factors in Droso-phila, as shown by their mode of association*" im *Journal of Experimental Zoology* (1913).

Standard-Genkarte? Darunter versteht man die Reihenfolge der Gene auf den vier Chromosomen von *Drosophila*. Ihre Abstände gemessen in Prozent-zahlen, den Häufigkeiten, mit denen zwei Genmarker im Zuge der Rekombina-tion voneinander getrennt werden. Bald gab man nicht mehr die Prozentzahlen an, sondern sprach von Centi-Morgan, kurz: cM. Die „Standard-Genkarte" der Abb. 3.2 kann als Ikone für diese zweite Phase in der Geschichte des Gens gelten.

Im Jahre 1928 fasste Morgan die wichtigsten Ergebnisse langer experimentel-ler Arbeit in einem viel gelesenen und einflussreichen Buch unter dem Titel *The Theory of the Gene* zusammen. Die wichtigsten Ergebnisse waren:

- Die Gene eines Organismus sind in Kopplungsgruppen geordnet, und jede Kopplungsgruppe entspricht einem Chromosom.
- Körperzellen und unreife Geschlechtszellen haben zwei Exemplare jedes Chromosoms, aber bei der Reifung von Geschlechtszellen trennen sich die Chromosomenpaare. Das hatten andere vorher schon gewusst und beschrie-ben, aber Morgan hob diesen wichtigen Punkt noch einmal besonders hervor.
- Im Verlauf der Reifung von Geschlechtszellen werden Gene zwischen zu-sammengehörenden („homologen") Chromosomen durch *Cross-over* ausge-tauscht.
- Und schließlich: Die Häufigkeiten der *Cross-overs* ergeben Hinweise auf Rei-henfolge und Anordnung der Gene relativ zueinander.

Warum waren Morgan, Sturtevant und die anderen so sicher, dass Brechen und Wiedervereinen, kurz *Cross-overs*, überhaupt stattfinden? Weil sie eine neue Technologie in die genetische Forschung eingeführt hatten – Cytologie und deren Instrument, das Mikroskop. Mithilfe des Mikroskops lassen sich Chro-

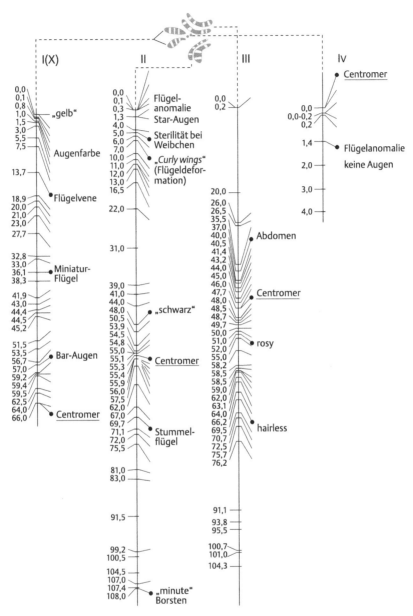

Abb. 3.2   Standard-Genkarte. Ein Sinnbild genetischer Forschung bis etwa 1950. Im *oberen* Teil sieht man ein Schema der vier Chromosomenpaare von *Drosophila* mit dem kleinen punktförmigen Chromosom Nr. 4. *Darunter* die Genkarten. Jeder *Querstrich* zeigt einen Genmarker an, deren Bezeichnungen hier nicht oder nicht vollständig wiedergegeben werden. Die *Zahlen* geben die errechnete Häufigkeit der Rekombinanten (in Prozent) von einem Fixpunkt am Chromosomenende an. Je höher diese Zahl, desto größer der relative Abstand. Die Abbildung stammt ursprünglich aus dem Laboratorium von T. H. Morgan, erschien dann im Lehrbuch *Genetics* von M. W. Strickberger (1968) (McMillan Publ, New York) und wurde neu gezeichnet für R. Knippers (2006) Molekulare Genetik, 9. Aufl., Georg Thieme, Stuttgart

mosomenstrukturen und deren Verhalten in Keimzellen beobachten, etwa wie die beiden Chromosomen während bestimmter Stadien bei der Reifung der Eizelle umeinander geschlungen vorliegen und dann bei der Reduktionsteilung auseinandergerissen werden. Besonders Bridges erwies sich als ein Meister der aufmerksamen Beobachtung.

Morgan am Caltech

Kein Zweifel – um 1928 war Morgan weltweit als der führende Genetiker anerkannt. Er war 62 Jahre alt, konnte auf Erfolge und Ehrungen zurückblicken und hätte seine nächste Lebensphase ruhig an der *Columbia University* verbringen können. Aber nicht so. Er begann einen neuen Lebensabschnitt in Kalifornien, einem Teil der USA, den er immer schon gern besucht hatte. Wegen des angenehmen Klimas, der landschaftlichen Schönheit und wegen des Meeres mit seinen vielfältigen Lebensformen. Er ging an das *California Institute of Technology* (Caltech) in Pasadena bei Los Angeles. Diese Universität hatte seit zehn Jahren einen ehrgeizigen Kurs eingeschlagen und eminente Wissenschaftler auf Gebieten wie Physik, Chemie und Astronomie engagiert. Biologie fehlte noch. Man entschied, dass Morgan die ideale Person sei, um die Biologie am Caltech aufzubauen. Nach einigem Zögern griff Morgan zu. Für ihn die Chance, eine biologische Forschungsstätte nach seinen Vorstellungen gestalten zu können, enge Verbindungen zu Chemie, Physik und Mathematik zu pflegen und Forscher zusammenzuführen, die sich einer neuen Biologie verschrieben hatten. Keine traditionelle Auftrennung in Zoologie und Botanik mehr, sondern eine einzige Abteilung für Biologie, Division of Biology, unter deren Dach auch neue Fächer wie Biochemie und Biophysik zu Hause sein sollten. Tatsächlich entstand unter Morgans Leitung im Laufe weniger Jahre eine Hochburg biologischer Forschung, und wie wir später sehen werden, ging vom Caltech ein wichtiger Anstoß für die nächste große Zeit in der Geschichte des Gens aus.

Morgan arbeitete in seinem Labor, als Ende Oktober 1933 die Nachricht eintraf, dass ihm der Nobelpreis verliehen worden war – für „Entdeckungen der Erbfunktion von Chromosomen", wie es in der Verlautbarung hieß. Großzügig, wie er nun einmal war, gab Morgan einen Teil des Preisgeldes an Bridges und Sturtevant weiter.

Was wurde nun aus den überragenden Mitarbeitern, denen Morgan so viel verdankte? Bridges und Sturtevant begleiteten ihn nach Pasadena und setzten ihre Arbeiten mit gewohntem Eifer fort. Doch Bridges starb gegen Ende 1938 (vermutlich an Syphilis), große Datenmengen hinterlassend, die nur er selbst hätte sichten können und die deswegen nie publiziert wurden. Sturtevant blieb als hochangesehener Biologie-Professor am Caltech. Er setzte seine Kreuzungsversuche fort und schrieb später ein wunderbares kleines Buch: *A History of Genetics*

(1965), in dem natürlich die Aufregungen, Freuden und Erfolge der Jahre 1905 bis etwa 1925 im *Fly Room* der Columbia-Universität in New York besonders gründlich erzählt werden. Und das mit Recht.

Morgan und seine Leute waren die Ersten, die Genkarten aufgestellt hatten, aber es dauerte nicht lange, bis auch andere Forscher ähnliche Experimente machten. Übrigens, zuerst mit Pflanzen, und zwar mit Mais in den USA und mit *Antirhinum* (Löwenmaul) in Deutschland. Morgans Konzept wurde glänzend bestätigt.

4

Gene im Mais

Die spannende Geschichte von Morgan, *Drosophila* und dem Fliegen-Raum an der Columbia-Universität lässt leicht vergessen, dass die Genetik in den ersten Jahren eine Angelegenheit von Pflanzenforschern war. Dazu gehörten natürlich Mendel selbst, später dann Correns, de Vries, Johannsen und andere. Darunter auch und vor allem die Gruppe prominenter US-Forscher, die sich hauptsächlich mit der Genetik von Mais beschäftigten.

Verglichen mit *Drosophila* und ihrer Generationsdauer von weniger als zwei Wochen, ist Mais ein ungünstiges Studienobjekt, denn es gibt im Allgemeinen nur eine Generation pro Jahr, allenfalls zwei Generationen, wenn die Pflanzen im Gewächshaus gehalten werden. Der Nachteil wird durch die große Zahl interessanter Mais-Mutanten ausgeglichen.

Überdies ist die Pflanze Mais etwas Besonderes, jedenfalls für Amerikaner, sozusagen eine uramerikanische Angelegenheit, denn Mais wurde vor etwa zehntausend Jahren in Amerika aus einer Wildpflanze kultiviert, seither in zahlreichen Varianten weitergezüchtet. Zum US-amerikanischen Erntedanktag gehört nicht nur der obligatorische Truthahn, sondern auch der Maiskolben. Zur Erinnerung an die Passagiere des Schiffs *Mayflower*, das im Jahre 1620 eine Gruppe englischer Einwanderer, die „Pilger", nach Cape Cod bei Boston brachte. Es heißt, dass die Pilger an Hunger zugrunde gegangen wären, wenn die Indianer ihnen nicht das Züchten und Zubereiten von Mais beigebracht hätten.

Dreihundert Jahre später, um 1920, war Mais längst zu einem der wichtigen landwirtschaftlichen Produkte geworden. Eine richtige Industrie war entstanden in einem Umfang von inzwischen vielen Milliarden Dollar. So geht es den Genetikern keineswegs nur um Grundlagenforschung, sondern um ertragreichere Sorten, die zudem möglichst noch resistent gegen Schädlinge, Hitze und Trockenheit sind.

© Springer-Verlag GmbH Deutschland 2017
R. Knippers, *Eine kurze Geschichte der Genetik*, DOI 10.1007/978-3-662-53555-4_4

Von den bedeutenden Persönlichkeiten, die damals über die Genetik von Mais forschten, wollen wir eine herausstellen, Barbara McClintock (1902–1992). Der Grund dafür ist, dass sie in den 1920er- und 1930er-Jahren wichtige Beiträge zur Mais-Genetik geleistet hat, aber dann später ein neues Gebiet der Genforschung eröffnete. Hier geht es zunächst einmal um ihre Arbeiten aus den 1920er- und 1930er-Jahren. Persönlichkeit prägt den Arbeitsstil und ist Voraussetzung für Leistung und Erfolg. Deswegen zuerst ein paar Sätze zur Person Barbara McClintock. Sie war im Wortsinn eine eigentümliche Persönlichkeit, die sich in keines der Raster fügt, die durch die Biografien der anderen Forscher in unserer Geschichte vorgegeben sein mögen. Sie hatte nie eine Gruppe von Mitarbeitern, wie die anderen, sondern arbeitete bevorzugt allein. Wer immer sich über sie äußerte, Freunde, Kollegen oder ihre Biografen, hob hervor, dass sie von frühster Jugend an einen ausgeprägten Sinn für Unabhängigkeit hatte und es nicht aushalten konnte, wenn sie eingeengt wurde, sei es durch Konventionen oder durch Institutionen. Dieses Image eines Außenseiters (*maverick*) pflegte sie selbst bis spät in ihrem Leben, als sie schon längst berühmt und zu einer Ikone feministischer Bewegungen geworden war. „Ich bin gern allein", sagte sie dann und auch, dass sie immer ohne Vorbild ausgekommen sei, oft missverstanden und ausgegrenzt wurde und dass sie nie das Bedürfnis nach persönlicher Bindung empfunden habe.

Dabei war sie als Biologie-Studentin an der *Cornell University* in Ithaka, New York, alles andere als eigenbrötlerisch, sondern nahm am studentischen Leben teil, spielte sogar das Banjo in einer Jazz-Gruppe. Auch war sie gut integriert in der Gruppe junger Mitarbeiter um den prominenten Mais-Genetiker R. A. Emerson. Ja, mit zwei ihrer damaligen Kollegen, Marcus Roades und George Beadle, blieb sie zeitlebens in guter Freundschaft verbunden. Beide wurden prominente Genetiker, und George Beadle nahm sogar einen Ehrenplatz in der Geschichte des Gens ein, wie wir später sehen werden. McClintock wird zukünftig, wann immer möglich, die beiden Freunde besuchen oder lange Briefe schreiben, wenn Besuche nicht möglich waren.

Wie auch immer, Barbara McClintock lernte die Genetik der Mais-Pflanze von Grund auf kennen. Sie entwickelte früh ein Interesse und eine Begabung für Cytogenetik, also die Darstellung und mikroskopische Untersuchung von Chromosomen. Auf diesem Gebiet kam sie bald zu wahrer Meisterschaft und zu ihrem ersten großen Erfolg. Denn was andere jahrelang vergeblich versucht hatten, gelang ihr in wenigen Wochen, nämlich ein Verfahren zu entwickeln, mit dem sich die zehn Chromosomen der Maispflanze nachweisen und darstellen lassen. Weitere Erfolge schlossen sich an, nämlich die Zuordnung von Genmarkern zu Kopplungsgruppen und von Kopplungsgruppen zu Chromosomen.

Diese wichtigen Beiträge brachten die Mais-Genetik auf die gleiche Höhe wie die *Drosophila*-Genetik, und damit hatte die 25-jährige Barbara McClintock sich nicht nur den Doktortitel verdient, sondern ihren Weg in der Wissenschaft gefunden. Sie merkte, welch großes Vergnügen sie beim planvollen Experimentieren, Nachdenken und Deuten der Ergebnisse empfand. Was fehlte, war die Anerkennung im akademischen Betrieb. Sie konnte sich mit Stipendien über Wasser halten, aber eine Anstellung als forschende Wissenschaftlerin an einer Universität lag in weiter Ferne. Damals traute man Frauen allenfalls Aufgaben in der Lehre, aber nicht in der Forschung zu.

So blieb sie nach ihrer Doktorprüfung noch einige Jahre an der Cornell-Universität im vertrauten Umfeld. In dieser Zeit führte sie zusammen mit der Doktorandin Harriet Creighton ihr damals berühmtestes Experiment durch. Es ging um die Beziehung zwischen dem genetisch nachweisbaren *Cross-over* und dem im Mikroskop sichtbaren Austausch von Chromosomenstücken. Dass eine solche Beziehung besteht, hatte man seit Sturtevants Entdeckung der genetischen Rekombination im Jahre 1910 vermutet. Aber Vermutung ist nicht Beweis, und einen Beweis hatte bis dahin noch niemand geliefert.

McClintock und Creighton wussten, dass sich gewisse Mais-Chromosomen an ihren Enden gelegentlich durch eine Verdickung (*knob*) auszeichnen, ein mikroskopisch gut sichtbares Identifikationsmerkmal. Wenn homologe Chromosomen mit und ohne *Knob* verschiedene Genmarker tragen, kann man untersuchen, ob bei einer Kreuzung Genmarker neu kombiniert und ob – parallel dazu – der *Knob* von dem einen auf das andere Chromosom gelangt, also ob Stücke zwischen den beiden Chromosomen ausgetauscht werden (Abb. 4.1).

Genau dieser Nachweis gelang den beiden Frauen gleich beim ersten Experiment. Die Zahlen waren noch etwas gering, und McClintock wollte zur Absicherung eine weitere Kreuzung durchführen. Auf das Ergebnis hätte sie eine Mais-Generation, also ein ganzes Jahr lang warten müssen. Damals, so wird erzählt, kam der große T. H. Morgan an die Cornell-Universität und sprach auch mit McClintock. Er soll so beeindruckt gewesen sein, dass er dringend zur sofortigen Publikation riet. Das brächte dem Gebiet der Mais-Genetik ein gehöriges Prestige. Es ist nicht überliefert, ob er auch sagte, dass er damit den beiden Forscherinnen die Priorität sichern wollte, denn er wusste, dass ein deutscher Genetiker, Curt Stern (1902–1981), ganz ähnliche Arbeiten mit *Drosophila* durchgeführt hatte. So kam es, dass beide – übrigens gleichaltrige – Wissenschaftler ihre Arbeiten im Jahre 1931 publizierten: Barbara McClintock mit Harriet Creighton in den *Proceedings of the National Academy of Sciences* und Curt Stern in einer Zeitschrift namens *Biologisches Zentralblatt*.

Beide, Stern und McClintock, begannen einen freundlich-kollegialen Briefwechsel. Ja, McClintock nutzte ein Stipendium zu einem Besuch in Berlin. Aber inzwischen war das Jahr 1933 erreicht. Die Nazi-Herrschaft war angebrochen, und als Jude musste Curt Stern Deutschland verlassen. Er zog in die USA, wo er

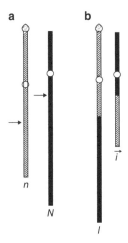

Abb. 4.1 McClintocks Kreuzung. Barbara McClintock publizierte im August-Heft der *Proceedings of the National Academy of Sciences* (1931) zwei hintereinander abgedruckte Aufsätze. Aus dem ersten Aufsatz stammt diese Zeichnung. Sie zeigt unter **a** zwei teilweise homologe Mais-Chromosomen. Eines davon hat ein gut sichtbares verdicktes Ende (*knob*). McClintocks wichtige Beobachtung ist unter **b** zu sehen. An den gekennzeichneten Stellen erfolgte eine Rekombination mit Brechen und kreuzweisem Wiedervereinen. In der zweiten der beiden Publikationen nutzte sie diese Tatsache mit ihrer Mitautorin Harriet B. Creighton aus. Genmarker beiderseits der Bruchstellen werden neu kombiniert oder in den Worten der beiden Autorinnen „Stücke von Chromosomen werden bei der gleichen Gelegenheit ausgetauscht wie Gene, die diesen Stücken zugeordnet sind." Die „Gelegenheit" ist die Paarung der Chromosomen während der Meiose

schließlich Professor für Genetik in Berkeley, Kalifornien, wurde und sich hohes Ansehen in der wissenschaftlichen Gemeinde erwarb.

McClintock verbrachte einen großen Teil des schrecklichen Jahres 1933 in Berlin, die unglücklichste Zeit ihres Lebens. „Niemand lächelt hier", schrieb sie. Mit Erleichterung trat sie die Rückreise nach Amerika an. Nach einer Zeit an der *Cornell University* nahm sie schließlich im Jahre 1936 die Stelle eines Assistant-Professors an der *University of Missouri* an. Dafür hatte der dortige Genetiker Lewis J. Stadler gesorgt, der als Erster nachgewiesen hatte, dass Röntgenstrahlen Mutationen an Mais verursachen können. Er brauchte eine Verstärkung für seine Arbeitsgruppe und hoffte, dass McClintock dazu beitragen würde.

Tatsächlich liefen ihre Forschungsarbeiten gut, und Stadler hielt eine schützende Hand über sie. Aber trotz allem gelangte sie nicht über den Rang eines Assistant-Professors hinaus. Das war für sie kränkend und verletzend, und deswegen suchte sie nach anderen Möglichkeiten.

Im Jahre 1941 kam der Ausweg. Sie bekam eine Stelle als Wissenschaftlerin an der Genetik-Abteilung der Carnegie-Institution, die ihren Hauptsitz in Washington, DC, hatte, aber eine Zweigstelle in Cold Spring Harbor unterhielt. Die Genetik-Abteilung wurde später dem Cold Spring Harbor Laboratorium angegliedert, und dort blieb Barbara McClintock für den Rest ihres langen Lebens. Abgesehen von einer Unterbrechung im Jahre 1944, als sie an die *Stanford University* reiste und ihrem alten Freund George Beadle half, eine ordentliche cytogenetische Analyse des Schimmelpilzes *Neurospora crassa* durchzuführen. Beadle hatte das Gebiet der Mais-Genetik verlassen und sich *Neurospora* als Modell-Organismus ausgesucht, um damit seine wichtigen Arbeiten über die Wirkungsweise von Genen durchzuführen. Darüber später mehr.

Cold Spring Harbor wurde McClintocks Heimat. Hier bekam sie die Unabhängigkeit, die ihr so wichtig war. Sie hatte gute Forschungsbedingungen, einschließlich eines kleinen Maisfeldes, das sie eigenhändig und mit viel Aufwand hegte und pflegte. Sie misstraute den Gartenarbeitern selbst bei so einfachen Verrichtungen wie dem Wässern der Pflanzen. Dafür kannte sie dann jede einzelne Pflanze im Feld. Das erleichterte das Auffinden von seltenen Mutanten und trug sicher zu den Erfolgen bei, die sie später haben würde.

Aber wir verlassen Barbara McClintock zunächst einmal im Jahre 1945. Doch müssen wir erwähnen, dass sie um diese Zeit viel Anerkennung erfuhr. Am wichtigsten: Sie wurde 1944 zum Mitglied der prestigeträchtigen *National Academy of Sciences* gewählt, als dritte Frau überhaupt in der 80-jährigen Akademiegeschichte. Die Mitgliedschaft ist eine besondere Auszeichnung, und alle bedeutenden US-Forscher streben danach. Wenn also McClintock in dem relativ jungen Alter von 42 Jahren Akademiemitglied wurde, dann sollte das zumindest einen Teil der Missachtung, die ihr im traditionellen akademischen Betrieb begegnet war, wettgemacht haben. Im Übrigen wählten ihre Genetiker-Kollegen sie zuerst zur Vizepräsidentin, dann 1945 zur Präsidentin der Gesellschaft für Genetik. Was ebenfalls zeigt, in welch hoher Wertschätzung sie damals stand.

5

Zwischen Genetik und Eugenik – der Einfluss der Umwelt

Mullers Sonderweg

Herman J. Muller gehörte nicht zum engsten Kreis der Morgan-Gruppe. Ja, er fühlte sich oftmals zurückgesetzt, übergangen und nicht seinen Fähigkeiten entsprechend anerkannt. Ob das zutrifft, ist eine Sache für sich, denn es waren vor allem Unterschiede in Persönlichkeit und Stil, die Muller von den anderen trennte. Erinnern wir uns, dass Morgan aus einer wohlhabenden und kultivierten Südstaaten-Familie stammte. Dagegen war Muller der Sohn einer alles andere als wohlhabenden Immigrantenfamilie aus Deutschland. Für Morgan waren Selbstsicherheit und Freundlichkeit naturgegeben. Muller dagegen stand immer unter Spannung und verbarg oft seine Unsicherheit hinter einem Zug von Rechthaberei. Wenn er bei Morgan Fehler und Nachlässigkeit zu entdecken glaubte, dann äußerte er das, womöglich nicht eben in verbindlichem Ton. Damit konnte er nicht gerade Morgans Sympathie gewinnen, ebenso wenig wie mit seiner politischen Haltung, seiner Neigung zu einem extremen Sozialismus. Das stieß beim unpolitischen Morgan auf absolutes Unverständnis.

Aber Morgan wäre der Letzte gewesen, der Mullers wissenschaftliche Brillanz nicht anerkannt hätte. Immerhin war es Muller, der als Erster ein Gen der 4. und kleinsten Kopplungsgruppe zuordnen konnte und damit den Schlussstein zur Gleichsetzung von Kopplungsgruppen und Chromosomen legte. Muller hatte auch den entscheidenden theoretischen Beitrag zur Vermessung der Genkarten geliefert und gezeigt, dass ein Gen sich nicht nur in zwei Formen präsentieren kann, sondern in Zwischenformen. Also zum Beispiel bei den Augenfarben: nicht nur Rot und Weiß, sondern auch Eosin, Rosa und andere Schattierungen von Rot. Das war ein wichtiger Schritt für die junge Wissenschaft der Genetik, denn bis dahin glaubten viele, dass ein Gen entweder anwesend ist („rot") oder fehlt („weiß"). Noch in seinem Buch *The Theory of the Gene* (1928) schrieb

© Springer-Verlag GmbH Deutschland 2017
R. Knippers, *Eine kurze Geschichte der Genetik*, DOI 10.1007/978-3-662-53555-4_5

T. H. Morgan ein langes Kapitel unter einer Frage als Überschrift: Sind Rezessive verloren gegangene Gene? Nein, antwortete er und verwies unter anderem auf Mullers Arbeiten, wonach ein rezessives Gen sehr wohl vorhanden ist, aber nicht oder nicht ordentlich funktioniert (und statt der Farbe Rot nur etwas Abgeschwächteres zustande bringt, etwa Rosa).

Übrigens ist dies die Stelle, wo wir einen viel verwendeten Begriff der Genetik nennen müssen: allele Gene oder kurz Allele. Das sind verschiedene Formen ein- und desselben Gens. Hier das Gen für Augenfarbe, das einmal den Phänotyp Rot, dann auch Rosa, Eosin oder Weiß bestimmen kann. Warum das so ist und was dahinter steckt, konnte damals niemand sagen. Es wurde erst im Zeitalter der Molekularen Genetik klar. Wir werden darauf zurückkommen.

Nun wieder zu Muller. Er verließ gleich nach seiner Doktorprüfung die Morgan-Gruppe und übernahm im Jahre 1915 eine Professorenstelle am *William Marsh Rice Institute* (gegründet: 1912; heute Universität) in Houston, Texas. Das war damals wissenschaftlich und auch sonst tiefste Provinz, und so kehrte er nach drei Jahren gern an die Columbia-Universität zurück. Aber die Hoffnung auf eine Dauerstelle zerschlug sich, Muller ging wieder zurück nach Texas, diesmal an die *University of Texas* in Austin. Dort führte er ab 1920 die Experimente durch, die ihn berühmt machen sollten: Experimente über Veränderungen von Genen, Mutationen.

Er hatte Methoden entwickelt, mit denen sich das Auftreten von Mutationen genau nachweisen und vermessen ließ, und auf der Basis dieser Forschungen zeigte er eindeutig, dass Röntgenstrahlen Mutationen auslösen können. Über diese wichtige Entdeckung berichtete er erstmals öffentlich beim 5. Internationalen Kongress für Genetik in Berlin (1927). Ein Kollege berichtete, dass Muller seinen Vortrag erst kurz vor dem Auftritt fertig hatte, und schrieb: „Mullers unvollständiger und schlecht geordneter Text war recht verwirrend, aber als er sprach, merkten die Zuhörer schnell, dass sie an einem bedeutenden Ereignis teilnahmen [...] erstmals ist es jemandem gelungen, das Erbmaterial bewusst zu verändern." Der Vortrag wurde zur Sensation. Zeitungen berichteten darüber weltweit. Des Menschen wichtigste Substanz, hieß es, sein Erbgut, sei nun der Willkür ausgeliefert. Maßlos übertriebene Formulierungen (wie ähnliche Kommentare, die Jahrzehnte später die genetische Forschung begleiten werden). Egal, spätestens als er von seiner Berlin-Reise nach Austin zurückgekehrt war, merkte Muller, dass er auf einmal berühmt war.

Aber Berühmtheit brachte kein Glück. Er hatte bittere Konflikte mit seinen Universitätskollegen, trennte sich von seiner Frau, litt an Phasen schwerer Depression. Ja, eines Tages erschien er nicht im Hörsaal, stattdessen saß er brütend unter einem Baum, wo er die Nacht verbracht hatte und wo ihn seine Studenten schließlich fanden. Er erholte sich, aber man sprach über ihn und fand ihn sonderbar. Dann folgte der nächste Schlag. Wir sagten schon, dass Muller sozialistischen Idealen anhing. Mehr noch, wie viele Intellektuelle seiner Zeit, war er vom Pathos der jungen Sowjetunion berührt. Dort, so meinte er, entstünde eine neue Welt der Gleichheit und Gerechtigkeit, frei von Rivalitäten und Vorurteilen. Er ließ sich mit radikalen sozialistischen Studentengruppen ein. Die waren vom FBI unterwandert, und Mullers Teilnahme wurde schnell bekannt. Ein Skandal. Er konnte sich nicht mehr in Austin halten, und so war er froh, als er mit einem Forschungsstipendium in der Tasche nach Deutschland an das Kaiser-Wilhelm-Institut für Hirnforschung in Berlin reisen konnte. Das war im Herbst 1932 – keine gute Zeit für einen Forschungsaufenthalt in Deutschland. Muller erlebte Hitlers Machtübernahme und den Aufmarsch der Nazis im Januar 1933. Nazis infiltrierten das Kaiser-Wilhelm-Institut. Für ihn wurde das Leben in Berlin unerträglich, und so nahm er gern die Einladung sowjetischer Kollegen und Freunde an. Im Herbst 1933 zog er nach Leningrad. Im Gepäck hatte er Tausende von Flaschen und Glasgefäßen mit *Drosophila*-Kulturen. Er blieb nicht lange in Leningrad, denn das Institut für Genetik wurde nach Moskau verlegt. Das waren widrige Umstände und es ist erstaunlich und bewundernswert, dass Muller und seine russischen Mitarbeiter und Kollegen überhaupt erfolgreich wissenschaftlich arbeiten konnten – gründliche genetische und cytogenetische Experimente sowie hoch originelle Arbeiten über die Beschädigung der Chromosomenstruktur durch Röntgenstrahlen.

Und noch etwas gelang ihm: die Fertigstellung eines Buches mit dem pathetischen Titel *Out of the Night. A Biologist's View in the Future* (1935). In diesem Buch ging es um Eugenik. Das war ein Leitmotiv in Mullers Leben, wie sein Biograf E. A. Carlson betont. Wie kam Muller zu Eugenik?

Zwischenstück: Eugenik

Eugenik (aus dem Griechischen: *eu*, gut; und *genos*, Geschlecht) ist heute ein Wort von Schimpf und Schande, weil wir sofort an die Rassenlehre der Nazis und deren mörderische Konsequenzen denken müssen. Aber es hatte einen durchaus respektablen Anfang. Das Wort stammt von dem englischen Wissenschaftler und Privatgelehrten Francis Galton (1822–1911). Er stand unter dem Einfluss der Arbeiten von Charles Darwin über die Entstehung der Arten und war zugleich beeindruckt von den damaligen Erfolgen der Tier- und Pflanzenzucht. Könnte nicht auch, fragte er in seinem Buch (*Inquiries into human faculty and its development*, 1883), die Art Mensch verbessert werden? Könnten nicht unerwünschte Exemplare der Art Mensch allmählich zum Verschwinden gebracht und wünschenswerten Exemplaren zur größeren Vermehrung verholfen werden? Wie ließe sich das Ziel erreichen? Galton dachte an Klöster oder Konvente, in denen Menschen mit genetischen Schäden von der Außenwelt isoliert und an der Fortpflanzung verhindert werden.

Als sich die Ideen der Eugenik in den Jahren zwischen 1910 und 1930 in den USA verbreiteten, sah man rasch ein, dass Klöster oder Konvente nicht praktikabel waren. Stattdessen sollte das Ziel die Sterilisierung sein. Vorgesehen war die freiwillige Sterilisierung, aber in der Praxis gelang sie meist nur durch Überredung, auch durch unsanfte Überredung. Ja, von grotesken Episoden wird berichtet, etwa von Treibjagden auf Menschen in den Wäldern Kentuckys. Im Laufe der 10 bis 20 Jahre, als die Sterilisierung in 32 US-Bundesstaaten gesetzlich vorgeschrieben war, wurden bis zu 40.000 Menschen sterilisiert. Als die Nationalsozialisten bald nach ihrer Machtübernahme ihr „Gesetz zur Verhütung erbkranken Nachwuchses" verkündeten (am 14. Juli 1933), beriefen sie sich oft auf die US-amerikanischen Vorbilder. Das wurde jenseits des Atlantiks anerkannt. Zur Illustration: Henry Laughlin, einer der eifrigsten amerikanischen Befürworter der Sterilisierung, erhielt 1936 die Ehrendoktorwürde der Universität Heidelberg. Er bedankte sich höflich und schrieb, dass er die Ehrung auch als Zeichen ansehe „für das Einverständnis zwischen amerikanischen und deutschen Wissenschaftlern, denen die Ziele der Eugenik wichtig sind".

Aber die Nazis gingen gründlicher zu Werk: Hunderttausende wurden unter Zwang sterilisiert. Und kaum jemand hatte ein schlechtes Gewissen, denn damals waren sich viele Ärzte und Wissenschaftler sicher, dass sie aus Verantwortung für die künftigen Generationen so handeln müssten. In einem Lehrbuch aus dem Jahr 1933 *Vererbungslehre, Rassenhygiene und Bevölkerungspolitik* schrieb ein Humangenetiker namens H. W. Siemens: Die Sterilisierung „muss sich erstrecken auf alle Hilfsschüler (bei der Schulentlassung), auf alle Fürsorgezöglinge, alle rückfälligen Schwerverbrecher, auf alle erbbedingten Geisteskrankheiten und Geistesschwachen, auf alle in Fürsorge stehenden Säufer, auf alle Empfänger der Armenunterstützung infolge Arbeitsunfähigkeit und Arbeitsscheu". Diese Liste steht nicht etwa in einer geheimen Dienstanordnung für Nazifunktionäre, sondern in einem weitverbreiteten Lehrbuch.

Aber an Stellen wie dieser setzte die Kritik ein, zuerst in England, dann in den USA. Zu den Kritikern gehörte auch H. J. Muller. Wie andere stellte er fest, dass so gut wie nichts über die Genetik des Verhaltens bekannt sei und dass es deswegen unzulässig und nutzlos sei, Menschen durch Sterilisierung zu erniedrigen und zu verletzen. Überhaupt solle man sich darüber im Klaren sein, dass viele der so genannten Asozialen durch Ungerechtigkeiten und Chancenlosigkeit geschädigt würden und nicht durch ihre Gene. Allein die öffentliche Erörterung solcher Fragen genügte, um der Sterilisierungskampagne in den USA allmählich ein Ende zu bereiten. In Deutschland erforderte dies die Zerstörung der Naziherrschaft.

Muller verabscheute diese Art der Eugenik. Stattdessen warb er für eine andere Art, die ebenfalls auf Galton zurückgeht und ebenfalls früh Anhänger fand. So wie ein prominenter Wissenschaftler, der um 1890 sagte: „Menschenzüchtung

sollte zu den wichtigsten Fragen unserer Zeit gehören." Aus Verantwortung für
Nation, Gesellschaft und Menschheit müsse man Sorge tragen, dass sich „wertvolle" Menschen bevorzugt vermehrten.

Das war in den ersten Jahrzehnten des 20. Jahrhunderts ein Modethema, das
nicht nur unter Medizinern und Wissenschaftlern diskutiert wurde, sondern
auch in Kirchen- und Gemeindeversammlungen, in Dorfschulen und Klubräu-
men, hauptsächlich in den USA. Freilich nutzten auch hier konservative Politiker
das allgemeine Interesse und setzten es in politische Münze um. Einwanderungs-
gesetze wurden erlassen. Erwünscht waren die „positiven" Nordeuropäer, uner-
wünscht Süd- und Osteuropäer. Selbstverständlich verabscheute Müller solche
Auswüchse. Er und andere Wissenschaftler und Politiker verurteilten sie auf das
Schärfste, und nach Jahr und Tag verschwanden die strengen Einwanderungsge-
setze auch wieder von der Agenda.

Damals, also Anfang der Dreißigerjahre, sah Müller jedoch in einer Art von
positiver Eugenik einen Weg, um, wie er sagte, der Vernunft und der Solidarität
unter den Menschen eine neue Heimat zu schaffen. Der Weg dahin war für ihn
die Vermehrung der Zahl von Menschen, die Vernunft und Solidarität als obere
Richtlinien wählen. Wie lässt sich das erreichen? Nach Muller durch ein überleg-
tes Erzeugen von Nachkommen. Das müsse in voller Freiheit geschehen. Partner
sollten sich ganz traditionell über Zuneigung und Sympathie finden. Aber wenn
es dann um die Erzeugung von Nachkommen gehe, müssten weiterreichende
Gesichtspunkte eine Rolle spielen und die Befruchtung durch sorgfältig ausgesuchte Spendersamen erfolgen, Spendersamen von Männern mit positiven
Eigenschaften. Wie könnten solche Männer beschaffen sein? In seinem Buch *Out
of the Night* nennt Muller Männer mit positiven Eigenschaften: Lessing, Newton,
Leonardo, Pasteur, Beethoven und andere, darunter auch Marx und Lenin. Aber
die beiden letztgenannten erschienen auf einer Liste, die er vor seinen traumati-
schen Erfahrungen in der stalinistischen Sowjetunion geschrieben hatte.

Muller hoffte, naiv und idealistisch, wie er damals war, dass sein Programm
der freiwilligen positiven Eugenik in der Sowjetunion realisiert werden könnte,
einer klassenlosen Gesellschaft, in der, wie er meinte, Chancengleichheit und
wirtschaftliche Wohlfahrt herrschten und wo Entscheidungen auf der Basis von
Vernunft und Solidarität gefällt würden. Kollegen gaben ihm den Rat, das Buch
doch direkt an Stalin selbst zu schicken. Angeblich gelangte es in russischer Übersetzung tatsächlich auf Stalins Schreibtisch, ja, er mag es sogar teils oder ganz
gelesen haben. Aber Stalins Urteil war schroff ablehnend.

Warum ist nicht ganz klar, aber die Genetik, wie sie sich seit Mendel und Morgan entwickelt hatte, wurde damals als verkommene westliche Ideologie ange-
griffen, und Muller war nun einmal ein Vertreter der wissenschaftlichen Genetik
und versteckte sich auch nicht.

Die Affäre Lysenko

Der Angriff ging hauptsächlich von Trofim D. Lysenko (1898–1976) aus, einem Agrarwissenschaftler, der versprach, effektiv gegen die Folgen der Missernten der vorausgegangenen Jahre vorzugehen. Er gab an, den Mangel an Getreide rasch beheben zu können, und zwar schneller als konventionelle Züchter. Unter anderem setzte er das Saatgut tiefer Kälte aus und behauptete, die so behandelten Samen würden bei winterlichen Temperaturen auskeimen und wachsen. Das lief auf Vererbung erworbener Eigenschaften hinaus und widersprach jeder wissenschaftlichen Erkenntnis. Diejenigen unter den sowjetischen Forschern, die sich ebenso wie Muller an der Wissenschaft orientierten, meldeten Protest an, aber Lysenko stand unter Schutz und Schirm des Diktators, denn der glaubte nur zu gern den Versprechungen des Scharlatans. Vermutlich war Stalin auch von dem ideologischen Aspekt angetan, denn eine Vererbung erworbener Eigenschaften passte gut zum marxistisch-leninistischem Programm.

Die Konsequenzen waren bitter. Denn bessere Ernten wurden nicht eingefahren. Es waren die Jahre, in denen sich Hungersnöte und stalinistischer Terror ihren Höhepunkten näherten, und die Staatsmacht war schnell bei der Hand mit Verhaftungen, Folterungen und Transporten in Straflager. So verschwanden Mullers Kollegen, einer nach dem anderen, und viele wurden, wie man später herausfand, gleich ermordet, andere kamen in Straflagern ums Leben. Lysenko aber blieb in Amt und Würden, auch wenn sein Agrarprogramm – natürlich – ein Fehlschlag war. Erst viele Jahre später, nämlich nach Stalins Tod, wurde er aus allen Ämtern entlassen. Ein Scherbenhaufen blieb übrig, und die gesamte biologische Wissenschaft in der Sowjetunion war auf Jahrzehnte hinaus auf das Schwerste beschädigt.

Muller auf dem Weg nach Bloomington

Muller wollte der schwierigen Situation in Moskau entkommen, ohne sich und seine Kollegen in Gefahr zu bringen. So meldete er sich bei der Internationalen Brigade in Spanien. Dort kamen Sozialisten und Kommunisten aus der ganzen Welt zusammen. Sie trafen sich, um im spanischen Bürgerkrieg auf Seiten der Republik gegen Francos faschistische Truppen zu kämpfen (1936–1939). Muller verbrachte einige Zeit in Spanien. Dann zog er weiter und gelangte schließlich über Paris nach Edinburgh, an das *Institute for Animal Genetics* der dortigen Universität. Muller konnte aufatmen, er war dem Terror und dem Krieg entkommen, und er erlebte wieder glückliche Zeiten. Er traf interessierte und begabte Forscher, die vor den faschistischen Verfolgungen aus Italien und Deutschland geflohen waren und sich nach Edinburgh durchgeschlagen hatten. Darunter war die junge Thea Kantorowicz aus Bonn. Muller und Thea heirateten im Jahre 1939.

Im gleichen Jahr fand der 7. Internationale Kongress für Genetik in Edinburgh statt. Muller sprach über die wissenschaftlichen Arbeiten, die er in der Sowjetunion durchgeführt hatte: *„Analysis of the structural change in chromosomes in Drosophila"*. Noch während des Kongresses brach der Krieg aus. Muller und seine junge Frau fürchteten um ihre Sicherheit und flohen auf abenteuerlichen Wegen zurück in die USA. Muller konnte zeitweilig am Amherst College in Massachusetts Unterschlupf finden und 1945 erhielt er endlich eine Professorenstelle, an der *Indiana University* in Bloomington. Er war inzwischen 55 Jahre alt geworden.

Er konnte sich wohl fühlen, richtete ein großzügig ausgestattetes Laboratorium ein, kaufte ein Haus für sich und seine Familie und im Herbst 1946 traf die Nachricht ein, dass er den Nobelpreis für seine Entdeckung der mutationsauslösenden Wirkung von Röntgenstrahlen erhalten hatte.

Muller blieb alle kommenden Jahre an der *Indiana University*. Es war seine Heimat geworden. Er ging seinen Unterrichtsverpflichtungen nach und betrieb weiterhin erstklassige Forschung. Aber er konnte sich der Politik nicht entziehen. So nutzte er sein Prestige als Nobelpreisträger und warnte – öffentlichkeitswirksam – vor der Gefährlichkeit der Strahlen, die bei Atombombenversuchen freigesetzt werden.

Was wurde aus den politischen Idealen seiner Jugend? Es mag sein, dass er im Herzen ein Sozialist geblieben war, aber er verabscheute die kommunistische Sowjetunion. Er empfand sie als Bedrohung für die westlichen Demokratien mit ihren Freiheitsrechten.

Muller starb im Jahre 1967. So hatte er noch den Aufstieg der neuen Genetik erlebt – die Entdeckung der DNA-Doppelhelix und die Entzifferung des genetischen Codes. Damit ging in Erfüllung, was er in seinen jungen Jahren erhofft und erahnt hatte. Er hatte sich immer eine Begegnung der biologischen mit der physikalischen Wissenschaft gewünscht und schon früh vermutet, dass Bakterien und ihre Viren, Bakteriophagen, gute Modelle für die Erforschung der molekularen Grundlagen der Vererbung sein könnten. Ja, er hatte sogar davon gesprochen, dass das Nucleoprotein im Zellkern der Träger der genetischen Information sein könnte.

Noch etwas. Die beschauliche Indiana-Universität hatte einen Professor, Salvadore Luria, der eine zentrale Rolle in der zukunftsweisenden Forschung mit Bakteriophagen spielte, und einen besonders aufgeweckten Studenten, James D. Watson, der in jungen Jahren seinen Doktortitel erwarb und sich bald um die Aufklärung der DNA-Struktur kümmern sollte. Wenn man's also ein wenig dreht und wendet, kann man sagen, dass Muller intellektuell und sogar geografisch an der Grenze zwischen der klassischen und der molekularen Genetik gestanden hat.

Was ist von der Eugenik übrig geblieben?

Die Befruchtung durch Spendersamen ist inzwischen eine akzeptierte Methode der Behandlung von Kinderlosigkeit geworden. Man schätzt, dass jährlich mehrere Zehntausend Kinder durch Spendersamen erzeugt werden, aber Gesichtspunkte wie Vernunft und Solidarität spielen bei der Auswahl kaum eine Rolle, eher Körpergröße, Augen- und Haarfarbe und dergleichen. Der Grund ist, dass die Vererbung von körperlichen Merkmalen einigermaßen überschaubar, aber die Vererbung von Verhaltensformen überaus kompliziert ist. Wir werden noch einmal auf Eugenik zurückkommen, und zwar im Zusammenhang mit dem sogenannten *Community Screening* der 1960er- und 1970er-Jahre, als ganze Bevölkerungsgruppen auf Zypern, Sardinien und in New York auf genetische Schäden untersucht wurden.

Angeboren oder anerzogen?

Was Körpergröße, Körperform, Gewicht, Haut-, Haar- und Augenfarbe und vieles andere angeht, sind verwandte Personen einander ähnlicher als nichtverwandte. Das gilt auch für Krankheitsanfälligkeiten, ja, selbst für das Verhalten in Zeiten der Ruhe und in Zeiten der Aufregung. Was davon ist „angeboren" und ererbt, und was ist erworben in der gemeinsamen Umwelt der Familie mit ihren eigenen Gewohnheiten, ihrer Fürsorge, Ernährung und Hygiene?

Wenn man Fragen dieser Art bei Tieren und Pflanzen erforschen möchte, würde man erbgleiche Populationen erzeugen, etwa durch fortgesetzte Kreuzungen von Nachkommen. In Populationen, wo alle das gleiche Erbgut haben, sollten etwaige Unterschiede zwischen den einzelnen Individuen durch Einflüsse aus der Umwelt zustande kommen. Wobei „Umwelt" alles ist, was nichts mit Genen zu tun hat, etwa Temperatur, Feuchtigkeit, Nahrung, soziale Umgebung, Schutz vor Feinden und dergleichen.

Wie kann man die Frage nach dem Einfluss von Vererbung und Umwelt bei Menschen untersuchen? Schon gegen Ende des 19. Jahrhunderts und in den ersten Jahrzehnten des 20. Jahrhunderts haben sich Humangenetiker mit dieser Frage beschäftigt. Sie haben alle möglichen Merkmale gemessen und mit statistischen Verfahren verglichen – zwischen Menschen afrikanischer, europäischer und asiatischer Herkunft; zwischen Menschen aus Stadt und Land; zwischen Armen und Reichen; zwischen Verwandten verschiedenen Grades, Eltern und Kinder; Tanten und Onkel und Nichten und Neffen; Geschwister. Das ergab zwar interessante Einblicke, aber, wie damals jemand sagte, der „Königsweg" der menschlichen Genetik ist die Zwillingsforschung.

Zwillinge

Monozygote Zwillinge, auch als eineiige oder identische Zwillinge bezeichnet, gehen aus *einer* befruchteten Eizelle hervor und haben deswegen identische Gene. Demnach müssen eventuelle Unterschiede zwischen den Zwillingen eines Paares auf Einflüsse der Umwelt zurückgehen. Anders bei zweieiigen (oder dizygoten oder nicht-identischen) Zwillingen. Sie entstehen, wenn zwei innerhalb eines monatlichen Zyklus' gereifte Eizellen unabhängig voneinander von je einem Spermium befruchtet werden. Dizygote Zwillinge haben im Durchschnitt nur die Hälfte der Genmarker gemeinsam, wie es auch für andere Geschwister gilt. Wenn also ein Merkmal regelmäßig bei monozygoten, aber nicht bei dizygoten Zwillingen auftritt, sollte der Einfluss von Genen groß sein. Wenn dagegen das Merkmal gleich häufig bei den Zwillingen eines monozygoten Paares und bei den Zwillingen eines dizygoten Paares auftritt, dann kann man annehmen, dass es hauptsächlich durch die Umwelt bestimmt ist.

Die Häufigkeit der Zwillingsgeburten ist regional verschieden, etwa einmal pro 50–80 Einzelgeburten, und nur etwa ein Viertel der Zwillinge sind monozygot.

Francis Galton, der vielseitig interessierte Gelehrte im viktorianischen England, den wir schon als Begründer der Eugenik vorgestellt hatten, war wohl der Erste, der über Zwillingsforschung im Zusammenhang mit der Vererbung menschlicher Eigenschaften geschrieben hat. Ihm ging es um menschliche Verhaltensweisen oder genauer, wieweit sie vererbt oder erworben werden. Deswegen hat sein Aufsatz den schönen Titel „*The history of twins as a criterium of the relative powers of nature and nurture*" (1876). Hier treffen wir auf das unübersetzbare Wortspiel, das bei allen englischsprachigen Arbeiten zum Thema Umwelt und Vererbung auftaucht: *nature/nurture*. Es stammt aus Shakespeares *Tempest*, wo Prospero über Caliban sagt: „*A devil, a born devil, on whose nature nurture can never stick.*"

Nature and nurture, Vererbung und Umwelt – das war eines der großen Themen der Humangenetik im 20. Jahrhundert. Heftigste wissenschaftliche Kämpfe wurden ausgefochten. Darüber wird Einiges auf den folgenden Seiten zu lesen sein. Heute hat sich der Pulverdampf verzogen. Man sieht mit größerer Gelassenheit auf das Thema, denn man hat inzwischen gelernt, dass beides eine Rolle spielt, Gene und Einflüsse von außen, in einem Verhältnis, das bei jedem Merkmal und sogar bei jedem Menschen individuell eingestellt wird.

Wie auch immer, Galtons Aufsatz war der Start der Zwillingsforschung. In den darauffolgenden Jahrzehnten wurden viele weitere Aufsätze über Zwillinge geschrieben. Der Mediziner und Humangenetiker H. W. Siemens (1891–1969), den wir oben als eifrigen Befürworter der zwangsweisen Sterilisation von sogenannten Asozialen kennengelernt hatten, schrieb das Standardbuch: *Die Zwillingspathologie. Ihre Bedeutung, ihre Methodik, ihre bisherigen Ergebnisse* (1924). Er verlieh der Zwillingsforschung einen sicheren Grund, indem er, ausgehend von zahlreichen körperlichen Merkmalen, rigorose Kriterien für die Diagnose der „Eiigkeit" aufstellte. Er setzte statistische Verfahren ein, wobei er als Voraussetzung dazu über Schulen große Zahlen von Zwillingspaaren rekrutierte.

Das Stichwort ist Konkordanz oder Übereinstimmung. Wenn monozygote („eineiige") Zwillinge häufiger in einem Merkmal übereinstimmen als dizygote („zweieiige") Zwillinge, ist der Einfluss der Gene beträchtlich. Freilich, hundertprozentige Übereinstimmung findet man bei monozygoten Zwillingen nur, wenn es um einfache Merkmale, etwa Haar- und Augenfarbe, oder um die klassischen Erbkrankheiten geht, wie zum Beispiel Blutgerinnungsstörungen, Farbenblindheit und anderes.

Die genannten Merkmale lassen sich einfach registrieren, denn sie sind entweder vorhanden oder nicht. Aber viele interessante Merkmale müssen auf einer Skala gemessen werden – Körpergröße, Körpergewicht, Blutdruck und andere physiologische Eigenschaften, auch Verhaltensformen, etwa Intelligenz, gemessen mit dem IQ-Test. Der zusammenfassende Begriff ist „quantitative Merkmale" und die dazu gehörende Forschungsrichtung heißt „quantitative Genetik".

Bei quantitativen Merkmalen muss an der Stelle eines einfachen Vergleichs ein statistisches Verfahren eingesetzt werden, zum Beispiel die Aufstellung von Korrelationskoeffizienten. Methodische Details sind hier nicht wichtig, und am interessantesten ist wieder die Frage, ob und, wenn ja, wie oft monozygote Zwillinge das gleiche Merkmal aufweisen und wie es in dieser Hinsicht bei dizygoten Zwillingspaaren aussieht.

Wie man aufgrund allgemeiner Lebenserfahrung eigentlich erwarten kann, sind die Ergebnisse alles andere als eindeutig. Bei Körpergröße und -gewicht wurden Übereinstimmungen gemessen, die bei monozygoten Zwillingen irgendwo zwischen 60 und 80 % und bei dizygoten Zwillingen nur zwischen 20 und 40 % liegen. Die Schlussfolgerung ist, dass die gemessenen Merkmale sowohl durch die genetische Ausstattung als auch durch die Umwelt geprägt werden. Der bedeutende Einfluss der Umwelt leuchtet ein, denn wenn jemand schlecht ernährt wird und auch sonst wenig Unterstützung erfährt, bleibt er klein und dünn, selbst wenn seine Gene bestens sein mögen.

Entsprechendes gilt für die Medizin. Die häufigen Krankheiten wie Asthma, Diabetes, Bluthochdruck, Rheumatismus und viele andere, darunter auch die großen Psychosen, kommen bei monozygoten Zwillingen in 60–80 % der Fälle gemeinsam vor, bei dizygoten Zwillingen seltener. Anders gesagt, Gene tragen erheblich zum Geschehen bei, aber auch die Umwelt prägt Ausbruch und Verlauf der Krankheiten. Zudem machen sich die Krankheiten sehr unterschiedlich bemerkbar, als unangenehme Belästigung bei der einen Person bis zu schweren lebensbedrohenden Krankheiten bei anderen Personen.

Polygene Vererbung

„Gene tragen zum Geschehen bei", schreiben wir, aber es ist offensichtlich nicht die einfache Genotyp-Phänotyp-Beziehung wie bei Mendels Erbsen und Morgans *Drosophila*. Es ist komplizierter.

Wie man damit umgehen kann, zeigte als erster Ronald A. Fisher (1890–1962), der große britische Statistiker, Evolutionsbiologe und Genetiker. Er erfand den Begriff „Varianz" als ein Maß für die Streuung von Messpunkten um einen Mittelwert. Wir wollen den Begriff nicht ableiten und erklären, und nur so viel sagen, dass Varianz gegenüber anderen den großen Vorteil hat, dass man sie relativ einfach in Einzelkomponenten zerlegen kann. So setzt sich die Varianz in einer Messreihe von, sagen wir, Körpergrößen oder Bluthochdruck-Werten aus hauptsächlich zwei Komponenten zusammen, aus V_G, als Anteil an der Varianz, der durch den Genotyp bestimmt wird, und V_E, als Anteil, der auf die Umwelt zurückgeht.

In seinem Aufsatz „*The correlation between relatives on the supposition of Mendelian inheritance*" (1918) hat R. A. Fisher aus seinen Überlegungen den wichtigen Schluss gezogen, dass nicht ein einzelnes Gen für so etwas wie Körpergröße und Bluthochdruck verantwortlich sein kann, sondern dass es mehrere, vielleicht sogar viele Gene sein müssen. Dabei kann bei der einen Person das eine Gen im Vordergrund stehen, bei der zweiten Person ein anderes, je nach der genetischen Ausstattung der betroffenen Person. Dieses Modell wird heute vielfach als Erklärung für die genetischen Grundlagen der genannten Volkskrankheiten herangezogen.

Man spricht von polygenen Merkmalen oder polygenen Krankheiten, im Gegensatz zu monogenen Merkmalen oder Krankheiten, für die der Ausfall eines einzelnen Gen verantwortlich ist. Die Abb. 5.1 zeigt die Gegenüberstellung am Beispiel von Asthma als polygene und von einer Form von Blutarmut als monogene Krankheit. Die Abb. 5.1 deutet an, dass bei Asthma allerlei Einwirkungen aus der Umwelt von Bedeutung sind – Hausstaub, Luftverschmutzung und anderes. Diese Einflüsse bestimmen dann den zweiten Teil der Varianz, V_E.

Aber wir wollen V_E nicht an diesem Beispiel beschreiben, sondern an einem anderen dramatischeren Kapitel der menschlichen Populationsgenetik.

Abschneiden im IQ-Test

Nicht nur körperliche Merkmale, sondern auch Verhaltensformen werden durch Gene geprägt. Ein heiß diskutiertes Beispiel ist das Abschneiden beim Intelligenzquotienten-Test. Bis heute gilt der IQ-Test als ein nützliches Maß, um Aspekte der Intelligenz zu messen, Lernerfolge abzuschätzen und um Vergleiche zwischen Personen herzustellen. Aber es ist auch klar, dass der IQ-Wert bei

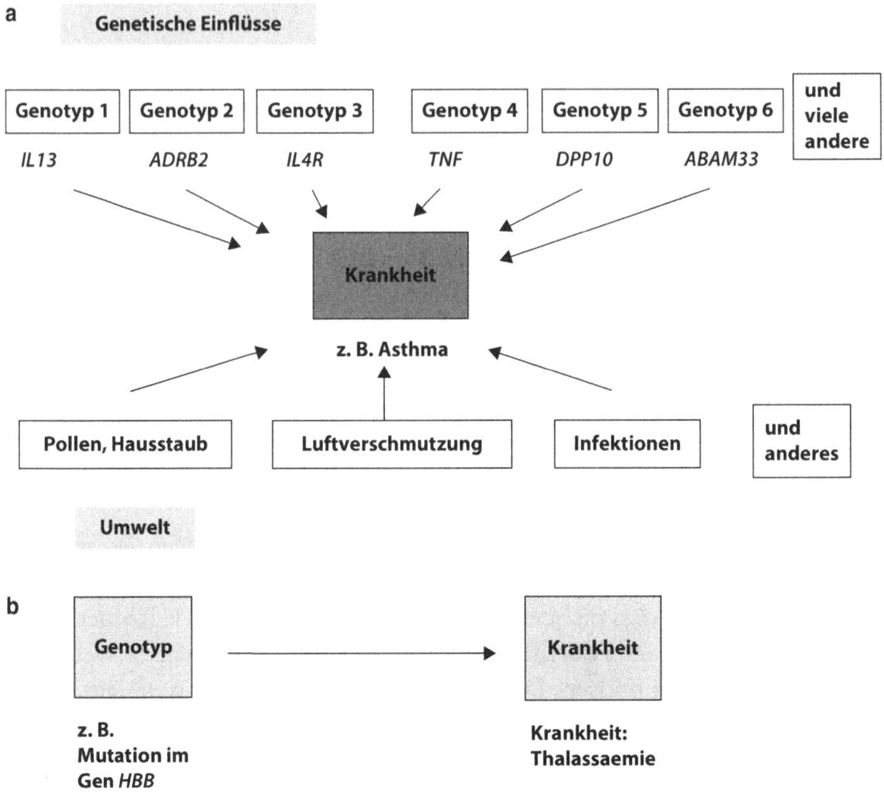

Abb. 5.1 Polygen – monogen. **a** Polygene Krankheiten haben komplizierte geneti-sche Grundlagen. Eines oder mehrere von vielen Genen können beteiligt sein. Zudem ist die Umwelt beteiligt und zwar beim Ausbruch und beim Verlauf der Krankheit. Das hier gezeigte Beispiel ist Asthma. Sechs von mehreren möglicherweise beteiligten Gene sind angegeben. Wie üblich, werden hier menschliche Gene mit kursiven Groß-buchstaben notiert. Wer sich die Gene genau ansehen möchte, mag im Internet nach OMIM (*Online Mendelian Inheritance in Man*) suchen und dort die Buchstabenfolgen eingeben. Weitere Beispiele für polygene Krankheiten sind Diabetes, Bluthochdruck, Erkrankung der Herzkranzgefäße, Rheumatismus, die großen Psychosen und andere weitverbreitete Krankheiten. **b** Monogene Krankheiten werden durch Schäden in ei-nem einzigen Gen verursacht. Als Beispiel ist hier das Gen *HBB* angegeben. Mutati-onen in diesem Gen sind Ursache für mehrere Krankheiten, unter anderem für die weltweit verbreitete Krankheit Thalassämie, wie später genauer beschrieben

Weitem nicht für alle intellektuellen Fähigkeiten des Menschen gilt und schon gar nichts über seine sonstigen mentalen Eigenschaften aussagt.

Wie auch immer, seit Beginn des 20. Jahrhunderts sind Zehntausende von IQ-Tests durchgeführt und alle möglichen Vergleiche angestellt worden. Studien zeigen, dass genetisch verwandte Mitglieder einer Familie ähnlicher im IQ-Test abschneiden als nichtverwandte Personen, auch wenn diese im gleichen Haushalt aufwachsen. Ja, die Ähnlichkeit der Testwerte nimmt mit dem Grad der Verwandtschaft zu. Was bedeutet das im Hinblick auf den relativen Einfluss von Genetik und Umwelt?

Wir nehmen als hypothetisches Beispiel alle fünfzehnjährigen Schüler einer Stadt. Viele werden einen IQ-Wert um 100 erzielen, andere erreichen Werte, die mehr oder weniger weit darüber oder darunter liegen. Zusammen bilden sie die Form einer Gauß- oder Normalverteilung. Die Verteilung wird durch zwei Faktoren bestimmt, erstens durch die unterschiedliche Ausstattung mit Genen und zweitens durch die soziale Umwelt, die der Entwicklung der Intelligenz entweder mehr oder eben weniger förderlich ist.

Nach R. A. Fisher lässt sich die Verteilung um den Mittelwert als Varianz ausdrücken, die, wie wir oben angemerkt haben, aus zwei Komponenten besteht, V_G und V_E, Varianz durch den Genotyp und Varianz durch die Umwelt. Den Anteil von V_G an der Gesamtvarianz nennt man den Hereditätsfaktor oder einfach Heredität (*heritability*). Er kann theoretisch zwischen 1 und 0 liegen, je nachdem, ob Gene zu 100 % oder gar nicht beteiligt sind.

In der Literatur über die Vererbung von Intelligenz findet man Hereditätsfaktoren, die zwischen 0,6 und 0,8 liegen. Im Eifer der Debatten wird dieser Wert oft verfälscht wiedergegeben, wenn jemand sagt, 60 bis 80 % der Intelligenz würde durch Gene bestimmt. Dabei geht es in Wirklichkeit um den Anteil an der Varianz der Messwerte innerhalb einer Gruppe von untersuchten Personen.

Wie wichtig eine solche Klarstellung ist, zeigt sich daran, dass der Anteil V_G an der Varianz verschieden sein kann. Wenn in unserem Beispiel alle getesteten Schüler aus wohlhabenden Akademikerfamilien stammen, sind die Umweltbedingungen einigermaßen ähnlich, damit ist V_E relativ klein und V_G entsprechend groß. Wenn aber die Schüler aus allen möglichen sozialen Schichten der Stadt kommen – aus wohlhabenden Familien sowie aus Familien mit Hartz-IV-Einkommen oder aus Migrantenfamilien, wo kein Deutsch gesprochen wird – sind die Umweltbedingungen sehr unterschiedlich. Der Anteil V_E an der Gesamtvarianz ist daher hoch und der Anteil V_G niedrig. Mit anderen Worten, wenn es um Hereditätsfaktoren geht, muss immer gefragt werden, wie sich die getestete Population zusammensetzt. Und es ist immer schwierig, verschiedene Populationen zu vergleichen.

Hier konnte die Zwillingsforschung weiterhelfen. Wobei im Zusammenhang mit der IQ-Frage ein neuer Aspekt hinzukam, nämlich Zwillinge, die früh voneinander getrennt in verschiedenen Familien aufwachsen. Von fern betrachtet, ist das eine wunderbare Testsituation, denn „getrennt aufgewachsen" bedeutet unterschiedliche Umwelten, und wenn dann die getesteten Merkmale bei den getrennten Zwillingsgeschwistern übereinstimmen, kann man auf genetische Ursachen schließen. Aber bis in die 1950er-Jahre war es immer ein Problem, dass den vielen Tausend gemeinsam aufgewachsenen monozygoten Zwillingen nur relativ wenige getrennt aufgewachsene gegenüberstanden, und bei niedrigen Zahlen kann der Zufall eine große Rolle spielen. Zudem kam damals die IQ-Forschung in schwere Bedrängnis, weil manche Angaben über getrennt aufgewachsene Zwillinge aus unklaren, umstrittenen, womöglich sogar gefälschten Quellen stammten. Aber wenn man das alles berücksichtigt und umstrittene Daten weglässt, zeigt es sich, dass monozygote Zwillinge tatsächlich meist recht ähnlich im IQ-Test abschneiden, egal ob sie in der gleichen Familie aufwachsen oder getrennt. Zahlen werden genannt, aber die Frage ist, wie viel sie im Hinblick auf alle Unsicherheiten wert sind.

Wir halten uns an den Schluss, den der Psychologe Robert Joynson im Jahre 1989 zog. Er schreibt am Ende seines Buchs: Nachdem Psychologen, Sozialwissenschaftler und Statistiker „[...] 111 unterschiedliche Studien mit 526 Korrelationen von ungefähr 55.000 Gegenüberstellungen (*pairings*) von Verwandten gemacht haben [...]" kann man schließen, dass dem IQ sowohl eine genetische als auch eine Umweltkomponente zugrunde liegt, jedoch „in unbekanntem Verhältnis".

Politik

Aber der Satz, dass 60 bis 80 % der Intelligenz durch Gene bestimmt wird, hat Konsequenzen gehabt, wie die jahrelangen Debatten und Kontroversen zeigen. Wir wollen das nicht im Einzelnen nacherzählen und werfen sozusagen ersatzweise einen Blick auf ein dickes Buch mit dem Titel *The Bell Curve*, womit die „glocken"-förmige Streuung von Einzelwerten um einen Mittelwert in der Normal- oder Gauß-Verteilungskurve gemeint ist. Das Buch erschien 1994 und hat erhebliches Aufsehen erregt. Die Autoren, der Psychologe Richard Herrnstein und der Politologe und Wirtschaftswissenschaftler Charles Murray, hatten enorme Mengen an sozialwissenschaftlichen Daten gesichtet und waren zu dem Schluss gekommen, dass die im IQ-Test gemessene Intelligenz den „sozio-ökonomischen" Erfolg bestimmt, beurteilt nach einer erfolgreich abgeschlossenen Ausbildung, angesehenem Beruf und einem hohen Einkommen. Die Autoren schlossen, dass Erfolg im beruflichen Leben genetisch bestimmt sei, weil ja die Intelligenz in erster Linie von den Genen abhänge. Das ist eine Aussage von hoher politischer Brisanz, weil es eine wohlfeile Erklärung für die Beobachtung wäre, dass viele Arme und Erfolglose nicht aus ihrer Misere herausfinden. Wenn deren Zustand nun tatsächlich genetisch bedingt ist, wäre alle Hilfe in Form von Schul- und Erziehungsprogrammen vergebliche Mühe, und man könnte das eingesparte Geld für andere Dinge ausgeben.

Wie gesagt, das Buch hat in den 1990er-Jahren enormen Aufruhr erregt – in TV-Programmen, Tages- und Wochenzeitungen, auch in der wissenschaftlichen

Literatur, mit unzähligen Artikeln und umfangreichen Gegen-Büchern. Neu an der *Bell Curve* waren nicht die Messdaten, sondern die pointierte Feststellung der gesellschaftlichen und politischen Konsequenzen.

Der Hype flachte im Laufe der Jahre ab. Doch in Deutschland nahm um 2010 die Diskussion wieder an Heftigkeit zu. Das Buch von Thilo Sarazin *Deutschland schafft sich ab* war erschienen. Dabei ging es um die Behauptung, dass bestimmte Migrantengruppen weder fähig noch willig zur Integration in die deutsche Gesellschaft sind. Auch Sarazin zog als Argument die genetischen Grundlagen für Intelligenz heran.

Wir haben gesehen, dass die Annahmen, auf die sich solche Argumente stützen, recht kompliziert sind und dass ein Vergleich zwischen Gruppen von sehr begrenztem Wert ist. Aber wie man's auch betrachten will, der Beitrag der Genetik zu den Unterschieden zwischen Individuen einer Gruppe ist groß. Nur darf das kein Grund fürs Nichtstun sein. In einer offenen Gesellschaft muss es selbstverständlich sein, dass sowohl genetisch als auch sozial Benachteiligte jede mögliche und sinnvolle Förderung erfahren.

Zusammenfassung

Die Psychologen R. Plomin und I. J. Dreary haben im Jahre 2015 einen Aufsatz über Genetik und Intelligenz geschrieben. Sie beginnen ihren Aufsatz, indem sie drei Leitsätze oder, wie sie sagen, „Gesetze" für die Vererbung von Intelligenz, aber auch für die Vererbung anderer quantitativer Merkmale wie etwa Körpergröße aufstellen. Diese Kern- und Sinnsätze sind nichts Neues. Sie waren schon den Ärzten und Wissenschaftlern in jener frühen Phase der Genetik-Geschichte bekannt, über die wir in diesem Kapitel berichtet haben.

Aber diese Sätze haben offensichtlich den Test der Zeit bestens überstanden. Deswegen sind sie eine gute Zusammenfassung:

- Gene prägen so gut wie alle Merkmale, besonders auch quantitative Merkmale.
- Aber – kein einziges Merkmal dieser Art wird nur von Genen bestimmt. Die soziale und natürliche Umwelt hat einen erheblichen Einfluss, der von Merkmal zu Merkmal, von Population zu Population, ja von Person zu Person verschieden sein kann.
- Der genetische Einfluss besteht aus den Effekten vieler einzelner Gene („polygene" Vererbung). Das besagten anfangs die theoretischen Überlegungen von Populationsgenetikern wie R. A. Fisher und das besagen heute molekulargenetische Analysen.

6

Um- und Irrwege: Genetik in Deutschland zwischen 1910 und 1950

Wir wollen bei unserer Geschichte noch eine kurze Strecke vor der Grenze zur molekularen Genetik bleiben, und fragen, was in den 1920er und 1930er-Jahren auf genetischem Gebiet in Deutschland geschah. Immerhin hatten die bedeutenden deutschen Gelehrten gegen Ende des 19. Jahrhunderts wichtige Arbeit bei der Erforschung der Chromosomen geleistet, und die Biochemie im Deutschland der 1920er- und frühen 1930er-Jahre hatte Weltgeltung. Warum lässt sich also wenig über den Beitrag deutscher Genetiker berichten?

Auf diese Frage gibt es mehrere Antworten. Eine der Antworten hat mit dem mangelnden Interesse der etablierten Universitätsbiologie zu tun. Da gab es die Professoren und Lehrstuhlinhaber in den traditionellen Fächern Zoologie und Botanik, die jeweils auf ihrem Gebiet ordentliche Forschungsleistungen erbrachten, aber die aufkommende Genetik nicht beachteten oder bestenfalls als Nebensache ansahen, jedenfalls kein Gespür dafür hatten, dass Genetik eine Grundlage für die gesamte zukünftige Biologie sein würde (neben Biochemie und Zellbiologie).

Eine andere Antwort geht tiefer. Der Wissenschaftshistoriker Jonathan Harwood hat es in seinem Buch zum Ausdruck gebracht (1994). Das Buch hat den auffälligen Titel: *Styles of Scientific Thought* Untertitel: *The German Genetics Community 1900–1933*. Harwood geht davon aus, dass biografische und persönliche Erfahrungen den Stil der wissenschaftlichen Arbeit beeinflussen, etwa ob jemand an vielen Aspekten der Biologie interessiert ist oder er sich auf eine Sache konzentriert oder ob jemand die praktischen Seiten der Forschungsarbeiten in den Vordergrund stellt oder eher zur reinen Grundlagenforschung oder gar zur Naturphilosophie neigt. Harwood macht das am Beispiel einiger deutscher Institute deutlich.

© Springer-Verlag GmbH Deutschland 2017
R. Knippers, *Eine kurze Geschichte der Genetik*, DOI 10.1007/978-3-662-53555-4_6

Sein Buch beginnt mit einer Gegenüberstellung der großartigen Erfolge der amerikanischen und der vergleichsweise bescheidenen Beiträge der deutschen Genetiker, obwohl diese doch, wie gesagt, einen historischen Vorsprung und ein ausgezeichnetes wissenschaftliches Umfeld hatten. Harwood meint, die Amerikaner hätten sich auf ein wichtiges Problem konzentriert und dieses mit geeigneten Modellsystemen untersucht, und dabei hätten sie sich nicht durch Spekulationen und philosophische Betrachtungen ablenken lassen. Anders die Deutschen, sie hätten sich, geprägt durch die Tradition einer romantischen Naturphilosophie, von den Wundern der Natur hinreißen lassen und viel Zeit und Energie mit Projekten zugebracht, für die es damals noch keine ordentliche Methoden gab, etwa mit Embryologie und Entwicklungsbiologie, und es sei deswegen kein Wunder, wenn dabei wenig herausgekommen sei.

Ob Harwood nun Recht hat oder nicht, mag für Wissenschaftshistoriker interessant sein. Vermutlich trifft eher zu, was der Evangelist schreibt „der Geist weht, wo er will, und [...] du weißt nicht, woher er kommt, und wohin er geht" (Johannes Kap. 3, Vers 8) oder in prosaischer Umgangssprache: Die richtigen Personen müssen sich am richtigen Ort treffen.

Doch zunächst wollen einen kurzen Blick auf die deutsche genetische Szene in der ersten Hälfte des 20. Jahrhunderts werfen und drei damals höchst prominente Wissenschaftler vorstellen.

Erwin Baur (1875–1933)

Baur gehörte zweifellos zu den prominenten Genetikern in Deutschland. Was man allein schon daran sieht, dass seine Kollegen ihn zum Präsidenten des Internationalen Kongresses für Genetik in Berlin (1927) bestimmten, jenes Kongresses, auf dem Muller seinen berühmten Auftritt hatte, von dem im Kap. 5 die Rede war.

Baur hatte Medizin studiert, sich aber nach Abschluss des Studiums der Botanik zugewandt. Er erwarb nach dem medizinischen bald auch den naturwissenschaftlichen Doktortitel und erhielt dann im Jahre 1911 den Ruf auf den Lehrstuhl für Botanik an der landwirtschaftlichen Hochschule in Berlin. Sein Engagement für das junge Fach Genetik (oder damals in Deutschland: „Vererbungslehre") führte zur Gründung der ersten genetischen Zeitschrift überhaupt (1908): *Zeitschrift für induktive Abstammungs- und Vererbungslehre* (die noch heute existiert, freilich seit 1958 unter einem zeitgemäßen Titel: *Molecular and General Genetics*). Zudem verfasste er ein Lehrbuch der Genetik (*Einführung in die experimentelle Vererbungslehre*, 1. Aufl. 1911). Dann sorgte er dafür, dass an der Berliner landwirtschaftlichen Hochschule ein Lehrstuhl für Genetik eingerichtet wurde, der erste Genetik-Lehrstuhl in Deutschland. Im Jahre 1914 übernahm Baur selbst diesen Lehrstuhl.

Später, verzögert durch den Ersten Weltkrieg, gründete er zwei Kaiser-Wilhelm-Institute (KWI), wie die Einrichtungen damals hießen, die man heute als Max-Planck-Institute kennt. Das erste war das „KWI für Anthropologie, menschliche Erblehre und Eugenik" in Berlin (1927) und das zweite das „KWI für Kulturpflanzenzüchtung" in Müncheberg (1928). Baur wurde Direktor in Müncheberg, konnte eine Reihe guter Wissenschaftler gewinnen und damit die Voraussetzung für erfolgreiche pflanzengenetische Arbeiten schaffen. Nicht genug damit. Er verfasste ein Lehrbuch „für Landwirte, Gärtner und Forstleute", besorgte die Neuauflagen seines Genetik-Lehrbuches, schrieb viele Gutachten, hielt Dutzende von Vorträgen und so weiter.

Seine Forschungsarbeiten betrafen das Aufstellen pflanzlicher Genkarten, und zwar bei *Antirrhinum* (Löwenmäulchen), das dadurch für lange Zeit – zumindest in Deutschland – zum Standardobjekt pflanzlicher Genetik wurde. Dazu kommen Bemühungen zur Erforschung der Evolution unserer Kulturpflanzen aus den Wildpflanzen und manches andere, besonders im Bereich der Züchtung landwirtschaftlich interessanter Pflanzenarten. Aber seine wichtigste Entdeckung, jedenfalls auf dem Gebiet der Grundlagenforschung, war, dass es Gene gibt, die nicht auf den Chromosomen des Zellkerns liegen, sondern in den Chloroplasten vorkommen, den pflanzlichen Organellen, in denen Photosynthese stattfindet.

Bei all diesen Gründungen, Organisationen, wissenschaftlichen Arbeiten und dem Bücherschreiben blieb Baur noch Zeit für politische Debatten, und zwar über Eugenik und die Organisation der Landwirtschaft in Deutschland.

Dass Eugenik ein Modethema der Zeit war und damals viele Menschen anzog, von den Konservativen bis zu den Sozialisten, haben wir bei der Lebensgeschichte von H. J. Muller gesehen. Und Erwin Baur? Er war Vorsitzender der Berliner Ortsgruppe der „Gesellschaft für Rassenhygiene" (das unsägliche, aber damals geläufige deutsche Wort für Eugenik), schrieb einige Aufsätze zum Thema, hielt Vorträge und fand sich bereit, einen Beitrag zu dem Buch *Grundriss der menschlichen Erblehre und Rassenhygiene* (1921) zu schreiben. Baurs Beitrag war eine kurze Zusammenfassung des genetischen Wissens seiner Zeit. Es waren gerade einmal 70 Seiten in einem viele Hundert Seiten dicken Buch. Dieses Buch, auf das wir gleich noch einmal zurückkommen werden, war ein Riesenerfolg. Es galt zu seiner Zeit als wissenschaftliche Begründung für die Rassenlehre und gilt heute als ein typisches Beispiel dafür, wie sich politische Vorurteile, und das waren damals nationalkonservative und eurozentrische Vorurteile, in wissenschaftliches Gewand kleiden lassen.

Baur war aus ganz anderen Gründen an Eugenik interessiert als etwa Muller. Baur wollte die deutsche Landwirtschaft fördern und meinte, dass, wenn man nur die Landbevölkerung vermehrt, die Steigerung der landwirtschaftlichen Produktivität schon folgen würde. So propagierte er politische Maßnahmen zur Gründung großer Familien mit vielen Kindern – natürlich Familien mit eugenisch „positiven" Menschen.

Es scheint, dass Baur sich Hoffnungen machte, nach 1933 Landwirtschaftsminister des Deutschen Reiches zu werden. Aber er war kein Nationalsozialist. Ja, er hielt den Reichsbauernführer und ersten NS-Landwirtschaftsminister, W. Darré, den Erfinder des Slogans von Blut-und-Boden, für unfähig und inkompetent und ließ seine Meinung auch durchblicken. Das Gezerre mit Darré und dessen Leuten und die Bemühungen um eine ordentliche Finanzierung seines Müncheberger Instituts setzten ihm zu, und er starb, erst 58 Jahre alt, im Herbst 1933 an einem Herzinfarkt. In der wissenschaftlichen Welt, in Deutschland und darüber hinaus, wurde sein Tod als Verlust für Wissenschaft und Forschung beklagt.

Im Rückblick auf jene Zeiten können wir bedauern, dass Erwin Baur sich so viel Politisches und Organisatorisches aufgeladen hat, statt sich um die Gene auf pflanzlichen Chromosomen und in Chloroplasten zu kümmern. Vielleicht hätte er dann auf pflanzlichem Gebiet die wissenschaftlichen Höhen eines Morgans erreicht. Das Zeug zu einem großen Forscher hatte er gewiss.

Eugen Fischer (1874–1967)

Ein anderer Genetiker jener Zeit, der im Laufe seines Lebens mit akademischen Ehrungen nur so überhäuft wurde, ja, in der Zeit zwischen etwa 1925 und 1955 als der führende Humangenetiker galt, war Eugen Fischer. Wie Baur hat Fischer in Freiburg Medizin studiert und eine Doktorarbeit über ein Thema aus der Anatomie geschrieben. Sein Aufstieg begann, als im Winter 1906/07 die Begeisterung für den Kolonialismus hohe Wellen schlug, jedenfalls im national gesinnten Teil der deutschen Bevölkerung. Im Zuge dieser politischen Bewegung erschienen Zeitungsberichte über eine Gruppe von etwa 2000 Menschen in der südwestafrikanischen Siedlung Rehoboth, Abkömmlinge von weißen Buren und der schwarzen Bevölkerung. Als Fischer diese Berichte las, wurde ihm, wie er später selbst schrieb „schlagartig" klar, dass dies das ideale Feld für eine Untersuchung der Mendel'schen Regeln beim Menschen sei. Fischer konnte sich die Mittel für eine Reise nach Deutsch-Südwest-Afrika verschaffen, verbrachte einige Wochen in Rehoboth und registrierte Haut-, Haar-, Augenfarben und -formen und schrieb einen 300 Seiten starken Bericht unter dem Titel „Die Rehobother Bastards und das Bastardisierungsproblem beim Menschen".

Die wissenschaftliche Welt reagierte zuerst sehr zurückhaltend, was verständlich ist, denn Fischer zog aufgrund eher dürftiger Beobachtungen weitgehende Schlussfolgerungen, und wo die Tatsachen nicht reichten, dehnte er sie so weit, dass sie schließlich zur Meinung passten. Aber im Laufe der Jahre verfestigte sich der Forschungsmythos, dass Fischer mit seiner Arbeit als Erster die Mendel-Regeln beim Menschen nachgewiesen habe. Das stimmt zwar nicht, denn der

Erste war der Engländer Archibald Garrod (1857–1946). Darüber später mehr.
Jedenfalls förderte der falsche Ruhm Fischers Karriere.

Eine weitere Stufe auf dieser Leiter war sein zweites Werk, das Standardbuch
Grundriss der menschlichen Vererbungslehre und Rassenhygiene. Wie beschrieben,
hatte sich daran auch E. Baur beteiligt, allerdings mit einem knappen wissenschaftlichen Text. Die beiden anderen Autoren waren F. Lenz, der umfangreich
über Erbkrankheiten schrieb, und eben E. Fischer mit seinem Beitrag über „Ras-
senunterschiede des Menschen". Rasse, definierte er, ist eine „große Gruppe von
Menschen, welche durch hereditären Gemeinbesitz eines bestimmten körperlichen und geistigen Habitus untereinander verbunden und von anderen getrennt
sind." Reine Menschenrassen existieren nicht, schrieb er, und alle Völker sind
Rassenmischungen. Aber, fuhr er dann fort, es drohe die Entartung des Volkes.
Dagegen müsse etwas unternommen werden, und zwar Rassenhygiene mit dem
ganzen Programm der negativen und positiven Eugenik, notfalls durch Wegsper-
ren und Sterilisierung, wie im Kap. 5 beschrieben.

Immerhin brachte ihm dies und ähnliches den Posten eines Direktors am
Kaiser-Wilhelm-Institut für Anthropologie, menschliche Erblehre und Eugenik
ein. Er versprach: „Ich will versuchen, für das ganze deutsche Volk den wirklichen
Rassengedanken und die Eugenik fruchtbar zu machen." Wissenschaftshistoriker
haben sich die wissenschaftliche Produktion seines Instituts angesehen und gefunden, dass darunter kaum etwas ist, was vielleicht heute noch als ein sinnvoller
Beitrag zur Humangenetik gelten könnte. Während der NS-Zeit verkam das
Institut dann zu einer Schulungsstätte, wo rassenhygienische und erbbiologi-
sche Kurse für Ärzte in Behörden und Verwaltungen, auch für das medizinische
Personal der SS abgehalten wurden. Man schrieb viele Gutachten für Erbgesund-
heitsgerichte, Rassenämter usw.

Übrigens ist seit jener Zeit das Wort „Rasse" verseucht, und niemand kann
es mehr unbefangen in den Mund nehmen, jedenfalls nicht in Deutschland. Da
spricht man lieber von ethnischen Gruppen oder Populationen. Auch in den
USA ist „Rasse" ein Wort, das mit bösen historischen Erinnerungen beladen ist.
Trotzdem geht man dort offener damit um. Immer wieder erscheinen dort Bücher mit dem Wort „Rasse" (*race*) im Titel. Wir werden später noch einmal und
dann genauer auf diese Dinge zu sprechen kommen, wenn es um die genetische
Vielfalt der Menschen geht.

Zurück zu E. Fischer. Er wurde 1942 emeritiert und kehrte nach Freiburg zurück. Dort versammelten sich im Sommer 1944 Staat, Stadt und Wissenschaft,
um den ohnehin schon hoch geehrten „Begründer der menschlichen Erblehre"
noch mehr zu ehren. Selbst der Führer ließ grüßen und verlieh ihm den Adler-
Schild, die höchste Wissenschaftsauszeichnung der NS-Regierung.

Fischer verbrachte die ersten Jahre nach dem Krieg in einem kleinen hessischen
Dorf und schrieb: „Ich erkenne meine große Schuld der Blindheit, der Vertrau-

ensseeligkeit, der Weltfremdheit, der völligen Unwissenheit um das Böse ehrlich an – aber nur diese – und bin bereit dafür zu büßen." Die Buße bestand in einem beschaulichen Lebensabend.

Wie in der Nachkriegszeit üblich, stilisierten sich Fischer und seine ehemaligen Mitarbeiter und Abteilungsleiter als Nazigegner. Es kam zu einem regelrechten Comeback der Fischer-Schule, die fast alle einflussreichen Professuren für Humangenetik an den Universitäten der jungen Bundesrepublik besetzten – und damit nach Ansicht vieler Beobachter das Fach hierzulande für Jahrzehnte kompromittierten.

Wir wollen die Szene in Deutschland nicht mit diesem eher dunklen Bild verlassen. Stattdessen stellen wir einen Wissenschaftler vor, der wesentlich am nächsten Kapitel in der Geschichte des Gens mitgeschrieben hat und allein deswegen ein ehrendes Andenken verdient.

Alfred Kühn (1885–1968)

Alfred Kühn war Professor für Zoologie, zuerst an der Universität in Berlin, dann in Göttingen, wo ihm wichtige und viel beachtete Arbeiten gelangen. Wegen dieser Verdienste wurde er im Jahre 1937 an das Berliner Kaiser-Wilhelm-Institut für Biologie berufen. Dort konnte er nicht lange bleiben, denn das Institut ging im Bombenhagel der letzten Kriegsjahre zugrunde. Deswegen kam er über Zwischenstationen schließlich nach Tübingen, wo er Professor an der Universität und gleichzeitig Direktor eines Instituts wurde, das nun nicht mehr nach Kaiser Wilhelm, sondern nach Max Planck benannt wurde.

Kühn schrieb ein, nein *das Lehrbuch für Zoologie* (1922), das heute von R. Wehner und W. J. Gehring erfolgreich weitergeführt wird und im Jahre 2013 seine 25. Auflage erlebte. Und er schrieb ein Genetik-Buch unter dem Titel *Grundriss der Vererbungslehre*. Die Abb. 3.1 und 6.1 stammen aus diesem damals höchst fortschrittlichen Buch.

Sein wissenschaftlicher Beitrag zu unserer Geschichte geht von Insektenaugen aus, den dunklen Augen der Mehlmotte und den roten Augen von *Drosophila*, oder genauer von den chemischen Verbindungen, die den Augen ihre Farbe geben.

Um bei seinen Forschungen voranzukommen, verbündete sich Kühn mit dem Biochemiker Adolf Butenandt (1903–1995; Nobelpreis 1933 für die Entdeckung von Steroidhormonen). Beide, Kühn und Butenandt, waren zuerst als Institutsdirektoren in Berlin, dann als Professoren in Tübingen, Kollegen und Freunde. Was natürlich die Kooperation begünstigte.

Ein Mitarbeiter von Kühn, Erich Becker, stellte die Extrakte aus Insekten her, und Wolfhard Weidel gelang die Isolierung des Farbstoffes in Butenandts biochemischem Labor. Das war alles andere als feines und elegantes Experimentieren. Es

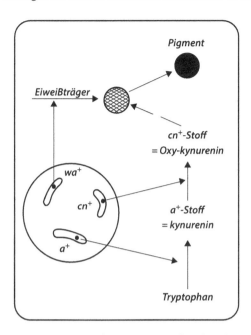

Abb. 6.1 Ein Gen – ein Enzym. Das Bild stammt aus dem bereits erwähnten Lehrbuch *Grundriss der Vererbungslehre* von A. Kühn (1950). Es fasst die Arbeiten von A. Butenandt, A. Kühn und Mitarbeitern zusammen. Der Kreis (*links*) deutet den Zellkern mit den Chromosomen an. Die Chromosomen tragen Gene, wobei das Gen, das hier als a+ angegeben wird, ein Enzym kodiert, das aus der Aminosäure Tryptophan einen „Stoff" namens Kynurenin herstellt. Ein zweites Gen cn+ kodiert ein Enzym, das diesen „Stoff" in Oxykynurenin überführt, aus dem dann schließlich das Pigment entsteht. Das Pigment leuchtet aber nur dann schön und kräftig, wenn es an ein Träger-Protein gebunden ist. Für dieses Protein („Eiweißträger") ist ein drittes Gen wa+ verantwortlich. (Mit freundlicher Genehmigung des Verlags Quelle & Meyer)

mussten gewaltige Mengen an Insekten gezüchtet, getötet und dann mit chemischen Mitteln behandelt werden, damit nach vielen Schritten am Ende ein paar Milligramm Farbstoff übrig blieben. Bei jedem Schritt musste die Wirksamkeit des Farbstoffes mühsam im biologischen Test nachgewiesen werden.

Schließlich und endlich stellte sich heraus, dass die Farbstoffe der Mutanten *v* (*vermilion*, zinnoberrot) und *cn* (*cinnabar*, zimtfarben) aufeinander folgende Stoffwechselprodukte der Aminosäure Tryptophan sind, wie in der Abb. 6.1 gezeigt. Mit anderen Worten, die Produkte der Gene *v* und *cn* müssen in der Lage sein, Vorstufen des Augenpigmentes herzustellen. Biochemiker wussten seit Langem, dass es Enzyme sind, die als Biokatalysatoren Umwandlungen dieser Art ermöglichen. Deswegen konnte man das Ergebnis der Abb. 6.1 in der Sprache der Biochemie ausdrücken: Die Produkte der Gene müssen Enzyme sein. Das ist ein wichtiger Schluss und ein beachtlicher Fortschritt in der Geschichte des

Gens. Denn hier deutete sich zum ersten Mal an, was Gene wirklich machen: Sie tragen die Information zur Herstellung von Enzymen.

Wir müssen heute korrekterweise hinzufügen, dass nur ein Teil der Gene für Enzyme zuständig ist. Andere Gene tragen die Information zur Herstellung von Nicht-Enzym-Proteinen oder von allerlei Arten von RNA. Darüber mehr im Kapitel „RNA-Welten".

7

Ein Gen – ein Enzym

Die Abb. 6.1 ist eine Zusammenfassung von Arbeiten, die sich über Jahre hingezogen haben. Der erste *v*-Gen-gesteuerte Schritt, also von Tryptophan zu Kynurenin, wurde 1940 veröffentlicht, der zweite, *cn*-gesteuerte Prozess erst im Jahre 1948. Die Verzögerung kam zustande, weil die Jahre zwischen 1940, als noch einigermaßen normales Arbeiten möglich war, und 1948 katastrophal waren – Bombardierungen, Flucht aus Berlin, Neuanfänge in Tübingen unter den schwierigsten Bedingungen. Erich Becker, der, wie berichtet, die biologischen Seiten des Projektes bearbeitet hatte, war im Krieg als Soldat ums Leben gekommen.

Nach Angaben seines Biografen hat A. Butenandt schon vor 1940 die bedeutende Schlussfolgerung gezogen, dass ein Gen irgendwie für die Herstellung eines Enzyms zuständig ist. Das mag wohl so sein. Aber die Idee lag damals vielleicht doch in der Luft, denn schon beim Cold-Spring-Harbor-Symposium des Jahres 1934 äußerte ein Teilnehmer die Vermutung: „Die Spezifität der Genwirkung beruht wahrscheinlich auf einer Produktion von Enzymen, die Stoffwechselprozesse in bestimmte Richtungen leiten."

Vermutung ist die eine, der experimentelle Nachweis die andere und überzeugendere Sache. Weil es um Fragen ging, die für die Biologie wichtig waren, wundert es nicht, dass Kühn und Butenandt Konkurrenten hatten. Zuerst waren es der russisch-stämmige Franzose Boris Ephrussi und der Amerikaner George W. Beadle, die sich etwa gleichzeitig und gleich mühselig mit der Aufklärung der Augenpigmente von *Drosophila*-Mutanten beschäftigten und dann enttäuscht registrieren mussten, dass ihnen die Kühn-Butenandt-Gruppe zuvorgekommen war. Aber, wie wir sehen werden, war Beadle am Ende der bessere, weil zielorientierte Forscher. Kühn war auf vielen zoologischen Gebieten aktiv, ebenso wie Butenandt, dessen Labor sich mit so weit gestreuten Themen wie mit krebsaus-

© Springer-Verlag GmbH Deutschland 2017
R. Knippers, *Eine kurze Geschichte der Genetik*, DOI 10.1007/978-3-662-53555-4_7

lösenden Chemikalien und Virusforschung beschäftigte. Die Forschung über die
Synthese von Farbstoffen im Insektenauge stand nicht unbedingt an erster Stelle
auf seiner Agenda.

Anders der Biologe und Genetiker George W. Beadle (1903–1989), dessen
Anfänge in der Mais-Genetik wir erwähnt hatten. Er tat sich mit dem Chemiker
Edward Tatum (1909–1975) zusammen. Ihnen war klar, dass die Beziehung zwi-
schen Gen und Enzym durch weitere Forschungen untermauert werden musste.
Aber nicht an Farbpigmenten bei Insekten. Das war viel zu aufwendig, auch
frustrierend, wegen der mühsamen und unsicheren biologischen Tests, mit denen man jeden einzelnen Schritt bei der Reinigung der Farbpigmente aus einem
Zellmatsch überprüfen musste. Deswegen suchten sie nach einem biologischen
System, das leichter zu handhaben war, und wählten den Schimmelpilz *Neurospora crassa*. Da konnte man die Beziehung zwischen Genmutationen und ihren
Konsequenzen, also Störungen im Ablauf von Stoffwechselprozessen, viel leichter verfolgen. Wir können hier eine lange Geschichte abkürzen, denn in den
nächsten Kapiteln lernen wir ein ähnliches Forschungsprinzip kennen, wenn
auch an einem anderen Modellorganismus.

Beadle und Tatum wiesen einwandfrei und in aller Klarheit nach, dass die Mutation eines bestimmten Gens den Verlust eines Enzyms nach sich zieht, wobei
jedes Enzym für einen definierten Stoffwechselschritt verantwortlich ist. Oder
anders herum gesagt, Gene tragen die Informationen für Enzyme. Man prägte
den Slogan „ein Gen – ein Enzym" und sprach von „biochemischer Genetik".
George Beadle und Edward Tatum wurden mit dem Nobelpreis für Medizin und
Physiologie des Jahres 1958 belohnt.

Mit dem Kapitel „biochemische Genetik" schließt eine Epoche in der Geschichte des Gens ab. Und zwar zu einer Zeit, als die nächste Epoche bereits
begonnen hatte.

Wir wollen noch einmal Alfred Kühn zitieren – im Originalton des Jahres
1950, als noch von „Erbfaktor" statt von Gen gesprochen wurde: „Ein ganz neues
Gebiet, das zur Kenntnis der Natur der Erbfaktoren beizutragen verspricht, haben die Forschungen an [...] Bakterien und Phagen jetzt erschlossen. [...] Hier
liegt ein weites Aufgabenfeld, das nur in enger Zusammenarbeit von Biologen,
Biochemikern und Physikern erfolgreich bearbeitet werden kann. Fortschritte
der [...] Genetik werden Licht auf Grundprobleme der Lebensforschung werfen
und wertvolle Anwendungsmöglichkeiten für Tier- und Pflanzenzüchtung und
Heilkunst bringen."

Kühn sollte recht behalten, wie die folgenden Kapitel zeigen.

8

Auf dem Weg in die Molekulare Genetik

Die nun folgende Epoche in der Geschichte des Gens hat viele Chronisten gefunden. Einer der ersten war Gunther S. Stent (1924–2008). Er schrieb im Jahre 1968 einen Aufsatz mit dem Titel „*That was the Molecular Biology that was*". Ein etwas melancholischer Rückblick auf die zwei oder drei vorangegangenen Jahrzehnte Forschungsgeschichte. Stent fand, dass die Epoche mit einer, wie er sagt, „romantischen Phase" begonnen hat, die dann in eine dogmatische Phase überging, und die schließlich in einer akademischen Phase endete. Womit er meinte, dass sie zu einer langweiligen Routineangelegenheit geworden war.

Warum „romantisch"?

Weil am Anfang eine große Idee stand, propagiert vom bedeutenden dänischen Physiker Niels Bohr (1885–1962; Nobelpreis 1922 für fundamentale Arbeiten über den Aufbau des Atoms). Er hatte lange und intensiv über Biologie nachgedacht und notierte: „Die Frage, um die es geht, ist, ob wir bei der Analyse natürlicher – biologischer – Phänomene etwas Grundsätzliches übersehen"; und dass dieses Grundsätzliche notwendig ist, „um zu einem Verständnis des Lebens auf der Grundlage physikalischer Erfahrung zu gelangen." Es ging nicht um die Frage, ob in Lebewesen eine geheimnisvolle, quasi übernatürliche Kraft am Werke ist, wie es die Anhänger des Vitalismus glaubten. Nein, auch Lebendiges besteht aus Atomen, und die Regeln der Atomphysik sollten auch hier gültig sein, aber es könnte noch etwas dazukommen, was der nicht lebenden Materie fehlt. Vielleicht eine besondere und eigentümliche Anordnung der Atome.

© Springer-Verlag GmbH Deutschland 2017
R. Knippers, *Eine kurze Geschichte der Genetik*, DOI 10.1007/978-3-662-53555-4_8

Drei-Männer-Arbeit

Viele Wissenschaftler ließen sich vom Charisma des großen Niels Bohr beeindrucken. Darunter der junge Physiker Max Delbrück (1906–1981). Geboren in Berlin hatte Delbrück das Glück, in einer wohlhabenden, höchst gebildeten und anregenden Familie aufzuwachsen. Sein Vater war Professor für Geschichte an der Berliner Universität, und die Liste der Verwandten und Familienfreunde liest sich wie ein Who-Is-Who des Berliner Geisteslebens jener kulturell so bedeutsamen Jahre. Delbrück studierte, nach einem kurzen Ausflug in die Astronomie, von 1926–1929 Physik in Göttingen. Ein höchst interessanter Ort zu einer höchst interessanten Zeit, denn Göttingen war damals ein Zentrum der modernen Physik. Delbrück machte sein Doktorexamen und zog als Postdoktorand nach Kopenhagen in das Institut von Niels Bohr. Dort erlebte er einen offenen und lebendigen Gesprächs- und Diskussionsstil, der ihn prägte und der ihm zeitlebens ein Vorbild blieb. Im Jahre 1932 kehrte er nach Berlin zurück und arbeitete als theoretischer Physiker am Kaiser-Wilhelm-Institut für Chemie, wo nur ein paar Jahre später Otto Hahn und Lise Meitner die Kernspaltung entdecken sollten. Delbrück hatte aus Kopenhagen ein lebhaftes Interesse für Biologie mitgebracht. Er sprach und diskutierte eifrig mit Biologen und traf dabei den brillanten russischen Genetiker Nikolai Timofejew-Ressowski (1900–1981).

Diesen Wissenschaftler müssen wir hier kurz vorstellen. Timofejew-Ressowski hatte es fertiggebracht, inmitten der Wirren der russischen Revolution erfolgreich Biologie in Moskau zu studieren, angeleitet und gefördert durch die bedeutenden russischen Genetiker der Zeit. Man beachte, dass es die 1920er-Jahre waren und Lysenko noch nicht die biologische Wissenschaft in der Sowjetunion ruiniert hatte. Damals führten russische Genetiker wichtige und weltweit beachtete Forschungsarbeiten durch. In dieser günstigen Umgebung gelangen dem jungen Timofejew-Ressowski einige bedeutende Entdeckungen.

Dadurch zog er die Aufmerksamkeit des Berliner Neuroanatomen Oskar Vogt (1870–1959) auf sich. Vogt war in Moskau, weil er die heikle Aufgabe übernommen hatte, das Gehirn des 1924 verstorbenen Lenin zu untersuchen, vor allem auch mit dem Ziel, dessen damals hoch gepriesene Genialität mit den Mitteln der Gehirnanatomie zu beweisen. Das gelang zwar nicht, aber Vogt war ein vielseitig interessierter Mann. Zu seinen Interessen gehörte auch die Beziehung zwischen Genetik und menschlicher Pathologie, und so wollte er an seinem Institut in Berlin-Buch eine genetische Abteilung einrichten. Er war von Timofejew-Ressowski beeindruckt, bot ihm ein gut ausgerüstetes Labor sowie beste Lebens- und Arbeitsbedingungen und konnte ihn so nach Berlin holen. Wo er Max Delbrück traf.

Die beiden jungen Forscher entwickelten gemeinsam mit dem Biophysiker Karl Zimmer die Idee, mithilfe von Strahlenexperimenten der mysteriösen Natur des Gens auf die Spur zu kommen. Das Stichwort hier ist Treffertheorie.

Salvador E. Luria (über den wir gleich mehr erfahren werden) beschreibt in seiner Autobiografie mit wenigen Sätzen, worum es geht: „Die Treffertheorie kann durch eine Analogie illustriert werden. Man stelle sich einen Baum mit ein paar Kirschen an den Zweigen vor. Man schießt einige Male blind auf den Baum. Die Chance zu treffen hängt natürlich davon ab, wie oft man schießt und wie dick die Kirschen sind. Wenn es nun um einen Apfelbaum geht, sind die Ziele größer, und die gleiche Anzahl Schüsse würde mehr Treffer liefern. Aus der Zahl der Schüsse und der Zahl der getroffenen Kirschen und Äpfel kann man auf das Größenverhältnis der beiden Früchte schließen." Statt mit Gewehren schießen die drei Forscher mit Röntgenstrahlen und statt Bäume untersuchen sie *Drosophila*, und als Treffer gelten strahleninduzierte Mutationen.

Delbrück, Timofejew-Ressowski und Zimmer veröffentlichen das Ergebnis ihrer Experimente unter dem Titel „Über die Natur der Genmutation und der Genstruktur" in den *Nachrichten von der Gesellschaft der Wissenschaften zu Göttingen* (1935). Die Schlussfolgerungen über die Größe des Gens lagen so völlig daneben, dass wir sie nicht einmal erwähnen wollen. Trotzdem ist die so genannte Drei-Männer-Arbeit in die Wissenschaftsgeschichte eingegangen, weil hier das Gen erstmals als physikalische Einheit behandelt wurde. Das Gen, schreibt Delbrück, ist ein wohlgeordneter „Atomverband", wo „die gleichen Atome in der gleichen unveränderlichen Weise stabil angeordnet sind." Nur selten wird ein Atom „umgelagert", ein anderer Zustand wird erreicht, was der Biologe als Mutation registriert. Das entscheidend Neue war, dass hier erstmals jemand über „das Gen" in starken physikalischen Worten sprach. Die moderne Physik war in der Biologie angekommen.

Die *Nachrichten von der Gesellschaft der Wissenschaften zu Göttingen* liest natürlich kaum jemand, der nicht selbst Mitglied dieser Gesellschaft ist, aber es gab reichlich Sonderdrucke, und Delbrück und seine Freunde sorgten dafür, dass Sonderdrucke an viele Laboratorien in Deutschland, sonstwo in Europa und den USA geschickt wurden. Und einige Leute lasen sie. Auch der junge Mediziner Salvador E. Luria in Rom, der später zu Delbücks Freund und wissenschaftlichem Weggefährten wurde. Auch Erwin Schrödinger, der zehn Jahre später die Drei-Männer-Arbeit in das Zentrum seines Buches *What is Life* stellte. Er sprach von „Delbrücks Modell", als er über die Natur des „Erbfaktors" spekulierte. Darüber später mehr.

Zurück in die Dreißigerjahre. Zusammen mit Timofejew-Ressowski publizierte Delbrück im Jahre 1936 noch zwei kleinere, bedeutende Aufsätze über Mutationsauslösung durch Strahlen. Zusammen mit der Drei-Männer-Arbeit brachte ihm das ein Stipendium der Rockefeller-Stiftung ein. Delbrück nutzte die Chance für einen Forschungsaufenthalt in den USA, und sein Ziel war natürlich das Weltzentrum genetischer Forschung – Caltech und besonders Morgans Laboratorium. Dort angekommen merkte er bald, dass Kreuzungsversuche an *Drosophila* inzwischen einen Grad der Spezialisierung erreicht hatten, der Uneingeweihten kaum noch zugänglich war, und dass es, wenn man dann genauer hinsah, auch nicht mehr so inspirierend und aufregend war wie früher. Ja, man konnte sagen: Die Sache war schlicht langweilig geworden. Delbrück war enttäuscht. Zum Glück traf er auf Emory Ellis, der in einem ruhigen Raum im Kellergeschoss des Biologie-Gebäudes mit Bakteriophagen experimentierte.

Bakteriophagen

Das sind Viren, die Bakterien infizieren. Sie vermehren sich vielfach in Bakterien, werden dann freigesetzt und infizieren erneut andere Bakterien. Die infizierten Bakterien gehen zugrunde. Daher der Name, den die Entdecker dieser Art von Virus schon vor vielen Jahren gegeben hatten – Bakterienfresser, Bakteriophage oder kurz Phage.

H. J. Muller hatte schon im Jahre 1922 geschrieben: „Falls [Phagen] wirklich Gene sind so wie die Gene auf Chromosomen, dann würden sie eine ganz neue Richtung angeben, von wo aus das Genproblem in Angriff genommen werden könnte". Ob Delbrück diesen Satz kannte oder nicht, jedenfalls war er fasziniert von der Tatsache, dass ein Phagenpartikel innerhalb von 15–20 min an die hundert Nachkommen liefern kann. Einfacher konnte ein genetischer Prozess nicht aussehen. Dazu kam, dass der Umgang mit Phagen problemlos und gut ausgearbeitet war, denn man konnte damals schon auf einige Jahrzehnte Phagenforschung zurückblicken. Forscher hatten nämlich versucht, mit Phagenhilfe bakterielle Infektionen zu bekämpfen. Daraus wurde nichts, weil sich die Phagen in der Klinik nicht gut kontrollieren lassen. Überdies machten bald Sulfonamide und später Antibiotika die Bekämpfung von Bakterien relativ leicht.

Aber man hatte gelernt, experimentell mit Phagen umzugehen. Dazu braucht man nicht viel mehr, als ohnehin in einem Mikrobiologie-Labor vorhanden war: einfache Nährlösungen, um Bakterien zu kultivieren; Platten mit Agar gefüllt, auf deren Oberfläche Bakterienhäufchen als „Kolonien" wachsen können; ein Inkubator oder Brutschrank, der die optimale Temperatur für Bakterienwachstum, meist 37 °C, liefert; und natürlich einen Autoklaven, um das verwendete Material zu sterilisieren und so unerwünschte Bakterien und Phagen fernzuhalten. Auch der Nachweis von Phagen ist einfach: Bakterien werden auf Agarplatten so ausgesät, dass dicht an dicht viele Einzelkolonien die gesamte Oberfläche bedecken. Wenn Phagen anwesend sind, werden geeignet gelegene Bakterien infiziert; Nachkommen-Phagen werden freigelassen und infizieren benachbart gelegene Bakterien usw. So entsteht schließlich ein Loch oder Plaque im Bakterienrasen (Abb. 8.1).

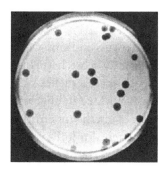

Abb. 8.1 Plaques: der einfache Nachweis von Bakteriophagen. Wir sehen von oben auf eine Plastikschale, gefüllt mit einer Schicht Agar plus Nährlösung. Bakterien vermehren sich eng nebeneinander und bilden einen sogenannten Rasen auf der Agarschicht. Zu den Bakterien gibt man eine verdünnte Lösung von Bakteriophagen. Dort, wo am Abend ein Phagenpartikel gelandet war, bildet sich über Nacht ein Loch („Plaque") im Bakterien-Rasen. Der Phage hatte ein geeignet gelegenes Bakterium infiziert, etwa hundert Nachkommen produziert, die wiederum Nachkommen produzieren usw. (Aus: Knippers, R. (2006) Molekulare Genetik, 9. Aufl. Georg Thieme, Stuttgart)

Mit dieser einfachen Prozedur entwarfen Ellis und Delbrück ihr erstes Experiment, das als Ein-Schritt-Wachstum-Kurve bekannt wurde. Es zeigt in aller Klarheit, dass tatsächlich ein einzelner Phage ausreicht, um nach einer Latenz- oder Wartezeit von etwa 20 min einige Dutzend bis über hundert Nachkommen in einer infizierten Bakterienzelle zu erzeugen. E. Ellis und M. Delbrück publizierten ihre Ergebnisse im *Journal of General Physiology* (1939). Das Ein-Schritt-Experiment in seiner überzeugenden Einfachheit war die Grundlage der Phagenforschung, die die Genetik der nächsten beiden Jahrzehnte prägen sollte.

Inzwischen war der Krieg in Europa ausgebrochen. Delbrück beschloss, in den USA zu bleiben. Die Rockefeller-Stiftung sprang wieder helfend ein. Sie vermittelte ihm ab Anfang 1940 eine Stelle als *Instructor of Physics* an der Vanderbilt-Universität in Nashville, Tennessee, und ließ durchblicken, dass sie keine Einwände hätte, ja dass sie es durchaus wünschte, wenn der frisch gebackene Physikdozent weiter über Phagen als genetisches System arbeiten würde.

Das tat er mit Erfolg, wie einige Publikationen aus dem Jahre 1940 belegen. Aber noch wichtiger für die Geschichte des Gens war das Zusammentreffen mit Salvador E. Luria (1912–1991) beim Meeting der Amerikanischen Physikalischen Gesellschaft in Philadelphia kurz vor Jahresanfang 1941. Luria erinnert sich: „Von Anfang an hat mich Delbrück als dominante Persönlichkeit beeindruckt. Hoch gewachsen und noch größer aussehend, weil er so extrem dünn war, sich zurückhaltend bewegend, zurückhaltend sprechend, sanft, aber mit großer Genauigkeit, als wenn alles, was er sagte, sorgfältig überlegt wäre. Aber dann wurde seine Ernsthaftigkeit immer wieder durch Anfälle von Heiterkeit unterbrochen, etwa wenn plötzlich etwas Unerwartetes eintraf oder wenn jemand allzu pompös daher kam."

Luria und Delbrück

Noch im heimatlichen Italien, genauer in Rom, wo er als junger Arzt eine Ausbildung in Radiologie und Biophysik suchte, hatte Luria die Drei-Männer-Arbeit
aus Berlin gelesen und war begeistert. Er suchte nach einem geeigneten biologischen Modell, um Delbrücks Gen-Idee zu überprüfen, und dabei kamen ihm
Phagen in den Sinn. Aber bevor er überhaupt ernsthaft an Experimente denken
konnte, kam die Politik dazwischen: Im Juli 1938 verkündete Mussolini sein
Rassen-Manifest. Da Luria aus einer alten jüdischen Familie stammte, musste er
aus seinem Heimatland fliehen und gelangte über Paris und Marseille schließlich
nach New York. Dort fand er an der Columbia-Universität eine Stelle. Dann kam
das Treffen mit Max Delbrück.

Man sprach über Phagen und Gene und verabredete sich zu gemeinsamem
Experimentieren schon für den kommenden Sommer 1941 in den Biologischen
Laboratorien von Cold Spring Harbor, Long Island. Das war damals eine etwas
heruntergekommene Forschungseinrichtung. „Die Laboratorien waren höchst
primitiv", schreibt Luria, aber die beiden Freunde verbrachten dort glückliche,
arbeits- und erfolgsreiche Monate. Das war der Beginn der „*Phage Group*", die
die nächste Epoche in der Geschichte des Gens dominieren sollte.

Im Januar 1943 hatte S. E. Luria eine Stelle als *Instructor* an der *Indiana University* in Bloomington angenommen und noch im gleichen Jahr machte er die
Entdeckung, die er selbst als seinen wichtigsten Beitrag zur Wissenschaft ansah.
Jeder, der mit Phagen experimentiert, kann nicht übersehen, dass Bakterien gelegentlich resistent gegenüber Phagen werden können. Wenn ein dicht gewach-
sener Bakterienrasen auf einer Agarplatte mit einem Überschuss Phagen infiziert
wird, dann kommt ein Plaque eng neben dem anderen zu liegen, und nach etwa
24 h sind schließlich alle Bakterien aufgelöst, und die Agarplatte wird klar und
durchsichtig. Aber nach einem weiteren Tag im Brutschrank entwickeln sich
allmählich auf der Platte einige Bakterienkolonien, und genaue Untersuchungen
zeigen, dass diese Bakterien völlig identisch mit den ursprünglichen Bakterien
sind – mit einer Ausnahme: Sie sind resistent gegen Phagen, weil sich im Gen
für die Anheftungsstelle auf der Bakterienoberfläche eine Mutation ereignet hat.
Das ist ein zwar recht seltenes Ereignis, aber auffallend und interessant. Luria
stellte sich die Frage, ob die Mutationen als Reaktion der Bakterienzelle auf die
Infektion mit Phagen entstehen oder ob sie unabhängig davon, quasi zufällig,
auftreten und nur durch das Experiment sichtbar werden.

Lurias Frage ist für Biologen wichtig, denn es geht um eine grundsätzliche
Frage der Evolutionsbiologie, um die Frage nämlich, ob Eigenschaften, die im Leben erworben werden, an die nachfolgenden Generation weitergegeben werden
oder ob neue Eigenschaften durch zufällige Mutationen entstehen. Wenn solche
zufälligen Mutationen einen Überlebensvorteil für den betreffenden Organismus

mit sich bringen, verbreiten sie sich im Laufe der nachfolgenden Generationen in der gegebenen Population.

Aber wie lässt sich das experimentell nachweisen? Luria erzählt, dass ihm der entscheidende Einfall bei einer Tanzveranstaltung seiner Fakultät kam. Während einer Pause habe er in der Nähe eines Spielautomaten gestanden und zugesehen, wie ein Kollege Münzen in den Automaten warf: „Meist verlor er, aber gelegentlich bekam er etwas heraus [...] ich hänselte ihn wegen der unvermeidlichen Verluste, aber ausgerechnet da traf er den Jackpot, ungefähr drei Dollar in Zehnermünzen. Er sah mich triumphierend an und ging weg. Aber ich überlegte mir das Zahlenspiel solcher Automaten; und dann fiel mir ein, dass sich Spielautomaten und bakterielle Mutationen etwas zu sagen haben."

Spielautomaten könnten eventuell so funktionieren, dass sie ursprünglich einen Vorrat an Zehnermünzen enthalten und beim Einwurf meist nichts, seltener eine, noch seltener zwei oder drei oder vier Münzen herausgeben. Zufallsmäßig, oder technisch gesprochen: nach Art einer Poisson-Verteilung. Aber im Allgemeinen sind Spielautomaten anders programmiert, nämlich so, dass – natürlich – wieder meist nichts herauskommt, dann gelegentlich kleinere Mengen und ganz selten einmal ein Jackpot. Und so bei Bakterien. Weil Mutationen selten sind, werden die meisten Kolonien, Häufchen von einer Milliarde oder mehr Bakterien auf Agar-Platten, keine Mutanten enthalten; und in den wenigen anderen Kolonien sollte der Anteil der Mutanten sehr unterschiedlich sein, abhängig davon, wann sich im Laufe der Zellteilungen die Mutation ereignet hat; und am allerseltensten sind die Kolonien, die fast nur Mutanten enthalten, Jackpots sozusagen, denn das setzt voraus, dass eine Mutation ganz zu Beginn der Zellvermehrung stattgefunden hat (Abb. 8.2). Das gilt, wenn sich Mutationen unabhängig von der Phageninfektion ereignen. Andernfalls, also wenn sich die Resistenz erst als Reaktion auf einen Kontakt mit Phagen entwickelte, kann man eine Poisson-Verteilung resistenter Mutanten erwarten.

Schon am Sonntag, also am Tag nach dem samstäglichen Tanzvergnügen, begann Luria mit den Experimenten. Nach ein paar Tagen hatte er die Daten. Weil es in Bloomington niemanden gab, mit dem er über solch aufregende, aber doch recht komplizierte Dinge reden konnte, schickte er einen Brief an Delbrück in Nashville. Die Antwort kam umgehend auf einer Postkarte: „Ich glaube, Du hast da etwas. Ich arbeite an der mathematischen Theorie."

Bereits im November 1943 erschien die gemeinsame Publikation: „*Mutations of bacteria from virus sensitivity to virus resistance*" in der Zeitschrift *Genetics*. Fußnote zum Titel: „*Theory by M. D., experiments by S. E. L.*" Nach allem, was wir oben über die Bedeutung der Frage für die Evolution gesagt haben, ist es verständlich, wenn einige Historiker meinen, dass die Luria-Delbrück-Arbeit zu den wichtigsten in der Geschichte des Gens gehört. Im Übrigen ergab sich aus

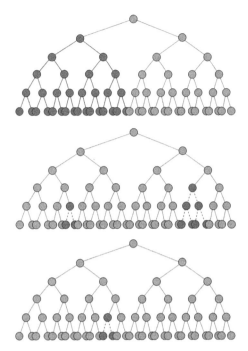

Abb. 8.2 Das berühmte Experiment von S. Luria und M. Delbrück. Gleiche Mengen Bakterien werden zu den (hier: drei) Gefäßen mit Nährlösung gegeben. Die Bakterien vermehren sich. Nach geeigneter Zeit wird geprüft, ob Mutanten entstanden sind, indem man etwa die Resistenz gegen Phagen oder gegen ein Antibiotikum bestimmt. Die Zahl der Mutanten (*dunkle Punkte*) ist von Kultur zu Kultur signifikant verschieden, denn einmal erfolgt die Mutation früh und die Zahl der Mutanten ist hoch (*oben*), und in einer anderen Kultur erfolgt die Mutation spät und die Zahl der Mutanten ist niedrig (*unten*). Demnach ereignen sich Mutationen zufällig und sind nicht gerichtet als Reaktion auf die speziellen Umweltbedingungen (wie die Anwesenheit eines Antibiotikums). (Aus: Knippers R (2006) Molekulare Genetik, 9. Aufl., Georg Thieme, Stuttgart)

der Arbeit, quasi nebenher, ein Wert, mit dem sich die Häufigkeit von Mutationen pro Bakteriengeneration abschätzen ließ, die sogenannte Mutationsrate. Jedenfalls wurden Bakterien und Phagen durch die Luria-Delbrück-Arbeit im Reich der Genetik hoffähig.

Die Phagen-Gruppe

Ebenfalls im Jahre 1943 kam das dritte Gründungsmitglied der *Phage Group* dazu, Alfred Hershey (1908–1997). Er und die anderen beiden, Max Delbrück und Salvador E. Luria, identifizierten mehrere Mutanten von Phagen und zeigten, dass durch Rekombination neue Genome entstehen, wenn zwei Phagen in einer infizierten Bakterienzelle aufeinandertreffen. Das ist ähnlich wie bei der

Meiose, wenn sich Teile von homologen *Drosophila-* oder Mais-Chromosomen durch Rekombination vereinigen. Kurz, es wurde klar, dass Phagen tatsächlich Systeme sind, mit denen sich Fragen nach der Natur des genetischen Materials untersuchen lassen, und zwar viel einfacher und gründlicher als mit *Drosophila*, Mais und Mäusen.

Bald schlossen sich andere der Phagen-Gruppe an, Physiker, Mikrobiologen, Elektronenmikroskopiker. Um den Austausch von Erfahrungen und Material zu erleichtern und um Forschungsergebnisse direkt vergleichen zu können, schlug Delbrück vor, möglichst alle Arbeiten mit den gleichen Phagen-Arten, den T-Phagen, und mit der gleichen Bakterienart, *Escherichia coli*, kurz: *E. coli*, durchzuführen. *E. coli* ist ein meist harmloser Bewohner des menschlichen Darms. Der Name geht auf den Kinderarzt Theodor Escherich zurück, der diese Bakterien im Jahre 1886 entdeckt hatte.

Noch wichtiger war, dass Max Delbrück ab 1945 jährlich einen Kurs über Phagen in Cold Spring Harbor anbot. Aus missionarischen Gründen, wie gesagt wurde. Delbrück wollte Wissenschaftler aus allen Disziplinen, besonders aber aus der Physik und Chemie, anlocken, um mit ihnen gemeinsam das Geheimnis des Gens zu ergründen. Tatsächlich waren diese neuntägigen Kurse enorm erfolgreich. Sie wurden über mehrere Jahrzehnte hinweg alljährlich abgehalten, und viele von denen, die später wichtige Rollen in der Geschichte des Gens spielen sollten, sind einmal Teilnehmer an einem der Phagen-Kurse in Cold Spring Harbor gewesen.

Bevor wir die drei Gründungsmitglieder der Phagen-Gruppe zunächst einmal verlassen, noch einige Sätze zu ihren weiteren Lebenswegen. Max Delbrück wurde im Jahre 1947 Professor für Biologie in Pasadena, wodurch das Caltech zeitweilig, wie manch einer sagte, eine Art „Vatikan" der Phagenforschung wurde, mit Max Delbrück als Papst. Jedenfalls wurde Caltech ein Pilgerziel für Phagenforscher aus aller Welt. Um die Mitte der Fünfzigerjahre war die Schar der Forscher auf diesem Gebiet so gewaltig angewachsen, dass Delbrück meinte, er habe nun genug getan. Zumal die Aufklärung der DNA-Struktur im Jahre 1953 zeigte, dass die Vermehrung von Genen sich im Endeffekt auf das Öffnen und Schließen von Wasserstoffbrückenbindungen reduzieren lässt (wie wir bald sehen werden). Mit anderen Worten, ein neues physikalisches Prinzip war nicht in Sicht. Delbrück verlor das Interesse. Er wandte sich einem neuen Forschungsthema zu, der Lichtreaktion des Pilzes *Phycomyces*. Häufig reiste er nach Europa, auch nach Deutschland. Zuerst schon im Jahre 1954, dann noch einmal 1956, als man ihn bat, ein Institut für molekulare Genetik in Köln aufzubauen. Das führte zu einer Gastprofessur 1961–1963. Er hinterließ bleibende Spuren – als Anreger und Ratgeber beim Aufbau des später so enorm erfolgreichen Instituts für Genetik in Köln. Ebenso beteiligte er sich auch als Berater beim Aufbau der Fakultät für Biologie an der neu gegründeten Universität in Konstanz (1965–1966).

Salvador E. Luria ging 1950 an die *University of Illinois* in Urbana, Champaign, dann 1959 als Direktor des Zentrums für Krebsforschung an das *Massachusetts Institute of Technology* (MIT). Luria blieb zeitlebens ein eifriger Kämpfer für Einsicht und Vernunft im öffentlichen und akademischen Leben. Er schrieb Zeitungsartikel und organisierte Zusammenkünfte, besonders in den turbulenten Jahren um 1968.

Alfred Hershey bezog im Jahre 1950 als Leiter der genetischen Abteilung der Carnegie-Institution ein Laboratorium in Cold Spring Harbor, wo er blieb, bis er sich mit 64 Jahren von Wissenschaft und Forschung zurückzog.

Und schließlich: Alle drei Gründungsmitglieder der Phagen-Gruppe teilten sich den Medizin-Nobelpreis des Jahres 1969 „für ihre Entdeckungen den Replikationsmechanismus und die genetische Struktur von Viren betreffend", wie das Nobelpreis-Komitee begründete.

Und Timofejew-Ressowski, der als Gesprächspartner doch so wichtig am Anfang dieser Erfolgsgeschichte war? Als er in den Dreißigerjahren erfuhr, dass Freunde und Angehörige dem Stalinistischen Terror zum Opfer fielen, beschloss er, in Deutschland zu bleiben, auch während des Krieges und auch nach dem Einfall deutscher Truppen in die Sowjetunion. Tatsächlich konnte er relativ ungestört seinen Forschungen nachgehen. Doch die Tragik der Zeit traf auch ihn: Sein 18-jähriger Sohn schloss sich 1943 einer Anti-Nazi-Gruppe an, wurde verhaftet und noch kurz vor Kriegsende umgebracht.

In den ersten Monaten des Jahres 1945 betraute die sowjetische Militärverwaltung Timofejew-Ressowski mit der Leitung des Instituts in Berlin-Buch. Aber dann schlugen Lysenko und Genossen zu. Timofejew-Ressowski wurde nach Russland verschleppt, wegen Vaterlandsverrates verurteilt und in ein Straflager verbannt. Nach der Entlassung aus verschärfter Haft arbeitete er in den Jahren 1955 bis 1964 in der Abteilung für Radiobiologie und Biophysik der Akademie der Wissenschaften in Sverdlovsk, Ural. Max Delbrück besuchte Timofejew-Ressowski im Herbst 1969 und bemühte sich um eine Verbesserung seiner Situation. Aber die Staatsbürokratie erlaubte wenig Spielraum. Delbrück musste enttäuscht nach Kalifornien zurückkehren.

Trotzdem ging es in den folgenden Jahren allmählich aufwärts. Ja, Timofejew-Ressowski wurde schließlich zu einem hoch angesehenen Mitglied der russischen Wissenschaftlergemeinde und erhielt viele Ehrungen aus dem In- und Ausland.

Aber damit sind wir der Geschichte weit vorausgeeilt. Wir kehren noch einmal zurück in das Jahr 1946. Im Laufe des Jahres fand eine Tagung statt, die eine wichtige Stelle in der Geschichte des Gens einnimmt – das berühmte Cold-Spring-Harbor-Symposium für Quantitative Biologie unter dem Titel „Heredity and Variation in Microorganisms".

Zwischenstück: Cold Spring Harbor

Weil ein Cold-Spring-Harbor-Symposium schon früher erwähnt wurde und später noch ein oder zwei andere Symposien eine Rolle in unserer Geschichte spielen werden, ist eine kurze Erklärung angebracht. Das Cold-Spring-Harbor-Laboratorium, gelegen an einer malerischen Bucht am Nordrand von Long Island, im US-Bundesstaat New York, existiert seit dem Ende des 19. Jahrhunderts, anfangs als meeresbiologische Station, später als Forschungsstätte für experimentelle Evolution und Genetik und finanziert über Mittel des Carnegie Instituts.

Das Cold-Spring-Harbor-Laboratorium hatte immer Weiterbildung auf seinem Programm. Ja, es war ursprünglich hauptsächlich eine Ausbildungsstätte für Biologielehrer. Wie auf dem Gebiet der Forschung wurden auch die Ziele auf dem Gebiet der Lehre immer ehrgeiziger. Im Jahre 1933 setzte das Laboratorium ein Zeichen. Denn seit dieser Zeit findet jährlich (nur unterbrochen durch die Kriegsjahre) ein großes Symposium statt, zu dem die besten Forscher aus allen Teilen der Welt eingeladen werden, um über ein enges, aber wichtiges und zukunftsweisendes Thema der Biologie zu diskutieren. Die Vorträge der Tagungen werden gedruckt und als Buch veröffentlicht. So sind im Laufe der Jahrzehnte über 80 bedeutende Werke entstanden, von denen einige wie Meilensteine am Wege der Geschichte der Molekularen Biologie stehen.

Zu dem ehrgeizigen Lehr- und Weiterbildungsprogramm des Laboratoriums gehören seit 1945 auch Delbrücks Phagen-Kurse. Später wurden Jahr für Jahr zahlreiche andere Kurse angeboten. Die Kurse sind geprägt durch hervorragende Forscher, die als Lehrende tätig sind, sowie durch experimentelle Übungen, die den allerneuesten Erkenntnissen des jeweiligen Wissensgebiets entsprechen.

Wir hatten erwähnt, dass Luria und Delbrück ihre ersten gemeinsamen Arbeiten in Cold Spring Harbor durchführten. Das hatten sie dem bedeutenden Genetiker Milislav Demerec zu verdanken, der 1941 zum Direktor ernannt worden war und lebhaft an Bakterien- und Phagengenetik interessiert war. In den Jahrzehnten nach dem Krieg geriet das Laboratorium in schwere finanzielle Krisen. Die Ausstattung war erbärmlich, und die Gebäude waren in einem miserablen Zustand. Wie gesagt, mussten Luria und Delbrück in recht heruntergekommenen Räumen arbeiten. Das änderte sich erst nach 1968, als James D. Watson die Stelle als Direktor übernahm. Er konnte nach und nach erhebliche Mittel einwerben und steuerte das Laboratorium in ruhigeres Fahrwasser. Zunächst legte er den Schwerpunkt auf Krebsforschung, und dann kamen andere Bereiche der modernen Molekular- und Zellbiologie dazu. Watson gelang es, Cold Spring Harbor zu einer der führenden Forschungsstätten zu machen. Er hat ein ungewöhnliches Geschick, junge Talente zu erkennen und zu fördern. Manche sagten, dass Watson auf dem Gebiet der neuen Molekularen Genetik in

Cold Spring Harbor eine Rolle gespielt hat, die der von Max Delbrück in den 1940er- und 1950er-Jahren entsprach.

Als Watson nach einer Übergangsphase im Jahre 2007 das Steuer weitergab, arbeiteten mehrere Hundert Wissenschaftler auf Gebieten wie molekulare Krebsforschung, Neurobiologie, Pflanzengenetik und Bioinformatik in Cold Spring Harbor. Wie schon zu Beginn wird auch heute noch die Lehre großgeschrieben. Dazu gehören Kurse für junge Biologiestudenten, aber vor allem für Doktoranden und erfahrene Wissenschaftler, die sich mit den Ideen und Methoden aktuellster biologischer Forschungsrichtungen vertraut machen möchten.

Symposium Nummer 11

Aber zurück zum 11. Cold-Spring-Harbor-Symposium des Jahres 1946. Im Mittelpunkt standen George Beadle und Edward Tatum mit ihren „Ein Gen – ein Enzym"-Arbeiten (Kap. 7). Aber auch Max Delbrück und Alfred Hershey waren dabei. Beide berichteten über Mutationen bei Bakteriophagen. Und dann war noch ein anderer da, den wir jetzt endlich nennen müssen, der erst 21-jährige Joshua Lederberg (1925–2008). Er hielt einen kurzen Vortrag, der gedruckt nicht einmal zwei Seiten in dem dickleibigen Symposiumsbericht ausmacht. Zusammen mit E. Tatum beschrieb er die ersten Experimente über genetische Rekombination bei *E. coli*. Lederberg und Tatum hatten zwei Typen von „elterlichen" Bakterien herangezogen. Ein Typ hatte ein defektes Gen für die Herstellung des Vitamins Biotin und ein weiteres defektes Gen für die Aminosäure Methionin; der zweite Typ hatte defekte Gene für die Aminosäuren Prolin und Threonin. Wenn beide Elterntypen zusammen kultiviert wurden, entstanden – nicht oft, aber einwandfrei nachweisbar – Nachkommen mit völlig intakten Genen. Die Erklärung: Die intakten Gene des einen Elternteils hatten sich mit den intakten Genen des anderen Elternteils auf einem „Chromosom" vereinigt; oder im Jargon der Genetik: Es hat sich eine Rekombination ereignet – formal gesehen wie zwischen den Chromosomen bei der Meiose während der Reifung von *Drosophila*-Geschlechtszellen (Abb. 3.1).

Die Lederberg-Arbeit galt als Sensation. Denn vorher waren die Bakterienforscher und alle anderen Biologen davon ausgegangen, dass sich Bakterien „rein klonal" vermehren, was so viel heißt wie: Die Zellen teilen sich unaufhörlich, und alle Nachkommen sind genetisch völlig identisch, untereinander und mit ihren Vorfahren. Aber nun war gezeigt, was vorher kein Bakteriologe für möglich gehalten hätte: Bakterien haben ein Geschlechtsleben, jedenfalls können sie Gene miteinander tauschen, wie die väterlichen und mütterlichen Chromosomen bei der Meiose von Tieren und Pflanzen. Was sich genau bei Bakterien abspielt, blieb für ein paar Jahre noch im Dunkeln. Aber eines war seitdem klar: Bakterien, die sich so leicht handhaben und so leicht untersuchen lassen, sind Objekte, mit denen sich ernsthaft Genetik betreiben lässt, und im Gegensatz zu Phagen sind es echte lebende Zellen und nicht bloß Viren, die an der Grenze zwischen Lebendem und Nicht-Lebendem stehen.

In den Jahren nach 1946 veröffentlichte Lederberg einige umfangreichere Arbeiten, die die ersten Schlussfolgerungen glänzend bestätigten. Das brachte dem brillanten, 22-jährigen Jungforscher den Doktortitel der *Yale University* und noch im gleichen Jahr die Stelle als Assistant-Professor für Genetik an der Universität von Wisconsin ein. Fünf Jahre später sprach er wieder bei einem Cold-Spring-Harbor-Symposium („*Genes and Mutations*"; 1951). Die geschriebene Version des Vortrags („*Recombination analysis of bacterial heredity*") umfasste nun nicht mehr nur anderthalb, sondern mehr als 30 Seiten. Lederberg war inzwischen berühmt geworden, und niemand störte sich daran, dass einem jungen Mann von gerade einmal 27 Jahren so viel Raum bei einer so bedeutenden Tagung eingeräumt wurde. Auch seine Universität wusste, was sie an ihm hatte: Er wurde *Full Professor* mit 29 Jahren und Chairman mit 32 Jahren. Und im Jahre 1958 erhielt Lederberg, gerade 33 Jahre alt geworden, gemeinsam mit Beadle und Tatum den Nobelpreis für Medizin oder Physiologie.

Wir werden gleich den Stand der Bakteriengenetik der Jahre nach 1950 zusammenfassen. Aber erst noch ein paar Sätze zu Lederberg. Er verließ Wisconsin und baute eine Abteilung für Genetik an der Stanford-Universität auf. Dabei zeigte er, dass er nicht nur ein exzellenter Forscher, sondern auch ein guter Organisator war. Aber seine Begabung als Organisator und Manager kam erst so richtig zur Geltung, als er Präsident der *Rockefeller University*, New York, geworden war (1978–1990), denn ihm ist es in erster Linie zu verdanken, dass die Rockefeller-Universität im biomedizinischen Bereich zu einer der besten Forschungsuniversitäten der Welt wurde. Zudem war Lederberg zeitlebens Berater wechselnder US-Regierungen in den Bereichen Gesundheit und Ausbildung, schrieb Zeitungsartikel, etwa eine wöchentliche Kolumne in der *Washington Post*, und pflegte seine Interessen, die von der Bioinformatik bis zur Exobiologie reichten. Übrigens, das Wort „Exobiologie" stammt von ihm und bezeichnet Leben, das möglicher- und hypothetischerweise außerhalb unseres Planeten existieren könnte.

Bakteriengenetik

Joshua Lederberg war der anerkannte Pionier, der nicht nur das Gebiet eröffnet hatte, sondern zusammen mit seinen Mitarbeitern später noch viele Details zum Gebäude der Bakteriengenetik hinzufügte. Aber wir müssen einige weitere, die zum Bau des Hauses beitrugen, wenigstens nennen, vor allem William Hayes in England, Rollin Hotchkiss in New York, Elie Wollman in Paris.

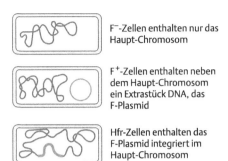

F⁻-Zellen enthalten nur das
Haupt-Chromosom

F⁺-Zellen enthalten neben
dem Haupt-Chromosom
ein Extrastück DNA, das
F-Plasmid

Hfr-Zellen enthalten das
F-Plasmid integriert im
Haupt-Chromosom

Abb. 8.3 Besonderheiten der Bakteriengenetik. Einige Grundlagen. Einzelne *E.-coli*-Bakterien unterscheiden sich durch die An- oder Abwesenheit eines Extrastücks von DNA, dem F-Plasmid. Dieses Extrastück kann frei als ringförmige DNA vorkommen oder eingebaut im Haupt-„Chromosom". Das F-Plasmid trägt Gene, die den Kontakt zu anderen Bakterien herstellen, und weitere Gene für die Übertragung der DNA von einer Zelle in die andere. Hfr-Bakterien übertragen mit der eingebauten Plasmid-DNA das gesamte „Chromosom" als Voraussetzung für die Rekombinationen, die J. Lederberg beobachtet hat, wie im Text beschrieben. (Aus: Knippers R (2006) Molekulare Genetik, 9. Aufl., Georg Thieme, Stuttgart)

Wir fassen deren Ergebnisse zusammen (Abb. 8.3)

- Bakterien haben als Genträger ein einzelnes „Chromosom" (wie man damals sagte, als noch nicht klar war, dass sich die richtigen Chromosomen in Tier- und Pflanzenzellen durch eine Reihe von strukturellen Eigentümlichkeiten vom Erbgut der Bakterien unterscheiden).
- „Chromosomen" oder besser Teile davon können von einer Bakterienzelle auf die andere übertragen werden. Die übertragenen Chromosomenteile können durch Rekombination gegen entsprechende Teile im Chromosom der Empfängerzelle ausgetauscht werden.
- Die Übertragung von Chromosomen erfolgt gerichtet: von einer „männlichen" oder Donor- in eine „weibliche" oder Empfängerzelle. Dazu ist enger Zell-Zell-Kontakt notwendig.
- „Männliche" Bakterienzellen zeichnen sich durch ein Extrastück genetischen Materials aus, ein Plasmid, F-Faktor genannt, wobei F für *Fertility* steht, also für Fruchtbarkeit oder Fortpflanzungsfähigkeit. Das besondere des F-Faktors ist, dass er frei in der Bakterienzelle oder eingebaut im „Haupt"-Chromosom vorkommen kann. Solche Bakterien mit eingebautem F-Faktor nennt man Hfr-Stämme – *high frequency of recombination* –, weil sie Chromosomen übertragen und dadurch Rekombinationen ermöglichen.

Noch eine Entdeckung aus dem Lederberg-Labor wollen wir erwähnen. Eine Entdeckung, die von Joshuas Frau Esther gemacht wurde und die später in der

Geschichte des Gens eine Rolle spielen wird, die Entdeckung eines temperenten Phagen mit der Bezeichnung Lambda (Kap. 11).

Wie der F-Faktor kann das Lambda-Genom eingebaut im Bakterien-„Chromosom" vorkommen und wird dann, wie ein eigener Genabschnitt, von Bakteriengeneration zu Bakteriengeneration weitergegeben. Doch gelegentlich – und das meist nach Einwirkungen von außen, etwa nach Bestrahlung mit ultraviolettem Licht – wird das Lambda-Genom freigesetzt und beginnt dann einen Infektionszyklus, der in einer Produktion von hundert oder mehr Nachkommen endet, wie bei jeder anderen Phageninfektion auch.

Festschrift

Jahre später, nämlich 1966, trafen sich die meisten der Personen, die uns in diesem Abschnitt begegnet sind, und einige andere, die wir noch nicht erwähnt haben, in Cold Spring Harbor, um noch einmal nostalgisch auf die vergangenen aufregenden Forscherjahre zurückzublicken. Der eigentliche Anlass war Delbrücks 60. Geburtstag, und so versäumte auch niemand der etwa drei Dutzend Teilnehmer zu sagen, was das Forschungsfeld als Ganzes und jeder Einzelne persönlich der „Haupt- und Leitfigur der beginnenden Molekularbiologie" zu verdanken habe. Das Buch wurde unter dem Titel *Phage and the Origins of Molecular Biology* (im Verlag des Cold-Spring-Harbor-Laboratoriums) veröffentlicht und hat beim wissenschaftlichen Publikum eine freundliche Aufnahme gefunden.

Strukturen

Aber einer rief „Halt". John C. Kendrew (1917–1997; Chemie-Nobelpreis 1962 für seine Arbeiten über die Struktur des Hämoglobins). Das ist ja alles gut und schön, schrieb Kendrew aus dem englischen Cambridge, aber es gab und gibt noch einen anderen Ursprung der molekularen Biologie, und der liegt in England, und dort suchte man einen anderen Weg, um das Geheimnis des Lebendigen zu erforschen, nämlich über ein Studium der Struktur großer biologischer Moleküle.

Die Methode war die Beugung von Röntgenstrahlen an kristallisiertem Material, auch an „kristallisierten", d. h. an dicht gepackten und gleichmäßig ausgerichteten Proteinen. Das Ziel war, aus der dreidimensionalen Anordnung von Atomen auf die Funktion der Proteine in Zellen und Organismen schließen zu können. Kendrew schrieb weiter, dass man zwei Schulen unterscheiden müsse: auf der einen Seite die Phagen-Gruppe um Delbrück, Luria und die anderen, die sich für die Weitergabe von genetischer Information interessierten; und auf der anderen

Seite die Strukturforscher. Beide hätten sich erstaunlich wenig zu sagen gehabt, und dafür habe es nicht nur geografische Gründe gegeben, sondern es müssten auch intellektuelle gewesen sein, hätten doch Delbrück und einer der wichtigsten Strukturforscher, nämlich Linus Pauling (später mehr dazu), unter dem gleichen Dach am Caltech in Pasadena gewirkt. Er fragte, ob die Phagenforscher vielleicht doch etwas zu sehr an ihrer romantischen Idee gehangen hätten, der Idee, dass sich am Grunde der Biologie neuartige physikalische Gesetze auftun würden.

Die Strukturforschung in England war über Jahrzehnte gereift. Zuerst ging es um Kristalle einfacher chemischer Verbindungen. Röntgenstrahlen werden von den Atomen in den Kristallen gebeugt und ergeben charakteristische Schwärzungen auf Filmplatten hinter den Kristallen. Aus dem Muster der Schwärzungen lässt sich die Lage der Atome im Kristall berechnen. Was bei den Kristallen einfacher Chemikalien geht, muss noch lange nicht bei den viel komplizierteren Kristallen von Proteinen gehen oder bei den Fasern biologischer Makromoleküle. Aber dann stellte sich heraus, dass Wollfasern, Cellulose und ähnlich langgestreckte Moleküle interessante und interpretierbare Ergebnisse liefern. Und es waren eindrucksvolle Forscherpersönlichkeiten, die aufgrund solcher Erfolge eine Vision einer ganz neuen biologischen Wissenschaft propagierten, einer Biologie, die auf der genauen Kenntnis von molekularen Strukturen beruht – Molekulare Biologie.

Als das *Medical Research Council* eine neue Forschungsstätte in Cambridge eröffnete, lief sie zuerst unter dem Banner: Forschung über die molekulare Struktur biologischer Systeme, später wurde daraus das berühmte *Laboratory of Molecular Biology*, aus dem im Laufe der Jahre über ein Dutzend Nobelpreisträger hervorgehen sollten. Die ersten Wissenschaftler dort waren Max Perutz (1914–2002) und John Kendrew (1917–1997), die die genaue dreidimensionale Struktur, also die räumliche Lage aller Atome, von großen Proteinen, nämlich von Hämoglobin und Myoglobin, aufklären konnten (und dafür im Jahre 1962 den Nobelpreis für Chemie erhielten).

Molekulare Biologie

Der Begriff wurde zuerst um 1938 verwendet, und zwar von einem Wissenschaftler namens Warren Weaver, der zum Leiter der Sektion Naturwissenschaften bei der Rockefeller-Stiftung ernannt worden war. Die Stiftung hatte bis 1938 hauptsächlich die Arbeiten von Physikern unterstützt und sich dann biologischer Forschung zugewandt. Aber sie bevorzugte eine Art biologischer Forschung, wo es um grundsätzliche biologische Phänomene ging und wo die Denkweisen und Methoden der Physik zum Einsatz kommen konnten. So unterstützte die Rockefeller-Stiftung in den 1940er-Jahren Wissenschaftler wie Delbrück und

Pauling sowie die Strukturbiologen im englischen Cambridge und viele andere. Als man sich überlegte, wie die neue Forschungsrichtung benannt werden sollte, fiel der Begriff „Molekulare Biologie".

Aber richtig populär wurde der Begriff erst mit der Gründung des *Journal of Molecular Biology* im Jahre 1959. In dieser Zeitschrift werden bis heute wichtige Arbeiten über die Struktur und Funktion von Genen, überhaupt über biologische Makromoleküle veröffentlicht. Inzwischen gibt es weltweit Hunderte von Instituten, Laboratorien und Lehrstühlen, die den Namen „Molekulare Biologie" führen. Das *Laboratory of Molecular Biology* in Cambridge ist bis heute ein Muster und Vorbild geblieben.

Übrigens, was die Förderung biologischer oder besser biomedizinischer Forschung in den USA betrifft, haben ab Mitte der Fünfzigerjahre die *National Institutes of Health* (NIH) die Führung von der Rockefeller-Stiftung übernommen. Die Ausgaben der NIH-Förderung stiegen von 98 Mio. Dollar im Jahre 1957 auf 930 Mio. Dollar im Jahre 1963. Im Jahre 2014 standen dem NIH mehr als 30 Mrd. Dollar im Jahr zur Verfügung. Das zeigt, wie wichtig diese Art von Forschung auch in der öffentlichen und politischen Wahrnehmung geworden ist.

.

9

Watson, Crick und die Struktur der DNA

In der Festschrift zu Delbrücks 60. Geburtstag, von der im vorangegangenen Kapitel berichtet wurde, findet man auch einen Aufsatz von jemandem, der die Brücke zwischen den beiden Denkschulen überschritten hat. Das war James D. Watson. Er schreibt, wie er in der Phagen-Gruppe „erwachsen" wurde (*„Growing up in the Phage Group"*), und weil Watson einer der Protagonisten im nächsten Abschnitt der Geschichte des Gens sein wird, wollen wir einen Blick auf dieses Erwachsenwerden werfen.

James D. Watson

Im Jahre „1928, wurde ich" – in Chicago – „in einer Familie mit drei vorrangigen Werten geboren. Einer der Werte war die Wichtigkeit von Büchern und der Glaube, dass Wissen die Menschheit dereinst von Aberglauben befreien wird. Der zweite der Werte war das Beobachten von Vögeln. Mein Vater war süchtig danach, und später habe ich ihn begeistert begleitet, auch weil ich wusste, dass ich mich damit vor den Gottesdiensten in der Kirche meiner Mutter drücken konnte. Und unser dritter Familienwert war die Demokratische Partei, damals geführt von meinem ersten wirklichen Helden, Franklin Delano Roosevelt." So beginnt Watson seine autobiografischen Notizen und notiert dann, dass er „nicht wegen eines hohen IQs", sondern Dank einer fortschrittlichen Hochschulpolitik und eines experimentierfreudigen Universitätspräsidenten schon mit 15 Jahren die Universität von Chicago besuchen konnte. Am meisten beeindruckte ihn ein Kurs in Physiologischer Genetik und angeregt durch Schrödingers Buch *What is Life* begann er sich für „das Gen" zu interessieren. „Danach war nichts mehr wie vorher. Das Gen als Grundlage des Lebens", schreibt er, „war eindeutig ein viel wichtigerer Gegenstand als der Vogelzug, über den ich vorher nicht genug lesen und lernen konnte".

© Springer-Verlag GmbH Deutschland 2017
R. Knippers, *Eine kurze Geschichte der Genetik*, DOI 10.1007/978-3-662-53555-4_9

So war es nur selbstverständlich, dass er nach Abschluss der Studienzeit in Chicago in einem genetischen Laboratorium arbeiten wollte. Caltech war damals das Zentrum der genetischen Welt und deswegen selbstverständlich die erste Wahl –, aber von da kam eine Absage. So gelangte er zur *Indiana University* in Bloomington. Keine schlechte Adresse, wie wir wissen, denn H. J. Muller war dort und auch S. E. Luria. Und tatsächlich nahm Luria ihn als seinen ersten Doktoranden auf, und ließ ihn an laufenden Projekten auf dem Gebiet der Phagenforschung teilnehmen.

In Lurias Labor traf er Delbrück. Dieser hatte seinen Besuch angekündigt, und Watson sah dem mit großer Spannung entgegen, denn Delbrück war für ihn seit Schrödingers Buch eine legendäre Figur. „Fast sofort nach Delbrücks erstem Satz wusste ich, dass ich nicht enttäuscht werden würde. Er sprach immer gerade heraus, und man wusste sofort, was er meinte. Aber noch wichtiger für mich war sein jugendliches Auftreten. Das überraschte mich, denn ich hatte ohne Weiteres angenommen, dass ein Deutscher mit seinem Ruf eigentlich kahlköpfig und übergewichtig sein müsste."

Watson war auch unter den Teilnehmern des Phagen-Kurses in Cold Spring Harbor, den Delbrück zusammen mit Luria im Sommer 1948 leitete. Er lernte viele Forscher kennen, die mit Phagen experimentierten oder sich dafür interessierten, und begann, sich als Mitglied der Phagen-Gruppe zu fühlen.

Er war 22 Jahre alt, als er seine experimentellen Arbeiten schriftlich zusammenfasste und dafür auch ohne weitere Schwierigkeiten seinen Doktortitel bekam. Was tun? Eine Postdoktorandenzeit in Europa lag nahe, denn Delbrück und Luria waren seine Vorbilder, und beide kamen aus Europa. Zufälle und Neigungen trafen zusammen, sodass sich Watson entschloss, eine Postdoktorandenzeit im Laboratorium von Herman Kalckar in Kopenhagen zuzubringen. Kalckar hatte an einem Phagen-Kurs teilgenommen und plante wohl auch ernsthaft, Phagenforschung zu betreiben. Aber dann interessierte er sich doch mehr für den Stoffwechsel von Nucleotiden, und Watson hatte das Gefühl, dass das Kalckar-Labor mehr von ihm profitierten würde als umgekehrt. Er langweilte sich und bat Luria, seinen Doktorvater, um Unterstützung für Pläne, ins englische Cambridge zu wechseln, um im Labor von Kendrew über die Struktur von Viren und DNA zu arbeiten. Dort traf er im Herbst 1951 ein. Bald begegnete er Francis H. Crick und beide begannen, über die Struktur der DNA zu reden und leiteten damit die Revolution in der Geschichte des Gens ein.

Entdeckung der DNA

Vorweg gesagt, wir benutzen nicht die deutsch-sprachige Abkürzung DNS für Desoxyribonucleinsäure, sondern die Abkürzung der englischen Version, also DNA für *Deoxyribonucleic Acid*. Denn das entspricht der Sprechweise unter praktizierenden Molekularbiologen, auch im deutschsprachigen Europa und in vielen anderen Ländern, in denen das Englische nicht die Muttersprache ist.

Der Erste, der sich ernsthaft mit DNA beschäftigte, kannte das Wort noch nicht, wusste aber durchaus, dass es um etwas Wichtiges ging. Dieser Erste war der Basler Forscher Friedrich Miescher (1844–1895), der während seiner Tätigkeit am Physiologisch-Chemischen Institut in Tübingen das Molekül DNA aus menschlichen Zellen isoliert und in wissenschaftlichen Aufsätzen beschrieben hat (1871). Die Arbeit war nicht einfach, denn DNA als großes langgestrecktes und empfindliches Molekül zerbricht leicht bei der Aufarbeitung. Wie enorm groß die DNA von Mensch, Tier und Pflanzen wirklich ist, wusste man damals noch nicht, und die Forscher, die auf Miescher folgten, interessierten sich erst einmal für den chemischen Aufbau des Moleküls. Es wurde allmählich deutlich, dass DNA aus vielen hintereinander gereihten Bausteinen besteht, „Nucleotide" genannt, die wiederum aus Unterbausteinen zusammengesetzt sind, nämlich aus, erstens, einem Phosphatrest, zweitens, dem Zucker Desoxyribose (der dem ganzen Molekül den Namen gibt) und, drittens, aus basischen Verbindungen, kurz „Basen" genannt. In DNA gibt es nur vier Basen, die wir hier schon nennen wollen. Es sind die beiden Purin-Basen Adenin und Guanin sowie die beiden Pyrimidin-Basen Cytosin und Thymin, gewöhnlich abgekürzt als A, G, C und T.

Dass die langen Ketten von Nucleotiden etwas mit Genen zu tun haben könnten, hielten die meisten damals für unwahrscheinlich. Denn das seinerzeit gängige Modell der DNA-Struktur ging davon aus, dass die Nucleotidbausteine eintönig in Vierergruppen entlang des fadenförmigen Groß- oder Makromoleküls angeordnet sind, etwa: AGCTAGCT usw. Wie kann eine so langweilige Struktur mit nur vier sich regelmäßig wiederholenden Bausteinen die Menge an genetischer Information einer Zelle enthalten, fragte man sich.

Es gab allerdings zu denken, dass DNA im Zellkern vorkommt, wo sich ja auch die Gene befinden, aber, so argumentierte man, dabei kann es sich bestenfalls um eine Art von Gerüst handeln, an dem die Gene aufgehängt sind.

Wenn jemand damals eine Wette eingegangen wäre, hätte er oder sie vermutlich gesagt, dass Gene aus Proteinen aufgebaut sind, denn Proteine bestehen aus mehr als 20 verschiedenen Bausteinen, Aminosäuren, und die können in nahezu unendlich vielen Variationen hintereinander aufgereiht sein. Lehrbücher behaupteten noch im Jahre 1950, dass „mit großer Sicherheit gesagt werden kann: Die Erbfaktoren sind große Eiweißmoleküle". Wobei wir hinzufügen, dass „Eiweiß" das heute noch gelegentlich verwendete, aber veraltete deutschsprachige Wort für Protein ist.

Dabei wären schon damals Zweifel an dieser Behauptung gerechtfertigt gewesen. Der Biochemiker Adolf Butenandt, von dem im Kap. 6 die Rede war, fasste die Zweifel zusammen. Er äußerte bei einem Vortrag im Süddeutschen Rundfunk (1957):

„Die biologische Chemie der letzten Jahre lieferte jedoch eine große Zahl von Argumenten, welche die Auffassung stützen, dass die Erbfaktoren selbst die Struktur von DNS-Molekülen besitzen". „Wir führen", fuhr er fort, „im Folgenden fünf solcher Argumente auf":

1. „DNS im Zellkern von Körperzellen beträgt $6,5 \times 10^{-6}$ µg, in Spermien: $3,4 \times 10^{-6}$ µg. Also halb so viel, exakt wie aufgrund der Reduktionsteilung erwartet werden kann".
2. „Alle Zellbestandteile [...] unterliegen einem ständigen Auf- und Abbau. [...] Nur die DNS der Zellkerne ist [...] dem [...] weitgehend entzogen."
3. „Das Wirkungsspektrum der Mutationsauslösung durch UV-Strahlen ist identisch mit dem Absorptionsspektrum der DNS."
4. „Bei Phagen glaubt man sicher nachgewiesen zu haben, dass nur die Nucleinsäure des Phagen in das Bakterium eindringt, das gesamte Phageneiweiß jedoch an der Infektion und an der Vermehrung der Phagen keinen Anteil hat."
5. „Einen besonders interessanten Zusammenhang zur Chemie des genetischen Materials haben Untersuchungen über Transformation ergeben."

Butenandt fügt hinzu: „[...] die an den Genorten befindliche DNS [...] erfüllt [...] alle Anforderungen, die man an genetisches Material stellen muss". Und „durch diese gesicherte Beziehung der DNS zur Genstruktur hat die Konstitutionsermittlung der Nucleinsäuren eine besondere Bedeutung erlangt. Sie ist in den letzten Jahren von vielen Seiten entscheidend gefördert worden und befindet sich in vollem Fluss." Butenandt hat seinen Vortrag vermutlich im Jahre 1956 formuliert. Das sind drei Jahre nach der bahnbrechenden Publikation von Watson und Crick. Aber er erwähnt die Namen nicht. Warum er das nicht tat, ist uns im Nachhinein völlig unverständlich, aber es ist ein kurioses wissenschaftshistorisches Detail.

Die Punkte (1) bis (3) der Liste brauchen wir nicht weiter zu erörtern. Sie sprechen für sich. Aber wir müssen uns die Punkte (4) und (5) der Butenandt-Listen genauer ansehen. Um über die Entdeckungen in der richtigen Reihenfolge zu berichten, kommt zuerst Punkt (5), und dieser Punkt betrifft eines der berühmtesten Experimente in der Geschichte der Biologie.

Avery – und DNA als genetisches Material

Der Hauptakteur war Oswald T. Avery (1877–1955), Mikrobiologe am *Rockefeller Institute for Medical Research* (heute: Rockefeller-Universität) in New York. Er arbeitete an einem medizinisch bedeutsamen Projekt, der Pathogenität von Pneumokokken. Das sind Bakterien, die Lungenentzündung (Pneumonie) verursachen können. Aus den Versuchen anderer Forscher wusste Avery, dass Pneumokokken in den Auswürfen von Patienten in zwei Formen oder Typen vorkommen, die man gut an ihrem Wachstum auf Agarplatten unterscheiden kann. Der S-Typ wächst in Form glatter (*smooth*) Kolonien und der R-Typ in Form rauer (*rough*) Kolonien. Die beiden Typen unterscheiden sich auch in den Infektionsabläufen, denn die S-Typen verursachen Pneumonie bei Mäusen, während die R-Typen harmlos sind – im Fachjargon: virulent und nicht-virulent. Aber im Experiment kann man die harmlosen R-Typen in virulente S-Typen überführen, und zwar einfach, indem man R-Typen mit Extrakten aus abgetöteten S-Typen zusammenbringt. Die ursprünglich harmlosen R-Typen wachsen nun als glatte Kolonien und lösen die Krankheit aus.

Was ist der Stoff in den Extrakten aus S-Typ-Bakterien, der die harmlosen R-Typen virulent werden lässt? Avery zeigte nun, zusammen mit seinen Mitarbeitern C. McLeod und M. McCarty, eindeutig und in wunderbar klaren Experimenten, dass es nichts anderes als die DNA aus den S-Form-Bakterien ist, die die Virulenz-Eigenschaft überträgt. Die drei Forscher publizierten ihre Ergebnisse im Jahre 1944 in der Zeitschrift *Journal of Experimental Medicine*. Im Titel des Aufsatzes erscheint das Wort „Transformation", und das heißt Übertragung durch Desoxyribonucleinsäure. So gelangte der Begriff Transformation als Punkt (5) auf Butenandts Liste.

Offensichtlich trägt das anscheinend so langweilige Molekül DNA genetische Information, jedenfalls in Form von Virulenz-Genen und jedenfalls bei Bakterien. Zweifler meldeten sich zu Wort. Ob nicht doch noch etwas Protein an der DNA hängen geblieben sei, fragten sie, obwohl sich Avery und Mitarbeiter doch unendlich viel Mühe gegeben hatten, um gerade dies auszuschließen. Andere fragten, ob die übertragene DNA nicht Mutationen in den Empfängerzellen auslösen könnte, oder brachten noch dies und jenes Argument vor. Aber keines davon konnte überzeugen. Stattdessen zeigte sich im Laufe der nächsten wenigen Jahre, dass nicht nur das Virulenz-Gen, sondern auch andere Gene übertragen werden und dass Transformation nicht nur bei Pneumokokken, sondern auch bei anderen Bakterienarten vorkommt.

Watson und Crick kannten Averys Experimente und die anderen Punkte, die in der Butenandt-Liste erwähnt werden, als sie sich im Herbst 1951 im Cavendish Laboratory, Cambridge, England, erstmals trafen. Sie waren sich bald einig, dass DNA ein genetisch wichtiges Molekül ist, womöglich Gene enthält und dass es sich sehr lohnen würde, einen genaueren Blick auf die Struktur zu werfen. Da kam es gerade recht, dass einer der Gründungsväter der amerikanischen Phagen-Gruppe, Alfred Hershey, im September 1952 ein weiteres wichtiges Experiment publizierte. Zusammen mit seiner Mitarbeiterin Martha Chase zeigte er, dass bei der Phageninfektion die DNA in die Bakterienzelle eindringt, während das meiste Protein draußen bleibt. Das konnte nur bedeuten, dass die DNA allein ausreicht, um die Vermehrung der Phagen in infizierten Bakterien in Gang zu setzen; oder anders gesagt, dass DNA alle genetische Information enthält, die für die Vermehrung von Phagen gebraucht wird. Das klassische Hershey-Chase-Experiment ist der Punkt (4) auf der Butenandt-Liste.

Watson und Crick

Ein unwahrscheinliches Forscher-Duo. Jedenfalls auf den ersten Blick. James („Jim") D. Watson, 23 Jahre alt, schon fertiger Doktor der Naturwissenschaften; Francis Crick, 35 Jahre alt, und, aufgehalten durch Kriegseinsätze und Lebensumstände, immer noch mit den Experimenten für seine Doktorarbeit beschäftigt. Jim Watson, die „sonderbare Figur", war „ein langer, schlaksiger Kerl. Unnachahmlich war seine Art, sich zu kleiden: Das Hemd flatterte frei über der viel zu kurzen Hose; die Socken kringelten auf den Knöcheln. Unnachahmlich auch seine wilde Mimik: Die Augen weit aufgesperrt, den Mund halb offen, stieß er kurze, abgehackte Sätze aus, die er jeweils mit einem Ah, Ah abschloss". Crick dagegen, „groß gewachsen, mit rot geädertem Gesicht und langem Backenbart glich einer Figur aus einem illustrierten Buch des 19. Jahrhunderts. Er sprach ohne Unterlass, mit sichtlichem Vergnügen, und war sehr schlagfertig, zerhackte seine Sätze mit sonorem Lachen, um dann wieder loszulegen, so schnell, dass man ihm kaum folgen konnte." So beschreibt F. Jacob (von dem wir später noch viel hören werden) diese beiden wichtigen Personen in der Geschichte vom Gen.

Aber sie hatten Gemeinsames. Beide waren von Schrödingers Buch *What is Life* beeinflusst, und beide waren entschlossen, das Geheimnis der Gene zu entschlüsseln. Beide hatten ein Vergnügen daran, intensiv und lange miteinander zu diskutieren, und wenn einer Unsinn redete, wurde es auch Unsinn genannt. Ohne Rücksicht auf die üblichen Höflichkeiten.

Wie wir gesehen hatten, war Watson ein Mitglied im Netzwerk der Phagen-Gruppe und blieb auch in den zwei oder drei Jahren, über die jetzt berichtet werden soll, immer im Kontakt mit Delbrück und Luria. Er wusste viel von Genen und Genetik. Dagegen stand Crick in der Tradition der englischen Schule der Strukturforscher. Das imponierte Watson. Er hatte im Frühjahr 1951 anlässlich einer Tagung erstmals das Beugungsmuster von Röntgenstrahlen gesehen, die durch DNA-Fäden geschickt worden waren. Was er sah, war kein Durcheinander, sondern eine klare Anordnung von Flecken und Strichen, und er zog sofort den Schluss, dass einen das auf die Spur zur DNA-Struktur bringen könnte. Natürlich hatte er zunächst keine Ahnung von den physikalischen Hintergründen. Crick brachte es ihm bei, und, intelligent, wie Watson nun einmal war, lernte er schnell und effektiv.

Crick war seit 1949 Mitarbeiter im Laboratorium von Max Perutz und arbeitete an den theoretischen Methoden, mit deren Hilfe sich aus der Beugung von Röntgenstrahlen plausible Informationen über die Anordnung von Atomen in großen biologischen Molekülen herauslesen lassen. Watson sollte im Kendrew-Labor über die Struktur des Tabakmosaik-Virus arbeiten. Beide, Watson und Crick, hatten ihre Arbeitsplätze im gleichen Büroraum. Sie lernten bald, sich zu respektieren und zu schätzen, und beschlossen ein gemeinsames Abenteuer – die Aufklärung der Struktur der DNA und der Gene. Das Ziel: ein molekulares Modell der DNA.

Den Weg dazu hatte ihnen jemand vorgemacht, nämlich der große Chemiker Linus Pauling (1901–1994; Nobelpreis 1954 für Forschungen über die Natur der chemischen Bindung; Friedensnobelpreis 1962 für sein Engagement gegen Atomwaffentests). Pauling hatte auf der Basis seiner genauen Kenntnis der chemischen Struktur von Aminosäuren (den Bausteinen von Proteinen) und einiger Informationen aus Röntgenstrukturforschungen nur mithilfe von Papier und Bleistift eine Teilstruktur von Proteinen entworfen. Ein Strukturelement, das α-Helix genannt wird, weil dort die Kette der Aminosäuren als Helix gewunden ist, wie das Geländer einer Wendeltreppe. Die Beschreibung der α-Helix-Struktur war ein wichtiger Erfolg und hat die Proteinforschung entscheidend beeinflusst.

Watson und Crick wollten es Pauling auf dem Gebiet der DNA-Forschung gleichtun. Aber dazu brauchten sie Informationen, einmal über die Chemie der Nucleotide, aber vor allem brauchten sie ordentliche röntgenkristallographische Bilder von DNA-Fasern. Dieser Punkt war heikel. Denn in Cambridge arbeitete niemand an diesem Thema. Röntgenkristallographie von DNA war das Gebiet zweier Forscher in der Biophysik-Abteilung am *King's College* in London, Maurice H. F. Wilkins und Rosalind Franklin.

Es war Wilkins, der die ersten klaren Röntgenbeugungsdiagramme von DNA erhalten hatte und sie auf der Tagung des Jahres 1951 zeigte, jener Tagung, an der auch Jim Watson teilgenommen hatte. Watson schreibt (in seinem autobiografischen Bericht *Die Doppelhelix*): „vor Wilkins Vortrag hatte ich mir Sorge gemacht, dass das Gen möglicherweise phantastisch unregelmäßig sein könnte. Jetzt aber wusste ich, dass das Gen kristallisieren konnte; es musste also eine regelmäßige Struktur haben, die sich ohne Weiteres lösen lassen würde."

Aber so ohne Weiteres ging es nicht. Die bis dahin publizierten Röntgenbeugungsdiagramme waren zu ungenau, um als Basis für vernünftiges Modellbauen zu dienen. Wie an bessere Daten kommen? Wilkins war Cricks guter Freund, aber Rosalind Franklin hatte die besseren Bilder. Doch die beiden, Wilkins und Franklin, sprachen nur das Allernötigste miteinander. Sie mochten sich nicht. Das hatte zum einen sicher etwas damit zu tun, dass hier unterschiedliche Persönlichkeiten aufeinandertrafen, hatte aber auch Gründe, die die berufliche Situation betrafen. Denn Rosalind Franklin war bereits eine erfolgreiche Strukturforscherin, als sie ans King's College kam, und zwar mit dem Auftrag, über DNA zu arbeiten. Wilkins war gerade auf Reisen, und alles schien in Ordnung zu sein. Aber als er dann wieder in London eintraf, merkte er, dass er nicht eine neue Mitarbeiterin für seine eigenen Projekte vor sich hatte, sondern eine engagierte Forscherin, die unnachgiebig auf ihrer Selbständigkeit bestand. Watson schreibt ganz freimütig (in: *Die Doppelhelix*), wie Crick und er sich die Diagramme von Rosalind Franklin besorgten: „Natürlich gab uns Rosy ihre Daten nicht direkt, und niemand am King's College wusste, dass wir sie hatten." Wilkins hatte Watson womöglich unbeabsichtigt, aber sicher ohne Franklins Wissen und Zustimmung ihre entscheidenden „Daten" gezeigt; und Perutz ließ Watson und Crick einen Bericht lesen, den Franklin (und andere Mitarbeiter am King's College) für ihren Geldgeber, das *Medical Research Council*, geschrieben hatten, und wo die neuesten Ergebnisse nachzulesen waren.

Das half beim Modellbauen. Denn aufgrund der vorliegenden Röntgendiagramme konnten Watson und Crick mit einiger Sicherheit schließen, dass DNA aus zwei Strängen aufgebaut sein muss, und zwar aus zwei Strängen, die sich helikal umeinander winden, und dass die beiden Stränge gegenläufig angeordnet sind. Sie konnten auch den Abstand zwischen den Bausteinen abschätzen, und mit Recht vermuten, dass die Phosphatreste nach außen und die Basen der Nucleotide nach innen gerichtet sind.

Aber wie liegen die Basen beider Stränge zueinander? Es gab nur wenige feste Eckdaten. Erstens, die chemischen Eigenarten der Basen, über die sich die beiden Forscher in vielen Gesprächen mit Chemikern vergewissert hatten; und zweitens, die Ergebnisse, die ein Biochemiker aus New York im Laufe der vorangegangenen fünf oder sechs Jahre sorgfältig und genau gesammelt hatte.

Das war Erwin Chargaff. Hier einige Lebensdaten: geboren 1905 im damalig österreichischen (heute: ukrainischen) Czernowitz; Chemiestudium in Wien; Ausbildung u. a. in Berlin; 1935 vor den Nazis geflohen und in die USA emigriert; Professor an der Columbia-Universität; später sprachgewaltiger Essayist (*Das Feuer des Heraklit*), gestorben mit 97 Jahren in New York.

Chargaff war durch Averys Arbeiten beeindruckt. Er war von der herausragenden biologischen Bedeutung der DNA überzeugt und machte sich daran, einige Wissenslücken zu schließen. So begann er, mit ausgefeilten analytischen Verfahren die Zusammensetzung der Basen in den DNAs aus verschiedensten Organismen zu bestimmen. Er erhielt zwei wichtige Ergebnisse.

Erstens, das prozentuale Verhältnis der Basen A, G, C und T ist von Organismus zu Organismus verschieden. Das ist interessant, weil es mit der Idee übereinstimmt, dass DNA irgendwie Träger von Genen sein könnte, denn man kann davon ausgehen, dass jeder Organismus seinen eigenen Satz von Genen hat und dass sich deswegen seine DNA von der anderer Organismen unterscheidet.

Zweitens und für unsere Geschichte am wichtigsten, das prozentuale Verhältnis von Adenin ist gleich dem von Thymin, und das Verhältnis von Guanin gleicht dem von Cytosin, oder kurz: A = T und G = C. Dieses Verhältnis ist als „Chargaffs Regeln" bekannt geworden.

Wie passen Chargaffs Regeln zu der Struktur mit den gegenläufigen umeinander gewundenen Strängen? Um das zu klären, hatten Watson und Crick in der Werkstatt ihres Instituts Metallplatten in Form der vier Basen bestellt. Sie wollten ein DNA-Modell bauen und die Metallplatten als Basen einfügen. Aber die Werkstatt brauchte Zeit, und Watson wurde ungeduldig. So schnitt er sich die Formen aus Pappe aus. Er legte die Basen aus Papier auf eine flache Tischplatte, bewegte sie hin und her und probierte verschiedene Möglichkeiten für Paarungen aus.

Watson berichtet: „Plötzlich merkte ich, dass ein Adenin-Tymin-Paar, durch Wasserstoffbrücken aneinander gebunden, die gleiche Form hatte, wie ein Guanin-Cytosin-Paar [...]. Die Wasserstoffbrücken schienen sich ganz natürlich zu bilden; man brauchte nichts zu manipulieren – die beiden Basenpaare hatten genau die gleichen Formen" (Abb. 9.1).

Er sah sofort die Konsequenz. Wenn nämlich Adenin immer mit Thymin und Guanin immer mit Cytosin paart, passen beliebige, auch unregelmäßige Folgen von Basen wunderbar in das Innere der Helix. Watson schreibt weiter: „Chargaffs Regeln ergeben sich einfach als eine Folge der Doppelhelixstruktur. Und noch aufregender – dieser Typ Doppelhelix ließ auf einen Vermehrungsmechanismus schließen [...]. Denn wenn Adenin immer mit Thymin und Guanin immer mit Cytosin paart, bedeutet das, dass diese umeinandergewundenen Basenfolgen komplementär zueinander sind. Wenn die Basenfolge eines Stranges gegeben ist, lässt sich die des Partnerstranges direkt ableiten. Man kann sich deswegen leicht vorstellen, wie ein Strang als Matrize für die Synthese eines zweitens Stranges mit komplementärer Sequenz dient."

Das war am 21. Februar 1953. Crick kam an diesem Tag etwas später ins Labor. Er sah, was Watson gefunden hatte, und war begeistert. Die beiden besuchten ihre Stammkneipe, und Francis Crick erzählte allen, die es hören wollten, dass sie das Geheimnis des Lebens entdeckt hätten. Jedenfalls steht es so in Watsons biografischer Erzählung *Die Doppelhelix*.

Watson und Crick mussten ihr Modell noch in eine ordentliche Form bringen, bevor sie es ihren Kollegen zeigen konnten. Maurice Wilkins und auch Rosalind Franklin fanden es gut und überzeugend, und alle kamen überein, ihre jeweiligen Ergebnisse hintereinander in drei kurzen Aufsätzen in der Zeitschrift *Nature* zu publizieren. Die Arbeiten erschienen am 25. April 1953. Die Arbeit von J. D. Watson und F. H. C. Crick hat den Titel *„A Structure for Deoxyribose Nucleic Acid"*, ist nur ein wenig länger als eine Druckseite und enthält nur cine einzige Abbildung

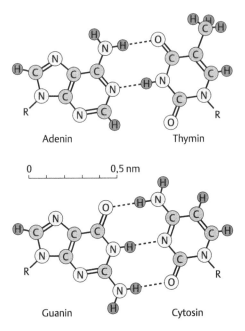

Adenin   Thymin

0   0,5 nm

Guanin   Cytosin

Abb. 9.1 Basenpaare. Die Basen in den Bausteinen der DNA (Desoxynucleotide) sind über Wasserstoffbrücken miteinander verbunden (*gestrichelte Linien*): Adenin (*A*) über zwei Wasserstoffbrücken mit Thymin (*T*) sowie Guanin (*G*) über drei Wasserstoffbrücken mit Cytosin (*C*). Die Basenpaare haben sehr ähnliche Formen. Das war es, was J. Watson am Vormittag des 21. Februar 1953 bemerkte und was entscheidend für den Entwurf des DNA-Modells war

(Abb. 9.2, b): zwei gewundene Schleifen – die Doppelhelix, übrigens gezeichnet von Odile Crick, Francis' Frau. Der begleitende Aufsatz von Maurice H. F. Wilkins mit seinen beiden Mitarbeitern ist etwas länger, etwa zwei Seiten, ebenso der Aufsatz von Rosalind Franklin und ihrem Doktoranden Raymond G. Gosling.

Watson und Crick veröffentlichen etwa einen Monat später einen weiteren Aufsatz in *Nature*, in dem sie auf die genetischen Konsequenzen ihres Modells eingehen – Replikation, Mutation, genetischer Code. Aber ihre Arbeit vom 25. April 1953 ist das herausragende Datum in der Geschichte des Gens. Dort findet sich das Bild der Doppelhelix, die zur Ikone der Biologie wurde.

Wir werden den beiden Protagonisten, Jim Watson und Francis Crick, auf den folgenden Seiten noch mehrmals begegnen. Aber Maurice Wilkins können wir aus unserer Geschichte entlassen, wobei wir freilich erwähnen müssen, dass er noch wunderbare Röntgenstrukturdiagramme anfertigte, die dann keinen Zweifel an der Korrektheit des Watson-Crick-Modells mehr ließen. Aus diesen Arbeiten ist die Abbildung hervorgegangen, bei denen alle Atome der Doppelhelix in ihrer relativen Größe dargestellt sind (siehe: Abb. 9.2, c).

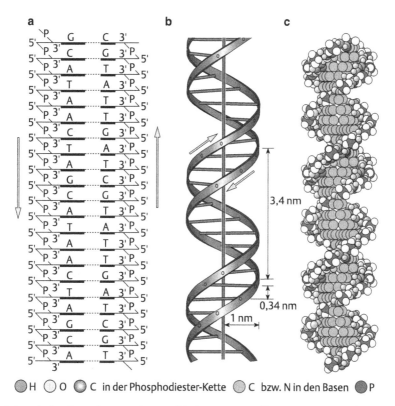

a

b

c

3,4 nm

0,34 nm

1 nm

⊙ H   ◯ O   ◍ C in der Phosphodiester-Kette   ◯ C bzw. N in den Basen   ⬤ P

Abb. 9.2 Die Struktur der DNA in verschiedenen Darstellungen. **a** Eine einfache Strich-skizze, die einige Prinzipien des Molekülbaus deutlich machen soll, nämlich, erstens, die Basenpaarungen (*A* immer mit *T*; und *G* immer mit *C*) und, zweitens, die Lage der Basenpaare, eng gepackt wie Bücher in einem Bücherstapel. Die Einzelbausteine sind miteinander über Phosphat-Reste (-P-) verknüpft. Dabei geht die Verknüpfung vom 3'-C-Atom der Desoxyribose des einen Nucleotids zum 5'-C-Atom der Desoxyribose des benachbarten Nucleotids. Dadurch erhält ein DNA-Strang eine Richtung: vom 5'-Ende zum 3'-Ende. Die beiden DNA-Stränge laufen in entgegengesetzte Richtungen (*Pfei-le*). Man sagt, die Stränge sind antiparallel. **b** Die Doppelhelix mit den Basenpaaren als Stufen einer Wendeltreppe. Dieses Bild entspricht der einzigen Abbildung in dem epochalen Watson-Crick-Paper vom April 1953. **c** DNA-Molekül. Jedes Atom im DNA-Molekül entspricht einer Kugelkalotte. Die Basenpaare sind hellgrau gefärbt. Dieses Bild ist nach einer Abbildung in einer Veröffentlichung von M. Wilkins und Mitarbei-tern neu gezeichnet worden. (Aus: Knippers R. (2006) Molekulare Genetik 9. Aufl., Georg Thieme, Stuttgart)

Dann wollen wir der Geschichte etwas weiter vorauseilen und vorwegnehmen, dass die drei, Crick, Watson und Wilkins, im Jahre 1962 gemeinsam mit dem Nobelpreis für Medizin ausgezeichnet wurden; übrigens im selben Jahr, in dem J. Kendrew und M. Perutz den Chemie-Nobelpreis erhielten. Ein Triumph der Biophysik und der Strukturbiologie in Cambridge und London.

Und Rosalind Franklin? Ihre Biografin, Brenda Maddox, schreibt, dass sie sich ohne bittere Gefühle gegenüber Watson und Crick aus der DNA-Forschung zurückzog, ja dass sie mit beiden freundschaftlich verbunden blieb. Aber die ständigen Konflikte mit Wilkins hatten ihr zugesetzt. Für sie waren die Jahre am King's College als die unglücklichsten ihres Berufslebens. So war sie erleichtert, als sie noch im Jahre 1953 eine neue Forschungsstätte in London gefunden hatte. Dort konnte sie in Ruhe ihre Methoden einsetzen und überaus erfolgreich über die Struktur von Viren arbeiten. Doch Rosalind Franklin starb im Jahre 1958 an einer Krebserkrankung, erst 37 Jahre alt.

Die Debatte über ihre Rolle in der Geschichte ging noch viele Jahrzehnte nach ihrem Tod weiter. Im Jahre 2010 wurde sogar ein Theaterstück mit dem Titel *„Photograph 51"* (von Anna Ziegler) aufgeführt. Photograph 51 – das war jene berühmte Röntgenaufnahme, die Watson und Crick den Weg zur Doppelhelix gezeigt hat. Ob man ihr übel mitgespielt und sie um ihre wohl verdiente Anerkennung gebracht hat? Ganz entschieden ist das immer noch nicht.

Das schönste Experiment der Biologie

Watson und Crick haben ihren ersten Aufsatz in *Nature* mit einem Satz abgeschlossen, der als die berühmtesten Untertreibung der Wissenschaftsgeschichte gilt: „Es ist unserer Aufmerksamkeit nicht entgangen, dass die von uns vorgeschlagene spezifische Basenpaarung unmittelbar einen Kopiermechanismus für genetisches Material nahelegt."

Dieser einfache und doch oder deswegen so arrogante Satz wäre die Lösung eines Rätsels, um das sich Biologen Jahrzehnte lang bemüht, ja, oft bitter gerungen, und das manche sogar für unlösbar gehalten hatten, nämlich wie genetische Information von Generation zu Generation weitergegeben wird. Aber stimmt es denn, dass die „spezifische Basenpaarung unmittelbar einen Kopiermechanismus" nahelegt?

Als Erste meldeten sich zwei junge Forscher am Caltech zu Wort, Matthew Meselson und Franklin W. Stahl (1958). Sie arbeiteten mit einer neuen Zentrifugiertechnik, die gerade am Caltech entwickelt worden war – Cäsiumchlorid-(CsCl)-Gradienten-Zentrifugation. Hier ist nicht der Ort, um die Methode genau zu beschreiben. Nur so viel soll gesagt sein, dass sich bei dieser Art der Zentrifugation ein Dichtegradient aufbaut, in dem sich DNA-Moleküle nach ihrer Dichte verteilen. Meselson und Stahl hatten nun die wunderbare Idee, die DNA von Eltern- und Nachkommenzellen mit unterschiedlichen Dichten zu markieren. Dazu vermehrten sie Bakterien in einer Nährlösung, die Stickstoffsalze mit dem schweren Isotop ^{15}N enthielt. Bakterien unterscheiden nicht zwischen dem leichten Salz $^{14}NH_4Cl$ und dem schweren Salz $^{15}NH_4Cl$ und bauen das schwere Isotop in alle stickstoffhaltigen Zellbestandteile ein, auch in ihre DNA. Wenn die DNA nach mehreren Generationen in der Nährlösung mit $^{15}NH_4Cl$ vollständig „schwer"

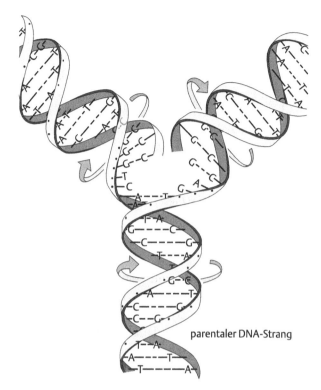

parentaler DNA-Strang

Abb. 9.3 Was das Meselson-Stahl-Experiment aussagt. Ein „parentaler" DNA-Doppelstrang wird aufgedreht („entwunden"). Die entstehenden Einzelstränge dienen als Matrizen für die Synthese von „komplementären" DNA-Strängen. So entstehen zwei Nachkommen-DNA-Moleküle, die mit dem Parental-Molekül identisch sind. (Aus: Knippers R (2006) Molekulare Genetik 9. Aufl., Georg Thieme, Stuttgart)

geworden ist, werden die Bakterien vom schweren ^{15}N-Nährmedium in das leichte ^{14}N-Nährmedium überführt. Nach ein und zwei Generationen im leichten Medium wird die DNA präpariert und im CsCl-Dichtegradienten untersucht.

Das Ergebnis war eindeutig. Nach einer Generation im ^{14}N-Medium wird aus der „schweren" eine „halbschwere" DNA mit einem alten Strang aus ^{15}N-Nucleotiden und einem neuen Strang mit ^{14}N-Nucleotiden. In der zweiten Generation taucht neben der „halbschweren" DNA eine vollständig „leichte" DNA auf.

Die Abb. 9.3 zeigt das Ergebnis in einer anschaulichen Version, wie man sie auch in einführenden Lehrbüchern findet. Wir sehen, dass der Weitergabe der genetischen Information, kurz „Replikation" genannt, zwei wichtige Reaktionen zugrunde liegen:

- Entwindung des DNA-Doppelstranges, wodurch die Basenpaarfolgen der beiden komplementären Stränge frei zugänglich werden;
- Synthesen von neuen Strängen und zwar so, dass jeder neue Strang komplementär zum alten Strang ist.

Wenn man sich den Vorgang der Abb. 9.3 zu Ende vorstellt, dann sieht man sofort, dass das Ergebnis zwei DNA-Moleküle mit je einem alten und einem neuen Strang sind. Die beiden entstandenen DNA-Moleküle sind getreue Kopien des Elternmoleküls. So wie es sich Watson und Crick vorgestellt hatten.

Das Meselson-Stahl-Experiment ist ein Klassiker in der Geschichte der Naturwissenschaften und wurde entsprechend viel gepriesen. Selbst noch im Jahre 2000 befasste sich ein ganzes Buch damit: *Meselson, Stahl, and the Replication of DNA* mit dem Untertitel *The most beautiful experiment in biology* (von F. L. Holmes).

Nun gibt es viele „schöne" Experimente in der Biologie. Ob das Meselson-Stahl-Experiment wirklich das schönste (*„the most beautiful"*) ist, bleibt Geschmackssache. Jedenfalls hat es die Geschichte des Gens vorangebracht.

DNA-Polymerasen

Etwa zur gleichen Zeit, als Meselson und Stahl am Caltech ihre Experimente machten, isolierte der Biochemiker Arthur Kornberg (1918–2007) an der *Washington University* in St. Louis, Missouri, ein Enzym mit der Bezeichnung „DNA-Polymerase". Dieses Enzym war damals etwas unerhört Neues, denn es fügte einzelne Nucleotide zu DNA-Strängen aneinander, und zwar nicht einfach so, sondern geleitet von der Folge der Nucleotide in einer DNA-Strang-Matrize (1956). Die DNA-Polymerase führt genau das aus, was sich Watson und Crick als Kopiermechanismus vorgestellt hatten, nämlich ein Abschreiben von Basenfolgen. Wo im Matrizenstrang ein A steht, wird im neuen Strang ein T eingebaut; gegenüber einem G ein C usw. – genau nach den Regeln der Komplementarität.

Die wissenschaftliche Welt war gehörig beeindruckt, und so erhielt Kornberg schon im Jahre 1959 zusammen mit Severo Ochoa den Nobelpreis „für die Entdeckung des Mechanismus der biologischen Synthese" von DNA. Es mag sein, dass der Nobelpreis etwas voreilig kam, wie manche behaupteten, denn für die Replikation reicht eine DNA-Polymerase bei Weitem nicht aus. Zwei Dutzend und mehr verschiedene Proteine sind zusätzlich erforderlich, unter anderem solche, die eine Entwindung der DNA einleiten und durchführen. Arthur Kornberg, ab 1959 Leiter der Abteilung Biochemie an der *Stanford University* in Kalifornien, entdeckte und studierte viele dieser zusätzlichen Replikationsproteine. Ja, er prägte in den Sechziger- und Siebzigerjahren wie kein anderer das Gebiet der DNA-Replikation. Eine nachträgliche Rechtfertigung für die Entscheidung des Nobelpreis-Komitees des Jahres 1959.

Überhaupt ist die Erforschung der Genomreplikation von Bakterien, von Tier- und Pflanzenzellen ein eigenes und hoch interessantes Kapitel in der Geschichte des Gens. Doch eine Beschreibung würde den Rahmen überschreiten, den wir uns für dieses Büchlein gesetzt haben.

Das Ende der „romantischen Phase"

Am Anfang des vorangegangenen Kapitels hatten wir den Aufsatz „*That was the Molecular Biology that was*" von Gunther S. Stent aus dem Jahre 1968 erwähnt. Er meinte, dass die zwei oder drei Jahrzehnte Forschungsgeschichte mit einer, wie er schreibt, „romantischen Phase" begonnen haben. „Romantisch", weil manche der Protagonisten unter dem Einfluss von Niels Bohr einst glaubten, dass mit der Erforschung der Natur der Gene neue Naturgesetze an den Tag kommen würden.

Aber es wurde kein neues Gesetz der Physik entdeckt, sondern nur das Öffnen und Schließen von Wasserstoffbrücken, wie man es in vielen simplen chemischen Reaktionen findet. Jedenfalls im Prinzip. Denn in Wirklichkeit ist die Biochemie der DNA und ihrer Replikation so komplex, dass sie bis heute noch nicht ganz erforscht ist. Aber hier geht es ja um das Prinzip, und das ist die Synthese eines komplementären Stranges, denn **A** geht immer mit **T** eine Basenpaarung ein, so wie **G** immer mit **C** (Abb. 9.3).

Aber die Struktur der Doppelhelix hatte noch andere weitreichende Konsequenzen. Beadle und Tatum hatten ja gezeigt, dass ein Gen für die Bildung eines Enzyms – oder allgemeiner eines Proteins – zuständig ist. Nach der Entdeckung der DNA-Struktur ließ sich nun etwas genauer sagen, dass es die Folge der Basen in der DNA sein muss, die irgendwie die Information zum Bau eines Proteins enthält. Die Frage war, wie die Information aussieht und wie sie zum Bau von Proteinen genutzt wird. Diese Frage stand am Anfang einer spannenden Phase in der Geschichte des Gens: die Entzifferung des genetischen Codes. Darüber gleich mehr. Hier erst noch einige Sätze zur Rezeption des Watson-Crick-Aufsatzes.

Anders als man vielleicht erwarten würde, war das Echo auf die Entdeckung der Doppelhelix in der Welt der Wissenschaft zunächst eher verhalten. Das mag daran gelegen haben, dass die Biologen und Biochemiker schon viele Modelle der Erbsubstanz, ja auch der DNA, haben kommen und wieder verschwinden sehen, und wer konnte ausschließen, dass hier nicht wieder so ein Produkt der Phantasie vorlag. Ein weiterer Grund für den Zweifel war, dass damals die meisten nicht so recht etwas mit der Röntgenkristallographie anzufangen wussten. Die Methode war einfach zu neu.

Doch schon nach zwei oder drei Jahren wendete sich das Blatt. Doppelhelixbilder begannen die Wände von biologischen Instituten zu schmücken, und Doppelhelixskulpturen tauchten in ihren Fluren und Vorgärten auf (Abb. 9.4). Fernsehfilme wurden gedreht. Die Doppelhelix wurde das Logo von wissenschaftlichen Gesellschaften, Biologie-Instituten und Biotech-Unternehmen. Überall die Doppelhelix. Sogar auf Packungen von Lebensmitteln, Kosmetika und dergleichen. Eine Ikone nicht nur der Biologie, sondern der modernen Welt.

Auch Künstler nahmen sich ihrer an. Zuerst der große surrealistische Maler Salvador Dali (1958), der gesagt haben soll, dass DNA „die einzige Struktur ist, die den Menschen mit Gott verbindet". Es ist nicht ganz klar, was er damit meinte, aber

Abb. 9.4 DNA als Ikone. Eingang zum Laboratorium für Molekulare Biologie am California Institute of Technologie, Pasadena, USA (Aufnahme aus dem Jahre 1965)

egal, denn weitere Künstler folgten, und im Jahre 2004 konnten die Kunsthistorikerinnen Suzanne Anker und Dorothy Nelkin in ihrem Buch *The Molecular Gaze. Art in the Genetic Age* Dutzende von Kunstausstellungen aufführen, die unter Titeln wie *„Genetic Art"*, *„Gene Culture"*, *„Art after DNA"* und dergleichen stattgefunden hatten. Kurz, DNA ist ein weithin sichtbarer Bestandteil unserer Kultur geworden.

Wissenschaftshistoriker stellen sich immer einmal wieder die Frage, ob die Doppelhelix auch ohne Watson und Crick entdeckt worden wäre. Die Zusammenarbeit der beiden Forscher in der Zeit von 1951 bis 1953 lässt sich ziemlich genau, ja oft sogar Tag für Tag, nachzeichnen, ebenso ist ihre Korrespondenz bekannt, so wie ihr Zusammentreffen mit anderen Wissenschaftlern gut dokumentiert ist. Aus all dem ergibt sich, dass man sich ein günstigeres Umfeld für die „wichtigste Entdeckung in der Biologie seit Darwin" gar nicht ausmalen könnte: zwei hoch intelligente und hoch motivierte Wissenschaftler, je ausgestattet mit beneidenswerter Selbstsicherheit und der Fähigkeit zu argumentieren, in einem Umfeld, wo die besten Nucleinsäureforscher ein- und ausgingen. Und doch stimmen die Historiker überein, dass es nicht lange gedauert hätte, vielleicht zwei oder drei Jahre, bis andere zum gleichen Ergebnis gekommen wären. Vielleicht hätte Chargaff aufgrund seiner Regeln die spezifischen Basenpaarungen gefunden, und vielleicht hätten entweder Wilkins oder Franklin oder beide die Regeln der Basenpaarung mit ihren Röntgenstrukturdaten in Einklang gebracht, oder Pauling am Caltech hätte einen neuen Anlauf zum Modellbauen genommen (sein erstes Modell, das – wie die Doppelhelix – im Jahr 1953 publiziert wurde, war ein Flop). Vielleicht hätte es so kommen können. Aber das hätte längst nicht eine so wunderbare Geschichte ergeben wie die, die uns Watson und Crick vorgelebt haben.

10

Der genetische Code

Schrödinger hatte in seinem Buch *What is Life* vorgeschlagen, dass das genetische Material wie eine Art Code funktionieren könnte. „*Code script*", schreibt er. Das war im Jahre 1944, also lange bevor man etwas von Doppelhelix und Basenfolgen wusste. Aber Mitte der Fünfzigerjahre hatten viele Molekularbiologen noch Schrödingers Text im Sinn, als sie darüber diskutierten, welche Beziehung zwischen der linearen Folge der Basen im DNA-Strang und der linearen Folge von Aminosäuren in Proteinen besteht. Ein Begriff wie „genetischer Code" kam gerade recht. Er war handlich, und jeder wusste, was gemeint war. Informatiker weisen darauf hin, dass es sich dabei nicht um einen Code im strengen Sinn handelt, sondern um eine Tabelle von Korrelationen, wo es darum geht, welche Base oder Gruppe von Basen für welche Aminosäure steht. Aber das kümmert nicht mehr. Der Begriff „genetischer Code" ist ein „Haushaltswort" geworden.

Wir wollen uns noch einmal klar machen, dass hier etwas Wichtiges zur Diskussion steht. Proteine sind die Grundbausteine des Lebens. Und zwar in zweifacher Hinsicht:

- Erstens als Bausteine von Strukturen wie Muskeln, Knochen, Haut, Haaren und dergleichen. Sie geben den Organismen ihre Form und Struktur.
- Zweitens als Enzyme. Sie nutzen die Energie von Licht und Nahrung für den Bau und für alle Reaktionen der Lebewesen: Entwicklung und Stoffwechsel; Wachstum und Bewegung; Reizaufnahme und Reaktion; Nervenleitung, Gedächtnis und so weiter.

Proteine sind Makromoleküle, lineare Ketten, die aus insgesamt zwanzig Einzelbausteinen bestehen, aus den Aminosäuren. Manche Proteine enthalten weniger als hundert, andere mehr als tausend Aminosäuren in Folgen, die von Protein zu Protein verschieden sind. Die Ketten der Aminosäuren falten sich in kom-

© Springer-Verlag GmbH Deutschland 2017
R. Knippers, *Eine kurze Geschichte der Genetik*, DOI 10.1007/978-3-662-53555-4_10

plizierter Weise zu dreidimensionalen Gebilden. Nur in ihren spezifischen dreidimensionalen Formen können die Proteine ihre biologische Funktion erfüllen,
und das ist der Grund, warum die Erforschung der 3D-Formen von Proteinen so
wichtig ist. Wie wir gesehen hatten, waren es John Kendrew und Max Perutz, die
die entscheidenden Pionierarbeiten dazu in Cambridge geleistet haben.

Francis Crick und andere gingen davon aus, dass es nicht die dreidimensionalen Formen sein können, die in den Genen gespeichert sind und die von Generation zu Generation weitergegeben werden, sondern dass es die Zahl und die Reihenfolgen von Aminosäuren sein müssen. Erst während oder nach ihrer Synthese
falten sich die langen Ketten von Aminosäuren zur korrekten 3D-Struktur. Wie
man heute weiß, geht das nur bei einigen wenigen kleinen Proteinen spontan und
ohne weiteres Zutun. Die größeren Proteine brauchen dazu einen komplizierten
zellulären Apparat. Aber das können wir hier außer Acht lassen, weil es nichts
am Prinzip ändert.

Hier geht es darum, dass die Folge der Basenpaare in der DNA bestimmt, wie
die Folge von Aminosäuren im Protein aussieht. Die große Frage war, welche
Basenpaare für welche Aminosäuren stehen. Dass die Antwort nicht trivial sein
kann, war von vornherein klar, denn es gibt nur vier DNA-Basen, aber 20 Aminosäuren.

Die Frage lässt sich über zwei unterschiedliche Wege untersuchen. Der erste
Weg entspricht dem, den die Kryptographen einschlagen, wenn sie einen ver-
schlüsselten Text in die Umgangssprache übersetzen. Er setzt die Fähigkeit zu
klarem logischen Denken und die Freude an intellektueller Anstrengung voraus.
Der zweite Weg ist weniger glamourös und viel mühsamer. Er geht über die Erforschung der Synthese von Proteinen in biochemischen Experimenten.

Der erste Weg hat das Interesse einiger Physiker und – wie man heute vielleicht
sagen würde – Informatiker gefunden. Ihre teils hoch intelligenten Vorschläge
haben nichts oder nur wenig zur Lösung des genetischen Codes beigetragen.
Aber sie haben ihre Spuren hinterlassen.

Das ist erstens die Sprache der molekularen Genetik. Denn jetzt tauchten auf
einmal wichtige Vokabeln aus Informationstheorie und Linguistik auf – genetische „Information", genetisches „Wörterbuch", „Lesen des genetischen Codes"
oder Transkription („Umschreiben"), Translation („Übersetzen") und dergleichen. Kurz gesagt, die Folge von Basenpaaren in der DNA wurde als Analogie
zu einem Text genommen. Das hat Stirnrunzeln in den Kreisen einiger Wissen-
schaftsphilosophen verursacht. Aber Molekularbiologen haben die Terminologie
gern und ohne Bedenken übernommen und benutzen sie bis heute. Sie erfüllt
den nützlichen Zweck einer anschaulichen und problemlosen Verständigung.

Der zweite Punkt war, dass wichtige Einzelprobleme klarer gesehen werden
konnten. So hatte jemand vorgeschlagen, dass sich Aminosäuren direkt an die
DNA anlagern, und zwar jede Aminosäure nach Maßgabe einer speziellen kurzen

Basenpaarfolge. Francis Crick sah, dass das aus räumlichen und anderen Gründen nicht funktionieren konnte. Er schlug stattdessen vor, dass sich eine Aminosäure erst einmal an ein kurzes spezifisches Stück RNA bindet, und die RNA dann über die Standard-Basenpaarungen an die entsprechende Stelle im codierenden Strang gelangt. Er sprach von Adaptor-RNA. Aber warum RNA? Dazu ein kurzes Zwischenstück.

RNA: die zweite Nucleinsäure-Art

Ribonucleinsäure oder *ribonucleic acid*, kurz RNA. Wie die DNA ist auch RNA aus Nucleotiden aufgebaut. Aber statt des Zuckers Desoxyribose enthalten RNA-Nucleotide den Zucker Ribose als Baustein (daher der Name), und statt Thymin kommt neben den Basen Cytosin, Adenin und Guanin die mit Thymin verwandte Pyrimidin-Base Uracil in RNA vor. Es gibt Arten von RNA, die aus weniger als hundert Nucleotiden zusammengesetzt sind, und andere, die viel länger sind, mit einigen oder gar vielen tausend Nucleotiden. RNA-Moleküle bilden keinen regulären Doppelstrang (wie die DNA-Doppelhelix), aber Teile eines RNA-Stranges können mit anderen Teilen Basenpaarungen eingehen, sodass sich oft komplizierte Faltungen bilden. Während DNA nur im Zellkern vorkommt, befindet sich RNA auch und bevorzugt außerhalb des Kerns im Cytoplasma von tierischen und pflanzlichen Zellen. Seit den 1930er- und 1940er-Jahren wussten die Zellbiologen, dass besonders viel RNA in Zellen vorkommt, die eifrig mit der Proteinsynthese beschäftigt sind. Kurz, es war bekannt, dass RNA irgendetwas mit der Herstellung von Proteinen zu tun haben könnte.

RNA in Viren

Noch etwas war bekannt: RNA kann genetische Information speichern. Das ging aus Untersuchungen mit pflanzlichen Viren hervor, insbesondere aus Untersuchungen mit dem Tabak-Mosaik-Virus (TMV). Dieses Virus besteht aus einem RNA-Strang mit 6400 Nucleotiden und einer Hülle von 2100 identischen Hüllproteinen. Die Hüllproteine bilden eine zylinderförmige gestreckte Struktur, wobei die einzelnen Bausteine gegeneinander etwas versetzt sind. So ist der lange RNA-Faden zwischen den Hüllproteinen, quasi in der Wand des Zylinders, gelagert und vor Angriffen von außen geschützt. Ein Schwerpunkt der TMV-Forschung lag im Max-Planck-Institut in Tübingen und wurde von Gerhard Schramm (1910–1969) geleitet. Er und seine Mitarbeiter machten in den Fünfzigerjahren einige Entdeckungen, die für die Geschichte des Gens wichtig sind.

Erstens zeigten sie, dass isolierte RNA vollkommen ausreicht, um in einer Tabakpflanze exakt die gleichen Symptome zu verursachen, die auch das intakte Virus hervorruft. Mit anderen Worten, die RNA besitzt alle Gene, die für eine erfolgreiche Infektion notwendig sind.

Zweitens setzten die Tübinger Forscher Chemikalien ein, die die Basen in der RNA verändern, besonders Nitrit, das Cytosin in Uracil überführt. Damit änderten sie die Folge der Basen in der TMV-RNA und verursachten Mutationen. Ein einziger Cytosin-nach-Uracil-Wechsel reicht aus, um eine Mutation auszulösen, und die kann unter Umständen einen Austausch einer Aminosäure gegen eine andere im Hüllprotein des Virus zur Folge haben, wie sich mit den Methoden der Proteinchemie nachweisen lässt. Das waren neue und sehr wertvolle Erkenntnisse, die alle Überlegungen zum genetischen Code und zur Synthese von Proteinen stark beeinflussten.

Nebenher wollen wir noch anmerken, dass TMV damals ein beliebtes Modell der biologischen Grundlagenforschung war, dass aber heute andere Viren mit RNA als genetischem Material im Vordergrund des wissenschaftlichen Interesses stehen, zum Beispiel die Viren, die Kinderlähmung, Grippe oder AIDS verursachen.

Das Triplett als Code-Wort

Ein Vorschlag, der ebenfalls aus dem Arsenal der theoretischen Code-Entschlüssler stammte, war, dass der genetische Code aus einzelnen überlappenden Einheiten besteht, etwa aus Dreierfolgen der Art, wie sie in der Abb. 10.1 zu sehen sind. Das Problem hat Crick und seine Mitarbeiter, allen voran Sydney Brenner (auf den noch die Rede kommen wird), intensiv beschäftigt. Eigentlich war die Frage, ob überlappend oder nicht, schon durch die TMV-Arbeiten in Tübingen und andernorts beantwortet. Denn wenn der Code überlappend wäre, würde die Veränderung einer einzigen Base im RNA-Gen nicht den Austausch nur einer Aminosäure im Hüllprotein verursachen, sondern es wären mehrere benachbarte Aminosäuren betroffen.

Doch Crick, Brenner und Mitarbeiter wollten das noch einmal im unabhängigen Experiment zeigen und zugleich die Frage klären, aus wie viel Basen ein Codewort zusammengesetzt ist. Ist es eine Folge von zwei, drei, vier oder gar mehr Nucleotiden? Crick betätigte sich erstmals im Laufe seiner wissenschaftlichen Laufbahn als experimenteller Forscher. In seiner Autobiografie schildert er das sehr ausführlich und mit offensichtlichem Vergnügen. Im Laufe etwa eines Jahres führte er eine große Anzahl exakt geplanter und genau durchdachter Kreuzungen mit dem Bakteriophagen T4 durch. Er schreibt, dass seine Frau ihm gesagt habe, er sei lange nicht mehr so glücklich und gut gelaunt gewesen. Verständlich, denn

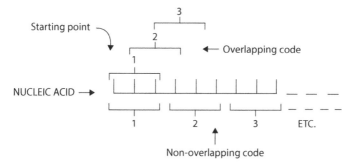

Abb. 10.1 Code als Triplett. Die zentralen Fragen in den Jahren nach der Entdeckung der Doppelhelix-Struktur lauteten: Wie sieht der genetische Code aus? Ist es eine Folge von zwei, drei oder auch mehr Basen? Folgen die Code-Wörter aufeinander oder überlappen sie? In dieser Skizze sind die Fragen schematisch dargestellt. Es ist die erste Abbildung in einer wichtigen Arbeit, durch die die Fragen im Wesentlichen beantwortet wurden. Die Arbeit zeigte, dass der genetische Code nicht überlappend ist und aus Dreierfolgen („Tripletts") von Basen besteht. (Aus: Crick FHC, Barnett L, Brenner S, Watts-Tobin RJ (1961) General nature of the genetic code for proteins. *Nature* 192: 1227–1232) (Mit freundlicher Genehmigung von Nature Publishing Group)

jedes Experiment brachte ein interessantes Resultat. Und die Zusammenfassung der Arbeit führte zu einem sechsseitigen Aufsatz in *Nature* (1961) – ein elegant geschriebenes Werk mit klaren Aussagen, das als einer der bedeutendsten Beiträge in der Geschichte des Gens gilt. Abb. 10.1 stammt aus diesem Aufsatz. der erstmals zeigte, dass die Einheit des genetischen Codes eine „Gruppe von drei Basen" ist. Die Information der Gene ist also eine Reihung oder, wie wir von jetzt an sagen werden, eine „Sequenz" von Dreiergruppen oder Tripletts. Da es aber insgesamt (4 × 4 × 4 =) 64 mögliche Tripletts gibt, jedoch nur 20 verschiedene Aminosäuren, schlossen Crick und seine Mitarbeiter daraus, dass der genetische Code „degeneriert" ist. „Das heißt", schreiben sie, „dass im Allgemeinen eine gegebene Aminosäure durch eines von mehreren Tripletts codiert werden kann."

Das Zentrale Dogma

Wir müssen noch einen weiteren Beitrag auf dem Weg zum Genetischen Code nennen. Diesmal ist es keine experimentelle Arbeit, sondern eine wichtige, ja programmatische Aussage. Crick schrieb (1958): „Das Zentrale Dogma. Es stellt fest, dass Information, wenn sie einmal ins Protein gelangt ist, nicht mehr herauskommen kann. Genauer gesagt, die Übertragung der Information von Nucleinsäure zu Protein ist möglich, aber die Übertragung von Protein zu Protein oder von Protein zu Nucleinsäure ist nicht möglich. Information bedeutet hier die genaue Festlegung einer Sequenz, entweder von Basen in der Nucleinsäure oder von Aminosäuren im Protein."

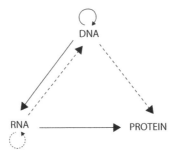

Abb. 10.2 Zentrales Dogma: Der Fluss der Information geht von Nucleinsäuren zu Proteinen und nie zurück. Francis Crick hatte das „zentrale Dogma" im Jahre 1958 formuliert, also in der Frühphase der Suche nach dem genetischen Code. Dieses Bild stammt jedoch aus einer Arbeit des Jahres 1970. Crick fand, dass er einiges Klärende zum Konzept sagen musste, zudem wollte er die gerade entdeckte Reverse Transkriptase berücksichtigen. Die durchgezogenen Pfeile geben die verbreiteten Vorgänge und die feststehenden Tatsachen wieder: der Fluss der Information von der DNA über RNA zum Protein und die Replikation der DNA (*gebogener Pfeil, oben*). Die *gestrichelten Linien* zeigen das Seltenere und Hypothetische: Reverse Transkription mit der Synthese von DNA nach Maßgabe einer RNA-Basensequenz sowie Replikation von RNA bei RNA-haltigen Viren. Proteinsynthese, die direkt von DNA-Sequenzen codiert wird (*rechte gestrichelte Linie*), ist in der Natur nie beobachtet worden. (Aus: Crick F (1970) Central dogma of molecular biology. *Nature* 227: 561–563). (Mit freundlicher Genehmigung der Nature Publishing Group)

Warum „Dogma"? Im Lexikon steht dafür „Glaubenssatz" oder gar „Glaubensverpflichtung". Crick: „Ich wusste nicht genau, was Dogma bedeutet. Ich meinte, dass Dogma eine Idee ist, für die es keinen vernünftigen Beweis gibt. Ich hätte genauso gut Zentrale Hypothese sagen können [...] Aber Dogma war ein schönes Schlagwort" und: „Wenn ich bei Zentraler Hypothese geblieben wäre, hätte es niemanden aufgeregt." Genetiker haben den Begriff „zentrales Dogma" gern übernommen. Crick fasste seine Idee einige Jahre später in einer Zeichnung (Abb. 10.2) zusammen. Diese Zeichnung mag als Ikone für diese Phase in der Geschichte des Gens gelten.

Das war alles schön, gut und wichtig, aber eine fundamentale Frage blieb unbeantwortet: „Welches Triplett steht für welche Aminosäure?" Bei der Antwort kamen endlich Biochemiker zu ihrem Recht.

Proteinsynthese im Reagenzglas

Biochemiker untersuchen die Reaktionen der Zelle. Dazu müssen sie die Zellen aufbrechen, denn sonst könnten sie nicht an die Reaktionspartner herankommen. Gewöhnlich werden dann die Bestandteile der Zelle voneinander getrennt. Ein gebräuchliches und einfaches Verfahren ist die Zentrifugation. Im Schwere-

feld der Zentrifuge fallen zuerst die größten Zellbestandteile, vor allem die Zellkerne, auf den Boden des Zentrifugenbechers. Bei höheren Umdrehungszahlen
und längeren Zentrifugationszeiten fallen dann die nächstgrößeren Bestandteile
aus. Dazu gehören körnige Komponenten aus dem Bereich außerhalb des Kerns.
Diese Komponenten nannte man zuerst Mikrosomen (also „Kleinkörper"), später Ribosomen, denn sie bestehen zu gut zwei Dritteln aus RNA – *Ribo*nucleinsäure. Das restliche Drittel sind mehrere verschiedene Proteinarten. Beim Zent-
rifugieren bleibt schließlich noch ein löslicher Überstand, der, wenn überhaupt,
erst bei allerhöchsten Umdrehungen und extrem langen Zeiten zu Boden sinkt.

Die Forscher um 1950 wussten, dass Ribosomen etwas mit Proteinsynthese zu
tun haben, denn viele Untersuchungen mit intakten und aufgebrochenen Zellen
hatten gezeigt, dass Ribosomen die Orte sind, an denen Proteine aufgebaut werden. Wenn also Proteinsynthese im Reagenzglas (oder, wie man sagt, *in vitro* oder
„im zellfreien System") zur Diskussion stand, dann konnte auf Ribosomen nicht
verzichtet werden. Weiter stellte sich bald heraus, dass auch Komponenten aus dem
löslichen Überstand notwendig waren sowie zelluläre Energie in Form von ATP.

ATP

(Abkürzung für Adenosintriphosphat) ist die „Währung", mit der Energie in
Zellen gespeichert und umgesetzt wird. Die Energie in der Nahrung wird für
die Produktion von ATP genutzt; und umgekehrt, wenn irgendwo in der Zelle
oder im Körper eine energieverbrauchende Reaktion abläuft, wird die gespei-
cherte Energie von ATP benötigt, etwa bei der Kontraktion der Muskeln, bei
den Funktionen des Nervensystems, bei der Herstellung von Zellbausteinen und
eben auch bei der Synthese von Proteinen.

Wir fassen noch einmal zusammen. Für die Proteinsynthese im Reagenzglas sind
wichtig: Ribosomen, löslicher Überstand und ATP. Wir haben es mit einem
künstlichen System, einem Reaktionsansatz außerhalb der Zelle, zu tun. Deshalb
kann man nicht erwarten, dass die Synthese von Proteinen so effizient und massiv
abläuft, wie in intakten Zellen, und man muss dafür sorgen, dass die womöglich
nur bescheidene Ausbeute an neu gebildeten Proteinen vor dem Hintergrund der
vielen anderen, vorhandenen Proteine überhaupt sichtbar wird. Das geschieht,
indem dem Reaktionsansatz radioaktiv-markierte Aminosäuren zugemischt
werden, Aminosäuren, die das Kohlenstoffisotop ^{14}C enthalten. Experimentelle
Kunst und eine geschickte Hand des Biochemikers vorausgesetzt, lässt sich dann
die Verknüpfung von Aminosäuren zu Proteinen anhand der radioaktiven Markierung verfolgen. Das geschah zuerst in einem zellfreien System mit Ribosomen
und löslichem Überstand aus Leberzellen von Laborratten, dann in zellfreien
Systemen aus Hefe und Bakterien, auch *E. coli*.

Die erste wichtige Erkenntnis: Im löslichen Überstand müssen Aminosäuren (mithilfe von ATP) aktiviert werden; und ihre Aktivierung besteht darin, dass sie mithilfe spezieller Enzyme an RNA-Moleküle gebunden werden, genauso wie es Francis Crick mit seiner Adaptor-RNA vorhergesagt hatte.

Die Adaptor-RNA im löslichen Überstand wurde zuerst – rein technisch – als sRNA (von: *soluble*, löslich) bezeichnet, bald aber als Transfer-RNA (tRNA), weil es klar wurde, dass diese RNA dazu dient, eine Aminosäure zum Ort der Proteinsynthese zu „transferieren". Die Entdeckung der tRNA war eine glänzende Bestätigung von Cricks Hypothese. Aber während Crick an kurze Stücke RNA, bestehend aus ein oder höchstens zwei Dutzend Nucleotiden, gedacht hatte, sind tRNAs in Wirklichkeit meist zwischen 70 und 90 Nucleotide lang. Das hat erstmals Robert W. Holley (1922–1993) entdeckt, ein Chemiker mit Interesse an Naturstoffchemie, der nach langen Pionierarbeiten die vollständige Sequenz, also die Folge der Nucleotide einer tRNA, und zwar der alaninspezifischen tRNA aus Hefe, aufklärte und dafür im Jahre 1968 mit dem Nobelpreis ausgezeichnet wurde. Heute weiß man, dass es in jeder Zelle viele Arten von tRNAs gibt, mindestens eine Art für jede der 20 Aminosäuren, aber meist mehrere tRNAs für jede individuelle Aminosäure. Wir kommen später noch einmal auf tRNAs und ihre Funktion im Ablauf der Proteinsynthese zurück.

Und die Ribosomen? Wenn es denn Maschinen für das Verknüpfen von Aminosäuren sind, wie werden sie dann programmiert, sodass ein spezifisches Protein im Sinne der „Ein Gen – ein Protein"-Regel entsteht? Gibt es etwa für jedes Gen ein spezielles Ribosom?

Alle, die sich damals über diese Fragen Gedanken machten, kannten ein Experiment, das schon ein paar Jahre vorher publiziert worden war. Dieses Experiment hatte gezeigt, dass nach der Infektion von *E. coli* mit Bakteriophagen eine neuartige RNA gebildet wird, und zwar eine RNA, die die gleiche Zusammensetzung von Basen hat wie die Phagen-DNA.

Und dann war auch bekannt, dass die Synthese von Proteinen nur wenige Minuten nach der Aktivierung eines Gens (darüber mehr im nächsten Kapitel) einsetzt. Was bedeutet, dass die Information schnell vom Gen an die Ribosomen gelangt.

Es sieht so aus, als wenn die Lösung des Rätsels vermutlich mehreren Forschern etwa gleichzeitig einfiel. Unter anderem Francis Crick und Sydney Brenner, die sich im Frühjahr 1960 mit Francois Jacob aus Paris und zwei oder drei anderen Wissenschaftlern in Cambridge trafen. „Und dann fiel der Groschen", schrieb einer, „und wir wussten auf einmal, was los war". Die Lösung war, dass nach Infektion mit einem Phagen oder nach Aktivierung eines Gens eine RNA hergestellt wird, die die Sequenz des Gens „als Botschaft" an die Ribosomen bringt, wo dann die Botschaft erkannt und zur Proteinsynthese ausgenutzt wird. Boten- oder Messenger-RNA, kurz mRNA, ein Wort, das von da an zum Kernbestand des Vokabulars der Biologie gehörte.

Noch einmal mit anderen Worten: Die DNA-Sequenz eines Gens wird zuerst umgeschrieben (oder: „transkribiert") in die Sequenz einer mRNA; die mRNA gelangt an Ribosomen, wo die Sequenz ihrer Basen in eine Sequenz von Aminosäuren „übersetzt" (oder: „translatiert") wird. Beladene tRNAs schaffen die aktivierten Aminosäuren heran. Es sind also drei RNA-Arten im Spiel: mRNA als Transkript der Gensequenz; tRNAs als Träger der aktivierten Aminosäuren; und ribosomale RNA (rRNA) als Baustein von Ribosomen.

US-Biochemiker zogen den Nutzen aus diesen Erkenntnissen. Zuerst Marshall Nirenberg (1927–2010), der in seinem Labor an den *National Institutes of Health* (NIH), Bethesda, die zellfreie Proteinsynthese perfektionierte, maßgeblich und engagiert unterstützt durch seinen deutschen Mitarbeiter Heinrich Matthaei (geb. 1929). Die beiden Forscher experimentierten mit der RNA des Tabak-Mosaik-Virus und hofften, dass die Virus-RNA wie mRNA funktioniert und virales Hüllprotein im Reagenzglas entstehen lässt. Das ging nicht ganz so wie erhofft: Zwar wurden Proteine gemacht, aber nicht unbedingt das Hüllprotein. Das konnte natürlich damit zusammenhängen, dass die Komponenten des zellfreien Systems aus *E. coli*, einem Bakterium, stammten, aber die mRNA von einem Virus, das in Pflanzen zu Hause ist. So kamen sie schließlich auf die Idee, eine vollständig künstliche RNA einzusetzen, nämlich eine RNA, die nur aus Uracil-Basen zusammengesetzt war, Poly(U) genannt. Andere Wissenschaftler im gleichen NIH-Gebäude produzierten künstliche RNAs dieser Art für andere Forschungszwecke und stellten sie gern dem Nirenberg-Matthaei-Duo zur Verfügung. Tatsächlich kam es zur Synthese eines Proteins und zwar eines Proteins, das eintönig aus der Aminosäure Phenylalanin zusammengesetzt war. Es war Ende Mai 1961, als den beiden NIH-Forschern dieser Durchbruch gelang: Das erste Wort im genetischen Code war entschlüsselt. Weil der genetische Code aus Dreierfolgen (Tripletts) besteht, kann man die künstliche Poly(U)-RNA als eine Folge von Tripletts vom Typ UUU ansehen. Deswegen muss dieses Triplett die Aminosäure Phenylalanin codieren.

Nirenberg gehörte nicht zu der glamourösen Gruppe von Wissenschaftlern um Delbrück, Crick, Watson und den anderen. Ja, er war weitgehend unbekannt, als er im Juni 1961 beim Internationalen Biochemie-Kongress in Moskau die Ergebnisse erstmals der Öffentlichkeit vorstellte. Es war nur eine kleine Zahl von Zuhörern, die sich zu seinem 15-Minuten-Vortrag einfanden. Aber darunter war einer, der Crick informierte, und dieser sorgte dann dafür, dass Nirenberg seinen Vortrag am folgenden Tag vor einem viel größeren Publikum wiederholen konnte. Einige Teilnehmer berichteten später, dass dies der eigentliche Höhepunkt des Kongresses gewesen sei, denn sonst hätte es nicht viel Neues gegeben.

Wie auch immer. Nirenbergs Vortrag war der Startschuss für einen Wettlauf, den es bis dahin in der biologischen Forschung noch nicht gegeben hatte. Schnell konnte Nirenberg noch zeigen, dass eine künstliche mRNA mit lauter Cytosin-

Resten, Poly(C), ein Protein codiert, das nur aus der Aminosäure Prolin besteht. Aber dann bekam Nirenberg einige beachtliche Konkurrenten im Rennen um die Entzifferung des genetischen Codes. Am nächsten auf den Fersen war ihm der hervorragende Biochemiker Severo Ochoa (1905–1993) in New York, Nobelpreisträger des Jahres 1959 (für die Entdeckung eines Enzyms, das einfache Nucleotide zu RNA verknüpft). Er stellte künstliche RNA mit allen möglichen Kombinationen von RNA-Basen her und setzte sie im zellfreien System für die Proteinsynthese ein. Als Nobelpreisträger standen ihm erhebliche Ressourcen zur Verfügung.

Aber nicht dass Nirenberg allein gestanden hätte. Er erhielt bereitwillig Unterstützung von Seiten der NIH-Forscher. Sie lieferten ihm künstliche RNA und sorgten dafür, dass fähige Mitarbeiter in sein Labor kamen, auch um Matthaei zu ersetzen, der nach Deutschland zurückgekehrt war. Und dann hatte er noch einen Pfeil im Köcher, nämlich eine neue und elegante Methode. Dabei ging es um Folgendes: Ribosomen binden mRNA, natürliche und künstliche, lange und kurze. Ja, ein Stück RNA aus nur drei Nucleotiden, also ein Triplett, bindet sich bereitwillig und stabil an ein Ribosom. Das war eine Überraschung, aber wichtiger war, dass eine solche Mini-mRNA als Anheftung für beladene tRNA dient. So konnte man systematisch jedes der 64 Tripletts an ein Ribosom heften und prüfen, welche der 20 verschiedenen tRNAs hängen bleibt: an das Triplett UUU natürlich die mit Phenylalanin beladene tRNA; an das Triplett CUU die mit Leucin beladene tRNA usw.

Konkurrenz belebt das Geschäft, und so konnte innerhalb weniger Jahre der genetische Code entziffert werden. Tatsächlich bestätigte sich Cricks Vorhersage, dass der genetische Code „degeneriert" ist, dass also viele Aminosäuren nicht durch ein einziges, sondern durch zwei oder mehr Tripletts repräsentiert sind. Man fand, dass drei Tripletts überhaupt keine Aminosäure codieren. Man sprach von „Unsinn"-Tripletts, bevor klar wurde, welche wichtige Funktion sie ausüben. Denn sie sind Punkt- oder Ausrufezeichen am Ende der Sequenz codierender Tripletts (Abb. 10.3).

Der vergessene Entschlüssler des genetischen Codes

Unter diesem Titel erschien ein Aufsatz in der Zeitschrift *Scientific American* vom November 2007. Anlass war das Erscheinen einer neuen Biografie mit dem Titel *Francis Crick: Discoverer of the Genetic Code* (2006), Autor war Matt Ridley.

Marshall Nirenberg, inzwischen 80 Jahre alt geworden, fand den Titel ärgerlich und völlig unpassend, denn schließlich waren es ja er und Heinrich Matthaei gewesen, die vor fast 50 Jahren mit einem bahnbrechenden Experiment den Weg zur Entschlüsselung des genetischen Codes gewiesen hatten. Aber Ni-

zweite Base

		U	C	A	G	
erste Base	U	UUU UUC } Phe UUA UUG } Leu	UCU UCC UCA UCG } Ser	UAU UAC } Tyr UAA ochre UAG amber	UGU UGC } Cys UGA opal UGG Trp	U C A G
	C	CUU CUC CUA CUG } Leu	CCU CCC CCA CCG } Pro	CAU CAC } His CAA CAG } Glun	CGU CGC CGA CGG } Arg	U C A G
	A	AUU AUC } Ileu AUA AUG Met	ACU ACC ACA ACG } Thr	AAU AAC } Aspn AAA AAG } Lys	AGU AGC } Ser AGA AGG } Arg	U C A G
	G	GUU GUC GUA GUG } Val	GCU GCC GCA GCG } Ala	GAU GAC } Asp GAA GAG } Glu	GGU GGC GGA GGG } Gly	U C A G

Abb. 10.3 Der genetische Code. Diese Tabelle der Code-Wörter entspricht ungefähr einer Abbildung, die beim Cold-Spring-Harbor-Symposium des Jahres 1966 gezeigt wurde. Wie im Text beschrieben, gelang die Entzifferung des genetischen Codes über Nucleotidsequenzen von künstlich hergestellter mRNA. Deshalb erscheint in der Tabelle die RNA-Base Uracil (*U*) statt der DNA-Base Thymin. Die 64 möglichen Tripletts stehen neben den codierten Aminosäuren (in der Drei-Buchstaben-Abkürzung) oder neben Bezeichnungen wie *amber*, *ochre* oder *opal*. Das sind die alten und heute kaum noch verwendeten Labor-Bezeichnungen für die Stopp-Codons UAG, UAA und UGA

renberg hatte nie im Rampenlicht gestanden oder stehen wollen. Er verbrachte seine gesamte Laufbahn an den *National Institutes of Health* (NIH) und, als der Rummel um die Entzifferung des Codes abgeklungen war, begann er mit Forschungen auf dem Gebiet der Neurobiologie, die er bis ins hohe Alter fortsetzte. Aber wir haben keinen Grund, Nirenberg zu bedauern, denn immerhin erhielt er den Nobelpreis des Jahres 1968. Er teilte sich den Preis mit Robert W. Holley, dem Entdecker und Erforscher der tRNA, und mit Har Gobind Khorana, einem US-Amerikaner indischer Abstammung, der als Erster RNA mit genauer Basensequenz synthetisieren konnte und so entscheidend zur Entschlüsselung des genetischen Codes beigetragen hat.

Manche haben beklagt, dass Heinrich Matthaei vom Nobelpreis-Komitee übergangen wurde. Da befindet er sich leider in großer Gesellschaft von anderen, die den Preis verdient, aber nicht bekommen haben. Immerhin wurde Matthaei Direktor am Max-Planck-Institut für experimentelle Medizin in Göttingen. Was ja auch nicht schlecht ist.

Offene Leseraster

Wie wird der Anfang einer solchen Folge festgelegt? Das ist ja eine wichtige Frage, denn ein Dreiertakt muss eingehalten werden, weil sonst eine genetische Botschaft sinnlos wäre, wie man sich leicht anhand der Abb. 10.1 klarmachen kann.

Kluge Beobachtung und geschicktes Experimentieren gaben klare Antworten: Am Beginn einer genetisch sinnvollen Sequenz von Tripletts steht (fast) immer das Einleitungs- oder Initiationstriplett AUG.

Man gewöhnte sich an, von „Codons" zu sprechen, wenn es um codierende Tripletts ging; und von einem „offenen Leseraster" (*open reading frame*), das vom Start-Codon AUG eingeleitet und von einem der Unsinn- oder, wie man bald sagte, Stopp-Codons beendet wird.

Cold-Spring-Harbor-Symposium 1966

Die aufregenden Jahre bis zur Entschlüsselung des genetischen Codes fanden ihren Abschluss in einem Cold-Spring-Harbor-Symposium, das 1966 unter der Überschrift „*The Genetic Code*" stattfand. Etwa 350 Zuhörer waren anwesend, als Francis Crick in der Einleitung auf die gerade einmal 13 Jahre zurückblickte, die seit der Aufklärung der Doppelhelixstruktur vergangen waren. Er erzählte ausführlich von den Höhen und Tiefen der Bemühungen um die Decodierung der Sprache der Gene und vom schließlichen Triumph der Biochemie.

Dann traten die Biochemiker und Molekularbiologen auf. Zuerst Marshall Nirenberg vom NIH, nun nicht mehr der einsame Kämpfer, sondern Chef von elf Mitarbeitern; dann Heinrich Matthaei, inzwischen am Max-Planck-Institut in Göttingen, mit acht Mitarbeitern; gefolgt von zwei Dutzend Forschergruppen mit Berichten über Struktur und Funktion von tRNAs, auch und besonders die tRNA betreffend, die das Start-Codon AUG bedient. Der Tübinger Hans Günther Wittmann (1927–1990) stellte seine brillanten Experimente vor, die zeigten, dass der genetische Code auch für das Tabak-Mosaik-Virus gilt und damit allgemein für Pflanzen. Andere zeigten dies für tierische und menschliche

Zellen. Kurz gesagt: Alle Lebewesen auf der Erde haben den gleichen genetischen Code oder im Jargon der Zeit: Der genetische Code ist universell.

Das Jahr 1966 markiert das Ende der zweiten oder „dogmatischen" Phase der Molekularbiologie, wie Gunther Stent in dem Aufsatz schreibt, mit dem wir das Kap. 8 eingeleitet haben. Jetzt folgt, nach seiner Meinung, nur noch eine akademische Phase, in der nichts mehr zu tun bleibt, als Lücken aufzufüllen. Langweilige Wissenschaft. Und so gab Stent seinem Buch *The Coming of the Golden Age* (1969) den bezeichnenden Untertitel „Ein Blick auf das Ende des Fortschritts". Er sollte sich gründlich geirrt haben. Denn die Geschichte des Gens brachte im Laufe der folgenden Jahrzehnte noch viele Überraschungen, und das Geheimnis der Gene ist bis heute alles andere als gelöst.

Aber damals wandten sich einige Forscher von der Genetik ab und versuchten sich auf anderen Feldern der Biologie. Der prominenteste war Francis Crick, der sich in das beschauliche und angenehme San Diego im Süden Kaliforniens zurückzog und über das menschliche Bewusstsein nachzudenken begann. Übrigens, mit beachtlichen und originellen Einsichten, wie man nachlesen kann, am einfachsten in seinem Buch *Was die Seele wirklich ist* (Originaltitel *The astonishing hypothesis: the scientific search for the soul*) (1995).

„The Crick"

Crick starb im Jahre 2004 in San Diego. Nur wenige Jahre später wurden in London die Fundamente zu einer gigantischen Forschungsstätte gelegt, dem *Francis-Crick-Institute*. Die Initiative ging von einem Konsortium führender britischer Biomedizin-Institute aus. Darunter das Medical Research Council, zu dem das Laboratory of Molecular Biology gehört, wo Watson und Crick seinerzeit die Struktur der DNA aufgeklärt hatten; darunter auch das King's College, wo Rosalind Franklin und Maurice Wilkins gewirkt haben.

The Crick (wie es inzwischen unter Wissenschaftlern heißt) wurde 2016 im Großen und Ganzen fertig. Mehr als 1000 Forscher sind buchstäblich unter dem einen Dach dieses auch architektonisch auffälligen Gebäudes vereint. Sie kommen aus aller Welt und aus den verschiedensten Bereichen – Molekularbiologie, Biochemie, Physik, Ingenieurwissenschaften, Mathematik, Informatik usw. Gemeinsam wollen sie unter besten Forschungsbedingungen an bedeutenden biomedizinischen Fragestellungen arbeiten.

Auf der Website und an die Öffentlichkeit gerichtet heißt es, dass *das Crick* das Leben der Menschen verbessern wird (indem „es" Krankheiten erforscht und Medikamente entwickelt) und auch, dass es das Vereinigte Königreich „an der Spitze medizinischer Forschung" halten und schließlich dass es hochwertige Investitionen anziehen und die Wirtschaftskraft stärken wird.

11

Wie Gene reguliert werden

Wir hatten erwähnt, dass noch um 1950 einige prominente Biologen glaubten, ein Gen sei „nichts weiter als ein Symbol" und deswegen gebe es prinzipiell nichts zu entdecken. Dann kam die Doppelhelix, und nach einem weiteren Dutzend Jahren lag ein genetisches Wörterbuch vor. Damit ließen sich Folgen von Basenpaaren in Folgen von Aminosäuren übersetzen. Die Erkenntnisse der Jahre zwischen 1953 und 1966 kann man kurz zusammenfassen, und zwar unter dem Begriff „das offene Leseraster", abgekürzt ORF, für *open reading frame*, eine Folge von Codons, eingerahmt vom universellen Start-Codon AUG am Anfang und einem der drei Stopp-Codons am Ende (Abb. 11.1).

Kann das „offene Leseraster" als plausible Definition eines Gens gelten? War damit das Problem „Gen" gelöst? Es mag zunächst so aussehen, aber bei genauem Hinsehen kommen Zweifel. So ist offensichtlich, dass nur einer der beiden Stränge der Doppelhelix das offene Leseraster trägt. Deswegen muss es vor oder im Gen einen Hinweis auf den richtigen Strang und den Beginn der Triplettfolge geben.

Dazu kommt, dass die vielen Gene eines Organismus nicht immer und überall aktiv sein können. Zum Beispiel sollten in unseren Hautzellen Gene aktiv sein, die für die Elastizität und Festigkeit der Haut zuständig sind. Dagegen sollten diese Gene in den Darmzellen verschlossen sein, aber dafür sollten dort Gene aktiv sein, die die Aufnahme von Nahrungsstoffen ermöglichen usw. Was bestimmt, wann und wo ein Gen aktiv ist?

Wir haben damit eine der grundlegenden Fragen der Biologie aufgeworfen, nämlich die Frage nach der Differenzierung von Zellen. Damit bezeichnet man zwei Probleme, erstens, die Aktivierung von zelleigenen genetischen Programmen während der embryonalen Entwicklung; und zweitens, das Aufrechterhalten dieser Programme im vielzelligen erwachsenen Organismus. Das sind bis heute

© Springer-Verlag GmbH Deutschland 2017
R. Knippers, *Eine kurze Geschichte der Genetik*, DOI 10.1007/978-3-662-53555-4_11

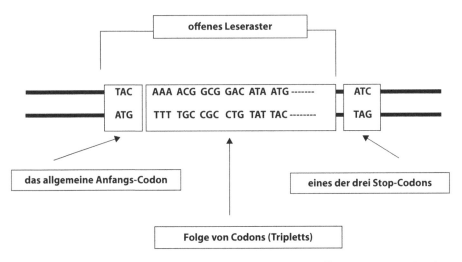

Abb. 11.1 Offenes Leseraster – Open Reading Frame. Ein offenes Leseraster ist eine Folge von Codons, die nicht durch ein Stopp-Codon unterbrochen wird. Anders gesagt, jedes offene Leseraster endet vor einem der drei Stopp-Codons, also vor TAG oder TGA oder TAA. Man beachte, dass wir hier den DNA-Code benutzen und nicht den RNA-Code wie in Abb. 10.3

höchst aktuelle Forschungsfelder und, so wie es aussieht, werden sie noch lange aktuell bleiben. Wir werden darauf zurückkommen. Hier geht es um die Wegbereiter. Pioniere, die als Erste zeigten, dass die Regulation genetischer Aktivität von kurzen DNA-Abschnitten ausgeht, die meist vor den offenen Leserastern liegen und eigentlich Bestandteile der Gene sind.

Die Einsicht ist das Ergebnis einer einzigartigen Zusammenarbeit zweier Forscher am *Institut Pasteur* in Paris, Jacques Monod (1910–1976) und François Jacob (1920–2013). Hoch intelligent, selbstbewusst, diskussionsbereit und entschlossen, ein schwieriges, aber interessantes und wichtiges biologisches Problem zu lösen und dafür sehr viel Arbeit zu investieren. Wir sind ähnlichen Mustern einer Zusammenarbeit schon in früheren Phasen der Geschichte des Gens begegnet – Watson und Crick sind wohl das berühmteste Beispiel; aber auch Delbrück und Luria; Beadle, Tatum und Lederberg; Morgan und seine Mitarbeiter Sturtevant und Muller – und man mag sich fragen, ob das Zusammentreffen passender Personen nicht eine notwendige Voraussetzung für originelle wissenschaftliche Arbeit ist, jedenfalls was die Biologie des 20. Jahrhunderts betrifft.

Mikrobiologie am Institut Pasteur

Jacob und Monod begegneten sich im obersten Stockwerk des *Institut Pasteur*, wo beide ihre wissenschaftliche Laufbahn als Doktoranden und Mitarbeiter von André Lwoff (1902–1994) begannen. Der nicht-französische Familienname des Mentors fällt auf. Tatsächlich war Lwoff ein Sohn russischer Einwanderer, die gegen Ende des 19. Jahrhunderts Paris zu ihrer zweiten Heimat gemacht hatten, weil sie den bedrückenden Verhältnissen im zaristischen Russland entkommen wollten. André Lwoff, Biochemiker und Mikrobiologe, hatte zwei wichtige Entdeckungen gemacht. Er hatte die Bedeutung der Vitamine für das Wachstum von Bakterien erkannt und, was für unsere Geschichte wichtiger ist, gezeigt, dass das genetische Material, also die DNA, der sogenannten temperenten Phagen von einer Bakteriengeneration zur nächsten weitergegeben wird, wie ein Stück der bakteriellen DNA selbst. Wir hatten dieses Phänomen erwähnt, und zwar im Zusammenhang mit der Beschreibung von Lederbergs Arbeiten. Doch gleich noch mehr dazu.

Lwoff war jemand, dem die ruhige Arbeit im Labor wichtiger war als der übliche akademische Betrieb. So legte er nicht viel Wert auf eine große Arbeitsgruppe, denn er scheute die Unruhe, die damit verbunden ist. Aber dann machte er doch Ausnahmen, womit er seine gesunde Menschenkenntnis unter Beweis stellte, denn unter den wenigen, die er aufnahm, waren Monod und Jacob. Damit legte er zweifellos die Basis zum Ruhm der Pariser Forschergruppe. Aber man muss aus Gründen der Korrektheit und der Fairness hinzufügen, dass es nicht nur Franzosen waren, die dort mit Erfolg arbeiteten. In den Jahren nach dem Zweiten Weltkrieg kamen viele junge Wissenschaftler als Postdoktoranden an das Institut, meist aus den USA, anfangs wohl hauptsächlich vom Reiz der Stadt Paris angezogen, später auch vom Ruf des Laboratoriums. Die jungen Amerikaner brachten gehörige Portionen an Ehrgeiz und Engagement mit und trugen so viel zum Erfolg der Molekularbiologie am *Institut Pasteur* bei.

Jacques Monod

Zurück zu Jacques Monod. Er interessierte sich für das Wachstum von Bakterien und stellte sich die Frage, warum Bakterien so schnell und prompt auf Veränderungen in der Umwelt reagieren, nämlich mit kräftiger und rascher Vermehrung, wenn es reichlich Nährstoffe gibt, und umgekehrt. Anders gesagt, Stoffwechselwege werden aktiviert, wenn sie gebraucht werden, und wieder abgedreht, wenn sie überflüssig geworden sind. Untersuchungen dieser Art waren das Thema von Monods Doktorarbeit, die er im Jahre 1941 zu Ende schrieb. Doch die frühen Vierzigerjahre waren bittere, unruhige und gefährliche Zeiten. Paris war von deutschen Truppen besetzt. Monod ging in den Untergrund, schloss sich der

Kommunistischen Partei an und kämpfte an führender Stelle in der französischen Widerstandsbewegung gegen die deutsche Besatzung.

Bald nach Kriegsende verließ Monod die Kommunistische Partei Frankreichs. Er war empört über deren Engstirnigkeit und servilen Gehorsam gegenüber der Moskauer Zentrale. Das äußere Zeichen des Bruchs mit der Partei war sein Aufsatz im Kommunistenblatt *Combat* unter der Überschrift „Lysenkos Sieg hat nichts mit Wissenschaft zu tun" (1948). Wie wir gehört hatten, stand Lysenkos Pseudowissenschaft unter dem speziellen Schutz des Diktators. In der stalinistischen Sowjetunion ging damals Ideologie vor Vernunft und Wissenschaft. Monod wollte dazu nicht schweigen.

Im Jahre 1948 hatte er seine Forschungen am *Institut Pasteur* längst wieder aufgenommen. Er blieb bei seinem Thema, der Regulation von Stoffwechselprozessen, aber wollte mehr als eine bloße Beschreibung, nämlich ein Verstehen der biochemischen oder molekularen Grundlagen. Was passiert in der Zelle, wenn je nach der Verfügbarkeit von Nährstoffen Stoffwechselwege an- oder abgedreht werden? Es ist offensichtlich, dass das eine höchst komplizierte Angelegenheit sein muss, denn viele Proteine sind daran beteiligt, und die müssen entweder ganz neu gebildet oder von einer nicht-aktiven in eine aktive Form überführt werden. Zu diesen Proteinen gehören Enzyme zur Verwertung von Nährstoffen, andere Enzyme zur Produktion zellulärer Energie und wieder andere für die Herstellung der vielen Tausend Bausteine, aus denen eine Zelle zusammengesetzt ist und die vorhanden sein müssen, wenn aus einer Zelle zwei Nachkommenzellen entstehen sollen. Diese Verhältnisse sind so kompliziert, dass man sie nur sinnvoll untersuchen kann, wenn man mit einer überschaubaren Situation beginnt.

Induktion und Repression

Monod las eine Reihe älterer Veröffentlichungen und sprach mit Delbrück, Luria und vor allem mit Lederberg, die er anlässlich des legendären Symposiums im Jahre 1946 in Cold Spring Harbor traf. Danach entschloss er sich, von den vielen Stoffwechselwegen, die im Zuge der Bakterienvermehrung an- oder abgedreht werden, einen ganz speziellen zu untersuchen, nämlich den, der aktiv wird, wenn Bakterien als Quelle für die lebensnotwendigen Kohlenstoffe nur den Zucker Lactose zur Verfügung haben. Lactose ist ein sogenanntes Disaccharid, ein Zucker, aufgebaut aus zwei Bausteinen, Glucose und Galactose (Abb. 11.2). Bakterien können Lactose nicht direkt verwerten. Um an den Nährstoff zu gelangen, müssen sie den Zucker in seine beiden Bestandteile zerlegen, die dann jeweils problemlos und effizient über eigene Stoffwechselwege abgebaut und zur Gewinnung von Energie genutzt werden. Wenn also *E. coli* in Gegenwart von Lactose überleben will, muss es schleunigst dafür sorgen, dass Lactose gespalten

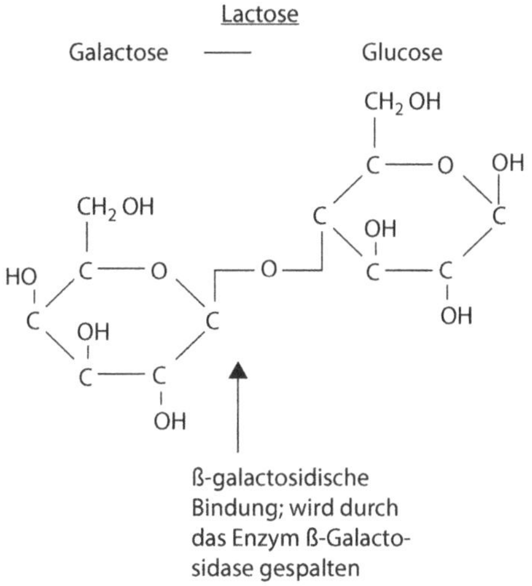

Abb. 11.2 Lactose und β-Galactosidase

wird. Zu diesem Zweck erfolgt in *E. coli* die „Induktion" eines Enzyms mit der Bezeichnung β-Galactosidase (β-Gal). Die Kernfrage ist, was bedeutet hier „Induktion"? Werden vorhandene, aber nicht-aktive Enzyme aktiviert; oder werden die Enzyme ganz neu gebildet? Und wenn ja, wie funktioniert das? Werden etwa mehr Kopien des betreffenden Gens gemacht? Alle Überlegungen dazu müssen eine Beobachtung berücksichtigen, die damals schon gut beschrieben war, nämlich, dass die Reaktion rasch erfolgt und rasch umkehrbar ist. Denn bald nachdem die Lactose verbraucht ist, wird β-Gal überflüssig und lässt sich dann auch bald nicht mehr nachweisen. Übrigens geschieht das auch, wenn Glucose zur Nährlösung gegeben wird. Glucose kann direkt für die Energiegewinnung eingesetzt werden, während Lactose erst mühsam gespalten werden muss. Unter diesen Bedingungen ist es für die Zelle sinnvoll, die kostspielige Synthese von β-Gal einzustellen.

Lederberg, unermüdlich und einfallsreich, wie er nun einmal war, hatte schon die Grundlagen für ordentliches Experimentieren gelegt. Er hatte einfache Farbtests für Bakterienkolonien auf Agarplatten entwickelt: tiefrote Kolonien – wenn β-Gal vorhanden ist; weiß oder hellrot – wenn β-Gal fehlt. Das bewährte sich bei der Suche nach Mutanten. *E.-coli*-Kolonien, die auf Agarplatten mit Lactose als Kohlenstoffquelle wachsen, sind tiefrot gefärbt, aber gelegentlich sieht man unter einigen Zehntausend roten Kolonien ein oder zwei weiße Kolonien: Lac⁻-Mutanten. Ursache ist der Ausfall des Gens für β-Gal. Dieses Gen erhielt die Bezeichnung *lacZ*.

Und umgekehrt: *E.-coli*-Bakterien bilden in Abwesenheit von Lactose weiße Kolonien (weil dann ja normalerweise β-Gal fehlt), aber gelegentlich findet man unter den zahlreichen weißen auch ein oder einige wenige rote Kolonien. Experimente zeigen, dass in diesen Bakterien β-Gal auch ohne Induktion vorhanden ist. β-Gal wird hier, wie man sagt, „konstitutiv", gebildet, wie eines der vielen Proteine, die zur normalen Konstitution einer Bakterienzelle gehören. Offensichtlich ist bei diesen Mutanten ein induzierendes oder sonst wie regulierendes Gen zerstört oder verloren gegangen. Daher die Bezeichnung I⁻ (für Induktion negativ).

Diese Entdeckung wird bald sehr wichtig werden. Aber zunächst einmal machten Monod und seine Mitarbeiter umfangreiche Versuche, um zu zeigen, dass Induktion tatsächlich mit einer Neubildung von Enzymen einhergeht und dass nicht etwa vorhandene Enzyme aktiviert werden. Chemikalien wurden herangezogen, die ähnlich wie Lactose gebaut sind und auch kräftig β-Gal induzieren, aber nicht von β-Gal gespalten werden, ja, manchmal sogar β-Gal hemmen. Wir nennen eine dieser Chemikalien, nämlich die Verbindung IPTG (kurz für Isopropyl-thio-galactosid), weil sie zu einem wichtigen Werkzeug der Grundlagenforschung und später der Gentechnik wurde. Hier ist erst einmal wichtig, dass IPTG die Bildung von β-Gal unabhängig von Lactose induziert. Das ist experimentell nützlich, denn Lactose ist ja irgendwann einmal aufgebraucht, und dann kommt die Bildung von β-Gal an ein Ende. Dagegen geht die Bildung von β-Gal in Gegenwart von IPTG beliebig lang weiter, jedenfalls solange, wie die Zellen gesund sind. Da IPTG nichts mit β-Gal zu tun hat, kann man ausschließen, dass im Zuge der Induktion stumme Enzyme aktiviert werden.

Jacobs Auftritt

Der Gang der Dinge bis zur Lösung des Rätsels Induktion wäre anders verlaufen, wenn nicht François Jacob dazu gekommen wäre. Er hatte vor dem Krieg mit dem Medizinstudium begonnen, aber nach dem Einfall der deutschen Truppen sein Studium unterbrochen und sich der freien französischen Armee unter Charles de Gaulle angeschlossen. Kurz vor Kriegsende wurde er schwer verwundet. Nach der Genesung nahm er das Medizinstudium wieder auf, merkte aber bald, dass ihn die praktische Medizin nicht interessierte. So versuchte er mal dies und mal jenes und bewarb sich dann bei Lwoff um eine Stelle im Labor.

Jacob erzählt in seiner Autobiografie (*Die innere Statue*) aus dem Jahre 1988, wie er zuerst von Lwoff weggeschickt wurde, dass er aber den Mut aufbrachte, noch ein zweites und drittes Mal anzuklopfen, bis Lwoff dann eines Tages im Jahre 1950 sagte: „Wir haben eben die Induktion von Prophagen entdeckt". „Ich", schreibt Jacob weiter, „begrüßte die Neuigkeit mit einem andächtigen Oh, in das ich all meine Bewunderung und mein Staunen hineinlegte, mich dabei aber fragte: Was meint er damit? Was ist das überhaupt, ein Prophage? Einen Prophagen induzieren, was bedeutet das wohl?" Als Lwoff ihn fragte, ob es ihn interessieren würde, mit dem Phagen zu arbeiten, antwortete Jacob, dass er nichts lieber tun würde als gerade das.

So kam es, dass Jacob im gleichen Labor arbeitete wie Monod, allerdings in einem anderen Raum, getrennt durch einen Korridor. Aber beide forschten über Induktion, Monod über die Induktion von β-Gal und Jacob über die Induktion des Prophagen. Damals hätte noch niemand gedacht, dass außer dem Wort irgendetwas Gemeinsames zwischen beiden Projekten besteht. Aber das änderte sich wenig später.

Von Prophagen und Lysogenie war schon die Rede im Zusammenhang mit Lederbergs frühen Beiträgen zur Genetik von Bakterien. Kurz gesagt, geht es darum, dass manche Phagen bereitwillig eine Bakterienzelle infizieren, aber dann nicht den normalen Infektionsprozess auslösen. Stattdessen wird ihre DNA in das „Chromosom" der Wirtszelle eingebaut („integriert"). Die eingebaute DNA bleibt genetisch weitgehend stumm und wird als Prophage mit den Bakteriengenen von den Eltern- auf die Nachkommengenerationen weitergegeben. Lwoff hatte nun entdeckt, dass ultraviolette Strahlen zuverlässig eine Aktivierung des stummen Prophagen auslösen, und Jacob hatte die Aufgabe übernommen, diesen Prozess genauer zu untersuchen. Dabei nahm er als Modell den „lysogenen" Bakterienstamm *E. coli* K12. Dieser Bakterienstamm besaß einen Prophagen namens Lambda – oft mit dem griechischen Buchstaben λ bezeichnet.

Eine wichtige Konsequenz der Wahl von *E. coli* K12 (λ) war, dass es die Kontakte zwischen dem Pariser Labor und den Bakteriengenetikern in den USA, in England und anderenorts erleichterte. Denn alle arbeiteten mit *E. coli* K12. So lernten Jacob und die anderen Forscher in Paris neue Ideen und Experimente kennen und profitierten von Kritik und Ermutigung. Was natürlich der Arbeit zugutekam.

Im Jahre 1955 führte François Jacob zusammen mit Elie Wollman eines der klassischen Experimente der frühen Molekularbiologie durch. Die beiden Forscher brachten einen Hfr-Stamm mit Prophage – Hfr(λ) – in Kontakt mit F⁻-Bakterien (ohne Lambda). Wie in der Abb. 8.3 notiert, wird bei einer Kreuzung die DNA von einem Hfr-Stamm in F⁻-Bakterien übertragen. Im Zuge dieser Übertragung gelangt auch die DNA des Prophagen vom Hfr- in den F⁻-Stamm. Was die Sache spannend machte, war, dass der Prophage induziert wird, sobald das betreffende Stück DNA in die F⁻-Zelle eintrifft. Warum wird nun der Prophage nur in F⁻-, aber nicht in Hfr-Zellen induziert? Jacob und Wollman schlossen, dass es einen Mechanismus geben muss, der die Induktion in Hfr(λ)-Bakterien aktiv verhindert, der aber bei der Kreuzung nicht übertragen wird, sondern in der Hfr-Zelle zurückbleibt.

Jacob hat natürlich mit Monod über diese Ergebnisse gesprochen. Wie überhaupt ihre Zusammenarbeit im Laufe der Zeit enger wurde. Zum Beispiel erzählte der eine dem anderen, welche Tricks die experimentelle Arbeit erleichtern und dergleichen. Aber die enge und eigentliche Zusammenarbeit zwischen beiden begann Mitte der Fünfzigerjahre und brachte Ergebnisse, die sie im Laufe eines Jahrzehnts in etwa 20 gemeinsamen Publikationen beschrieben. Einige dieser Arbeiten haben die Biologie nachhaltig verändert.

Ein klassisches Experiment und die Entdeckung des Repressors

Ein Meilenstein war eine Publikation, die als das PaJaMo-Paper in die Geschichte der Genetik eingegangen ist. PaJaMo ist eine Abkürzung der Autorennamen Arthur Pardee, ein amerikanischer Gastwissenschaftler, sowie Jacob und Monod. Es ging um ein Kreuzungsexperiment von der Art, wie es Wollman und Jacob zwei Jahre vorher gemacht hatten. Aber dieses Mal war die Frage, wie das Gen *lacI* bei der Regulation der β-Gal-Expression wirkt. Dabei gingen die Forscher davon aus, dass nach dem Transfer von Lac-Genen aus Hfr- in F⁻-Bakterien zwei Sorten von DNA nebeneinander in der Empfängerzelle vorkommen, nämlich die transferierte DNA und die DNA der Empfängerzelle. Wenn man das Experiment so anlegt, dass eine DNA das Wildtyp-Gen *lacI* trägt und die andere das Mutanten-Gen *lacI⁻*, dann lässt sich untersuchen, welches der beiden Allele „dominant" ist. Das ist die Frage, die dieses Experiment beantworten soll. Denn wenn ein Aktivator am Werke ist, müsste *lacI⁻* dominant sein. Weil ja der Phänotyp von *lacI⁻* eine massive Synthese von β-Gal ist. Und das erwarteten die Forscher. Aber das experimentelle Ergebnis war genau umgekehrt: Nicht das Mutanten-Allele *lacI⁻* ist dominant, sondern das Wildtyp-Allel *lacI*.

In den Berichten über diese Zeit wird gern erzählt, wie das Ergebnis die Forscher verblüfft hat und wie Monod im Herbst 1958 darüber mit einem Besucher sprach, mit Leo Szilard (1898–1964), einem ungarisch-amerikanischen Physiker, der großes Interesse an der Biologie entwickelt hatte und sich überall gern die neuesten Experimente im Detail erzählen ließ. „Es ist negative Kontrolle", soll Szilard spontan gesagt haben, was dann den Groschen zum Fallen gebracht habe. Ob die Geschichte sich so abgespielt hat oder nicht, jedenfalls dankten die drei Autoren am Ende ihrer Publikation vom März 1959 (übrigens erschienen im allerersten Band des *Journal of Molecular Biology*) mit folgenden Worten: „Wir stehen sehr in der Schuld von Professor Szilard für seine erhellende Diskussion während dieser Arbeit."

Was heißt nun negative Kontrolle? Dass das Gen *lacI* einen Faktor codiert, der in Wildtyp-Bakterien das *lacZ*-Gen und damit die Bildung von β-Gal aktiv unterdrückt. Dieser Faktor wurde „Repressor" genannt. Das Vorkommen eines Repressors erklärt ohne Weiteres den Phänotyp von *lacI⁻*-Mutanten. Die Mutanten können den Repressor nicht bilden. Deswegen bleibt das *lacZ*-Gen offen und deswegen kommt es zu einer ständigen Synthese von β-Gal.

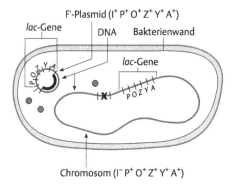

Abb. 11.3 Die Entdeckung des Repressors. Das „Haupt-Chromosom" besitzt das intakte Lac-Operon mit der Genfolge Z-Y-A und den vorgeschalteten Abschnitten P (für Promotor) als Bindestelle für die RNA-Polymerase und O (Operator) für die Regulation. Aber es besitzt nicht das Gen *lacI* für den Repressor. Deswegen sind die Lac-Gene offen und würden ständig exprimiert, wenn nicht ein F-Plasmid mit intaktem *lacI*-Gen vorhanden wäre. Dieses Gen produziert einen Repressor (*Punkte*), der nicht nur die Gene auf dem Plasmid ruhigstellt, sondern auch zum Operator im „Chromosom" gelangt und die dortigen Lac-Gene abschaltet. Ein Fall von negativer Regulation. (Aus: Knippers R (2006) Molekulare Genetik, 9. Aufl. Georg Thieme, Stuttgart)

Übrigens nicht nur von β-Gal, sondern auch von zwei weiteren Genen, die direkt hinter *lacZ* liegen. Es sind dies das Gen *lacY* (für ein Enzym namens Permease, das den Einstrom von Lactose erleichtert) und das Gen *lacA* (für das Enzym Thiogalactosid-Transacetylase, das wir hier nur nennen, um die Sache zu vervollständigen). Für unsere Geschichte ist nur wichtig, dass die drei Gene der Regulation durch den gleichen Repressor unterliegen.

Der springende Punkt im PaJaMo-Paper ist das zeitweilige gemeinsame Vorkommen von Genen des Hfr- und des F⁻-Stammes in einer Bakterienzelle, also so etwas wie eine zeitweilige Diploidie. Das Wort „zeitweilig" deutet die Schwachstelle an. Denn irgendwann wird die übertragene Hfr-DNA abgebaut oder geht bei fortschreitenden Zellteilungen verloren. Jedenfalls bleibt nur kurze Zeit fürs Experimentieren.

Das Problem löste sich, als sogenannte abgeleitete F-Plasmide bekannt wurden. Sie tragen neben den normalen Plasmid-Genen noch Gene des bakteriellen Haupt-Chromosoms. Solche F′-Plasmide entstehen sehr selten, und zwar bei ungenauem Herausschneiden von integrierten Plasmiden. Wir übergehen alle methodischen Details und wie man im Einzelnen mit solchen F′-Plasmiden umgeht, sondern nennen nur das Ergebnis, nämlich dass sich Bakterien herstellen lassen, die **permanent** diploid sind, wie die Skizze in Abb. 11.3 zeigt. Diese Skizze zeigt, dass der Repressor beweglich ist: Er wird vom Gen *lacI* auf dem Plasmid codiert, bewirkt aber eine Blockade der drei Lac-Gene auf dem „Chromosom".

Induktionen

Jacob erzählt in seiner Autobiografie, wie er eines Tages im Sommer 1958 gelangweilt im Kino saß und wie seine Gedanken von dem wenig interessanten Geschehen auf der Leinwand zur Laborarbeit wanderten und ihm plötzlich einfiel – „ein Gedankenblitz" – dass die Induktion des Prophagen und die Induktion von β-Gal „ein und dasselbe" sind: „In beiden Fällen steuert ein Gen die Bildung eines […] Produkts, eines Repressors, der die Funktion der anderen Gene blockiert, indem er entweder die Synthese der β-Gal oder die Vermehrung des Virus verhindert." Und Induktion ist nichts anderes als eine Inaktivierung des Repressors. Eine Mutation oder die Chemikalie IPTG schaltet den LacI-Repressor aus und ultraviolettes Licht den Repressor des Prophagen.

Jacobs Einfall im Kinosessel wurde bald glänzend bestätigt und zum Urgestein der Genetik. Es waren buchstäblich Hunderte von Wissenschaftlern, die im Laufe der Jahrzehnte die beiden Induktionen bis in die molekularen Details hinein erforschten und bedeutende Erkenntnisse über die Struktur und Funktionen von bakteriellen Genen gewannen.

Operator und Operon

Wie übt der Repressor seine Funktion als „unterdrückender Faktor" aus? In der Publikation zum PaJaMo-Experiment wurde angenommen, dass er an eine Stelle vor oder am Gen bindet und irgendwie den Zugang zum Gen blockiert. Die Forscher am *Institut Pasteur* argumentierten nun, dass Mutanten, bei denen diese Stelle ausgeschaltet ist, „konstitutiv" β-Gal bilden sollten. Wie *lacI⁻*-Mutanten, nur aus anderen Gründen. Denn in *lacI⁻*-Mutanten fehlt ein aktiver Repressor. Aber bei der gesuchten Mutante ist der Repressor zwar vorhanden, kann jedoch nicht wirken, weil seine Bindestelle zerstört ist. Tatsächlich wurde bald eine solche Mutante gefunden und Operator-Mutante genannt – offizielle Bezeichnung **oc** (für *operator constitutive*). Der Operator kontrolliert die Aktivität der nachgeschalteten Gene, also nicht nur *lacZ*, sondern auch *lacY* und *lacA*. Der Operator mit den nachgeschalteten Genen bildet offensichtlich eine gemeinsame Funktionseinheit. Diese Einheit erhielt die Bezeichnung „Operon".

Messenger-RNA

Eine zweite Konsequenz des PaJaMo-Experiments muss genannt werden – die Schnelligkeit der Reaktion. Es dauert nur wenige Minuten nach der Übertragung von der Hfr- in die die F⁻-Zelle, bis das *lacZ*-Gen aktiv wird und die massenhafte Bildung von β-Gal einsetzt. Was steckt dahinter?

Im Sommer des Jahres 1960 fand jenes legendäre Treffen im englischen Cambridge statt, das wir schon erwähnt hatten François Jacob traf Francis Crick, Sidney Brenner und einige andere. Jacob beschrieb das PaJoMo-Experiment mit dem schnellen An- und Abdrehen der β-Gal-Funktion. Dabei kam Crick oder Brenner oder beiden gleichzeitig die Erleuchtung, dass sich das zwanglos erklären lässt, wenn eine Boten- oder Messenger-RNA (mRNA) die Information des Gens von der DNA zum Ort der Proteinsynthese bringt, eine RNA, die rasch gebildet, aber auch rasch wieder abgebaut wird, sobald sie ihre Funktion erfüllt hat. Für Crick und Brenner passte die Information, die Jacob ihnen gegeben hatte, wie ein letztes Stück in ein kompliziertes Puzzle, das bisher aus verstreuten Berichten, Ideen und Vermutungen bestanden hatte.

Schöne Ideen sind, wie gesagt, meist wohlfeil zu haben. Es ist viel schwerer, die experimentellen Beweise heranzubringen. Zu diesem Zweck verbrachten S. Brenner und F. Jacob einen arbeitsreichen Sommer am Caltech, um zusammen mit M. Meselson die dort entwickelte neue Methode der Cäsiumchlorid-Gradienten-Zentrifugation anzuwenden. Schließlich gelang ihnen der Nachweis, dass eine kurzlebige RNA, eben die gesuchte mRNA, sich an Ribosomen zur Synthese von Proteinen einfindet. Ihre berühmte Publikation, zusammen mit den Berichten anderer Forscher zum gleichen Thema, erschien im Frühjahr 1961 unter dem Titel *„An unstable intermediate carrying information from genes to ribosomes for protein synthesis"* im 190. Band der Zeitschrift *Nature*.

Bleibt noch die Frage, wie mRNA denn wirklich gemacht wird. Hier kamen die Biochemiker wieder ins Spiel. Genau, sorgfältig und in langwierigen, oft mühsamen Experimenten suchten sie in den Extrakten von Tierzellen und Bakterien nach Enzymen, die RNA in Abhängigkeit von DNA herstellen können. Die Arbeit wurde belohnt. In den Jahren 1960 bis 1962 beschrieben mehrere Forschergruppen ein Enzym mit der Bezeichnung „RNA-Polymerase" oder genauer „DNA-abhängige RNA-Polymerase". Das Enzym hat die erwartete Eigenschaft: Es kopiert die Basenfolge einer DNA, indem es an einen der beiden Stränge bindet, daran entlang fährt und dabei RNA-Sequenzen nach den Regeln der Basenpaarung herstellt: Gegenüber einem G in der DNA erscheint ein C in der RNA und umgekehrt; gegenüber einem T in der DNA erscheint ein A in der RNA, und gegenüber einem A in der DNA ein U in der RNA. Denn U (kurz für Uracil) übernimmt in RNA die Rolle von T (Thymin).

Unter den Bedingungen der intakten Zelle nimmt die RNA-Polymerase zuerst mit einer Stelle vor dem Gen („stromaufwärts") Kontakt auf. Die Bindestelle besteht aus 40 bis 50 Basenpaaren und heißt „Promoter."

Das Modell

Repressor und Operator, RNA-Polymerase und Promoter sind die wichtigen Komponenten eines Regulationskreises. Jacob und Monod entwarfen ein Modell, das zum ersten Mal plausibel zeigte, wie die Regulation von Genen funktioniert. Sie veröffentlichten ihre Studien unter dem Titel *„Genetic regulatory mechanisms in the synthesis of proteins"* im dritten Band des *Journal of Molecular Biology* (1961). Die Arbeit gilt als Meilenstein in der Geschichte der Biologie. Sie brachte François Jacob und Jaques Monod sowie ihrem Mentor André Lwoff den Nobelpreis für Medizin des Jahres 1965 ein – „für ihre Entdeckungen auf dem Gebiet der genetischen Kontrolle von Enzymen und der Virussynthese".

Die Abb. 11.4 zeigt die wesentlichen Punkte des Modells von Jacob und Monod:

- Erstens. Wenn das Gen abgeschaltet ist, sitzt der Repressor fest an seiner Bindestelle, dem Operator, und versperrt der RNA-Polymerase den Zugang zum Promoter. In der monumentalen Arbeit des Jahres 1961 vermuteten Jacob und Monod, dass der Repressor eine Art RNA sein könnte. Jedenfalls blieb Unsicherheit, und es dauerte noch fünf Jahre, bis Walter Gilbert und Benno Müller-Hill den Repressor isolierten und zeigen konnten, dass es sich um ein Protein handelt (1966). Danach vergingen noch einmal mehr als zwei Jahrzehnte, bis klar wurde, worauf die spezifische Bindung des Repressors an den Operator beruht. Es sind exquisite und hoch spezifische Wasserstoffbrücken zwischen den Aminosäuren im Repressor einerseits und funktionellen Gruppen in den Nucleotiden der DNA andererseits.
- Und zweitens. Bei der Induktion binden der künstliche Induktor IPTG (oder der natürliche Induktor, ein Stoffwechselprodukt der Lactose) an den Repressor. Der Repressor verändert seine Struktur, kann deswegen nicht mehr an DNA binden und fällt vom Operator ab. Die RNA-Polymerase gelangt an den Promoter und stellt eine lange mRNA mit den Genen *lacZ*, *lacY* und *lacA* her. Die Folge von drei Genen steht also unter der Kontrolle eines Operators und heißt deswegen, wie oben schon gesagt, Operon.

Das Regulationsmodell der Abb. 11.4 erfordert eine Erweiterung der Definition des Gens. Es ist nun nicht mehr nur ein offenes Leseraster, sondern eine Einheit, zu der auch die Kontrollelemente gehören, zumindest der Promoter, aber auch der Operator.

Reicht das aus? Es scheint, dass J. Monod das eine Zeit lang geglaubt hat. Er neigte zum Apodiktischen, und in der Zeit nach der epochalen Veröffentlichung des Jahres 1961 behauptete er gern, dass alle genetischen Regulationen über ne-

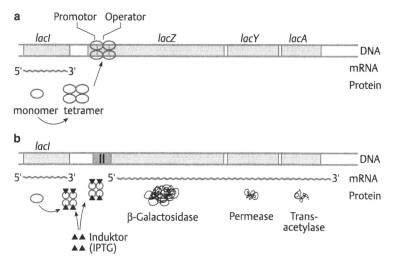

Abb. 11.4 Lac-Operon – das Modell. **a** Das Gen *lacI* wird transkribiert und eine mRNA entsteht (hier mit dem 5'- und dem 3'-Ende gezeichnet). Die mRNA dient als Matrize zur Herstellung eines Proteins. Vier Einzelproteine (*Monomere*) vereinigen sich zu einer Vierer-Gruppierung (*Tetramer*), dem aktiven Repressor. Der Repressor bindet an den Operator vor der Lac-Genfolge. Damit ist der Promotor für die RNA-Polymerase gesperrt. Deswegen bleiben die Lac-Gene verschlossen. **b** Ein Induktor wie zum Beispiel die chemische Verbindung IPTG gelangt an den Repressor, der nun seine Form verändert und nicht mehr an DNA binden kann. Der Promotor wird frei, und die Lac-Gene können transkribiert werden. Unsere Skizze zeigt die mRNA und die Proteine, einschließlich der β-Galactosidase Dies ist die ursprüngliche Version des Lac-Operons, etwa so, wie J. Monod und F. Jacob sie in ihrer bedeutenden Publikation des Jahres 1961 beschrieben haben. Sie zeigt das Prinzip einer negativen Regulation. Heute weiß man, dass das Lac-Operon auch unter positiver Kontrolle steht. Es wird von einem Protein dirigiert, das die Transkription fördert. Überhaupt ist die Regulation viel komplexer, als hier dargestellt. Insgesamt ist es ein wunderbarer Mechanismus von Steuerungen und Gegensteuerungen, die eine genaue Feinabstimmung auf die aktuelle Stoffwechselsituation ermöglichen. (Aus: Knippers R (2006) Molekulare Genetik, 9. Aufl., Georg Thieme, Stuttgart)

gative Kontrollen laufen, auch die Differenzierung der Zellen in tierischen und pflanzlichen Organismen. In diesem Zusammenhang fiel wohl sein berühmter Satz: „*What's true for E. coli, is also true for an elephant.*" Womit er natürlich meinte, dass das Repressor-Operator-Modell überall in der Biologie gültig ist. Heute weiß man, dass das nicht oder nur mit sehr erheblichen Einschränkungen zutrifft. Und man wundert sich, dass Monod das so leichthin sagen konnte, denn damals war über die Struktur der Gene von Tieren und Pflanzen so gut wie nichts bekannt.

Positive Regulation

Auch was die Verhältnisse bei Bakterien angeht, war Monods Behauptung zumindest voreilig. Denn es gibt zahlreiche Gene, die positiv reguliert werden und deren Expression von einem Aktivator abhängt. Ein Aktivator bindet an Stellen vor einem Gen und fördert die Anlagerung der RNA-Polymerase. Ausgerechnet das Lac-Operon, wo die negative Kontrolle entdeckt und zum Glaubenssatz erhoben wurde, braucht einen starken Aktivator, um voll funktionstüchtig zu sein.

Kurz gesagt, wird das Lac-Operon auf zweierlei Weise reguliert wird, nämlich „negativ" durch den Repressor, der die Genfolge stilllegt, und „positiv" durch einen Aktivator (genannt CAP-Protein), der die Transkription „aktiviert". Wie das funktioniert, haben wir schon angedeutet: Beide Faktoren, Repressor und Aktivator, sind Proteine, die je an spezielle Stellen in der DNA stromaufwärts von der Genfolge binden. Diese speziellen Stellen bestehen aus einigen Dutzend Basenpaaren. Das ist bemerkenswert. Repressor und Aktivator finden unter mehreren Millionen Basenpaaren zielgenau und ganz präzise kleine Abschnitte, je etwa zwei Dutzend Basenpaare lang, die vor den Lac-Genen liegen und als Bindestellen dienen. Wie diese hohe Spezifität zustande kommt, ist eines der Wunder der molekularen Biologie, das sich bei näherem Hinsehen auf das Schließen von genau abgestimmten Wasserstoffbrücken zwischen den Seitenketten der Aminosäuren im Protein und den Nucleotiden in der DNA zurückführen lässt.

Das und die genauen Regeln für die Protein-DNA-Wechselwirkungen wurden erst allmählich klar. Im Laufe der Jahrzehnte nach den grundlegenden Arbeiten von Jacob und Monod wurden viele Gene von *E. coli* (und anderen Bakterienarten) untersucht, und seit 1997 sind alle ca. 4300 Gene von *E. coli* bekannt. Deswegen weiß man, dass die Art der Regulatorproteine und die Anordnung ihrer Bindestellen am Promoter im Allgemeinen von Gen zu Gen verschieden sind, jeweils spezifisch für jedes Operon oder für jedes Gen. So kann man sagen, dass Promotoren, regulatorische Elemente und die dann folgenden offenen Leseraster eine Einheit bilden, die sich jeweils im Zuge der Evolution gebildet hat.

Die Abb. 11.4 mit dem Lac-Operon konnte etwa ein Jahrzehnt lang als das Symbol für ein Gen gelten. Aber es blieben immer Zweifel, ob das auch für Lebewesen außerhalb der Welt der Bakterien gilt. Denn bis zu Beginn der Siebzigerjahre hatte niemand je ein tierisches oder pflanzliches Gen zu Gesicht bekommen. Und was man bis dahin über tierische oder pflanzliche DNA in Erfahrung gebracht hatte, ließ zumindest ahnen, dass sich die Erkenntnisse der Bakteriengenetik nicht so ohne Weiteres auf Tiere und Pflanzen übertragen lassen. Um hier voranzukommen, musste erst die Gentechnik entwickelt werden. Darüber mehr im entsprechenden Kapitel. Zuerst kehren wir zu einer Person zurück, die schon in der ersten Phase der Geschichte des Gens eine wichtige Rolle gespielt hatte, Barbara McClintock.

12

Bewegliche Gene

Wie gesagt, die Arbeit von Jacob und Monod im *Journal of Molecular Biology* (1961) ist viel bewundert worden, und mindestens eine Person freute sich so sehr darüber, dass sie „fast an die Decke gesprungen wäre." Das erzählte Barbara McClintock später ihrer Biografin Evelyn Fox Keller. Um diesen Ausbruch an Vergnügen zu verstehen, müssen wir McClintock da abholen, wo wir sie verlassen hatten, nämlich als eine viel geehrte Wissenschaftlerin, deren Arbeit über die Genetik der Maispflanze schon im Jahre 1945 zu einem Klassiker geworden war.

Im Jahre 1945 fand Barbara McClintock unter den Pflanzen ihres Maisfeldes ein Exemplar, dessen Körner und Blätter verschiedene Muster von gescheckter Vielfarbigkeit (*variegation*) aufwiesen: grüne Streifen, Flecken und Punkte auf gelbem Hintergrund und dergleichen (Abb. 12.1). Die Unterschiede im Muster sprachen für eine Instabilität der verantwortlichen Gene. Tatsächlich zeigte die cytogenetische Untersuchung, dass während des Wachstums der Pflanze immer wieder ein Teil eines Chromosoms verlorengegangen war, manchmal früher im Zuge der Entwicklung, manchmal später. McClintock bezeichnete den Bruchpunkt auf dem Chromosom mit *Ds* (für *dissociation*, Trennung) und stellte im Laufe weiterer Kreuzungsexperimente fest, dass sich der Bruch bei *Ds* nur dann ereignet, wenn in der gleichen Pflanze das Gen *Ac* (*activator*) aktiv ist. *Ac* und *Ds* liegen an ganz verschiedenen Stellen auf dem Chromosom, was dafür spricht, dass *Ac* über einige Entfernung hinweg den Bruch bei *Ds* kontrollieren kann.

Dann beobachtete sie noch etwas: Die Lokalisation von *Ac* und *Ds* kann sich während der Entwicklung der Pflanze oder gar des einzelnen Korns verändern. Die einfachste Erklärung ist, dass ein Element an der einen Stelle ausgeschnitten, an einer anderen wieder in das Chromosom eingefügt wird. Mit dieser Annahme erklärt sich auch, warum Brüche im Chromosom entstehen, nämlich dann, wenn die Schnitte nicht repariert werden.

© Springer-Verlag GmbH Deutschland 2017
R. Knippers, *Eine kurze Geschichte der Genetik*, DOI 10.1007/978-3-662-53555-4_12

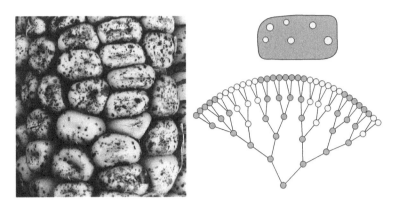

Abb. 12.1 Maiskörner mit gesprenkelter Färbung (Variegation). Die Färbung von Maiskörnern beruht auf Pigmenten in der Oberflächenschutzschicht. Wenn das Gen für die Herstellung des Pigmentes durch Mutation zerstört ist, bleibt das Maiskorn farblos. Unter Umständen kann sich die Mutation zurückbilden und zwar zu verschiedenen Zeiten während der Entwicklung des Korns. Dann entstehen farbige Flecken auf dem farblosen Hintergrund. Barbara McClintock erkannte, dass die Mutation durch den Einbau eines beweglichen Stücks DNA verursacht werden kann. „Rückbildung der Mutation" heißt dann, dass das eingebaute Stück DNA wieder herausgelöst wird. Es kann sich eventuell an einer anderen Stelle des Genoms niederlassen (und dort eine Mutation auslösen). Mit dieser Erkenntnis hatte McClintock „bewegliche genetische Elemente"/„springende Gene" entdeckt. (Foto: U. Wienand und H. Saedler, Köln) (Aus: Knippers R (2006) Molekulare Genetik, 9. Aufl., Georg Thieme, Stuttgart)

Wenn *Ds* oder *Ac* in ein Gen eingebaut wird, ist ein Verlust der Genfunktion unvermeidlich. Wenn das Element wieder ausgeschnitten wird und an einen anderen Ort gelangt, kehrt sich der Effekt um und das betreffende Gen wird wieder aktiv. Das erklärt die Unregelmäßigkeiten im Muster der Körnerpigmentierung. Denn wenn *Ds* oder *Ac* früh in der Entwicklung ausgeschnitten wird, ist das Gen in den meisten Zellen des Maiskorns aktiv, was sich darin äußert, dass ein großer Abschnitt pigmentiert ist; und umgekehrt, wenn das Gen erst spät in der Entwicklung aktiv wird, können sich nur noch kleine gefärbte Flecken bilden (Abb. 12.1).

McClintock hatte die wichtige Entdeckung gemacht, dass genetische Elemente wie *Ds* und *Ac* nicht an bestimmte Orte auf den Chromosomen gebunden sind, sondern sich im Genom bewegen können. Später sprach man von „springenden Genen" oder im Fachjargon von „transponierbaren genetischen Elementen". Natürlich war McClintock bewusst, dass der Vorgang der Transposition etwas Neues und Wichtiges war, aber ihre Interpretation ging über das Beobachtete hinaus. Sie glaubte, dass das Einfügen von *Ds* oder vergleichbaren chromosomalen Stücken die Aktivität von Genen steuert. Mehr noch, Transposition, so vermutete sie, kontrolliert das genetische Programm, das bei der Differenzierung von Zellen während der Entwicklung abläuft.

Missverständnisse

Barbara McClintock veröffentlichte ihre Befunde und ihre Ideen im Jahre 1950 in einer wissenschaftlichen Zeitschrift und dann noch einmal im darauffolgenden Jahr beim Cold-Spring-Harbor-Symposium. Die Gemeinde der Genetiker akzeptierte ihre Berichte über Transposition, auch wenn das neu und fremd war und der herrschenden Vorstellung widersprach. Denn allgemein galt ja, dass Gene auf den Chromosomen aufgereiht sind wie die Perlen einer Kette und dass Perle für Perle an ihren Platz gebunden bleibt. Doch McClintocks Prestige war so groß und gefestigt, dass man ihr trotz allerlei Bedenken im Punkt Transposition folgte. Tatsächlich haben andere Forscher bald dann auch in unabhängigen Experimenten Transpositionen beim Mais beobachtet und damit McClintocks Berichte bestätigt.

Aber auf völliges Unverständnis stießen ihre entwicklungsbiologischen Schlussfolgerungen. Wie kann, fragte man, etwas so Zufälliges wie Transposition die präzisen Entscheidungen fällen, die während der Entwicklung eines Organismus notwendig sind. Aber McClintock blieb bei ihrer Meinung. Sie merkte natürlich, dass ihre Ideen über Genkontrollen auf Verwunderung und Skepsis, ja Ablehnung stießen. In dieser Situation kam die Arbeit von Jacob und Monod (1961) gerade recht. Dort gab es den Repressor, der von einem eigenen Gen gebildet wird und auf den Operator eines anderen Gens einwirkt, das womöglich weit entfernt liegt. Sie sah eine Parallele, weil ja das *Ac*-Element auf das *Ds*-Element einwirkt. Daher die große Freude, mit der McClintock das Jacob-Monod-Paper zur Kenntnis nahm. Aber bei aller Wertschätzung für Barbara McClintock ließen sich weder die beiden Pariser Autoren noch die meisten anderen Genetiker überzeugen. McClintock zog sich enttäuscht in ihr Laboratorium und auf ihr Maisfeld zurück, veröffentlichte zeitlebens nichts mehr außer einigen zusammenfassenden Übersichten sowie später einen Beitrag zur Evolution der Maispflanze.

Viele Jahre später, als die entsprechenden molekularen Vorgänge allmählich immer klarer wurden, fand sich kein Hinweis auf eine Beteiligung von transponierbaren genetischen Elementen bei der Entwicklung von Tier und Pflanze.

Springende Gene in Bakterien

Für McClintock blieben Transposition und Genregulation die zwei Seiten ein- und derselben Münze. Deswegen verstand sie die Skepsis der anderen nicht. Sie fühlte sich ausgeschlossen und missverstanden, vor allem von der jungen Garde der Molekular- und Bakteriengenetiker. Dabei hätte sie da durchaus Anregung und Unterstützung finden können. Wir erinnern uns, dass Plasmide frei oder an vielen Stellen integriert im Bakteriengenom vorkommen können. Das Gleiche gilt auch für die DNA temperenter Phagen wie Lambda. Aber viel wichtiger war, dass um 1965 James Shapiro in den USA sowie Peter Starlinger und Heinz Saedler in Köln die sogenannten Insertionssequenzen in Bakterien entdeckten. Das sind ungefähr 1000 Basenpaar lange DNA-Stücke, die von einer Stelle im Bakteriengenom an eine andere wechseln und dabei Mutationen auslösen können.

Noch eine zweite Klasse von „transponierbaren genetischen Elementen" bei Bakterien wurde bekannt: nämlich Transposons, die aus 5000 bis 10.000 Basenpaaren bestehen. Diese DNA-Sequenzen enthalten Gene für die eigene Transposition („Transposasen") und darüber hinaus Gene, die Resistenzen gegen Antibiotika vermitteln. Tatsächlich wurden solche Transposons bei Forschungen über die Verbreitung von Antibiotikaresistenz in klinischen Bakterienpopulationen entdeckt. Transposons kommen nämlich auf Plasmiden vor, die rasch von Bakterium zu Bakterium weitergegeben werden (ähnlich wie das F-Plasmid; S. Kap. 8).

Entdeckungen dieser Art machten transponierbare genetische Elemente populär. Man fand sie bei *Drosophila* und Hefen und vermutete, dass sie in den Genomen aller Organismen vorkommen (was sich dann bald auch als zutreffend herausstellte). Für die ständig wachsende Zahl der Forscher auf diesem Gebiet organisierte das Cold-Spring-Harbor-Laboratorium im Jahre 1976 die erste Tagung („*DNA Insertion*"). Weitere Treffen in anderen Ländern folgten. Der Höhepunkt der Tagungsaktivitäten war wohl das große Cold-Spring-Harbor-Symposium von 1980, das unter dem Titel „Movable Genetic Elements" stand.

In ihren Veröffentlichungen und bei ihren Vorträgen betonten die Pioniere auf diesem Gebiet immer wieder, dass es Barbara McClintock gewesen war, die als Erste „springende Gene" bei ihren Mais-Forschungen gesehen hatte. Dabei sind Shapiro, Starlinger, Saedler und die anderen ganz unabhängig auf Insertionssequenzen und Transposons gestoßen. Sie stellten erst bei der Aufarbeitung der Literatur fest, dass McClintock schon einige Jahrzehnte vorher etwas Vergleichbares gefunden hatte. Aber alle waren großzügig und verliehen Barbara McClintock den „Status einer Vorläuferin", wie der Biograf N. C. Comfort treffend schreibt.

So kam es, dass sie in den Jahren nach 1980 zu einem Medienstar wurde. Kein Wunder: Hier war die zierliche, gerade über 1,50 m große alte Dame mit der jungenhaften Figur, von der angeblich alle gesagt haben sollen, sie sei nicht mehr ganz richtig im Kopf, die aber unbeirrt ihre Linie beibehalten und schließlich Recht bekommen habe. Und glänzend bestätigt wurde. Man verlieh ihr viele wichtige Preise, darunter den Nobelpreis des Jahres 1983 „für die Entdeckung beweglicher genetischer Elemente".

Und heute?

Mit dem Aufkommen der Gentechnik konnten McClintocks *Ac*- und *Ds*-Elemente isoliert und untersucht werden. Danach ist *Ac* ein veritables Transposon mit eigener Transposase und speziellen DNA-Abschnitten, auf die die Transposase einwirken muss, damit das Element als Ganzes ausgeschnitten und an anderer Stelle wieder ins Genom eingebaut werden kann. *Ds*-Elemente enthalten kein Transposase-Gen, nur die „speziellen" DNA-Abschnitte, was erklärt, warum es sich nicht selbst mobilisieren kann, sondern auf *Ac* angewiesen ist.

Inzwischen kennt man viele verschiedene Arten von transponierbaren genetischen Elementen und weiß, dass sie in den Genomen aller Lebewesen vorkommen. Ja, die Genome von vielzelligen Lebewesen, Mensch, Tier und Pflanze, bestehen zu großen Teilen aus sich vielfach wiederholenden Kopien solcher Elemente. Darüber später mehr (s. Kap. 20).

Hier noch ein paar Bemerkungen zum Mais-Genom. In der Ausgabe der Zeitschrift *Science* vom 20. Nov. 2009 findet man einen Aufsatz von gerade einmal drei bis vier Seiten, freilich versehen mit vielen Verweisen auf ausführlichere Berichte, die in anderen Zeitschriften oder auch im Internet zu finden sind. Der kurze Aufsatz in *Science* hat ungefähr 150 Autoren aus einigen Dutzend Laboratorien, auch von der Cornell-Universität und aus dem Cold-Spring-Harbor-Laboratorium, also aus Barbara McClintocks Heimatuniversität und späterer Wirkungsstätte. Der Aufsatz beschreibt, dass die zehn Mais-Chromosomen zusammengenommen DNA-Stränge von insgesamt etwa 2,3 Mrd. Basenpaaren enthalten. Schier unglaubliche 85 % davon bestehen aus mehreren Hundert Familien verschiedenartiger transponierbarer genetischer Elemente, jeweils mit Tausenden ähnlicher Mitglieder. Wobei komplizierte Mechanismen dafür sorgen, dass sie sich nicht ständig im Genom bewegen, sondern still an ihren Orten verharren. Was notwendig ist, denn sonst würde ja das gesamte genetische System durcheinandergeraten. Verteilt zwischen den sich wiederholenden DNA-Abschnitten liegen etwa 30.000 proteincodierende Gene, der eigentliche Schatz der Maispflanze. Forscher haben damit einen wunderbaren Katalog in der Hand, wenn sie die Entwicklung und die Funktionen der Pflanze weiter erforschen und die Zucht neuer Maissorten planen.

.

13

Anfänge der Gentechnik

Eine Wende in der Geschichte

Im Jahre 1993 trafen sich Crick, Watson und andere Protagonisten der frühen molekularen Genetik, um in Cold Spring Harbor das vierzigjährige Jubiläum der Entdeckung der DNA-Struktur zu feiern. Der Ton war eher zurückhaltend: „Was Jim und ich gemacht haben", sagte Crick, „war es, einen Prozess zu beschleunigen", der ein paar Jahre später zum gleichen Ergebnis geführt hätte; und er fragte sich, was für ihn wohl die überraschendste Entwicklung in den Jahren seit 1953 gewesen sei. Das sei das künstliche Aneinanderfügen von DNA und das Klonieren gewesen, sagte Crick.

Gentechnik. Tatsächlich hat sich die Biologie seit Mitte der 1970er-Jahre drastisch verändert. Nichts ist mehr so, wie es vorher einmal war; und manchmal wurde damals die Zeit vor der Einführung der Gentechnik mit „BC" beschrieben – *before cloning* – so wie die englischsprachigen Historiker die Jahre vor unserer Zeitrechnung mit BC angeben – *before Christ*.

Es taten sich nun erstmals Wege auf, um einzelne interessante Gene von Menschen, Tieren, Pflanzen und Bakterien zu isolieren und außerhalb von Zellen (*in vitro*, im „Glas") mit den Mitteln der Biochemie und Molekularbiologie zu untersuchen.

Vorläufer

Korrektheit und Fairness verlangen den Hinweis, dass schon vor Einführung der Gentechnik die Isolierung von Genen gelungen war, wenn auch vereinzelt und nur unter günstigen und besonderen Bedingungen.

© Springer-Verlag GmbH Deutschland 2017
R. Knippers, *Eine kurze Geschichte der Genetik*, DOI 10.1007/978-3-662-53555-4_13

Der Erste, dem das gelang, war der Schweizer Molekularbiologe Max Birnstiel (1933–2014). Unter geschicktem Einsatz experimenteller Tricks konnte er Gene (einschließlich der vorgeschalteten Promotoren) für ribosomale RNA und Histone isolieren (1966). Sein Modellsystem war der afrikanische Frosch *Xenopus laevis*. Dessen Genom enthält die genannten Gene in vielhundertfacher Ausführung. Es war diese barocke genetische Ausstattung des Frosches, die es möglich machte, an die genannten Gene zu gelangen. So blieben die Konsequenzen dieser Arbeiten begrenzt.

Als Zweiten nennen wir Jon Beckwith (geb. 1935), den hochgeehrten amerikanischen Bakteriengenetiker. Er war ein Meister im Umgang mit dem Phagen Lambda und dessen DNA. Insbesonders interessierte ihn Lambda-DNA, die nach dem Freisetzen („Induktion"; Kap. 11) noch Stücke des Bakteriengenoms mitnimmt. Das nutzte er, zusammen mit James Shapiro und anderen Mitarbeitern, um gezielt das *LacZ*-Gen einschließlich des vorgeschalteten Promoters aus dem Genom von *E coli* zu isolieren (s. Abb. 11.3). Ihr Vorgehen war technisch aufwendig und endete mit einer winzigen Menge einigermaßen reiner *LacZ*-DNA (1969). Beckwith, Shapiro und die anderen ließen sich damals gehörig als Pioniere einer neuen Phase der Genetik feiern und sind noch heute stolz auf ihr Experiment, wie ihre Wikipedia-Einträge zeigen. Dabei hat sonst niemand ihr Verfahren jemals angewendet, erstens, weil es sehr aufwendig ist und recht kleine Mengen liefert, die bald verbraucht sind; und zweitens, weil nur wenige Jahre später die richtige Gentechnik erfunden wurde. Und die Methoden der Gentechnik sind einfach zu handhaben und liefern sozusagen unbegrenzte Mengen reinen Genmaterials.

Nachspiel

Die Isolierung des *LacZ*-Gens hat ein groteskes Nachspiel, das ich in Kürze erzählen will, weil es doch irgendwie auch zur Geschichte der Genetik gehört. Dabei muss man sich erinnern, dass die Zeiten damals turbulent und angespannt waren. Heftige Unruhen an den Universitäten in Europa, aber besonders in den USA. Präsident John F. Kennedy war ermordet worden (1963), auch sein Bruder Robert Kennedy (1968), ebenso wie die charismatischen schwarzen Bürgerrechtskämpfer Martin Luther King (1965) und Malcolm X (1968). Studentenunruhen an allen großen Universitäten, überall Demonstrationen gegen den Vietnam-Krieg und für die Rechte der schwarzen Minderheit, gegen alles Hergebrachte und für etwas unbestimmt Neues. Da gab es viel Leidenschaft und hohe Emotionalität. Die Rhetorik war oft leninistisch-maoistisch.

Auch viele Wissenschaftler konnten sich dem Pathos nicht entziehen. An der Harvard-Universität bildete sich eine Gruppe „*Science for the People*", die sagte, dass die Wissenschaft der Gesellschaft zu dienen hat und zwar besonders den Armen und Unterdrückten. Beckwith und Shapiro standen der Gruppe nahe.

Und im Jahre 1969 ereignete sich noch etwas, was die Gemüter erregte. Der Psychologe Arthur Jensen (1923–2012) veröffentlichte in der Zeitschrift *Harvard Educational Review* einen über hundertseitigen Aufsatz mit dem Titel „*How much can we boost IQ and scholastic achievement*". Jensen trug alle Argumente zusammen, die zeigten, dass ein guter Teil der Varianz in IQ-Tests etwas mit der genetischen Ausstattung der betreffenden Personen zu tun hat. Im Kap. 5 hatten wir diesen Punkt diskutiert und gesagt, dass man heute diese Aussage mit großer Gelassenheit sieht. Aber damals war das anders. Es widersprach der reinen Marxistischen Lehre, wonach die Ungleichheit zwischen Menschen nur und zwar ausschließlich soziale Gründe hat. Jensen goss noch Benzin ins Feuer, weil er den aus heutiger Sicht voreiligen und auch nicht korrekten Schluss zog, dass es rausgeworfenes Geld sei, wenn man Menschen mit niedrigem IQ unterstützen und erziehen wolle, denn das nütze ja doch nichts, weil die Gene so ziemlich alles festgezurrt hätten.

Damals erregte Jensens Aufsatz eine Aufregung, die es vorher in der akademischen Welt noch nicht gegeben hatte. Buchstäblich Tausende von Briefen und Artikeln wurden geschrieben, Drohungen, Demonstrationen an allen Universitäten. Fast alle verlangten eine Bestrafung, zumindest Jensens Rausschmiss aus der Universität.

In dieser Aufregung wollten Beckwith und seine Freunde nicht zurückstehen. Immerhin hatten sie ein Gen isoliert, und um Gene ging es ja bei dem Aufruhr um Jensen. So riefen sie eine Pressekonferenz ein und berichteten der Versammlung, dass sie ein Gen isoliert hätten, was ihnen nun leid tue, und dass man aufpassen müsse, dass sich da kein neuer Weg in die Eugenik und in die genetische Manipulation des Menschen auftäte. Man beachte, dass dies die gleichen Leute waren, die der Ideologie des Marxismus nahestanden und deswegen zu glauben hatten, dass Gene eigentlich keine Rolle spielen dürften.

Die Wissenschaftler damals, die sich nicht von der Leidenschaft und der Aufregung der Zeit mitreißen ließen, beobachteten dies mit Kopfschütteln und fragten sich, wie diese doch so hoch intelligenten Leute einen solchen „Unsinn verzapfen" können. Man bedenke: Auf der einen Seite steht eine recht komplizierte Methode, die nur von wenigen beherrscht wird und die am Ende ein kleines Stück Bakterien-DNA liefert; und auf der anderen Seite die höchst komplizierte Genetik menschlichen Verhaltens. Heute kann man sich nur über das enorme Selbstbewusstsein und die groteske Selbstüberschätzung von Beckwith und seinen Freunden wundern.

Aber wir wollen am Ende dieses Abschnitts die Protagonisten nicht als Narren entlassen. Wenn überhaupt, dann waren sie das nur einen Sommer lang. Jon Beckwith kehrte an den Labortisch zurück, blieb ein wissenschaftlich hoch produktiver Bakteriengenetiker und wurde ein charismatischer Mentor einer großen Gemeinde jüngerer Wissenschaftler. In all den Jahren interessierte ihn die gesellschaftliche Bedeutung der wissenschaftlichen Arbeit. Aber die Töne waren längst nicht mehr so schrill wie Ende der 1960er-Jahre. Wer mehr über diesen interessanten Menschen und Gelehrten wissen will, mag seine Autobiografie zur Hand nehmen, die im Jahre 2002 unter dem Titel *Making genes, making waves: a social activist in science* herauskam. In diesem Buch erwähnt und beschreibt er die Pressekonferenz des Jahres 1969, aber er kommentiert sie leider nicht. Man hätte zu gern gewusst, wie er im Abstand von 30 Jahren darüber denkt.

Und James Shapiro? Er leistete einen wichtigen Beitrag zur Geschichte des Gens. Denn er war einer der Entdecker von beweglichen „transponierbaren" Genabschnitten im Bakteriengenom, wie im Kap. 12 erwähnt und gewürdigt.

Drei Milliarden Basenpaare

Zurück zur Welt der molekularen Genetik höherer Organismen. Was war denn bekannt auf diesem Gebiet, als J. Monod und F. Jacob zusammen mit A. Lwoff im Jahre 1965 ihren Nobelpreis „für Entdeckungen auf dem Gebiet der genetischen Kontrolle von Enzymen" bekamen?

Die erste und womöglich wichtigste Erkenntnis war, dass die DNA von Tieren und Pflanzen viel größer ist als die von Bakterien. Es hatte einige experimentelle Anstrengung gekostet, aber man konnte schließlich sagen, dass das Genom oder die gesamte DNA von Mensch, Maus und anderen Säugetieren aus etwa drei Milliarden Basenpaaren besteht, also aus ungefähr tausendmal mehr Basenpaaren als die DNA von Bakterien. Die Zahl muss kommentiert werden.

Erstens, der Wert von drei Milliarden Basenpaaren gilt für den einfachen Chromosomensatz. Aber in Körperzellen kommt jedes Chromosom doppelt vor, je eines von jedem Elternteil, deswegen besteht die Gesamt-DNA-Menge im Zellkern aus zweimal drei Milliarden Basenpaaren, was immerhin einem DNA-Faden mit einer Gesamtlänge von zwei Metern entspricht. Wohl bemerkt, zwei Meter DNA in jeder einzelnen der vielen Milliarden Zellen unseres Körpers.

Der zweite Punkt ist, dass die zwei Meter DNA im Zellkern nicht an einem Stück vorkommen, sondern in Einzelstücken. Das wird während der Mitose sichtbar, wenn aus dem Chromatinknäuel die einzelnen Chromosomen entstehen. Jedes Chromosom enthält ein Stück des DNA-Fadens. Zum Beispiel ist das Stück DNA im größten Chromosom des Menschen, Chromosom Nr. 1, ungefähr 10 cm lang und im kleinsten Chromosom Nr. 21 etwa 1 cm.

Und drittens, die DNA im Zellkern ist nicht nackt, sondern dicht mit Proteinen bekleidet. Die Biologen des 19. Jahrhunderts haben diesem Protein-DNA-Komplex den Namen „Chromatin" gegeben.

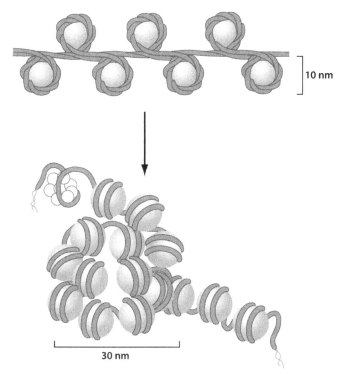

Abb. 13.1 Chromatin. Die DNA im Zellkern von Eukaryoten liegt nicht frei vor, sondern in engem Kontakt mit Proteinen. Die häufigsten Proteine sind Histone. Je acht von ihnen bilden scheibchen- bis kugelförmige Strukturen, um die sich der DNA-Faden in zwei Windungen legt. Die Histon-DNA-Komplexe (*Nucleosomen*) können entweder lang gestreckt sein (10-nm-Fasern, *oben*), wie in genetisch aktiven Bereichen, oder dicht gepackt vorkommen (30-nm-Faser, *unten*) wie in den genetisch stummen Bereichen. (Grafikbüro Epline)

Chromatin

Natürlich wussten die Zellbiologen vor hundert Jahren wenig vom Aufbau des Chromatins und schon gar nichts von seiner Funktion. Heute ist klar, dass eine Funktion der Proteine im Chromatin mit Verpackung zu tun hat, damit die langen DNA-Fäden überhaupt in den engen Raum des Zellkerns passen. Forschungen aus der Zeit um 1975 zeigten, wie das Verpacken aussieht. Im Mittelpunkt steht eine Klasse von vier ähnlichen Proteinen, Histone genannt. Je zwei Stück von vier verschiedenen Histon-Arten, also insgesamt acht Exemplare, bilden einen dichten, kugel- oder scheibchenförmigen Komplex (Abb. 13.1). Der DNA-Faden liegt in annähernd zwei Windungen auf der Scheibe, und weil beide Windungen zusammen gerade einmal ungefähr 145 Basenpaare ausmachen, kann man leicht ausrechnen, dass das Chromatin im Zellkern insgesamt aus einigen

Millionen Histon-DNA-Scheiben (Nucleosomen) besteht. Forschungen über Chromatin sind bis heute aktuell geblieben, denn die Anordnung von Nucleosomen im Chromatin hat erheblichen Einfluss auf die Aktivität der Gene. Doch davon später mehr im Kap. 24 über Epigenetik.

Wir erinnern daran, dass in der frühen Phase unserer Geschichte eine wichtige Entdeckung gemacht wurde, was die Beziehung zwischen Chromatin und Chromosomen betrifft. Man entdeckte, dass sich das lockere, genetisch aktive Chromatin zur Zeit der Zellteilung zu Chromosomen verdichtet (Kap. 2). Um das zu illustrieren, sehen wir uns die Chromosomen des Menschen an.

Chromosomen des Menschen

Wer sich die Mühe macht und die Chromosomen in der Abb. 13.2 zählt, kommt auf die Zahl 46. Das ist tatsächlich die korrekte Zahl der menschlichen Chromosomen im diploiden Satz. Aber es hat lang gedauert, bis diese Zahl feststand. In den frühen Jahrzehnten des 20. Jahrhunderts erschien ein gutes Dutzend Publikationen über menschliche Chromosomen. Die Zahlenangaben waren alle falsch und teilweise gründlich falsch. Dann erschien im Jahre 1923 eine Publikation, die die Zahl der menschlichen Chromosomen mit 48 angab. Dieser Wert wurde jahrzehntelang nicht in Frage gestellt. Erstens, weil es damals nicht einfach war, an ordentliches Zellmaterial zur Untersuchung von Human-Chromosomen zu kommen; zweitens, weil die Methoden der Chromosomenforschung noch unzulänglich waren, gerade wenn es um Zellen mit vielen Chromosomen ging; und drittens, weil der Wert von 48 mit Nachdruck und Autorität vorgetragen wurde und deswegen viele glaubten, die Frage sei gelöst und weitere Bemühungen überflüssig.

Aber im Jahre 1956 überwanden Joe Hin Tjio und Albert Levan die Schwierigkeiten und veröffentlichten eine Arbeit unter dem schlichten Titel „*The chromosome number of man*", wo sie anhand überzeugender Bilder zeigten, dass 46 die korrekte Zahl ist. Albert Levan (1905–1998) war Professor für Zellbiologie an der Universität von Lund in Schweden. Joe Hin Tjio (1919–2001) wurde als Chinese auf der indonesischen Insel Java geboren. Im Zweiten Weltkrieg kam er in japanische Gefangenschaft, später gelangte er nach Europa und nahm Verbindung zu dem schwedischen Forscher auf. Noch später fand er eine Stelle an den US-amerikanischen *Institutes of Health*.

Warum ist die korrekte Chromosomenzahl wichtig? Weil Abweichungen davon enorme medizinische Bedeutung haben. Nur ein Beispiel: Menschen mit dem Down-Syndrom haben 47 statt 46 Chromosomen, wobei das Chromosom 21 in dreifacher statt wie normal in zweifacher Ausführung vorkommt (Trisomie 21). Der englische Arzt John Langdon Down beschrieb erstmals diese

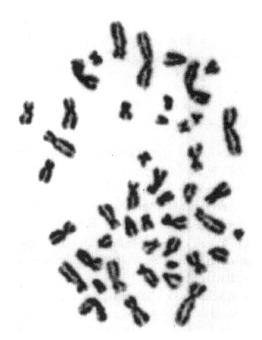

Abb. 13.2 Chromosomen des Menschen. Diese Abbildung gilt als Meilenstein in der Geschichte der Humangenetik: der vollständige Satz menschlicher Chromosomen. Zum ersten Mal konnte ihre Zahl korrekt bestimmt werden. (Die Abbildung stammt aus der klassischen Arbeit von J. H. Tijo und A. Levan (1956) mit dem Titel „The Chromosome Number of Man", veröffentlicht in der schwedischen Zeitschrift *Hereditas*, Band 42, S. 1–6; Reproduktion mit Zustimmung des Verlags)

genetische Krankheit (1866), die unter anderem durch Störungen der mentalen und sprachlichen Entwicklung, typisch veränderte Gesichtsformen, durch Herzfehler und durch andere körperliche Symptome gekennzeichnet ist. Veränderungen von Zahl und Struktur der Chromosomen sind zudem typische Kennzeichen von Krebszellen.

Genom – eine Definition

Bevor wir mit der Geschichte fortfahren, noch ein Satz zur Definition des Begriffs „Genom", den wir auf den vorausgegangenen Seiten einige Male und ohne Erklärung benutzt haben. Das Wort ist eine Kombination aus Gen und Chromosom und stammt schon aus den Zwanzigerjahren des vergangenen Jahrhunderts. Aber so richtig in Gebrauch kam es erst vor etwa fünf Jahrzehnten. Seit dieser Zeit benutzt man das Wort „Genom", wenn man die gesamte DNA eines Organismus oder alle seine Gene bezeichnen will. Eine etwas zweideutige Definition. Denn bei Eukaryoten liegen zwischen den proteincodierenden Genen lange Strecken mit genleeren, oft repetitiven Sequenzen. Ob in einem Text nur die Gene gemeint sind oder die gesamte DNA, muss aus dem Zusammenhang hervorgehen. Wir benutzen das Wort „Genom", wenn die Gesamt-DNA einer Zelle gemeint ist.

Paradox des C-Wertes

Mit drei Milliarden Basenpaaren ist das Genom von Säugetieren etwa tausendmal größer als das von *E. coli*. Wenn das Bakteriengenom ca. 4000 Gene enthält, sollte das Genom von Säugetieren 1000 × 4000, also vier Millionen Gene enthalten. Was vor 1975 manche Forscher für durchaus plausibel hielten, denn immerhin sind Maus oder gar der Mensch nun einmal erheblich komplizierter aufgebaut und komplexer organisiert als eine simple Bakterienzelle, und das Tausendfache an Genen könnte ausreichen, um für die höhere Komplexität aufzukommen. Aber andere Forscher hatten Zweifel.

Erstens kannte man schon seit Längerem das sogenannte C-Wert-Paradox (C für Chromatin). Das „Paradoxe" ist – unter anderem –, dass manche Amphibienarten Genome haben, die um das Dreißigfache größer sind als das Genom des Menschen. Aber niemand wird behaupten, dass Amphibien dreißigmal komplexer sind als Menschen. Übrigens findet man die allergrößten Genome nicht bei Tieren, sondern bei lilienartigen Pflanzen.

Zweitens wurden experimentelle Ergebnisse bekannt, die anfangs mit Skepsis und Verwunderung zur Kenntnis genommen wurden. Um 1965 hatten Forscher entdeckt, dass ein Großteil der DNA von Tieren und Pflanzen aus Abschnitten besteht, die sich vielfach wiederholen. So identifizierten sie ein DNA-Teilstück von etwa 300 Basenpaar Länge, das einige Hunderttausend oder gar Millionen Mal in den Genomen vorkommen kann. Das macht je nach Organismus immerhin 10 bis 20, ja bis zu 50 % der Gesamt-DNA aus. Nichts sprach dafür, dass solche Teilstücke so etwas wie Gene im Sinne der Abb. 11.1 sein könnten. Das widerlegte nun eindeutig eine Gleichsetzung von DNA-Größe und Genzahl. Was immer die sich wiederholenden DNA-Stücke bedeuten mochten, ihr Vorkommen half, das C-Wert-Paradox aufzulösen. Demnach haben die „paradox" großen Genome besonders viele von diesen sich wiederholenden oder „repetitiven" DNA-Stücken.

Irgendwo und irgendwie liegen zwischen den repetitiven Stücken die eigentlichen Gene, die die Proteine codieren. Aber wie so ein Gen von Tier oder Pflanze wirklich aussieht, blieb bis etwa 1975 unbekannt. Man vermutete, dass ein Gen von Mensch, Tier oder Pflanze so aussieht wie ein Bakteriengen: offenes Leseraster mit vorgeschaltetem Promotor plus Bindestelle für Regulationsproteine. Aber sicher war man sich nicht. Doch viele interessierten sich dafür, besonders

Humangenetiker, die die Ursachen für die vielen menschlichen Erbkrankheiten erforschen wollten. Aber wie sollte man ein einzelnes Gen in dem überwältigenden Überschuss anderer und dazu noch repetitiver DNA identifizieren? Ein hoffnungsloses Unternehmen, wie es schien. Die sprichwörtliche Suche nach einer Nadel im Heuhaufen.

Aber dann fiel es einigen Forschern ein, dass das Wissen und die Methoden, die im Umgang mit Bakterien und Phagen entstanden waren, vorzüglich geeignet sind, um erste Schritte auf dem unbekannten Terrain der molekularen Genetik höherer Organismen zu machen. Das war die Geburtsstunde der Gentechnik.

Grundlagen der Gentechnik

Um es noch einmal zu sagen: ohne das Wissen und die enorme Erfahrung, die sich im Laufe der 20- bis 30-jährigen Arbeit mit Bakterien und Bakteriophagen angesammelt hatte, wäre Gentechnik nicht denkbar, und sie hätte sich nicht so schnell entwickeln können. Die grundlegenden Ideen entstanden in den Jahren 1972–1974, und zwar in einigen Laboratorien in Kalifornien, hauptsächlich an der Stanford-Universität. Man erkannte, dass drei Schritte notwendig sind, wenn ein Gen isoliert werden soll. Erstens müssen die langen natürlichen DNA-Fäden in definierte Abschnitte zerlegt werden; zweitens müssen die vielen einzelnen Genomabschnitte, die nach dem Zerlegen entstanden sind, voneinander getrennt werden; und drittens geht es darum, den Abschnitt mit dem gesuchten Gen zu erkennen und zu isolieren.

Restriktionen

Zum ersten Punkt dieses Programms. Die Natur selbst liefert die Werkzeuge für das Zerlegen der DNA. Das sind DNA-schneidende Enzyme mit der etwas sperrigen Bezeichnung „Restriktionsnucleasen". Die Entdeckungsgeschichte ist ein gutes Beispiel dafür, wie eine einst sehr entlegene, höchst spezielle Forschungsarbeit auf einmal wichtig und überaus interessant wird.

Kurz erzählt, ging es um das folgende Phänomen: Phagen, die sich in einem gegebenen Bakterienstamm, sagen wir *E. coli* K12, vermehrt haben, können eine ordentliche Infektion wieder in K12, aber nicht in einem verwandten Stamm, sagen wir *E. coli* B, starten. Das heißt: Mit *E. coli* K12 als Wirt werden viele Phagen-Nachkommen produziert, mit *E. coli* B als Wirt keine oder nur sehr wenige. Aber die wenigen Phagen, die es in B-Bakterien geschafft haben, sind nun effizient in B-, aber schwach in K12-Bakterien. Man spricht von Restriktion (Einschränkung): Phagen, die aus *E. coli* B stammen, sind eingeschränkt, was ihre Vermehrung in *E. coli* K12 betrifft und umgekehrt. Die Erklärung ist, dass ein Phage, oder besser seine DNA, eine Markierung trägt, die seine Herkunft anzeigt, also entweder aus B oder aus K12. Die Markierung ist die Anheftung einer Methylgruppe an eine der beiden DNA-Basen C oder A.

Eine DNA, die diese Markierung nicht trägt, wird abgebaut. Der Abbau erfolgt über Restriktionsnucleasen. Das Besondere an diesen Nucleasen ist, dass sie kurze Folgen von Basen erkennen. Zum Beispiel erkennt die Restriktionsnuclease *Eco*RI (so genannt, weil sie aus einem bestimmten *E.-coli*-Stamm kommt) die Folge GAATTC und schneidet direkt hinter dem Baustein G, egal, in welcher DNA diese Folge vorkommt. Das kann die DNA eines Phagens im infizierten Bakterium sein, aber genauso gut die DNA von Tier- und Pflanzenarten im Reagenzglas. Mit einer Ausnahme: die eigene DNA. Denn die ist gegen Abbau geschützt, weil das erste A in der Folge GAATTC eine Methylgruppe trägt und deswegen gegenüber der Restriktionsnuclease resistent ist (Abb. 13.3).

Jede Bakterienart besitzt ihre speziellen Enzyme, erstens für die Methylierung und zweitens für den Abbau von fremder DNA, die eventuell in die Zelle gelangen könnte. Jede Restriktionsnuclease hat ihre besondere Erkennungs- und Schneidesequenz. Inzwischen kennt man ungefähr Tausend Restriktionsnucleasen mit mehr als 250 verschiedenen Erkennungssequenzen.

Das alles wäre ein vielleicht interessantes, aber doch wohl wenig beachtetes Kapitel der Molekularbiologie geblieben, wenn nicht die Restriktionsnucleasen zu den unerlässlichen Werkzeugen der Gentechnik geworden wären. So verdienten sich ihre Entdecker und frühen Anwender, Werner Arber, Daniel Nathans und Hamilton O. Smith, den Nobelpreis für Physiologie oder Medizin des Jahres 1978.

In den ersten Jahren mussten Forscher noch mühsam die benötigte Restriktionsnuclease aus Bakterien isolieren. Aber diese Pionierjahre sind längst vorbei. Heute gibt es Firmen, die alle möglichen Restriktionsnucleasen herstellen. Der Handel damit wurde zu einem Viel-Millionen-Euro-Geschäft. Denn es gibt viele Laboratorien, die Restriktionsnucleasen benötigen, weil Gentechnik zur Routine geworden ist, nicht nur im weiten Feld der biologischen Grundlagenforschung, sondern auch in allen anwendungsorientierten Zweigen wie Medizin, Landwirtschaft, Umweltschutz und dergleichen.

Klonieren

Zum zweiten Punkt des gentechnischen Programms, Trennen und Sortieren. Wie gesagt, schneidet eine Restriktionsnuclease jede beliebige DNA und natürlich auch die DNA des Menschen. Die Erkennungsfolge GAATTC für die Nuclease *Eco*RI kommt in Abständen von durchschnittlich etwa 4000 Basenpaaren entlang des menschlichen DNA-Fadens vor. Deswegen zerlegt diese

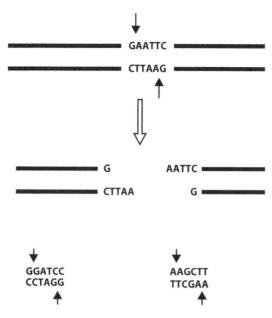

Abb. 13.3 Restriktionsnucleasen. Restriktionsnucleasen binden sich an spezifische kurze Basenfolgen in der DNA. An den Bindestellen schneiden sie den DNA-Doppelstrang. Es gibt einige Hundert verschiedene Restriktionsnucleasen, die jeweils an andere DNA-Stellen binden (und dort den DNA-Doppelstrang schneiden). Die einzelnen Restriktionsnucleasen werden nach ihrer Herkunft bezeichnet. Das Beispiel im *oberen Teil* der Abbildung zeigt die Wirkungsweise der Restriktionsnuclease *EcoRI* aus dem Bakterium *Escherichia coli*, Stamm RY13. *Unten*: Schnittstellen für die Nucleasen *BamH1* (*links*) und *HindIII* (*rechts*). Sie stammen aus den Bakterien *Bacillus amyloliquefaciens* bzw. *Haemophilus influenzae*

Restriktionsnuclease eine Human-DNA in ungefähr eine Million Stücke. Ein Gemisch im Reagenzglas. Wie kann man das Gemisch der DNA-Fragmente in seine Bestandteile zerlegen? Auch hier geht die Anregung von der Natur selbst aus, und zwar von den F′-Plasmiden, die außer den eigenständigen Plasmidgenen auch Gene des bakteriellen Chromosoms enthalten (s. Abb. 11.3).

An dieser Stelle begegnet uns Paul Berg (geb. 1926), Professor an der *Stanford University*. Er hatte schon vorher so manches wichtige Detail zur Geschichte des Gens beigetragen, aber jetzt zeigte er, dass man mithilfe einfacher biochemischer Verfahren beliebige DNA-Stücke miteinander verknüpfen kann und dass sich solche künstlichen DNA-Moleküle in Zellen übertragen lassen, wo sie intakt bleiben und sich vermehren (1972).

Wie das funktioniert, sehen wir an einem Beispiel, das von den Gentechnikern der ersten Stunde, Herbert Boyer (geb. 1936) und Stanley Cohen (geb. 1935), stammt. Sie nahmen ein Plasmid, genauer ein abgeleitetes R-Plasmid (das ein oder zwei Gene für Antibiotikaresistenz trägt), schnitten es mit einer Nuclease wie *Eco*RI und gaben es zu dem Gemisch von DNA-Fragmenten aus einer

Eco-RI-behandelten Fremd-DNA. Um beides, Plasmid-DNA und Fremd-DNA, miteinander zu verknüpfen, benutzten sie als Werkzeug das Enzym DNA-Ligase (Abb. 13.4). Das ist relativ einfache Biochemie und war ihnen im Prinzip von Paul Berg vorgemacht worden. Aber dann kam die eigentlich innovative Idee: Man überlässt das Auftrennen der Fragmente den Bakterien. Dazu werden die Plasmide zu einem Überschuss Bakterien gegeben. Ein Überschuss ist wichtig, denn so gelangt aus Gründen der Statistik fast immer nur je ein einziges Plasmid in eine Bakterienzelle. Die Bakterien werden auf Agarplatten mit einem Antibiotikum, Ampicillin oder Tetrazyklin, verteilt. Bakterienzellen ohne Plasmid gehen in Gegenwart des Antibiotikums zugrunde, aber alle anderen teilen sich, sodass über Nacht Kolonien mit je einer Milliarde und mehr Zellen entstehen. Alle Bakterien einer gegebenen Kolonie enthalten ein Plasmid mit je einem einzigen spezifischen Fragment aus dem ursprünglichen Gemisch von Fragmenten (Abb. 13.4).

Die Bakterien in einer Kolonie sind genetisch identisch, denn alle enthalten das gleiche Plasmid mit einem spezifischen Fremd-DNA-Stück. In der Tradition der Tier- und Pflanzenzucht nennt man eine Kolonie genetisch identischer Organismen einen Klon, und deswegen bezeichnet man das gerade beschriebene Verfahren oft als Klonieren oder genauer als DNA-Klonieren. Auch von *Genetic Engineering, Gene Manipulation, Recombinant DNA Technology* usw. war die Rede. Übrigens, das allererste Stück, das auf diese Weise kloniert wurde, war ein Abschnitt aus dem Gen für ribosomale RNA des afrikanischen Frosches *Xenopus laevis*, publiziert im Jahre 1974. Unter den sechs Autoren dieser Publikation sind auch Stan Cohen und Herbert Boyer, die als Gründungsväter der Gentechnik gelten.

Hier noch ein paar Erläuterungen und Ergänzungen. Abb. 13.4 illustriert nur die fundamentalen Schritte der Gentechnik – Einbau von Fragmenten der Fremd-DNA in ein Plasmid und Auftrennung der Einzelfragmente durch die Kolonien auf Agarplatten. Schon bald wurden viele Variationen dieses Grundmusters entwickelt. Zum Beispiel taugen nicht nur Plasmide als Vektoren für Fremd-DNA, sondern auch Phagen. Vor allem der Phage Lambda. Alle Gene, die nicht ausschließlich für die („lytische") Vermehrung zuständig sind, werden aus dem Lambda-Genom entfernt, sodass viel Platz für Fremd-DNA entsteht. Vorteil gegenüber Plasmid-Vektoren: Einbau längerer DNA-Stücke, bis zu 20.000 Basenpaare in Lambda-DNA gegenüber nur etwa 2000 Basenpaaren in Plasmid-DNA. Bald entstanden Vektoren, die einige Hunderttausend bis zu Millionen Basenpaare von DNA aufnehmen können. Das ist von Interesse, denn um die Gesamt-DNA eines Säugetiers vollständig aufzunehmen, sind eine Million Plasmid-Vektoren notwendig, aber nur einige Zehntausend solcher weiterentwickelter Vektoren mit höherer Kapazität. Und das ist wichtig, wenn es um die Erforschung ganzer Genome geht (s. Kap. 19).

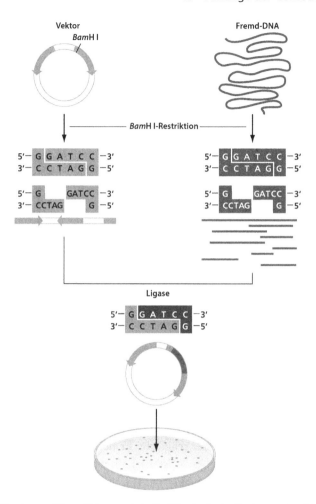

Abb. 13.4 Klonieren. Diese Skizze zeigt die Kloniertechnik der ersten Stunde. Heute sind die Verfahren komplizierter und aufwendiger, zudem weitgehend automatisiert. Ein „Vektor" ist das bakterielle DNA-Stück, in das die „Fremd"-DNA eingebaut wird. Hier ist der Vektor eine Plasmid-DNA (s. Abb. 8.3). Sie wird mit der Restriktionsnuclease *BamH1* geschnitten und dadurch „linearisiert". Auch die „Fremd"-DNA (etwa aus Tier-, Pflanzen- oder Bakteriengenomen) wird mit *BamH1* geschnitten, wobei jeweils Millionen und mehr Fragmente entstehen. Plasmid- und Fremd-DNA werden im Reagenzglas gemischt. Die Enden der Plasmid- und Fremd-DNA passen gut aufeinander, denn die einzelsträngigen Teile der DNA-Enden bilden Basenpaarungen. Das Enzym Ligase verknüpft die beiden Teile zu intakten DNA-Ringen. So entstehen im Reagenzglas Millionen und mehr Konstrukte. Das Auftrennen des Gemisches (und damit das eigentliche Klonieren) geschieht im nächsten Schritt. Dabei werden die Plasmid-Fremd-DNA-Konstrukte in Bakterien übertragen, und zwar so, dass jede Bakterienzelle durchschnittlich gerade einmal ein Plasmid mit eingebauter Fremd-DNA erhält. Die Bakterien werden auf Agar-Platten verteilt, und wo am Abend ein Bakterium lag, entsteht über Nacht im Brutschrank eine Kolonie mit Milliarden Nachkommen-Bakterien. Jede Kolonie besteht einheitlich aus Bakterien, die alle ein- und dasselbe Stück des Fremd-Genoms enthalten (eingebaut in dem betreffenden Vektor). (Grafikbüro Epline)

Eine vollständige Kollektion von Fragmenten eines Genoms in Plasmid-, Phagen- oder sonstigen Vektoren bezeichnet man als Genbank oder Genbibliothek. Bald nach Einführung der Gentechnik wurden Bibliotheken der Genome von Mensch, Maus, Frosch, *Drosophila*, Hefe usw. hergestellt. Und bald benutzten Forscher in aller Welt solche Bibliotheken in ihren Laboratorien.

Intermezzo: Asilomar

Einige Wissenschaftler, Journalisten und andere Beobachter der Szene waren besorgt und sagten das auch laut und deutlich. Könnte es nicht sein, dass Genkombinationen, die in der Natur nicht vorkommen, zu Gefahren für Gesundheit und Umwelt werden? Immerhin ist ja *E. coli* ein normaler Bewohner des menschlichen Darms. Und könnte nicht *E. coli* mit fremden Genen toxische Reaktionen auslösen, vielleicht sogar Krebs? Andere gaben zu bedenken, dass R-Plasmide als Vektoren dienen, und warnten vor einer Verbreitung von Antibiotikaresistenz. Dann gab es noch die eher vage Befürchtung, dass ein Niederreißen der Grenzen zwischen Spezies, besonders zwischen Bakterien und höheren Organismen, unvorhersehbare Konsequenzen insgesamt für die genetische Stabilität haben könnte.

Wissenschaftler nahmen die Bedenken nicht auf die leichte Schulter. Sie legten sich selbst ein Moratorium auf und verzichteten auf eigene Forschungsaktivitäten, jedenfalls so lange, bis die Verhältnisse einigermaßen geklärt waren. Ein ungewöhnlicher, ja einmaliger Vorgang in der Wissenschaftsgeschichte.

Es war Paul Berg, der als Erster reagierte. Er berief ein *Committee on Recombinant DNA*. Dem gehörten sieben Wissenschaftler an, die sich im Sommer 1974 am *Massachusetts Institute of Technology* (MIT) in Boston trafen. Sie verfassten einen offenen Brief, gerichtet an die Wissenschaftler in aller Welt. Sie schlugen mehrere Punkte vor, unter anderem den freiwilligen Verzicht auf bestimmte Experimente, zum Beispiel das Klonieren von Genen pathogener Viren in Bakterien. Überhaupt sollte jedes Klonieren tierischer DNA in Bakterien sehr sorgfältig überprüft, ja sogar erst einmal zurückgestellt werden. Als weiteren Punkt schlugen sie eine internationale Konferenz vor, bei der alles weitere Vorgehen erörtert werden sollte.

Diese Konferenz fand vom 24.–27. Februar 1975 im *Asilomar Conference Center* in dem Ort Pacific Grove im südlichen Kalifornien statt. Sie ist als Asilomar-Konferenz in die Wissenschaftsgeschichte eingegangen. Es trafen sich 140 Personen, meist Wissenschaftler, aber auch Juristen, Regierungsbeamte und Zeitungsleute. Die meisten kamen aus den USA, von wo ja alles ausgegangen war, aber sie kamen auch aus anderen Ländern, einschließlich Deutschland. Es ging hauptsächlich um eine vorläufige Liste von regulierenden Richtlinien. Die Aufgabe war, jedem Experimenttyp ein mögliches Risiko zuzuordnen und dann die dazu passende Sicherheitsmaßnahme vorzuschlagen. Davon gab es zwei Arten. Die erste war räumlich-methodisch („physikalisch") und richtete sich nach dem, was schon seit Langem im Umgang mit gefährlichen Bakterien und Viren erprobt war – Schutzkleidung, vor allem Schutzhandschuhe; abgeschlossene Räume, nur über Schleusen zu betreten und mit geregelten Luftströmen usw.

Dann gab es biologische Sicherheitsmaßnahmen. Das waren im Wesentlichen abgeschwächte Bakterienstämme sowie veränderte Vektoren, die außerhalb der behüteten Umgebung des Laboratoriums so gut wie keine Chancen des Überlebens haben.

Wie man sich denken kann, lag auch hier der Teufel im Detail. Wie kann man zum Beispiel konkret abschätzen, ob ein Experiment, das man gerade plant, ein hohes Risiko hat oder nicht?

Aber trotz aller Unsicherheiten war Asilomar im Großen und Ganzen ein Erfolg. Am wichtigsten war, dass die amerikanischen *National Institutes of Health* (NIH) nun Richtlinien herausgaben. Da konnte man dann nachsehen, was zu tun war, wenn man etwa Gene von harmlosen Bakterien wie *E. coli* klonieren wollte. In diesem Fall brauchte man nicht mehr zu tun, als was in der experimentellen Mikrobiologie üblich war. Aber anders, wenn es etwa darum ging, die DNA von Tumorviren zu klonieren. Dann waren höchste Sicherheitsstufen erforderlich. Die Richtlinien waren verbindlich für alle Forscher, die auf NIH-Mittel angewiesen waren, und das war fast jeder in der amerikanischen Biomedizin. Bald übernahmen andere Länder, auch die Bundesrepublik Deutschland, die NIH-Richtlinien (1977).

Einige Wissenschaftler fanden die ganze Geschichte übertrieben und eine Verschwendung von Zeit und Geld, anderen gingen die Richtlinien nicht weit genug und sie verlangten ein völliges Verbot gentechnischer Verfahren. Aber die meisten Wissenschaftler akzeptierten die Richtlinien, auch wenn sie lästige Konsequenzen hatten – Dokumentationspflicht, Kontrolle durch die Behörden, Tragen von Schutzkleidung, oft auch Umbauten von Laboratoriumsräumen. Das nahmen sie in Kauf, denn eines hatten die Richtlinien auf jeden Fall erreicht, eine Versachlichung der öffentlichen Diskussionen über Nutzen und Risiken der Gentechnik.

Debatten

Und was wurde damals in den 1980er-Jahren alles geschrieben und gesagt, meist von professionellen Bedenkenträgern – Theologen, Philosophen, gelegentlich auch von Biologen und Medizinern. Es entstand eine wahre Publikationsindustrie mit vielen Büchern und unzähligen Artikeln, dazu Talk-Shows und Podiumsdiskussionen. Anfangs wurde oft das Klonieren von DNA mit dem Klonieren von Menschen in einen Topf geworfen. Das lernte man dann zu unterscheiden. Aber was übrig blieb, war immer noch ein starkes Stück. Nur ein Beispiel: Günther Altner, Theologe und Biologe, schreibt um 1988 (in seinem Buch *Leben auf Bestellung? Das gefährliche Dilemma der Gentechnologie*) folgende Sätze: „Für die Gentechniker, die atemlos die unendlichen Stränge der DNA durchhaspeln, um jedes sich nur bietende Genprodukt abzuernten und umzupolen, ist dies gewiss eine überflüssige Frage." Welche Frage war nach Ansicht des Autors überflüssig? Ob „die Natur [...] ein unverwechselbares Selbst" habe, „das ihrem Gerufensein und -werden entspricht". Und an anderer Stelle meinte er, dass das Ziel der Gentechnik „die beliebige Veränderung des irdischen Artenspektrums" sei oder das Umbiegen „einer durch Jahrmillionen entstandenen [...] Lebensvielfalt ohne jede Achtung vor ihrem Gewordensein [...] für jeden beliebigen Zweck [...], sodass die Natur [...] ihrem eigenen Wirken- und Erscheinungszusammenhang entrissen, unter dem Diktat von Patentinteressen versklavt, an die Produktionsbedingungen internationaler Großkonzerne angepasst und unter den ahnungslosen Menschen in der Zweidrittelwelt umprogrammiert wird". Solcher geballten Rhetorik standen die Molekularbiologen, die ihrer sicher interessanten, aber doch auch mühsamen Arbeit im Labor nachgingen, etwas ratlos gegenüber. Denn sie wollten ja nun wirklich nicht die Natur „in ihrem Gerufensein und -werden" verändern, sondern schlicht ein physiologisch oder medizinisch interessantes Gen isolieren und untersuchen.

Die „Richtlinien" brachten etwas Ruhe in die aufgeregten Diskussionen, denn die Forscher konnten geltend machen, dass ihre Arbeiten unter der Kontrolle von Behörden stehen und deswegen als unethisch angesehene Forschung eigentlich ausgeschlossen ist. Nach einigen Jahrzehnten verzog sich der Pulverdampf öffentlicher Debatten. Jedenfalls im Bereich der biomedizinischen Forschung.

Anders in der Landwirtschaft, wo gentechnisch veränderte Pflanzen umstritten sind und die Gemüter erregen, jedenfalls in Europa. Pflanzen mit fremden Genen, die resistent gegen Insektenbefall und Herbizide sind, die bei geringem Wasserverbrauch und auf salzhaltigen Böden höhere Erträge liefern usw., wachsen auf den Äckern der Welt. Doch in Deutschland werden gentechnisch veränderte Pflanzen kommerziell nicht angebaut. Weil es eine grundsätzliche Abneigung gegen die Industrialisierung der Landwirtschaft gibt sowie Probleme, die mit Ökologie, Gesundheit und Ökonomie zu tun haben.

Die praktische Anwendung der Gentechnik mag eine Sache für sich sein, akzeptiert in der Biomedizin, umstritten in der Landwirtschaft. Aber wie auf allen folgenden Seiten dieses Buches deutlich wird, kann man sich genetische Forschung ohne Gentechnik heute nicht mehr vorstellen. Sie hat die Biologie insgesamt grundlegend verändert. Und das mit Auswirkungen in allen Zweigen der Biologie, in der Tier- und Pflanzenzucht, in Ökologie, Umweltforschung, Medizin usw.

Bibliotheken

Genbanken oder Genbibliotheken sind Kollektionen von Einzelklonen, die zusammen die gesamte DNA oder das gesamte Genom eines Organismus enthalten. Einen einzelnen Klon kann man mit einem Tresor in der Bank oder mit einem Buch in der Bibliothek vergleichen. Aber die „Bücher" in den Genbibliotheken haben keine Wörter und Zahlen auf dem Buchrücken. So stellt sich die Frage, wie man den richtigen Klon identifizieren kann. Wie kann man unter den vielen Hunderttausend Bakterienkolonien diejenigen finden, die das interessierende Gen enthalten?

Heute gelingt das mit relativ einfachen Methoden, auf die wir später zu sprechen kommen, aber damals waren Einfallsreichtum und Geschick des Experimentators gefragt. Einer der Wege zum Gen ging über den Vergleich mit mRNA. Wir erinnern uns, dass nicht alle Gene in allen Zellen aktiv sind, sondern nur die Gene, die zum Programm der Zelle passen. „Gene sind aktiv" bedeutet, dass sie transkribiert werden und die passende mRNA gebildet wird. Dementsprechend kommen in den einzelnen Zelltypen die jeweils zellspezifischen mRNAs vor. Ein extremes Beispiel sind die Vorläufer der roten Blutzellen, Erythroblasten, die nur wenige Arten von mRNA enthalten, hauptsächlich die, die für die Bildung der Proteine zuständig sind, aus denen sich das Hämoglobin, der rote Blutfarbstoff, zusammensetzt.

Aber mit mRNA lässt sich nicht gut experimentieren. Denn erstens gibt es immer zu wenig davon, und zweitens ist RNA viel empfindlicher als DNA. Spuren von RNA-abbauenden Enzymen (RNasen) gibt es überall, vor allem in den Zellextrakten, aus denen die mRNA gewonnen wird, aber auch an den Händen der Experimentatoren oder an den Oberflächen von Glas- und Plastikgeräten. So kam es der Gentechnik zugute, dass schon im Jahre 1970 zwei junge Forscher, Howard Temin (1934–1994) und David Baltimore (geb. 1938), unabhängig voneinander ein Enzym entdeckt hatten, das die Sequenz von RNA in eine Sequenz von DNA umschreibt, also gerade anders herum funktioniert als die Enzyme bei der Transkription, wo ja die DNA-Sequenz in RNA umgeschrieben wird. Deswegen bekam das neue Enzym den Namen „Reverse Transkriptase", also „umgekehrt gerichtetes Transkriptionsenzym".

Reverse Transkription

Die Entdeckung des Enzyms erregte seinerzeit viel Aufsehen, weil es dem Schema des zentralen Dogmas widersprach. Wir erinnern uns: zentrales Dogma, das war Cricks Satz, wonach der Informationsfluss immer von der DNA über RNA zum Protein geht. Aber nach Entdeckung der Reversen Transkriptase half kein Beharren auf etwas Dogmatischem: Ein Schnörkel musste am Schema angebracht werden, denn gelegentlich und in einer besonderen Ecke der Biologie kann der Weg auch einmal von der RNA zur DNA gehen (s. Abb. 10.2). Allerdings gilt bis heute der wichtigste und entscheidende Teil des zentralen Dogmas: Die Sequenz der Aminosäuren im Protein kann nicht als Matrize zur Herstellung von RNA oder DNA dienen.

Wie und wo haben Temin und Baltimore die Reverse Transkriptase entdeckt? Wie viele andere, damals und heute, waren sie von Viren fasziniert, die bei Tieren, Mäusen, Ratten, Hühnern, seltener auch beim Menschen Tumoren hervorrufen und normale Zellen in Krebszellen überführen. Eine bedeutende Gruppe dieser Viren hat RNA als genetisches Material (aufgebaut aus ungefähr 10.000 Ribonucleotiden). Gleichwohl kann das Virusgenom in das Genom der Wirtszelle eingebaut und von Zellgeneration zu Zellgeneration weitergegeben werden. Aber wie kann RNA in das Zellgenom (das ja aus DNA besteht) eingebaut werden? Beim Grübeln über diese Frage kamen Temin und Baltimore unabhängig voneinander auf die Idee, dass das Virus ein Enzym mitbringen muss, das die virale RNA in DNA überführt, welche dann in das Genom der Wirtszelle gelangt. Das Experiment zum Nachweis des Enzyms war sehr einfach, denn das Virus führt die Reverse Transkriptase mit sich. So brauchten die Forscher nur die Hülle des Virus mit biochemischen Tricks aufzubrechen, dann unter geeigneten Bedingungen Desoxynucleotide als DNA-Vorläufer zuzusetzen und abzuwarten. Nach einer Weile konnten sie beobachten, wie die Tumorvirus-RNA als Matrize wirkte und eine kräftige Synthese von DNA anregte, eine RNA-abhängige Synthese von DNA. Übrigens Howard Temin arbeitete mit dem Rous-Sarkom-Virus, das bösartige Sarkome bei Hühnern verursacht (entdeckt von Peyton Rous, Rockefeller-Institut, 1911), während David Baltimore ein Maus-Leukämie-Virus untersuchte. Beide Viren gehören zur großen Gruppe der Retroviren mit einigen Hundert Mitgliedern, darunter das Human-Immundefizienz-Virus (HIV), der Erreger von AIDS.

Schon fünf Jahre nach der Publikation der Experimente, also im Jahre 1975, erhielten beide, Temin und Baltimore, den Nobelpreis für Medizin, gemeinsam mit Renato Dulbecco, dem Doktorvater von H. Temin. Dulbecco hatte der Welt gezeigt, wie man einfach und verlässlich mit Tumorviren im Laboratorium umgehen kann.

Was ist aus den beiden Protagonisten geworden? Howard Temin wurde Professor an der *University of Wisconsin* in Madison, setzte seine Arbeiten über RNA-Tumorviren fort, erfolgreich, wenn auch nicht gerade spektakulär. Er starb im Jahre 1994 als Sechzigjähriger an Lungenkrebs, obwohl er zeitlebens bekennender Nichtraucher war.

David Baltimore war 37 Jahre alt, als er den Nobelpreis erhielt. Danach blieb er ein äußerst erfolgreicher Wissenschaftler mit wichtigen Beiträgen zur Molekularbiologie von Immunzellen. Er nutzte sein Prestige, um Wissenschaftspolitik zu betreiben. So war er einer der Initiatoren der Asilomar-Konferenz. Er wurde Präsident der Rockefeller-Universität, später des *California Institute of Technology*. Zehn Jahre lang bis 1996 musste er sich mit Vorwürfen herumschlagen, die behaupteten, dass einige wissenschaftliche Veröffentlichungen, an denen er beteiligt war, gefälschte Daten enthielten. Die Angelegenheit erregte enormes Aufsehen in der Wissenschaftsszene, auch in der breiteren Öffentlichkeit, denn Baltimore war prominent und in den Medien gut präsent. Es ist wohl möglich, dass manch einer eine klammheimliche Freude daran hatte, dem berühmten und erfolgreichen Wissenschaftler eins auszuwischen. Doch die Vorwürfe mussten schließlich fallen gelassen werden und die ganze Angelegenheit löste sich in Luft auf. Im Jahre 2006 gab Baltimore als 68-Jähriger das Amt des Caltech-Präsidenten an seinen Nachfolger weiter. Aber er bleibt dort als Professor und setzt seine erfolgreichen zell- und molekularbiologischen Studien fort.

Copy-DNA

Das Enzym Reverse Transkriptase überführt nicht nur Virus-RNA in DNA, sondern jede Art von RNA, einschließlich der mRNA. Die entstehenden Produkte nennt man *copy*-DNA, kurz cDNA, weil es sich um die Kopien der mRNA handelt. Wie jede andere DNA lässt sich cDNA in Plasmid- oder Phagenvektoren einbauen und in Bakterien klonieren. So lassen sich cDNA-Bibliotheken herstellen, die die Gesamtheit der Transkripte von Zellen oder Organismen repräsentieren. Spezielle Klone von cDNAs werden zum Durchmustern von Genombibliotheken herangezogen. Forscher überprüfen mit wirkungsvollen Methoden, welcher Genomklon die Sequenzen einer gegebenen cDNA enthält. Dieser Klon entspricht dann dem gesuchten Gen.

Biotech

In diesem Zusammenhang ist wichtig und interessant, dass tierische, menschliche und pflanzliche cDNAs in Bakterien transkribiert werden, dass bakterielle Ribosomen die dabei entstehende mRNA akzeptieren und zur Synthese von Proteinen verwenden. So kann man Bakterien dazu bringen, Proteine von Mensch, Tier oder Pflanze herzustellen, auch Proteine, die sonst nur schwer zugänglich sind, etwa Proteine mit medizinischer Bedeutung. Das wurde zur Geschäftsgrundlage bedeutender Biotech-Firmen.

Im Jahre 1976 traf Herbert Boyer einen entscheidungsfreudigen Unternehmer, Robert A. Swanson, und beide überlegten, ob und wie man mithilfe des Klonierungsverfahrens Produkte herstellen kann, die sich gut verkaufen lassen. Zu diesem Zweck gründeten sie die erste Biotech-Firma mit Namen Genentech (*genetic engineering technology*) und beschlossen, das Verfahren erst einmal mit der gentechnischen Synthese eines menschlichen Peptidhormons auszuprobieren, Somatostatin, aufgebaut aus gerade einmal 14 Aminosäuren. Das gelang sehr gut. Danach versuchten sie ihr Glück mit dem größeren menschlichen Insulin (aus 51 Aminosäuren bestehend). Wenn das gelänge, wäre es geschäftlich eine sichere Angelegenheit, denn immerhin gab und gibt es acht Millionen Diabetiker allein in den USA, und viele benötigen eine Insulinsubstitution; bis dahin wurde Insulin aus den Pankreasdrüsen von Schweinen und Rindern beim Schlachten der Tiere gewonnen wurde. Ohne Frage, menschliches oder Human-Insulin wäre besser. Aber eine Produktion genügender Mengen Human-Insulins aus menschlichem Pankreasgewebe ist unmöglich. Deswegen argumentierten Boyer und Swanson, dass die gentechnische Herstellung von Human-Insulin ein Fortschritt und eine echte Bereicherung des Medikamentenmarktes wäre. Und natürlich auch ein gutes Geschäft!

Die gleiche Idee hatten auch andere. Darunter Walter Gilbert und einige amerikanische und europäische Wissenschaftler. Sie gründeten die Firma Biogen NV (1978). Die Biogen-Forscher verließen sich auf den experimentellen Weg, den wir gerade skizziert haben: Isolieren von mRNA aus menschlichem Pankreasgewebe, Herstellen von cDNA und Expression in Bakterien. Aber das war damals die Zeit der Unsicherheit im Umgang mit der Gentechnik. Es gab Moratorien und strengste Richtlinien, und deswegen mussten die Biogen-Forscher allerhöchste Sicherheitsstufen einhalten. Das verzögerte und erschwerte die Arbeit erheblich. Dagegen schlug Genentech einen anderen Weg ein: eine chemische Synthese der Insulin-cDNA. Das war technisch möglich, weil Insulin ein recht kleines Protein ist und deswegen nur von einem relativ kleinen offenen Leseraster codiert wird. Und so kam es, dass Genentech schneller am Ziel war. Human-Insulin konnte in ausreichender Menge und bester Qualität produziert werden. Die großtechnische Herstellung und den Vertrieb übernahm die US-amerikanische Firma Eli Lilly, die auch vorher schon den Insulin-Markt beherrscht hatte. Sie machte mit Human-Insulin ein Milliardengeschäft.

Obwohl die Firma Biogen das Insulin-Rennen verloren hatte, war sie nicht am Ende. Im Gegenteil. Unter anderem produzierte sie einen wirksamen Impfstoff gegen den Erreger von Hepatitis B, vor allem aber Interferon-α (zur Behandlung bestimmter Leukämieformen) und Interferon-β(zur Behandlung der Multiplen Sklerose). Beides brachte viel Gewinn.

Wir wollen noch die dritte der frühen Biotech-Firmen mit Milliardenumsätzen nennen: Amgen (kurz für: *Applied Molecular Genetics*, gegründet 1980). Die Firma wurde hauptsächlich bekannt durch die gentechnische Produktion von Erythropoetin-α, ein wichtiges Mittel zur Behandlung von Anämie, besonders bei chronisch Nierenkranken; zudem ein notorisches Dopingmittel im professionellen Sportbetrieb. Insulin, Interferon, Erythropoetin – körpereigene Stoffe mit bekannter medizinischer Funktion und notwendig zur Behandlung wichtiger Krankheiten. Gentechnisch hergestellt gehörten sie bald zu den zehn meist verkauften Medikamenten.

Angeregt vom Erfolg der ersten drei Biotech-Firmen mit ihren Milliarden Umsätzen wurden im Laufe der Jahre noch Dutzende weiterer Biotech-Firmen gegründet. Und jeder Molekularbiologe, der etwas auf sich hielt, zumindest in den USA und zumindest in den 1980er-Jahren, hatte irgendwie etwas mit der Biotechnologie-Branche zu tun, als Berater, Investor oder direkt als hoch bezahlter Mitarbeiter. Es war eine aufgeregte Stimmung. „Biomania", sagten manche, und die Überschrift in einem Aufsatz der Zeitschrift *Science* lautete: „*Cloning gold rush turns basic biology into big business*" (vom 16. März 1980). Aber wie nach anderen Räuschen kam auch beim Bio-Goldrausch das Erwachen. Die gut erreichbaren Früchte waren von den Biotech-Firmen der ersten Stunde geerntet worden. Und manche Produkte erfüllten nicht die Erwartungen, weder medizinisch noch geschäftlich. Doch sind im Laufe der Jahre mehrere, auch medizinisch wichtige gentechnisch hergestellte Proteine dazugekommen. Ein Beispiel sind Gerinnungsfaktoren zur Behandlung der Bluterkrankheit.

Die drei ersten großen Biotech-Firmen haben geschäftliche Turbulenzen überstanden. Genentech ist im sicheren Hafen des Schweizer Pharma-Riesen Hoffmann-La Roche gelandet (2009). Aber viele andere Biotech-Firmen, teils mit guten Geschäftsideen, mussten wieder schließen oder wurden von anderen Firmen aufgekauft. Aber insgesamt schätzen Experten die Zukunft der gentechnikbasierten Biotech-Industrie positiv ein. Denn seit einigen Jahrzehnten kommen neue Gruppen von bedeutenden biotechnologisch hergestellten Medikamenten auf den Markt, besonders humanisierte monoklonale Antikörper, darunter tumorspezifische Antikörper, die die Möglichkeiten zur Behandlung von Krebspatienten deutlich erweitern; oder monoklonale Antikörper, die das Sprossen von Blutgefäßen unterdrücken, ebenfalls eine Option zur Behandlung von Carcinomen, aber auch von Formen der altersbedingten Makuladegeneration, der häufigsten Ursache für Sehbehinderung im Alter.

Sequenzieren

Für die Geschichte des Gens waren noch zwei weitere methodische Entwicklungen jener Jahre entscheidend, die wir hier kurz vorstellen wollen.

Die erste dieser Entwicklungen begann in den Jahren zwischen 1975 und 1980, als die Debatte um die Sicherheit der Gentechnik mit Moratorien und Richtlinien ihren Lauf nahm. Es gelang ein experimenteller Durchbruch von enormer Tragweite: Methoden entstanden, mit denen sich die Folgen oder Sequenzen von Basenpaaren in der DNA lesen lassen.

Es waren zwei verschiedene Wege des Sequenzierens (*sequencing*), die entwickelt wurden, einer von Walter Gilbert (geb. 1932) von der *Havard University*, USA, der zweite von Frederick Sanger (1918–2013), Cambridge, England. Nach anfänglichem Herumprobieren haben sich die Biologen schnell für die Sanger-Methode entschieden. Sie ist einfacher zu handhaben, verlässlicher und führt bei geringerem Aufwand zu sicheren Ergebnissen.

Das Prinzip der Methode ist relativ einfache Biochemie. Aber wir wollen es hier nicht beschreiben. Dazu wären mehrere Seiten nötig, die den Gang der Geschichte zu sehr aufhalten würden. Auf jeden Fall sollte man wissen, dass das Sequenzieren von klonierten DNA-Stücken die Grundlage für alles ist, was uns in den folgenden Kapiteln in der Geschichte des Gens begegnen wird. Auch die großen Genom-Projekte, die bis zum Ende des 20. Jahrhunderts durchgeführt wurden, beruhen auf dem Sanger-Verfahren Die Sanger-Technik kommt heute immer noch zum Einsatz, wenn es um höchste Genauigkeit geht. Sonst verwendet man sogenannte Hochdurchsatz- oder Zweite-Generation-Sequenziermethoden. Darüber mehr bei passender Gelegenheit (Kap. 20).

Sequenzieren, die Bestimmung der Sequenz von DNA, ist so bestimmend für die Genetik der letzten Jahrzehnte geworden, dass es heute im Rückblick mehr als gerechtfertigt erscheint, dass der Nobelpreis für Chemie des Jahres 1980 an W. Gilbert und F. Sanger ging. Übrigens, Sanger wurde 1980 zum zweiten Mal ausgezeichnet. Den ersten Nobelpreis erhielt er im Jahre 1958 für sein Verfahren zur Bestimmung der Aminosäurefolgen in Proteinen, wobei man sofort hinzufügen muss, dass es sich zwar in beiden Fällen um Sequenzierungen handelt, aber dass die Methoden so grundverschieden sind, wie ein Biochemiker es sich nur vorstellen kann.

Der dritte im Bunde der Chemie-Nobelpreisträger des Jahres 1980 war Paul Berg (geb. 1926), dessen Verdienste um die Gentechnik wir erwähnt haben. Dagegen sind H. Boyer und S. Cohen, die das Klonieren eigentlich erfunden haben, nie mit den höchsten wissenschaftlichen Ehren ausgezeichnet worden, was in der molekulargenetischen Gemeinde immer wieder Anlass zum Kopfschütteln gegeben hat.

Polymerase Chain Reaction, **kurz PCR**

Später, nämlich im Jahre 1993, gab es noch einen weiteren Nobelpreis für eine molekulargenetische Methode, wieder einen Nobelpreis für Chemie. Er ging an Kary Mullis (geb. 1944). Mullis war als Biochemiker bei der Biotech-Firma Cetus angestellt, einer Firma in Berkeley, Kalifornien, die sich damals unter anderem um die gentechnische Produktion von Interferon bemühte, aber auch kurze Nucleinsäurestücke, sogenannte Oligonucleotide, herstellte. Mullis erzählt, dass ihm die Idee zur PCR auf einer nächtlichen Autofahrt mit seiner Freundin „über eine mondbeschienene Bergstraße im nördlichen Kalifornien" gekommen sei. Wie auch immer, die Methode ist einfach und so offensichtlich, dass sich nicht wenige Biochemiker nachträglich an den Kopf gefasst und geärgert haben, dass sie nicht selbst auf die Idee gekommen sind. Andere meinten, sie wären ja auch auf die Idee gekommen, hätten aber nicht die Chuzpe gehabt, sie so erfolgreich zu vermarkten, wie Mullis es getan hat.

Es geht um die Vermehrung kleinster Mengen an DNA (Abb. 13.5). Die Methode ist aus der modernen Biologie, mit allen ihren anwendungsorientierten Zweigen, nicht mehr wegzudenken – in genetischer und biochemischer Grundlagenforschung, in der medizinischen Genetik, bei der Diagnostik in der Mikrobiologie, zur Artenbestimmung in Landwirtschaft und Ökologie, nicht zuletzt in der Kriminalistik, wo kleinste Spuren von DNA an ausgerissenen Haaren oder wenigen Hautschuppen ausreichen, um individuelle genetische Muster zu identifizieren. Es ist keine Frage, dass die PCR zu den bedeutenden methodischen Errungenschaften in der Geschichte der Wissenschaft zählt.

Kary Mullis ist nach seinem Nobelpreis-Erfolg der Exzentriker geblieben, der er schon immer gewesen war und dem das Surfen an der kalifornischen Küste, Reisen, viel Reden und skurrile Meinungen wichtig sind. „Das Schöne am Nobelpreis ist, dass einem überall die Türen offenstehen", schrieb er. „Ich und Nancy reisen gern [...] und da ist immer jemand am Flughafen und kümmert sich um uns [...]. Doch finde ich es langweilig, immer nur über PCR zu reden. Aber ich lese viel und denke nach. So kann ich eigentlich über fast alles reden. Als Nobelpreisträger kann man als Experte für viele Sachen auftreten."

Aber das kann gelegentlich gehörig danebengehen. Zum Beispiel, als er lauthals verkündete, dass das Human-Immundefizienz-Virus (HIV) nichts mit AIDS zu tun hat, oder als er sich vehement für Astrologie aussprach. Seit den 2010er-Jahren stellt Mullis das Surfen, Reisen und Reden etwas zurück und bemüht sich in einer eigens gegründeten Firma namens Altermune um die Entwicklung einer neuartigen und, wie er meint, wirkungsvollen Immuntherapie gegen bakterielle Infektionen.

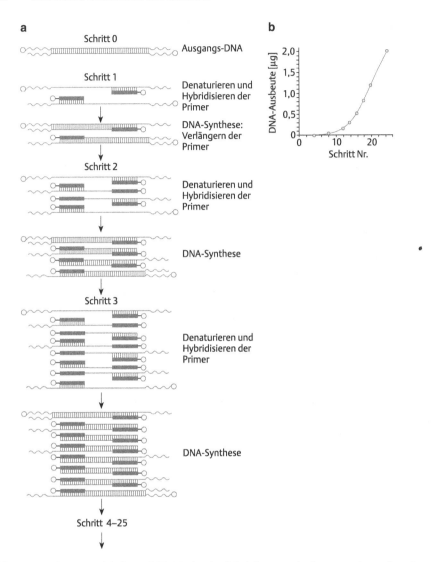

Abb. 13.5 Die unverzichtbare PCR-Methode. Die Lösung mit der zu untersuchenden „Ausgangs"-DNA wird auf 90 °C oder mehr erhitzt. Dabei lösen sich die Wasserstoffbrücken zwischen den beiden DNA-Strängen. Man sagt: Die DNA wird denaturiert. Sie wird auf eine niedrigere Temperatur eingestellt, sodass sich Primer anlagern können (im Bild als „Hybridisieren" bezeichnet). „Primer" sind kurze DNA-Stücke mit Basenfolgen, die komplementär zu Folgen in den DNA-Strängen sind. Sie heißen Primer, weil sie Startstellen für DNA-Polymerasen sind. Diese Enzyme kopieren die Basenfolgen in den DNA-Strängen (im Bild als „DNA-Synthese" bezeichnet). Der Zyklus „Denaturierung – Bindung des Primers – Synthese von DNA" kann beliebig oft wiederholt werden. Wie in **b** gezeigt, nimmt dabei die Menge an neu gebildeter DNA exponentiell zu. So kann aus winzigsten Mengen von Ausgangs-DNA so viel DNA hergestellt werden, wie für eine Analyse notwendig ist. (Aus Knippers R (2006) Molekulare Genetik, 9. Aufl., Georg Thieme, Stuttgart)

Anmerkung

Man sagt, dass Fortschritt in der Wissenschaft von guten Ideen ausgeht und von neuen Methoden abhängt. Nun sind gute Ideen wohlfeil und schnell zu haben. Wenn sie zu etwas führen sollen, dann muss mindestens zweierlei stimmen:

Erstens müssen die neuesten Entwicklungen auf dem jeweiligen Forschungsgebiet berücksichtigt werden. Zwar beantwortet jede neue Entdeckung eine oder auch mehrere Fragen, aber (und das ist mindestens genauso wichtig) wenn eine neue Entdeckung überhaupt etwas wert ist, dann weist sie den Weg zu neuem Denken und Experimentieren.

Und zweitens müssen Methoden bereitstehen, damit überhaupt etwas Neues erprobt werden kann. Ja, für viele Wissenschaftler ist es eine ausgemachte Sache, dass neue Techniken und neue Methoden der eigentliche Antrieb für Fortschritt in der Wissenschaft sind.

Das gilt für Physik, Astronomie, Chemie und eben auch für die Biologie. So ist dieses Kap. 13 besonders wichtig für die Geschichte der Genetik, denn es stellt drei grundlegende Methoden vor, Gentechnik, Sequenzieren und PCR, ohne die die Geschichte der Genetik nicht so spektakulär weitergegangen wäre, wie auf den folgenden Seiten zu lesen ist.

14

Eukaryotische Gene sind anders

Eukaryot und eukaryotisch – wir haben die Wörter bisher weitgehend vermieden, aber sie sind gebräuchlich und bequem und erleichtern die Kommunikation. Eukaryot heißt wörtlich so viel wie „echter Kernträger." Damit bezeichnet man die Organismen, die ihre DNA in einem Zellkern speichern. Dass sie dazu noch einige weitere zellbiologische Besonderheiten haben, die Organisation des Zellraums außerhalb des Zellkerns betreffend, wollen wir hier erst einmal nicht berücksichtigen, kommen aber später darauf zurück (Abb. 14.1). Zu den Eukaryoten gehören alle Tiere und Pflanzen, aber auch Einzeller wie Hefen, Plasmodien (die Erreger der Malaria) und andere. Demgegenüber stehen die Prokaryoten mit den Bakterien (und den Archaeen), die keinen Zellkern haben und deren DNA einfach als dichtes Knäuel im Zellinnern vorliegt.

Die molekulare Genetik war bis Mitte der 1970er-Jahre hauptsächlich mit Prokaryoten beschäftigt. Über die Früchte dieser Arbeiten haben wir gesprochen. Am wichtigsten waren die Entzifferung des genetischen Codes und eine erste Vorstellung davon, wie die Botschaft der Gene für die Herstellung von Proteinen ausgenutzt wird. Nicht wenige Molekulargenetiker fanden, dass es damit getan sei und dass alles, was sich zu erforschen lohnt, inzwischen auch erforscht worden sei. Sie wandten sich anderen Gebieten zu.

Dabei war bis Mitte der 1970er-Jahre die Molekulargenetik von Eukaryoten ein ziemlich unbekanntes Gelände. Ausflüge dahin waren erst nach Erfindung der Gentechnik möglich. Dabei kam dann heraus, dass die Unterschiede zwischen den Genen von Prokaryoten und Eukaryoten drastischer sind, als es sich bis dahin selbst die phantasievollsten Genetiker vorstellen konnten.

© Springer-Verlag GmbH Deutschland 2017
R. Knippers, *Eine kurze Geschichte der Genetik*, DOI 10.1007/978-3-662-53555-4_14

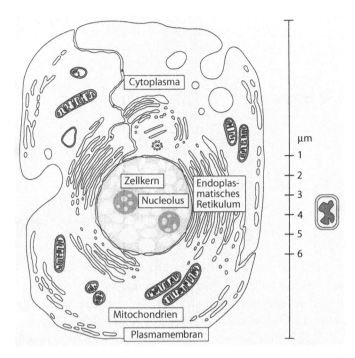

Abb. 14.1   Eukaryoten-Zelle. Zum Größenvergleich zeigt der *rechte Rand* die Skizze eines Bakteriums (mit Andeutung der doppelten Zellwand und des DNA-Knäuels im Innern). Demgegenüber ist die tierische Zelle nicht nur erheblich größer, sondern auch viel reicher ausgestattet. Das Genom befindet sich im Zellkern, der selbst wieder einzelne Abteilungen besitzt, zum Beispiel den Nucleolus (wo die Gene für rRNA liegen). Der Raum zwischen Zellkern und Plasmamembran ist das Cytoplasma mit mehreren membranumschlossenen Räumen, von denen nur das Endoplasmatische Reticulum (ein Ort der Proteinsynthese) und die Mitochondrien eingezeichnet sind. Mehr über Mitochondrien im Kap. 18. (Aus Knippers R (2006) Molekulare Genetik, 9. Aufl., Georg Thieme, Stuttgart)

Molekulare Hybridisierungen

Um den folgenden und auch spätere Teile der Geschichte des Gens verständlich zu machen, ist eine kurze Beschreibung einer Methode nützlich – die Nucleinsäure-Hybridisierung. Das Wort stammt aus der alten Biologie. Es erinnert an Gregor Mendel und seinen Aufsatz „Versuche über Pflanzenhybride" (1865). Im genetischen Zusammenhang heißt „hybrid" so etwas wie „von unterschiedlicher Herkunft." Aber an dieser Stelle geht es jetzt nicht um Pflanzen oder Tiere, sondern um Nucleinsäuren.

Hybridisierung im Umgang mit DNA geht auf folgende Beobachtung zurück. Temperaturen um 90 °C oder hohe pH-Werte sprengen die Wasserstoffbrücken zwischen den beiden komplementären Strängen einer DNA: Aus dem DNA-Doppelstrang entstehen zwei Einzelstränge. Das ist umkehrbar: Wenn die Temperatur herabgesetzt oder der pH-Wert neutralisiert wird, legen sich die komplementären DNA-Stränge wieder aneinander. Der Doppelstrang wird, wie man sagt, renaturiert (Abb. 14.2). Die Effizienz der Renaturierung hängt von den Begleitumständen ab, von Temperatur, Salzgehalt und, nicht zuletzt, von der Konzentration der DNA. Wenn bei der Renaturierung fremde DNA im Überschuss vorhanden ist, kann sie sich an die Einzelstränge binden, aber natürlich nur, wenn sie passende, also komplementäre Sequenzen findet. Unter dieser Voraussetzung bindet sich auch RNA an einen DNA-Strang mit komplementärer Sequenz. Es bildet sich ein DNA-RNA-Hybrid.

Mit Nucleinsäure-Hybridisierungen begann die Erforschung der Gene von Eukaryoten. Sie wurde in vielen methodischen Varianten weiterentwickelt und war entscheidend für die nächste Phase in der Geschichte des Gens; sie gehört heute unerlässlich zum Repertoire molekulargenetischer Arbeiten.

Gene in Stücken

Als die Gentechnik ihren Einzug hielt, bemühten sich viele Laboratorien mit höchster Priorität um die Isolierung und Untersuchung tierischer und menschlicher Gene. Zwei Forscher hatten einen kleinen Vorsprung, Richard Roberts (geb. 1943) vom Cold-Spring-Harbor-Labor und Phillip A. Sharp (geb. 1944), zuerst ebenfalls in Cold Spring Harbor, dann am *Massachusetts Institute of Technology* (MIT) in Boston.

Beide arbeiteten über die Molekularbiologie des Adenovirus. Nicht weil das Virus medizinisch besonders interessant wäre. Es kommt in den oberen Atemwegen des Menschen vor und verursacht gelegentlich Erkältungen, aber die verlaufen meist mild und bleiben ohne Folgen. Der Hauptgrund für die Popularität des Adenovirus unter Molekularbiologen war ein anderer. Man erwartete nämlich, dass diese Viren für die tierische Genetik eine ähnliche Rolle spielen könnten wie die Phagen für die Bakteriengenetik in der vorangegangenen Forschergeneration. Diese Hoffnung wurde nicht enttäuscht, wie das Beispiel zeigt, das wir uns jetzt ansehen wollen.

Die DNA des Adenovirus' besteht aus etwa 35.000 Basenpaaren und enthält knapp drei Dutzend Gene. Eine naheliegende Frage war, wo die einzelnen Gene auf der DNA lokalisiert sind. Dazu wurde die Virus-DNA mit Restriktionsnucleasen geschnitten und in einzelne Fragmente zerlegt. Verteilt auf diesen DNA-Fragmenten müssen die Gene des Virus liegen, und Hybridisierungen mit mRNA sollten zeigen, welche Gene auf welchem der Fragmente liegen. Besonders klare Verhältnisse versprach man sich von einem Gen, das zu einer späten Zeit bei der Infektion aktiv ist, wenn hauptsächlich ein spezielles Protein gebildet wird, nämlich das Protein, aus dem sich die Virushülle aufbaut. Das Virus benötigt viele

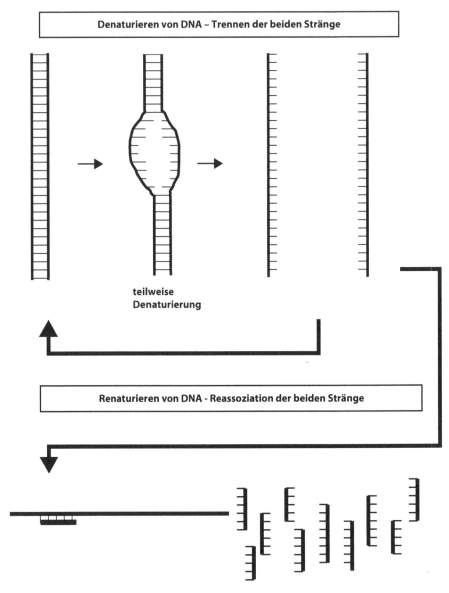

Abb. 14.2   De- und Renaturierung von DNA. Grundlage vieler molekular-biologischer Methoden. *Oben*. Denaturierung. Bei hohen Temperaturen oder bei hohen pH-Werten lösen sich die Wasserstoffbrücken zwischen den komplementären DNA-Basen. Die Trennung beginnt an Stellen mit vielen AT-Paaren, die ja nur über zwei Wasserstoffbrücken verbunden sind (Abb. 9.1). Schließlich trennen sich die DNA-Stränge vollständig Renaturierung. Wenn die Temperatur sinkt oder der pH-Wert neutral wird, finden sich die beiden DNA-Stränge wieder zum Doppelstrang zusammen. *Unten*. Eine der zahlreichen Anwendungen des Prinzips von De- und Renaturierung. Viele kurze DNA-Stücke werden zu der denaturierten DNA gegeben. Aber nur eines der vielen Stücke besitzt die passenden („komplementären") Sequenzen und geht Basenpaarungen mit dem DNA-Strang ein. Etwas Vergleichbares macht man sich bei der PCR-Methode zunutze: die Bindung des Primers an die denaturierte DNA (s. Abb. 13.5)

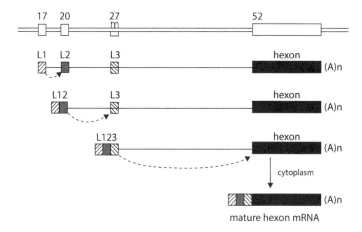

Abb. 14.3 Adenovirus-DNA: Gene in Stücken. Diese Abbildung ist der gedruckten Version des Vortrags entnommen, den Phillip Sharp am 8. Dezember 1993 bei der Zeremonie zur Verleihung des Nobelpreises gehalten hat. Es ist eine Zusammenfassung seiner Adenovirus-Forschungen aus den 1970er-Jahren. Die *Doppellinie im oberen Teil* stellt das Adenovirus-Genom mit vier ausgewählten Abschnitten dar. Darunter sieht man das lange primäre Transkriptionsprodukt, die prä-mRNA mit dem Poly(A)-Ende: (A)n. Die *gestrichelten Pfeile* geben die drei Spleißschritte wieder, die notwendig sind, damit schließlich die „reife" (*mature*) mRNA für das Hexon-Hüll-Protein des Virus entstehen kann (die im Cytoplasma auftaucht). Übrigens hält sich Sharp in seinem Vortrag nicht lange mit Erinnerungen an die vergangenen Jahrzehnte auf, sondern kommt nach kurzer Einleitung auf die Biochemie des Spleißens im Licht der Forschungen von 1993 zu sprechen. (Aus: Sharp P (1993) Split genes and RNA splicing. Nobel Lectures in Physiology and Medicine 1991–1995. In: Ringertz N (ed.) *Nobel Foundation.* World Scientific Publ., Singapore) (Reproduktion mit Zustimmung des Verlags)

Exemplare dieses Proteins, um die Nachkommen-DNA, die sich bis dahin in der infizierten Zelle angesammelt hat, ordentlich zu verpacken. Viel Protein bedeutet im Allgemeinen auch viel mRNA, und tatsächlich ist die Hüllprotein-mRNA die häufigste mRNA-Art während der späten Phase der Infektion. Wenn man also wissen will, auf welchem der Restriktionsfragmente das Gen für das Hüllprotein liegt, sollte eine Hybridisierung mit der späten mRNA die Antwort geben.

Aber das experimentelle Ergebnis war alles andere als einfach, denn die mRNA hybridisierte nicht nur mit **einem** DNA-Fragment, sondern mit mehreren, und zwar mit DNA-Fragmenten, die im Adenovirus-Genom weit auseinanderliegen. Die Deutung: Das Gen für das Virus-Hüllprotein besteht aus mehreren getrennten Abschnitten, die verteilt im Virusgenom vorkommen. „Gene in Stücken" (Abb. 14.3).

Nun tragen viele Viren genetische Eigentümlichkeiten mit sich herum, wie wir am Beispiel der Reversen Transkriptase bei Retroviren gesehen hatten. So konnte es sehr wohl sein, dass Gene in Stücken eine Spezialität von Adenoviren

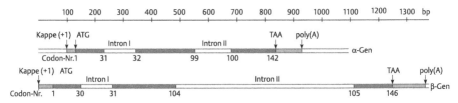

Abb. 14.4 Globin-Gene. Skizzen des α-Globin-Gens (*oben*) und des β-Globin-Gens (*unten*). Die Transkription beginnt links, wo das Wort „Kappe" steht, und endet rechts nach der Poly(A)-Stelle. Die Sequenzen, die schließlich in der mRNA auftauchen, sind hervorgehoben. Das Bild stammt ursprünglich aus einer Arbeit von P. Leder und Mitarbeitern (1980) in der Zeitschrift *Science* 209: 1339–1342 und wurde umgezeichnet für Knippers R (2006) Molekulare Genetik, 9. Aufl., Georg Thieme, Stuttgart

sind, und es stellte sich die Frage, ob auch die ganz normalen Gene von Tieren oder Pflanzen aus Einzelstücken zusammengesetzt sind.

Die Antwort ließ nicht lange auf sich warten. Noch im selben Jahr, in dem R. Roberts und P. Sharp unabhängig voneinander ihre Virus-Ergebnisse veröffentlichten (1977), zeigten Forscher in den Niederlanden, dass ein so gewöhnliches Gen wie das Gen für β-Globin, einen Baustein des roten Blutfarbstoffes, ebenfalls aus getrennten Stücken besteht, egal ob das Gen von Kaninchen, Maus oder Mensch stammt (Abb. 14.4). Bald wurden weitere Gene entdeckt, die in Stücken organisiert sind, und schließlich wurde klar, dass das, was zuerst wie eine Kuriosität aussah, das Normale ist: Mindestens 95 % aller Gene von Tieren und Pflanzen sind wie Mosaike aufgebaut, nämlich aus voneinander getrennten Codierungsabschnitten mit oft langen nicht codierenden Abschnitten dazwischen. Man spricht von Exons, wenn es um die codierenden Teile des Gens geht, die dann in der fertigen mRNA auftauchen und schließlich als Protein **ex**primiert werden. Die nicht codierenden Abschnitte zwischen den Exons heißen Introns.

Im Durchschnitt hat ein menschliches Gen acht Exons, aber das Spektrum ist weit. So haben Globin-Gene drei (Abb. 14.4), aber andere Gene, etwa das viel untersuchte Gen für Kollagen, mehr als 50 Exons. Typische Exons sind relativ klein und bestehen aus 100 bis 200 Basenpaaren. Dagegen können Introns sehr unterschiedlich lang sein. Kurze Introns haben weniger als hundert Basenpaare, längere Introns bis zu einigen Zehntausend, ja hunderttausend Basenpaare.

Gene sind Mosaike aus Exons und Introns, aber die zugehörigen mRNAs entsprechen ununterbrochenen Leserastern. Das war damals etwas dramatisch Neues. Es war ja gerade erst 15 Jahre her, seit S. Brenner, F. Jacob und ihre Kollegen die ersten mRNAs entdeckt hatten und feststellten, „dass die mRNA eine einfache Kopie des Gens ist" (1961). Diese Formel hatte sich denn auch in den Köpfen der Genetiker festgesetzt. Aber auf einmal stimmte das nur noch für Bakterien, aber nicht mehr für Eukaryoten. Denn da sind mRNAs alles andere als einfache Kopien ihrer Gene, weil normale Gene Exons und Introns haben, während mRNAs aus aneinandergereihten Exons bestehen.

Viele Forscher und Kommentatoren sprachen von einer wissenschaftlichen Revolution. Sie fanden, dass wieder einmal ein Nobelpreis auf dem Gebiet der Genetik fällig war. Aber wem würde er zustehen? Roberts und Sharp hatten, wie gesagt, einen kleinen Vorsprung. Doch die neue Gentechnik machte es möglich, dass innerhalb der nächsten ein oder zwei Jahre Dutzende von Forschern zahlreiche Mensch- und Tiergene isolieren und deren Exon-Intron-Strukturen studieren konnten. Das Stockholmer Nobelpreis-Komitee entschied sich für Richard Roberts und Phil Sharp, die sich den Medizin-Nobelpreis des Jahres 1993 teilten – „für ihre Entdeckung der gespaltenen Gene (*split genes*)".

Spleißen

Im Jahr, als der Nobelpreis an Roberts und Sharp verliehen wurde, waren schon viele der grundlegenden Fragen geklärt, vor allem die nach der Entstehung der mRNA. Anfangs hatten einige gedacht, die RNA-Polymerase würde bei der Transkription die Introns auslassen und gleichsam von Exon zu Exon springen. Aber dann wurde bald deutlich, dass die RNA-Polymerase die gesamte Einheit, also Exons plus Introns, an einem Stück transkribiert in Form einer langen Vorläufer-RNA, auch prä-mRNA genannt. Noch am Ort des Geschehens, im Zellkern, werden die Introns herausgeschnitten, was man in Analogie zum Verknüpfen der Enden eines durchschnittenen Seiles ganz anschaulich als „Spleißen" bezeichnet. Nur die fertigen mRNAs verlassen den Zellkern und gelangen in das Cytoplasma, wo sie an den Ribosomen die Synthese der Proteine steuern.

Spleißen, also das Herausschneiden der Introns, ist ein eigener genetischer Vorgang, hoch komplex und höchst präzise. Präzision ist hier der springende Punkt, denn wenn das Spleißen nur um ein Nucleotid nach vorn oder nach hinten verschoben ist, kommt das Leseraster außer Takt und die mRNA wird wertlos. Der Spleißapparat, das Spleißosom, besteht aus mehreren kurzen RNA-Stückchen (snRNA; *small nuclear RNA*) und zahlreichen Proteinen. Er setzt sich bei jedem Spleißvorgang und an jedem Intron neu zusammen und zerfällt wieder, sobald benachbarte Exons verknüpft sind (Abb. 14.5).

Was hier verblüfft, ist der enorme und anscheinend überflüssige Energieaufwand. Erst wird ein Vorläufer der mRNA hergestellt, der ja nicht nur die Sequenzen der genetisch wichtigen Exons enthält, sondern nicht selten ein Vielfaches davon in Form überflüssiger Intronsequenzen. Und unmittelbar nach der Synthese werden die Intronsequenzen wieder entfernt und abgebaut und das mithilfe eines Apparats, der nur unter Einsatz von viel zellulärer Energie aufrechterhalten wird und funktioniert. Was soll das alles?

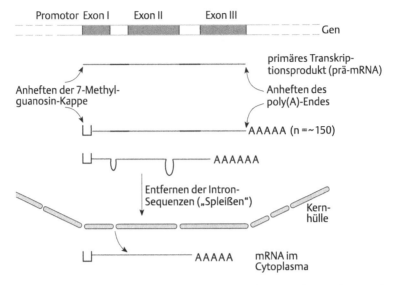

Abb. 14.5 Noch einmal: Spleißen und Prozessieren. Als Prozessierung (*processing*) bezeichnet man alle Vorgänge, die zur Herstellung der fertigen mRNA nötig sind. Dazu gehören: Anheften des 7-Methyl-Guanin-Restes („Kappe") am „linken" 5'-Ende; Verlängern des „rechten" 3'-Endes durch den Poly(A)-Schwanz; und drittens und am auffälligsten: Entfernen der Introns durch Spleißen. (Aus Knippers R (2006) Molekulare Genetik, 9. Aufl., Georg Thieme, Stuttgart)

Wozu Introns?

Wozu sind Introns gut oder worin liegt ihr Vorteil für die Eukaryotenzelle? Es gibt zwei Antworten. Beide sind mehr oder weniger überzeugend. Aber eine gewisse Ratlosigkeit ist bis heute geblieben. Denn Bakterien zeigen ja, dass eine Genetik ohne Introns bestens funktioniert.

Die erste Antwort auf die Frage „wozu Introns" stammt aus dem Bereich der Evolution. Walter Gilbert, den wir als Erforscher des Lac-Repressors (Kap. 11) und als Erfinder einer (nie besonders populären) Sequenziermethode (Kap. 13) kennengelernt hatten, schrieb schon im Jahre 1978 einen viel beachteten Aufsatz mit dem Titel: „*Why genes in pieces?*"

Er meint, dass das Vorhandensein von Exons die Entstehung neuer Gene erleichtert. Gilbert notiert (und belegt das durch Beispiele in zahlreichen späteren Aufsätzen), dass ein Exon oft einen kleinen, aber strukturell oder funktionell eigenständigen Teil eines Proteins codiert, eine Domäne oder ein Modul. Wenn in der Evolution ein Exon einmal entstanden ist, kann es als Baustein für neue Gene herangezogen werden. So können sich spezifische Module zu neuen Genen zusammenfinden. Exons können vielfältig kombiniert oder gemischt werden und so die Entstehung neuer Gene erleichtern.

Das Herausschneiden und Zusammenfügen der Exons erfolgt in den dazwischenliegenden Introns, und die kostbaren informationstragenden Exons bleiben verschont.

Bakterien, so geht Gilberts Argumentation weiter, hätten ihre Exons verloren, wodurch sie sich zwar den Vorteil einer schnelleren Vermehrung eingehandelt hätten (denn sie brauchen ja die lästigen Introns nicht zu replizieren), aber dafür hätten sie einen Nachteil in Kauf nehmen müssen, nämlich eine Einschränkung der Möglichkeiten zur weiteren Evolution.

Gilberts Szenario mag sich plausibel anhören, aber es blieb nicht ohne Widerspruch. Denn manche Beobachtungen passten nicht zur Theorie, und so entstand die Vorstellung, dass Exons nicht schon zu Beginn vorhanden waren, sondern erst nachdem die Evolution bereits in Richtung Eukaryoten gegangen war. Demnach wären Introns erst relativ spät in der Evolution entstanden und hätten sich wie „springende Gene" in die offenen Leseraster eingebaut – als Konsequenz (und nicht als Voraussetzung) einer Evolution von Eukaryoten. Spleißen mit all der aufwendigen Biochemie wäre dann nichts Weiteres als eine Reparatur von Schäden, die zwangsläufig im Laufe der Evolution auftreten.

Manche Forscher meinen heute, dass das eine nicht unbedingt das andere ausschließen muss. Demnach könnten Introns zwar erst relativ spät ins Genom gekommen sein, aber danach hätten die entstandenen Exons für Neukombinationen und Exonmischungen zur Verfügung gestanden.

Nun eine zweite Antwort auf die Frage „wozu Introns?" Das Stichwort ist hier „alternatives Spleißen". Die Beobachtung ist, dass keineswegs jedes Exon mit jedem folgenden in monotoner Folge verknüpft wird, sondern dass der Spleißvorgang mal ein oder auch mehrere Exons überspringen kann, in vielen Kombinationen (Abb. 14.6).

Die Konsequenzen sind offensichtlich: Ein und dasselbe Gen liefert verschiedene mRNAs mit verschieden langen offenen Leserastern. Das bedeutet, dass ein und dasselbe Gen unterschiedliche Proteine codiert – Proteine, die sich durch die An- bzw. Abwesenheit bestimmter Module oder Domänen unterscheiden und verschiedene Funktionen ausüben können. Tatsächlich kommt alternatives Spleißen bei der großen Mehrheit aller menschlichen Gene vor. Manchmal mit erheblichen Konsequenzen. Nehmen wir das menschliche Gen mit der Bezeichnung *KCNMA1*, das ein Protein eines Kaliumkanals in Nervenzellen codiert (und bei einer seltenen Form von Epilepsie durch Mutation geschädigt ist). Die prä-mRNA dieses Gens kann durch alternatives Spleißen in mehr als 500 verschiedene mRNAs überführt werden. Aber den Rekord hält vermutlich ein *Drosophila*-Gen mit der Bezeichnung *Dscam* (für ein Protein auf der Oberfläche von Nervenzellen): mehr als 38.000 mRNAs aus einer prä-mRNA.

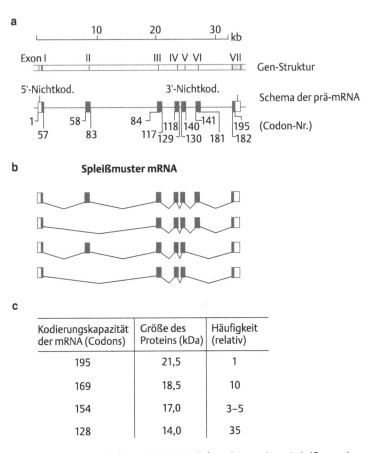

Abb. 14.6 Alternatives Spleißen. Als Beispiel für alternatives Spleißen sehen wir ein Schema des Gens *MBP*, das das Haupt-Myelin-Protein in den Hüllen von Nerven codiert. **a** Unter dem Maßstab (in kb) ist das Gen als Doppellinie mit den sieben Exons (römische Ziffern) skizziert. Darunter das Schema der prä-mRNA: die Exonsequenzen sind als Kästen eingezeichnet, wobei die Zahlen die Codons im offenen Leseraster angeben. **b** Beim Spleißen werden Exons aneinandergefügt. Im Fall des Gens *MBP* können vier verschiedene mRNAs entstehen, nämlich einmal eine mRNA mit allen sieben Exons sowie andere mRNAs, denen ein oder zwei Exons fehlen. **c** Die Konsequenz des alternativen Spleißens ist, dass im Gehirn von Säugetieren mindestens vier unterschiedliche Formen des Proteins vorkommen und zwar jeweils in verschiedenen Mengen. Das Bild erschien erstmals in einem Aufsatz von F. DeFerra und Mitarbeitern (1985) in der Zeitschrift *Cell* 43: 721–727 und wurde umgezeichnet für Knippers R (2006) Molekulare Genetik, 9. Aufl., Georg Thieme, Stuttgart

Wie und welche der möglichen mRNAs eines Gens gebildet werden, ist wohl nicht zufällig, denn es zeigt sich, dass in verschiedenen Zelltypen oft unterschiedliche alternativ gespleißte mRNAs vorkommen. Ebenso während der Embryonalentwicklung: Nacheinander können verschiedene alternativ gespleißte mRNAs entstehen. Kurz gesagt, alternatives Spleißen erhöht das Codierungspotenzial eines Genoms um ein Vielfaches und kann im Dienst der Genregulation stehen. Und das mag den Preis wert sein, der das Spleißen kostet.

Kappe und Schwanz

Das Entfernen der Introns ist sicher die spektakulärste Reaktion, die aus einer Vorläufer- oder prä-mRNA eine reife mRNA macht. Aber es ist nicht die einzige. Zwei andere Reaktionen betreffen Veränderungen an den Enden: das „vordere" oder 5′-Ende erhält eine „Kappe" aufgesetzt, in Form eines Guanosin-Bausteins; und das „hintere" oder 3′-Ende der RNA bekommt einen „Schwanz" angehängt, bestehend aus 100–200 Adenin-Resten, die den „Poly(A)-Schwanz" bilden (Abb. 14.5). Beide Reaktionen erfolgen erst nach der Transkription. Sie sind alles andere als reine Verzierungen, denn an Kappe und Schwanz laufen Prozesse ab, die bestimmen, wie oft eine mRNA für die Proteinsynthese genutzt wird. Das ist ein erster Hinweis darauf, dass eine Regulation genetischer Aktivität auch bei der Proteinsynthese stattfinden kann. „Auf der Ebene der Translation", wie man sagt (und nicht nur „auf der Ebene der Transkription" wie beim Wechselspiel von Repressor und Aktivator).

Das Bild des Gens

Vor der Entdeckung von Exons und Introns konnte ein offenes Leseraster (plus Promoter und Operator) als das Bild des Gens schlechthin gelten (s. Abb. 11.1). Nachher galt das nur noch für die proteincodierenden Gene von Bakterien (und anderen Prokaryoten wie Archaeen). Denn für die Welt der Eukaryoten musste das Gen neu definiert werden: als eine Einheit der Transkription. Genauer: als eine Folge gemeinsam transkribierter Exons und Introns. Oder als ein Abschnitt des Genoms zwischen dem Startpunkt und dem Ende eines Transkriptionsvorgangs, die Strecke, die eine RNA-Polymerase nach ihrer Bindung an einen Promotor zurücklegt (Abb. 14.7). Der Anfang des Gens liegt beim Promotor. Da sind die Verhältnisse einigermaßen klar. Und das Ende des Gens liegt jenseits des letzten Exons, nämlich dort, wo die RNA-Polymerase bei ihrer Wanderung entlang des Gens zum Halt kommt und die Synthese von RNA aufhört. Aber dieser Punkt ist oft unbestimmt und nicht immer eindeutig festzustellen, denn es scheint, dass die RNA-Polymerase meist irgendwo im Niemandsland hinter dem letzten Exon anhält, mal etwas früher, mal etwas später. So nehmen viele Genetiker als Ende des Gens meist die Stelle an, die dem 3′-Ende in der reifen mRNA entspricht, wo der Poly(A)-Schwanz beginnt (Abb. 14.7).

Aber auch über den Genanfang kann man verschiedener Meinung sein. Wir sagen, dass der Anfang da liegt, wo die Transkription beginnt, also am Promotor.

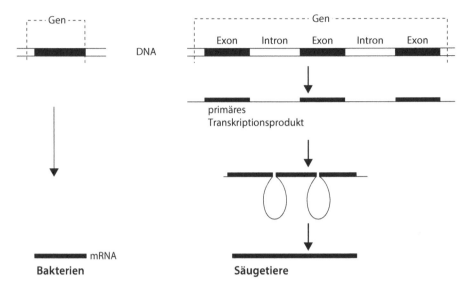

Abb. 14.7   Das Bild des Gens im Jahre 1980. Deutliche Unterschiede zwischen den Genen von Bakterien (und anderen Prokaryoten) und den Genen von Säugetieren (und anderen Eukaryoten). Für Bakterien gilt die alte Definition des Gens als offenes Leseraster mit aufeinanderfolgenden Codons und als „DNA-Abschnitt mit der Information zur Herstellung eines Proteins". Aber für Eukaryoten gilt dieser Satz nicht. Stattdessen wird das Gen definiert als „ein spezifischer DNA-Abschnitt, der als Einheit transkribiert wird und neben anderen auch Codon-Folgen (in Exons) enthält"

Man könnte allerdings auch die vor dem Gen liegenden Abschnitte der DNA einschließen, also die Abschnitte, an die die regulierenden Proteine (Transkriptionsfaktoren) binden. Solche Abschnitte liegen nicht selten viele Hundert, ja tausend oder noch mehr Basenpaare vom Startpunkt der Transkription entfernt mit erheblichen Unterschieden von Gen zu Gen. Denn manche Gene kommen mit zwei oder drei Bindestellen für verschiedene Transkriptionsfaktoren aus, andere haben ein Dutzend oder mehr, die oft über lange Strecken verteilt und nicht unbedingt immer routinemäßig im Einsatz sind. Soll man diese Bereiche zum Gen rechnen? Die Sache würde unhandlich und kompliziert, wenn man diese „stromaufwärts" gelegenen Abschnitte in das Bild eines eukaryotischen Gens aufnehmen wollte.

RNA-Gene

Die Definition des Gens als Einheit der Transkription hat einen weiteren Vorteil. Sie schließt nämlich eine Gruppe von Genen ein, die wir bisher nur so nebenher erwähnt hatten: Gene für RNA. Denn mRNA ist ja nicht die einzige RNA-Art in der Zelle. Wir hatten schon andere RNA-Arten genannt: Transfer-RNA (tRNA) für die Aktivierung von Aminosäuren; ribosomale RNA (rRNA) als

Bauelemente der Ribosomen (die Maschinen, die die Aminosäuren zu Proteinen verknüpfen) und snRNA in Spleißosomen. Dazu kommen noch mehrere andere Arten von RNA, von denen wir einige bei späterer Gelegenheit nennen werden.

Im Prinzip werden alle RNA-Arten so hergestellt wie mRNA, nämlich durch Transkription mithilfe von RNA-Polymerasen. So haben alle Genome nicht nur Gene, die für Proteine codieren, sondern auch Gene für tRNA, rRNA, snRNA und all die anderen RNA-Arten. In Eukaryoten stehen spezialisierte RNA-Polymerasen bereit – eine für die mRNA-Arten, eine zweite für rRNA und eine dritte für tRNA und andere „kleine" RNAs. Jede RNA-Polymerase erkennt die zugehörigen Promotoren an den Anfängen, wandert entlang des betreffenden Gens, RNA synthetisierend, und beendet die Transkription am Ende des Gens.

Kurz zusammengefasst können Gene, egal ob sie Proteine codieren oder RNA, als Einheiten der Transkription angesehen werden.

Pseudogene

Pseudo-, also Falsch- oder Scheingene. Das ist eine weitere kuriose Besonderheit der Genome von Eukaryoten, besonders von Säugetieren. Sie wurden zuerst in der Umgebung der Globin-Gene entdeckt, und zwar als Abbilder der normalen und aktiven Gene mit Exons und Introns und so weiter. Doch funktionieren sie nicht, denn sie enthalten viele kleine Deletionen, Insertionen und Stopp-Codons. Sie sind in grauen Vorzeiten der Evolution als Verdopplungen aus den normalen Genen hervorgegangen. Deswegen spricht man oft von duplizierten Pseudogenen (*duplicated pseudogenes*). Sie waren von vornherein überflüssig, denn es gab ja immer noch die normalen Gene. Deswegen konnten sich Mutationsereignisse anhäufen. Pseudogene sind molekulare Fossilien, Überreste evolutionärer Prozesse.

„Duplizierte" Pseudogene sind die eine Form, die andere und häufigere Form sind „prozessierte" Pseudogene. „Prozessieren" ist das Überführen primärer Transkriptionsprodukte in reife mRNA: Entfernen der Introns sowie Anheften von Kappe und Poly(A)-Schwanz (Abb. 14.5). „Prozessierte" Pseudogene sind Abschnitte im Genom, die mit den aneinandergefügten Exonsequenzen und den Poly(A)-Enden an mRNAs erinnern. Kein Zweifel, prozessierte Pseudogene stammen von mRNAs ab. Sie sind die Produkte revers transkribierter mRNA (Kap. 13). Oft sind es nur unvollständige Kopien von mRNA, mehr oder weniger lange DNA-Stücke, die irgendwann während der Evolution entstanden sind und dann ins Genom integriert wurden (Abb. 14.8). Genetisch überflüssige Relikte lang zurückliegender Ereignisse. Deswegen auch hier die vielen evolutionären Narben: Deletionen, Insertionen, Stopp-Codons. Aber einige Pseudogene werden transkribiert. Beim Menschen sollen sogar bis zu 10 % aller Pseudogene

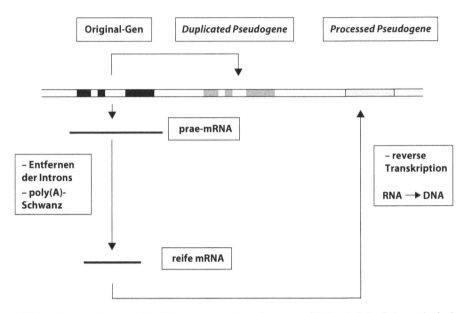

Abb. 14.8 Pseudogene. Zwei Formen von Pseudogenen: (1) Ein Original-Gen mit drei Exons (*oben links*) kann als Ganzes verdoppelt und an einer anderen Stelle des Genoms wieder eingebaut werden: dupliziertes Pseudogen. Ursache sind rekombinationsähnliche Vorgänge innerhalb des gleichen Genoms (und nicht wie bei der Meiose zwischen den beiden parentalen Genomen; s. Abb. 3.1). (2) Eine andere (und häufigere) Form wird über die mRNA gebildet (*links*). Mithilfe einer Reversen Transkriptase wird eine cDNA hergestellt, die an unterschiedlichen Stellen in das Genom eingebaut werden kann. Woher stammt die Reverse Transkriptase? Wie wir später sehen werden (Kap. 19) bestehen große Teile des Säugetiergenoms aus sich wiederholenden Kopien von retrovirusähnlichen Elementen. Die allermeisten davon sind verkürzt und verkrüppelt und codieren keine ordentlichen Proteine mehr. Aber einige haben noch intakte Gene, unter anderem eines für die Reverse Transkriptase

transkribiert werden. Somit tragen sie irgendwie zum genetischen Geschehen bei. Wie und warum, bleibt meist unbeantwortet.

Pseudogene kommen besonders häufig in den Genomen von Säugetieren vor, vor allem bei Primaten. Das Genom des Menschen enthält annähernd 15.000 Pseudogene, davon sind etwa drei Viertel prozessierte Pseudogene.

15

Jagd auf Gene – und die Konsequenzen daraus

Genombibliotheken, cDNA-Bibliotheken, DNA-Sequenzierung und die Weiterentwicklung von Methoden wie die Nucleinsäure-Hybridisierung – das waren die Voraussetzungen für die Genetik der 1980er-Jahre, geprägt durch das Isolieren und Untersuchen einer ständig steigenden Zahl von Genen, hauptsächlich von tierischen und pflanzlichen Genen für wichtige Proteine in Zellen und Organismen. Doch standen die Gene des Menschen klar im Zentrum des Interesses, vor allem Gene, deren Störung schwere Erbkrankheiten verursacht. Viele dieser Gene konnten bis aufs Basenpaar genau erforscht werden, einschließlich der Strukturen von Promotoren und von stromaufwärts gelegenen DNA-Abschnitten, an die sich regulatorische Proteine, sogenannte Transkriptionsfaktoren, binden. Man bekam eine erste Vorstellung von der Art und Weise, wie Gene an- oder abgeschaltet werden, etwa unter dem Einfluss von Hormonen. Kurz, die medizinische Genetik erlebte einen enormen Zuwachs an neuen Erkenntnissen. Und eine Forschungsrichtung namens „Molekulare Pathologie" war entstanden.

Zuerst musste sich die Forschung auf Gene beschränken, deren Produkte bekannt waren. Wir nennen einige Beispiele:

- Globin-Gene, die die Proteinbestandteile des Hämoglobins codieren – α-Globin und β-Globin. Mutationen in diesen Genen sind Ursache für die häufigsten Erbkrankheiten weltweit. Darüber gleich mehr.
- Rhodopsin-Gene für Lichtrezeptorproteine. Mutationen in diesen Genen sind die Ursache für Farbenblindheit.
- Gene für Gerinnungsfaktoren, deren Störung die Bluterkrankheit verursacht.

Und andere mehr. Das Isolieren von Genen, deren Produkte man kennt, war um 1980 prinzipiell kein Problem mehr, so mühsam auch die experimentelle Praxis im Einzelnen sein mochte. Aber wie verhält es sich mit Genen, deren Produkte

© Springer-Verlag GmbH Deutschland 2017
R. Knippers, *Eine kurze Geschichte der Genetik*, DOI 10.1007/978-3-662-53555-4_15

völlig unbekannt sind und die sich nur durch den Phänotyp äußern wie zum Beispiel durch eine Krankheit?

In einigen Fällen führten Besonderheiten in den Chromosomen auf die richtige Spur. In anderen Fällen waren es sogenannte DNA-Marker, die weiter halfen. Diese Arbeiten sind zu Meilensteinen in der Geschichte der allgemeinen und besonders der medizinischen Genetik geworden.

Neue Gene: *DMD* und *RB1*

Zunächst zu Auffälligkeiten in der Struktur von Chromosomen. Ein bekanntes und seinerzeit viel beachtetes Beispiel ist die Duchenne-Muskeldystrophie (DMD), eine Erbkrankheit, benannt nach einem Pariser Arzt des 19. Jahrhunderts. Die Krankheit (mit einer Häufigkeit von einem unter etwa 5000 neugeborenen Knaben) macht sich zuerst im Alter von 5–7 Jahren durch Muskelschwäche bemerkbar, die allmählich auf den ganzen Körper übergreift und schließlich zur allgemeinen Lähmung führt. Die Tatsache, dass fast nur Jungen erkranken, zeigt, dass das betreffende Gen auf dem X-Chromosom lokalisiert ist, denn im männlichen Chromosomensatz gibt es ja nur ein X-Chromosom und für das geschädigte Gen kann nicht (wie bei Mädchen und Frauen) das intakte Gen auf dem zweiten X-Chromosom einspringen.

Der Forschung half, dass bei einigen Patienten ein Stück des X-Chromosoms fehlt (Deletion). Das war ein starker Hinweis darauf, dass auf dem fehlenden Stück das gesuchte Gen liegen musste. Entsprechend isolierten die Genforscher die betreffenden DNA-Abschnitte aus den passenden Genbibliotheken. Diese Abschnitte dienten als Sonde zum Durchmustern von cDNA-Bibliotheken aus Muskelgewebe (nach dem Prinzip der DNA-Hybridisierung, wie in Abb. 14.4. unten skizziert ist). So entdeckten L. M. Kunckel und Mitarbeiter eine cDNA, deren Sequenz sie ohne Weiteres mithilfe des genetischen Wörterbuchs in die Sequenz eines Proteins übersetzen konnten. Das Ergebnis war, dass das gesuchte DMD-Protein ein großes und langgestrecktes Protein ist, das an der Muskelmembran sitzt und irgendwie für die Stabilität des Muskels verantwortlich ist (1987).

Das Protein kommt nur in wenigen Exemplaren im Muskelgewebe vor und macht gerade einmal 0,002 % des gesamten Muskelproteins aus. Das war der Grund, warum es vorher niemandem aufgefallen war, obwohl doch ganze Generationen von Biochemikern jahrzehntelang und mit beträchtlichem Aufwand die Biochemie und Physiologie von Muskeln untersucht hatten. Und weil das Protein niemandem aufgefallen war, hatte es auch keinen Namen. Kunckel und Mitarbeiter schrieben: „Wir haben dieses Protein Dystrophin genannt, weil seine Identifizierung über die Isolierung des Duchenne-Muskeldystrophie-Gens ging."

Übrigens ist das Dystrophin-Gen (offizielle Bezeichnung: *DMD*) mit zweiein-halb Millionen Basenpaaren und mit 79 Exons eines der längsten Gene im Hu-mangenom. Die schiere Größe und das Vorkommen von repetitiven Elementen in den Introns begünstigt Rekombinationen innerhalb des Gens, und das erklärt, warum Deletionen im *DMD*-Gen so häufig sind.

Wir nennen noch ein zweites prominentes Beispiel, wo Deletionen in einem Chromosom den Weg gewiesen haben (1986). Diesmal geht es um Deletionen im Chromosom 13 und das Retinoblastom. Das ist ein Tumor am Augenhinter-grund, eine unkontrollierte Wucherung von Retinazellen, die schon im frühsten Kindesalter beginnt. Auch hier war das codierte Protein zuvor völlig unbekannt und erhielt deswegen nach seiner Entdeckung ebenfalls einen Verlegenheitsna-men: Retinoblastom-Protein oder kurz Rb-Protein. Offizielle Bezeichnung des Gens: *RB1*.

Das Rb-Protein wurde bald berühmt und viel untersucht. Es wirkt im Nor-malfall als ein sogenannter Tumorsuppressor. Es bindet und inaktiviert Pro-teine, die für Zellteilung und Zellvermehrung verantwortlich sind. Wenn das Rb-Protein fehlt, fällt eine Kontrolle weg, und es kommt zu unkontrollierter Vermehrung von Zellen. Und das betrifft nicht nur Retinazellen wie beim an-geborenen frühkindlichen Retinoblastom, sondern auch andere Zellen, wenn sich später im Leben eine Krebserkrankung, zum Beispiel Lungenkrebs, ent-wickelt.

DNA-Marker und Cystische Fibrose

Eine Erbkrankheit, die besonders häufig im nördlichen und westlichen Europa vorkommt, ist die Cystische Fibrose (CF) oder, wie die Krankheit unter deutsch-sprachigen Medizinern oft genannt wird, Mukoviszidose. Das Kennzeichen der Krankheit ist, dass die Sekrete aller exokrinen Drüsen zähflüssig, verdickt, schlei-mig sind, und das betrifft besonders Pankreas und Bronchien. Die Folgen sind Verdauungsstörungen mit Mangelernährung sowie verstopfte Atemwege mit chronischem Husten und Sauerstoffmangel. Auf der zähen Sekretschicht in den Bronchien lassen sich Bakterien (*Pseudomonas aeruginosa*) nieder und verursa-chen chronische Entzündungen.

In Deutschland leben ungefähr 8000 CF-kranke Menschen, und jährlich wer-den 300 Kinder mit dieser Krankheit geboren. Diese Personen sind homozygot betroffen, also beide allele Gene sind durch Mutation verändert. Aus der Zahl der Homozygoten lässt sich die Verbreitung des *CF*-Gens in der Bevölkerung abschätzen. Demnach sind drei Millionen Menschen in Deutschland hetero-zygot und damit klinisch gesunde Träger des Gens, immerhin etwa 4 % der Be-völkerung.

So ist es verständlich, dass sich Mediziner und Genetiker schon früh nach der Einführung der Gentechnik für das *CF*-Gen zu interessieren begannen. Doch über das zugrunde liegende Protein war nichts bekannt, und Auffälligkeiten in der Chromosomenstruktur konnten nicht gefunden werden. So kam bei der Suche nach dem *CF*-Gen systematisch und gezielt ein neues Konzept zum Einsatz. Das Konzept beruht auf DNA-Markern, so benannt in Analogie zu den Gen-Markern, die es früher den Genetikern, etwa aus dem Morgan-Labor, ermöglichten, den Gang der Chromosomen und Gene durch die Generationen zu verfolgen.

Das Prinzip der DNA-Marker ist einfach und geht von der Tatsache aus, dass sich die Genome einzelner Menschen an ungefähr jeder 1000. Stelle der Sequenzen unterscheiden. Da das Humangenom aus etwa drei Milliarden Basenpaaren besteht, bedeutet das, dass sich einzelne Genome an mehreren Millionen Positionen unterscheiden. Am einfachsten wäre es, diese Stellen zu finden und in Katalogen festzuhalten, denn dann gäbe es ja eine Kollektion von spezifischen Kennzeichen oder DNA-Markern, mit deren Hilfe man den Gang von Genomabschnitten durch die Generationen verfolgen könnte.

Aber in den 1980er-Jahren konnte von einem auch nur halbwegs vollständigen Katalog von DNA-Markern keine Rede sein. Das wurde erst einige Jahrzehnte später möglich und zwar nach dem Abschluss des Humangenomprojektes. Wir werden darüber noch berichten (Kap. 20). Doch in den 1980er-Jahren mussten die Genetiker sehen, wie sie mit den vorhandenen Methoden zurechtkamen. Was sie gut beherrschten, waren die Behandlung von DNA mit Restriktionsnucleasen sowie Hybridisierungen in vielen technischen Variationen und mit allerlei experimentellen Tricks. Das ist die Grundlage für die eigentlich naheliegende Idee, nämlich dass individuelle Unterschiede in den Basenpaarsequenzen auch die Schnittstellen für Restriktionsnucleasen betreffen können. Wo die eine Person eine perfekte Stelle für die Restriktionsnuclease *Bam*H1 haben mag, GGATCC, hat eine andere Person an gleicher Stelle die Sequenz GCATCC, die nun nicht mehr von *Bam*H1 erkannt und geschnitten werden kann. Entsprechendes gilt für andere Restriktionsnucleasen und für Tausende von Stellen im Genom – was dazu führt, dass sich die Genome einzelner Personen durch die Längen von Restriktionsfragmenten unterscheiden. Man sprach von Restriktionsfragment-Längen-Polymorphismus, kurz RFLP (gesprochen: „rif-lip").

Mit dem umständlichen Wort „Polymorphismus" bezeichnet man allgemein das Vorkommen mehrerer Allele eines Gens in einer Population. Hier wird es benutzt, um Variationen in den Schnittstellen für Restriktionsnucleasen zu benennen. Später werden wir das Wort in anderen Zusammenhängen verwenden.

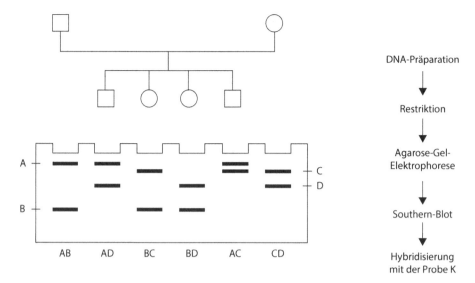

Abb. 15.1 DNA-Marker der ersten Stunde: RFLP. Das Bild zeigt, dass DNA-Marker nach den Regeln von Mendel vererbt werden, genauso wie die klassischen Gen-Marker in Abb. 1.1 und 3.1. *Oben*. Das übliche Schema eines Familienstammbaums: Vater und Mutter mit ihren vier Kindern, aufgeführt nach der Reihenfolge ihrer Geburt. Quadrat, männlich; Kreis, weiblich. *Unten*. DNA-Analyse durch Agarose-Gelelektrophorese. Die DNA-Proben der sechs Personen werden mit einer Restriktionsnuclease behandelt. Es entstehen einige Millionen DNA-Fragmente, die in der Elektrophorese aufgetrennt werden. Einen speziellen Restriktionsfragment-Längenpolymorphismus (RFLP) identifiziert man durch Hybridisierung mit einem radioaktiv- oder fluoreszenzmarkierten DNA-Stück im Southern-Blot-Verfahren (hier nicht dargestellt). Der Polymorphismus äußert sich beim Vater durch die Fragmente *A* und *B* von den beiden homologen Chromosomen. Entsprechendes gilt für die Fragmente *C* und *D* der Mutter. Was nun die Nachkommen betrifft, so lässt sich leicht an den Restriktionsfragmenten erkennen, dass jedes Kind je ein Chromosom vom Vater und das zweite von der Mutter geerbt hat

DNA-Sonden und der Nachweis von RFLP

Es stellt sich ein kompliziertes methodisches Problem. Wenn die Human-DNA mit einer Restriktionsnuclease geschnitten wird, entstehen einige Millionen Fragmente verschiedener Länge. Im gängigen Verfahren, der Elektrophorese, folgt ein Fragment dem anderen in dichter Reihenfolge und ergibt einen „Schmier", wie es im Jargon der Molekularbiologie heißt. Wie kann man hier einen RFLP erkennen? Die Lösung: Man nimmt ein Stück Human-DNA und hybridisiert es mit dem Fragment-Schmier. Wie für eine Hybridisierung erwartet, bindet das Stück nur an komplementäre Sequenzen, und wenn die Sequenzen einen RFLP enthalten, geben die DNAs verschiedener Menschen unterschiedliche Hybridisierungsmuster (Abb. 15.1).

Das DNA-Stück, das einen RFLP aufdeckt, nennt man „DNA-Sonde", engl. *probe*. Viele Sonden werden benötigt, damit möglichst viele RFLPs auf allen 23 Chromosomen erkannt werden. Das bedeutet viel Arbeit und viel experimentelle Mühe. Die Zusammenstellung eines geeigneten Arsenals von Sonden ist eine selten erwähnte und selten gerühmte Hintergrundgeschichte zu diesem Kapitel der Genetik.

Aber wenn das geschafft ist, kann man die Frage stellen, welcher RFLP gekoppelt mit der zu untersuchenden Krankheit, hier CF, vererbt wird. Voraussetzung sind umfangreiche und technisch aufwendige Untersuchungen an vielen Familien mit CF-kranken Kindern und ihren gesunden Geschwistern. So stellte sich nach viel Arbeit heraus, dass die Krankheit CF gekoppelt mit einem speziellen RFLP auf dem langen Arm des Chromosoms Nr. 7 vererbt wird.

Das war die erste Etappe auf dem Marsch zum *CF*-Gen. Die zweite Etappe bestand darin, vom RFLP zum Gen zu kommen. Denn wenn eine RFLP-Stelle auf dem Chromosom Nr. 7 mit dem *CF*-Gen gekoppelt vererbt wird, bedeutet das nur, dass der RFLP irgendwo in der Nähe des Gens liegt und nicht im Gen selbst. Tatsächlich beträgt der Abstand zwischen dem betreffenden RFLP auf Chromosom Nr. 7 und dem *CF*-Gen viele Hunderttausend Basenpaare.

Wie kommt man von dort zum Gen? Das war in der Zeit vor dem Humangenomprojekt eine erhebliche methodische Herausforderung. An dieser Stelle betraten Lap-Chee Tsui von der Genetischen Abteilung der Kinderklinik in Toronto, Kanada, und Francis Collins von der *University of Michigan* in Ann Arbor, USA, mit ihren jeweiligen Teams die Bühne. Jede Seite brachte ihre gentechnische Expertise in das Projekt ein und entwickelte ein Verfahren, das als *Chromosome Walking and Jumping* bekannt wurde. „Wanderung und Springen am Chromosom entlang" ist in der experimentellen Wirklichkeit ein langsamer und äußerst mühsamer Prozess: Mithilfe der DNA-Sonde wird aus einer Genombibliothek ein Klon gefischt; ein Stück dieses Klons wird verwendet, um den im Genom benachbarten Klon zu finden; von diesem wiederum ein Stück, um zum nächsten zu kommen usw. Das Ergebnis steht im ersten von drei Aufsätzen in der Ausgabe der Zeitschrift *Science* vom 8. September 1989. Der erste Aufsatz ist voller technischer Details und konnte eigentlich nur von solchen gewürdigt werden, die sich selbst mit der Isolierung von Genen herumschlugen. Man muss schon sehr genau hinschauen, um zu verstehen, ob der Titel „*Identification of the Cystis Fibrosis Gene*" wirklich durch die Daten gerechtfertigt ist.

Der zweite Aufsatz in *Science* ist für Biologen und Mediziner interessanter. Er beschreibt, wie die Forscher schließlich an die passende cDNA gelangten und wie deren Sequenz von über 6000 Nucleotiden aussah. Übrigens ist diese Sequenz vollständig mit jedem einzelnen G und A und T und C in der Zeitschrift abgedruckt, was zeigt, dass es wirklich noch frühe Zeiten in der Genforschung waren, denn heute würde man selbst eine interessante und wichtige Sequenz sang- und klanglos bei einer Datenbank abliefern. Aber im Rückblick muss man sagen, dass die Isolierung des *CF*-Gens tatsächlich ein Meilenstein in der Geschichte der medizinischen Genetik war.

Die Sequenz gibt einiges von den Geheimnissen des Gens preis. Das Gen codiert ein Membranprotein, das für den Transport von Chloridionen durch Zellmembranen zuständig ist. Dass passte zu älteren klinischen Forschungen, wonach die Krankheit irgendetwas mit dem Transport von Natrium- und Chloridionen durch die Membranen von Drüsenzellen zu tun hat. Aufgrund dieser Erkenntnis gaben die Forscher diesem Protein und damit auch dem Gen einen etwas umständlichen Namen: *Cystis Fibrosis Transmembrane Conductance Regulator*, kurz *CFTR*.

Das Gen der meisten CF-Kranken unterscheidet sich vom normalen Gen durch das Fehlen eines einzigen Codons, nämlich des Codons, das für die Aminosäure Phenylalanin an 508. Stelle in der Sequenz steht. Die Folge ist, dass sich das CFTR-Protein nicht richtig falten kann und deswegen im Innern der Zelle zurückbleibt, statt in die Zellmembran zu gelangen, wo es seine Aufgaben beim Chloridtransport zu erfüllen hat. Die erwähnte Mutation wird abgekürzt mit ΔF508 (Δ, Deletion; F, Phenylalanin; 508. Stelle im Protein) und ist deswegen berühmt, weil weltweit etwa 60 % aller CF-Kranken diese Mutation tragen. Die meisten davon leben in Nordwesteuropa, wo fast 90 % aller CF-Kranken die Mutation ΔF508 aufweisen.

Warum speziell die ΔF508-Mutation in Europa? Populationsgenetiker schätzen, dass sich die Mutation vor etwa 50.000 Jahren ereignet haben könnte. Warum ist sie erhalten geblieben und hat sich ausgebreitet? Es könnte sein, dass Heterozygote einen Schutz vor der Infektion mit pathogenen Bakterien haben. Versuche an Mäusen sprechen dafür, aber was den Menschen betrifft, so ist das letzte Wort noch nicht gesprochen.

Andere CF-Kranke haben eine von mehr als tausend verschiedenen anderen Mutationen, die das *CF*-Gen schädigen oder ausschalten – Nonsense-, Missense-, Spleiß-, usw. Mutationen.

Behandlung

Als das *CF*-Gen in den 1980er-Jahren entdeckt wurde, war man sich ziemlich sicher, dass eine Therapie hinter der nächsten Ecke liegen würde. Nun stimmt es, dass die Lebenserwartung von CF-Kranken heute viel höher ist als vor 30 oder 40 Jahren, aber die Gründe sind konventionelle medizinische Maßnahmen – Inhalieren von salzhaltigen Dämpfen, rigorose Bekämpfung der Infektionen und dergleichen. Aber anders als damals erhofft, ist eine allgemeine kausale Therapie nicht in Sicht. Jedoch wurden Medikamente mit Namen wie Ivacaftor (VX-770) entwickelt, die bei etwa 10 % der CF-Patienten wirken, und zwar bei Patienten, deren CFTR-Protein durch spezifische Mutationen so beschädigt ist, dass es falsch gefaltet in der Zellmembran liegt und deswegen nicht mehr recht funktioniert. Die Medikamente bringen die falsch gefalteten CFTR-Proteine in die richtige Form und stellen damit die Funktion einigermaßen wieder her. Andere Medikamente sind noch in der Entwicklung oder Erprobung (2016). Darunter sind auch solche (wie Lumacaftor oder VX-809), die eine korrekte Faltung der ΔF508-Form des CFTR-Proteins fördern.

Milde Verläufe, schwere Verläufe

Noch einen Punkt wollen wir erwähnen, weil er auch für viele andere medizinisch interessante Gene zutrifft. Wir hatten gesagt, dass viele nordwesteuropäische CF-Kranke ein und dieselbe Mutation im Gen *CFTR* haben – ΔF508, wie oben beschrieben. Aber die Krankheit kann ganz unterschiedliche Verläufe nehmen. Von äußerst schwerer Lungenerkrankung mit frühem Tod bis zu milden Verläufen mit nahezu normaler Lebenserwartung. Das ist eine verwirrende Beobachtung und hat zu dem Schluss geführt, dass es Gene geben muss, die in den Verlauf der Krankheit eingreifen. Tatsächlich haben Forschungen eine ganze Reihe von Genen zu Tage gefördert, die genau dies tun, darunter Gene für Zelloberflächenproteine, für Entzündungsfaktoren und anderes. Die allgemeine Schlussfolgerung ist, dass das Gen *CFTR* nicht allein wirkt, sondern Teil eines Netzwerks mit anderen Genen ist, die sich in komplexer Weise gegenseitig beeinflussen. Dies gilt nicht nur für *CFTR*, sondern für eigentlich alle anderen Gene einer Zelle oder eines Organismus. Wir werden darauf zurückkommen.

Chorea Huntington

Vermutlich hat damals keine Genjagd die allgemeine und wissenschaftliche Öffentlichkeit mehr interessiert, als die Jagd nach dem Gen für Chorea Huntington. Die Krankheit wurde Ende des 19. Jahrhunderts ausführlich vom New Yorker Arzt George Huntington beschrieben. Sie tritt bei 3–4 unter 100.000 Personen auf, ist also relativ selten, dafür von besonderer Dramatik. Die Krankheit beginnt meist im Alter von 40 bis 50 Jahren mit unkoordinierten Bewegungen, Unruhe, Halluzinationen und psychischen Veränderungen, führt dann zu einem vollständigen Verlust der motorischen Kontrolle und der intellektuellen Fähigkeiten und endet fünf bis zehn Jahre nach Auftreten der ersten Symptome mit dem Tod.

Zum Schrecken der Krankheit gehört die Genetik. Chorea Huntington wird nämlich dominant vererbt. Das heißt, dass *ein* pathologisch verändertes Allel für das Entstehen der Krankheit ausreicht. Die Konsequenz für die betroffenen Familien: Wenn ein Elternteil, Vater oder Mutter, erkrankt, können die Kinder davon ausgehen, dass statistisch gesehen jedes zweite von ihnen das Huntington-Gen erworben hat und unweigerlich krank werden wird. Weil niemand weiß, wer das sein wird, lebt die ganze Familie in quälender Ungewissheit und Angst.

Die Suche nach dem Huntington-Gen begann mit einem frühen und viel beachteten Erfolg. Schon 1983 hatten James Gunsella und seine Gruppe am *Massachusetts General Hospital* in Boston das Gen auf dem kurzen Arm des Chromosoms Nr. 4 lokalisiert. Das war ein Glückstreffer, dem aber der zweite, nämlich die Isolierung des Gens, erst zehn Jahre später folgte. Diesmal war es ein Konsortium von fast 60 Forschern aus mehreren Laboratorien in den USA und Großbritannien (*The Huntington's Disease Collaborative Research Group*), das den Erfolg feiern konnte (Abb. 15.2).

Das Produkt des Gens erhielt den Phantasienamen Huntingtin. Übrigens was das Huntingtin in Gehirnzellen macht, ist trotz der vielen Hundert Publikationen bis heute noch nicht genau bekannt (2016) – es tritt mit einer großen Zahl von Proteinen in Wechselwirkung, könnte etwas mit der Regulation von Genen in Gehirnzellen zu tun haben oder auch mit dem Transport von Proteinen entlang der Nervenfasern oder beim Aufbau der Synapsen u. a.

Triplett-Wiederholungen

Von vornherein fiel etwas als neu und aufregend auf: eine monotone Folge des Tripletts CAG am Anfang des Gens (oder technisch gesprochen im 5′-Bereich). Bei nichtkranken Menschen kommen bis zu 25 Tripletts hintereinander vor, aber bei Huntington-Kranken sind es über 40 bis zu 100 Triplett-Wiederholungen. In die Sprache der Proteine übersetzt, heißt das, dass das Protein Huntingtin eine ungewöhnlich lange Folge der Aminosäure Glutamin besitzt. Überlange Glutaminfolgen wie bei den Huntington-Patienten haben eine fatale Konsequenz: Das Protein ist in den Zellen unlöslich und fällt als Klumpen aus. Das stört die Funktion von Gehirnzellen und bringt sie zum Absterben. Übrigens ist das der Grund, warum die Krankheit dominant vererbt wird, bzw. warum ein einziges mutationsgeschädigtes Huntington-Gen ausreicht, um den klinischen Phänotyp hervorzurufen. Denn wenn auch nur eines der beiden Gene die überzähligen Tripletts hat, fällt das Protein in der Zelle aus und richtet den Schaden an.

Wir fügen hinzu, dass Chorea Huntington nur eine von mehreren neurodegenerativen Krankheiten ist, die durch eine Überzahl von Triplett-Wiederholungen verursacht wird. Dazu gehören unter anderem die verschiedenen Formen der spinozerebellaren Ataxie.

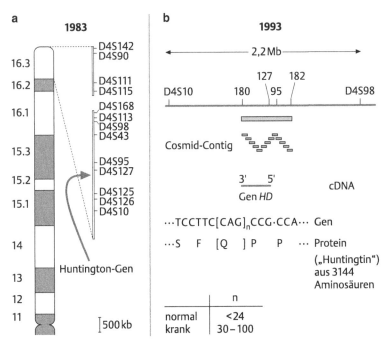

Abb. 15.2 Die Jagd nach dem Gen HD. **a** Schema des Chromosoms Nr. 4, kleiner Arm. Der *obere Teil* ist durch eine Reihe von DNA-Markern mit Bezeichnungen wie D4S142, D4S90 usw. gegliedert. Schon im Jahre 1983 wurde entdeckt, dass das Gen für die Huntington-Krankheit in der Nähe des DNA-Markers D4S127 liegt. Das war ein erster großer Erfolg. Doch dann waren zehn Jahre Arbeit mehrerer großer Forschergruppen (The Huntington's Disease Collaborative Research Group) notwendig, bevor schließlich das Gen isoliert werden konnte. **b** Der *obere Teil* zeigt einen DNA-Abschnitt von ca. 2,2 Mio. Basenpaaren mit den Positionen einiger DNA-Marker, darunter der wichtige Marker D4S127. Der nächste Schritt war die Klonierung der DNA um diesen Marker herum (in einem Cosmid-Vektor). Die Genom-(DNA-)Stücke wurden überlappend geordnet (Cosmid-Contig). Schließlich wurde in einem der klonierten DNA-Stücke das Gen *HD* identifiziert Das Gen hat eine Besonderheit: An einer Stelle kommt das Codon CAG in über 20-facher Wiederholung vor. CAG codiert die Aminosäure Glutamin (*Q*, in der Ein-Buchstaben-Abkürzung). Somit enthält das Protein lange Folgen von Glutamin. Das ist der Normalfall. Menschen mit der Huntington-Krankheit haben noch längere Folgen von CAG-Tripletts, bis zu 100 und mehr, wie in der Abbildung angedeutet. (Aus: Knippers R (2006) Molekulare Genetik, 9. Aufl., Georg Thieme, Stuttgart)

Gentests in Venezuela

Haben sich die Anstrengungen der Huntington-Forscher, der enorme experimentelle Aufwand und die erheblichen finanziellen Mittel gelohnt? Zumindest der Zuwachs an Wissen ist bedeutend. Genetiker erkannten in den Triplettwiederholungen eine neue Art von Mutation, und Neurobiologen haben ein interessantes neues Protein, Huntingtin, das sicher eine Schlüsselfunktion in Gehirnzellen hat und dessen weitere Erforschung neue Erkenntnisse bringen wird. Dagegen ist der Gewinn für die praktische Medizin gering. Die Behandlung ist bis heute so gut wie kein Stück vorangekommen (2016).

So bleibt eine Verbesserung der Diagnosemöglichkeiten. Aber das ist ein problematisches Gebiet, wie exemplarisch die Geschichte von Nancy Wexler zeigt, eine Geschichte, die sie selbst oft und gern selbst erzählt hat.

Sie war 23 Jahre alt, als sie merkte, dass ihre Mutter Symptome der Chorea-Huntington-Krankheit zeigte. Zuvor waren drei von Nancys Onkeln und ihr Großvater der Krankheit zum Opfer gefallen. Kein Wunder, dass Nancy Wexler mit ihrem Schicksal haderte und in tiefe Depression fiel. Aber sie lernte dann, in bewundernswerter Weise ihr Leben neu zu gestalten. Sie studierte Psychologie, schrieb eine Doktorarbeit über Huntington-Familien und wurde Leiterin einer Kommission zur Erforschung und klinischen Betreuung von Huntington-Patienten. Ihr wichtigstes Verdienst – weswegen sie in die Geschichte der medizinischen Genetik eingegangen ist – war ihre Arbeit in einer abgelegenen Gemeinde in Venezuela. Dort hatte vor fast 200 Jahren eine Frau mit dem Huntington-Gen eine große Familie gegründet, von der ein guter Teil der heute dort lebenden Gemeindemitglieder abstammt, belastet mit dem genetischen Erbe ihrer Urahnin. Als Konsequenz kommt die Huntington-Krankheit dort häufiger vor als in anderen Teilen der Welt. Wexler gelang es, sich das Vertrauen der Menschen zu erwerben, sammelte Blutproben und stellte die Stammbäume von über zehntausend Menschen zusammen, begünstigt durch die Tatsache, dass die Menschen dort früh Eltern und oft noch vor ihrem 40. Lebensjahr Großeltern werden. Sie stellte ihre Befunde dem Gunsella-Team zur Verfügung, das das Gen lokalisiert und später zusammen mit anderen isoliert hat.

Nach der Isolierung des Gens war bald eine relativ einfache Diagnose über PCR-Methoden möglich. So kann jedes Mitglied einer Familie mit Huntington-Verwandten erfahren, ob er oder sie das Gen geerbt hat oder nicht. Nancy Wexler schreibt: „Als der Test zur Verfügung stand, sagten meine Schwester und ich, wunderbar, wir machen das. Wenn's negativ ist, können wir Kinder haben und unser Vater kann sein Geld für bessere Dinge ausgeben, als es für unsere Pflege zu sparen." Aber nach einigem Nachdenken kamen sie zu einem anderen Ergebnis: „Nein, wir wollen es nicht wissen, denn wenn eine von uns beiden das Gen hat, sind wir alle hinüber".

Sie gibt zu bedenken, dass es ihre persönliche Entscheidung war, nicht unbedingt ein Muster für andere. Denn andere mögen davon ausgehen, dass ein negativer Bescheid in jedem Fall eine unendliche Erleichterung ist und dass es bei positivem Ausgang genügend wertvolle Zeit gibt, um sich auf den Beginn der Krankheit vorzubereiten. Aber die Erfahrung zeigt, dass nur wenige so stark sind, dass sie das Wissen um den frühen Verfall und den frühen Tod mit Gleichmut ertragen können. Viele verfallen schon lange vor Ausbruch der Krankheit in Depressionen, versuchen sich selbst zu töten und vermeinen oft, schon den Beginn der Krankheit zu verspüren, lange bevor sie objektiv zum Ausbruch kommt.

Genetische Diagnostik

Was wir gerade beschrieben haben, ist eine praktische Konsequenz der molekulargenetischen Forschung. Das Stichwort ist Gendiagnostik. Ein typischer Fall wäre nicht die Wexler-Familie (denn Chorea Huntington ist selten), sondern ein junges Paar, das entfernt miteinander verwandt ist und sich daran erinnert, dass ein Onkel womöglich an einer Erbkrankheit zugrunde gegangen ist. Das Paar möchte Kinder haben und will nun wissen, ob die Kinder das Krankheitsgen erben werden oder nicht. Mithilfe von PCR-Methoden kann man höchst präzise prüfen, ob ratsuchende Personen heterozygote Träger eines mutierten Gens sind.

Wie es soweit kommt und dann weitergeht, ist in Deutschland recht detailliert geregelt und zwar durch das Gendiagnostikgesetz (GenDG), das im Jahre 2010 nach langen Vorbereitungen in Kraft getreten ist. Das leitende Prinzip ist Selbstbestimmung, und das schließt das Recht auf Kenntnis der eigenen Befunde ein, aber auch das Recht auf Nichtwissen, wie es die Wexler-Familie für richtig gehalten hatte. Das GenDG regelt ausführlich die Verpflichtung zu gründlicher und ergebnisoffener Beratung, insbesondere, wenn es um die Gesundheit der ratsuchenden Person oder, wie im Beispiel, um die Gesundheit eines noch ungeborenen Kindes geht. Ausdrücklich muss die Beratung durch Ärzte erfolgen. Und was auch im GenDG steht: Versicherungen und Arbeitgeber dürfen persönliche genetische Daten nicht verwenden. Das gilt als Missbrauch und ist verboten.

Aber wie kann man auf eine Beratung reagieren, wenn sich herausstellen sollte, dass beide Elternteile heterozygot für das betreffende Gen sind?

Dann könnten sie sich der genetischen Lotterie ausliefern. Nach den Regeln von Mendel wäre ein Viertel der Nachkommen homozygot, hätte also je eine Kopie des krankheitsverursachenden Allels von jedem der beiden Elternteile geerbt – und würde krank werden.

Aber die Eltern könnten sich auch für einen sicheren Weg entscheiden, etwa für eine pränatale Diagnostik in der frühen Phase der Schwangerschaft. Bei einem der Verfahren, der Chorionzottenbiopsie, werden der Placenta winzige Gewebsproben entnommen, was bei der hohen Empfindlichkeit der PCR-Methoden ausreicht, um zu klaren Aussagen zu kommen, nämlich ob der sich entwickelnde Embryo mindestens ein intaktes Allel besitzt und deswegen gesund bleibt oder ob er homozygot für das geschädigte Gen ist und damit sicher krank wird. Dann steht am Ende einer eleganten Diagnostik eine grobe Konsequenz, nämlich entweder das Schicksal eines kranken Kindes zu akzeptieren oder einen Abbruch der Schwangerschaft vorzunehmen.

Allgemeine Empfehlungen sind kaum möglich. Die Entscheidung wird eher für einen Schwangerschaftsabbruch ausfallen, wenn es sich um eine Erbkrankheit wie die α-Thalassämie handelt, wo es zum Tod des Fötus meist noch während der letzten Phase der Schwangerschaft kommt; oder auch bei der Tay-Sachs-Krankheit, wenn das Leben des Neugeborenen schon bald nach der Geburt unter Qualen zu Ende geht. Dagegen werden sich wohl nur sehr wenige Eltern für eine Abtreibung entscheiden, wenn das Kind an Cystischer Fibrose oder einer Bluterkrankheit leiden wird. Zwischen diesen Extremen liegen zahlreiche Erbkrankheiten, wo die Entscheidung für oder gegen eine Abtreibung schwer zu fällen ist. Das ethische Dilemma ist erheblich, und das ratsuchende Paar benötigt eine intensive Beratung, wie es das GenDG ja auch vorschreibt.

In diesen Zusammenhang kann die sogenannte Präimplantationsdiagnostik (PID) eine Option sein. Das Verfahren beginnt mit der In-vitro-Fertilisation (IVF), der künstlichen Befruchtung von Eizellen in der Petrischale, heute meist in Form der intracytoplasmatischen Spermieninjektion (ICSI). Normalerweise eine weitgehend unumstrittene Methode, die ungewollt kinderlosen Paaren zum gewünschten Nachwuchs verhilft. Seit 1982 verdanken allein in Deutschland einige Hunderttausend Personen ihr Leben der In-vitro-Fertilisation.

Was PID betrifft, so beginnt der Eingriff zwei oder drei Tage nach der Befruchtung, wenn der junge Embryo ungefähr das Acht-Zellenstadium erreicht hat. Diese Zellen sind, wie man sagt, totipotent, was bedeutet, dass aus ihnen alle Zellen des werdenden Organismus hervorgehen können. Bei der PID wird eine Zelle entnommen und mithilfe der PCR-Technik auf Genschäden untersucht. Wenn keine Genschäden gefunden werden, geht die IVF den normalen Weg mit einer Übertragung des Embryos in den Uterus der hormonell entsprechend vorbereiteten Mutter. Aber wenn die beiden allelen Gene geschädigt sind, kann der Embryo verworfen werden. Angeblich ist das Verfahren seit den frühen 1990er-Jahren weltweit bei über 10.000 Kindern eingesetzt worden.

Aber auch hier treten erhebliche ethische Probleme auf, die gerade auch in Deutschland sehr intensiv diskutiert worden sind – in den Medien, wissenschaftlichen Akademien, Ethikkommissionen, Kirchen, Verbänden und auch im Deutschen Bundestag. Im Jahre 2011 fand dann ein überparteilicher Gesetzesentwurf unter dem Stichwort „Befürwortung in engen Grenzen" die Mehrheit. Danach bleibt PID im Grundsatz und im Hinblick auf das Embryonenschutzgesetz verboten, ist aber zulässig, wenn aufgrund der genetischen Veranlagung der Eltern eine schwere Erbkrankheit des Kindes und Früh- oder Todgeburt drohen. Schätzungen hatten ergeben, dass jährlich 200–300 Anträge auf PID gestellt würden. Tatsächlich sind in der Zeit von Februar 2014 (als eine PID-Verordnung erlassen wurde) bis Juni 2015 nur 34 Anträge gestellt und begutachtet worden.

Mutationen und Populationen.
Community Screening – genetische Tests für ganze Bevölkerungsgruppen

Da hier die praktischen Konsequenzen der medizinischen Genetik zur Diskussion stehen, soll auch das sogenannte *Community Screening* erwähnt werden. Es wurde zuerst erfolgreich beim Umgang mit Erbschäden in den Globin-Genen eingesetzt. Zur Erklärung folgen einige Sätze über Mutationen in Globin-Genen.

Mutationen im Gen *HBB*

Wir gehen von Mutationen im menschlichen Gen *HBB* aus, einem einfach aufgebauten Gen mit nur drei Exons und zwei Introns (s. Abb. 14.4). Das Gen codiert das Protein β-Globin, einen Baustein des Blutfarbstoffes Hämoglobin, HbA. Das Gen *HBB* kann durch eine von vielen Mutationen geschädigt sein. Eine besonders weit verbreitete Mutation verursacht die Sichelzellanämie. Hämoglobin mit dem geschädigten β-Globin-Baustein (HbS) fällt bei Sauerstoffmangel aus. Die Form der roten Blutzellen verändert sich und nimmt die Form einer „Sichel"-Zelle an. Personen, die als Heterozygote neben dem geschädigten Allel noch ein normales Allel besitzen, sind klinisch gesund. Aber Personen mit zwei geschädigten Genen sind homozygot und krank. Das HbS fällt im Körper aus und verstopft die kleinen Blutgefäße. Die Konsequenzen sind Gefäßverschlüsse mit Schmerzanfällen, vor allem in den Gelenken und im Darmtrakt, auch Funktionsverluste in anderen Geweben, was insgesamt eine schwere Störung der kindlichen Entwicklung zur Folge hat.

   Die Erforschung der molekularen Grundlagen geht auf den bedeutenden Chemiker Linus Pauling (s. Kap. 9) zurück, der zusammen mit seinem Mitarbeiter Harvey Itano zeigte, dass sich das Sichelzell-Hämoglobin HbS durch seine Beweglichkeit im elektrischen Feld vom gesunden HbA unterscheidet (1949). Einige Jahre später fand V. M. Ingram in England die Erklärung. Er benutzte die damals brandneue Proteinsequenziermethode von Fred Sanger und wies nach, dass HbS an 6. Stelle in der β-Globin-Kette die Aminosäure Valin trägt, während beim normalen HbA dort Glutaminsäure steht (1956). Mit der Isolierung des Gens *HBB* in den 1970er-Jahren wurde die Ursache bekannt. Es handelt sich um eine Mutation mit dem Austausch von A im Standard-Gen durch ein T im HbS-Gen. Die Folge ist, dass das sechste Codon GAG (codiert für Glutaminsäure) zum Codon GTG (für Valin) wird. Im Genetik-Jargon ist das eine Falschsinn- oder Missense-Mutation: Ein („normales") Codon wurde in ein anderes („falsches") Codon überführt. Bei anderen Mutationsereignissen wird aus einem normalen Codon ein Stopp-Codon. Dann spricht man von Unsinn- oder Nonsense-Mutation. Beispiel: Das normale Codon Nr. 17 mit AAG geht in das Stopp-Codon TAG über. Die Konsequenz ist natürlich, dass statt der normalen Globin-Kette mit 146 Aminosäuren nur ein kümmerliches Stück von 16 Aminosäuren gebildet wird. Falls homozygot, kommt es zu einer schweren Anämie mit erheblicher Störung der Entwicklung.

Häufigkeiten

Mutationen in den Globin-Genen sind die bei Weitem häufigsten monogenen Erbkrankheiten. Die Jerusalemer Autoren D. Rund und E. Rachmilewitz machen in einem Aufsatz für die führende medizinische Fachzeitschrift *New England Journal of Medicine* (2005) eine Rechnung auf, wonach erstaunliche 5 % aller Menschen ein mutiertes Globin-Gen in ihrem Erbgut haben. Fast die Hälfte dieser 350 Mio. Menschen hat ein Gen für HbS, und ungefähr ein Drittel ein funktionsloses Gen *HBB* (was die eine oder andere Form der Krankheit β-Thalassämie verursacht, wie später im Text beschrieben). Selbstverständlich sind die weitaus meisten Menschen heterozygot, haben also neben dem mutierten noch ein intaktes Allel, das ausreicht, um den Körper mit funktiontüchtigem Globin zu versorgen. Dementsprechend sind diese Menschen gesund, aber ein Viertel der Kinder heterozygoter Eltern erbt von jedem Elternteil das kranke Gen.

Populationsgenetiker schätzen, dass sich die HbS-Mutation vor vielleicht zweitausend Jahren bei einer Person in Westafrika ereignet hat. Heute findet man sie im Erbgut von vielen Millionen Menschen in ganz Afrika und bei Afroamerikanern in den USA, den Nachfahren der Menschen, die vor einigen Hundert Jahren als Sklaven von Afrika nach Amerika verschleppt wurden. Homozygote Menschen sind schwer krank und gehen meist früh zugrunde. Deshalb können sie keine Nachkommen haben. Warum, fragt man sich dann, konnte sich die Genmutation innerhalb der relativ kurzen Zeit von zwei Jahrtausenden so weit verbreiten. Die berühmte Antwort: weil Heterozygote weniger anfällig für Malaria-Erreger wie *Plasmodium falciparum* sind. Diese Antwort ist so überraschend wie plausibel. Plausibel, weil seit Tausenden von Jahren Malaria die häufigste Infektionskrankheit ist. Heute sind weltweit 250 Mio. Menschen mit Malaria infiziert, bei fast einer Million Todesfälle im Jahr. Zum Vergleich: An AIDS sind etwa 35 Mio. Menschen erkrankt, mit zwei Millionen Toten im Jahr (2012).

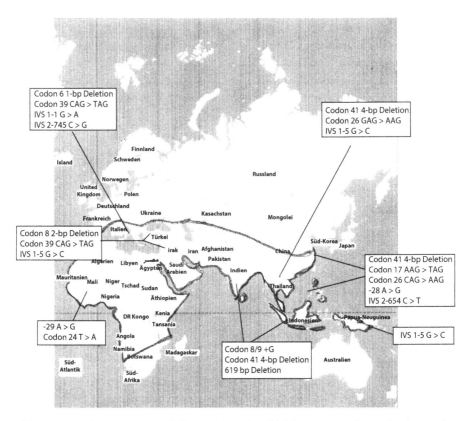

Abb. 15.3 Verbreitung von Thalassämien. Die Abbildung zeigt die Verbreitung der β-Thalassämie in einem breiten subtropischen bis tropischen Gürtel von Westafrika bis Asien. Für unsere Diskussion ist wichtig, dass die molekularen Ursachen für Thalassämie von Region zu Region verschieden sind. Nehmen wir als Beispiel die Verhältnisse im Mittelmeerraum (*Box oben links*). Dort findet man bei vielen Thalassämie-Kranken die Deletion eines Basenpaares im Codon 6, was natürlich dazu führt, dass das Leseraster außer Takt gerät und kein ordentliches Globin gebildet wird. Bei anderen Kranken ist das Codon 39 (CAG) in ein Stopp-Codon überführt. Das Ergebnis ist ein stark verkürztes und damit funktionsloses Globin. Schließlich kommen noch Veränderungen in Introns vor (hier mit IVS abgekürzt für *Intervening Sequence*). Das stört die Spleißvorgänge und liefert falsche mRNAs. Die Abbildung beruht auf Angaben im Aufsatz von Weatherall DJ, Cegg JB (1996) Thalassaemia – a gobal public health problem. *Nature Medicine* 2:847–849

Wenn also Heterozygote vor Malaria geschützt sind, haben sie mehr Nachkommen als andere, und diejenigen unter den Nachkommen, die das HbS-Gen geerbt haben, werden ebenfalls mehr Kinder haben und so über die Generationen hinweg. Dieser Vorteil wiegt offensichtlich mehr als der Nachteil, der durch das Auftreten von homozygot Kranken entsteht.

Thalassämien

Eine Krankheit, die auf Fehlen oder Unterproduktion von β-Globin-Ketten beruht, heißt β-Thalassämie. In diesem Namen steckt das griechische Wort *thalassa*,
Meer. Damit ist das Mittelmeer gemeint, weil die Krankheit bei Menschen am
Mittelmeer zuerst erkannt wurde. Doch seit Langem weiß man, dass β-Thalassämie
in einem breiten Gürtel von Westafrika bis Südostasien gehäuft vorkommt. Wie
HbS bietet auch β-Thalassämie einen relativen Schutz vor Malaria (Abb. 15.3).

Humangenetiker haben als Ursache für β-Thalassämie einige Hundert verschiedene Arten von Mutationen identifiziert: Unsinn-Codons, wie oben erwähnt; aber auch Verluste kurzer Genabschnitte (Deletionen); oder Veränderungen im Promotor und an den Stellen des Gens, die normalerweise für das
korrekte Spleißen der prä-mRNA notwendig sind. Ein Blick auf Abb. 15.3 zeigt,
dass bestimmte Mutationen in einzelnen geografischen Regionen bevorzugt vorkommen. Was dafür spricht, dass β-Thalassämien in verschiedenen Gegenden der
Erde unabhängig voneinander entstanden sind.

Was auch immer im Einzelnen die genetische Ursache für Thalassämie sein
mag, die Konsequenzen sind die gleichen. Kinder, die mit β-Thalassämie geboren werden, entwickeln sich in den ersten Lebensmonaten mehr oder weniger
normal, weil dann noch genügend viel fötales Globin vorhanden ist. Aber wenn
dieses durch das normale β-Globin ersetzt wird, machen sich die Symptome
bemerkbar, nämlich Blutarmut, Entwicklungsstörung, allmählicher Verfall mit
frühem Tod im Alter von vier bis sechs Jahren.

Die wichtigste Behandlungsmöglichkeit sind Bluttransfusionen. Keine leichte
Aufgabe für die betreuenden Ärzte und Pfleger, denn es sind ja meist Kinder,
die behandelt werden müssen, mit notorisch schlechtem Zugang zu den Venen.
Überdies bringen häufige Transfusionen eine schwerwiegende Komplikation mit
sich: Überbelastung mit Eisen. Das wiederum verlangt eine begleitende Behandlung mit Medikamenten, die überschüssiges Eisen binden und ausscheiden. Das
ist extrem belastend für die Patienten, ihre Familien und die behandelnden Ärzte.

Eine ideale Behandlung wäre die Transplantation von gesunden Knochenmarksstammzellen. Aber dazu muss ein immunologisch passender Spender gefunden werden, ein Glücksfall, auf den nur eine kleine Minderheit der
β-Thalassämie-Kranken hoffen kann. Dazu kommt, dass im Zusammenhang mit
der Transplantation nicht selten Komplikationen, auch Todesfälle, selbst in den
besten Kliniken vorkommen.

Community Screening – genetische Tests für ganze Bevölkerungsgruppen

Die Behandlung ist nicht nur kompliziert, unsicher und aufwendig, sondern auch sehr teuer und deswegen ein Problem für die öffentlichen Gesundheitsdienste in Entwicklungsländern.

Was tun? Diese Frage stellten sich die Verantwortlichen der Republik Zypern, wo in den 1960er-Jahren alljährlich 60 bis 80 Kinder mit β-Thalassämie geboren wurden. Das kleine Land war gerade unabhängig geworden und hatte große wirtschaftliche Probleme. Die sachgerechte Behandlung der vielen kranken Kinder verschlang nahezu das gesamte Budget des Gesundheitsministeriums. In dieser Situation suchte man den Rat von erfahrenen Humangenetikern.

Diese setzten einen einfachen Bluttest ein, um herauszubekommen, wie hoch der Anteil der Heterozygoten in der Bevölkerung Zyperns war. Das Ergebnis: ungefähr 100.000 unter den etwa 700.000 Zyprioten. Der Plan war nun, alle jugendlichen Heterozygoten ausführlich zu beraten, bevor sie heiraten und eine Familie gründen wollen. Falls es zur Schwangerschaft kam, sollte mithilfe des Verfahrens der Fötoskopie das Blut von Föten untersucht werden. Wir wissen, dass bei drei Viertel der Untersuchungen ein beruhigendes Resultat zu erwarten ist, denn die Kinder haben mindestens ein gesundes Gen und deswegen keine klinischen Probleme.

Aber dann bleibt der Rest: Föten mit β-Thalassämie-Genen auf beiden homologen Chromosomen. Genetiker plädierten in diesem Fall für einen Schwangerschaftsabbruch. Die orthodoxe Kirche war strikt dagegen, und die Politik folgte dem, teils aus Überzeugung, teils weil sie keinen Ärger mit der Geistlichkeit riskieren wollte. Dabei war es ein offenes Geheimnis, dass sich in all den Jahren zuvor viele schwangere Frauen für eine Abtreibung entschlossen hatten, oft heimlich und selbst ohne Wissen ihrer Männer, einfach weil sie sich nicht in der Lage fühlten, den Schrecken der Krankheit durchzustehen. Dabei blieb es nicht aus, dass auch Schwangerschaften mit gesunden Kindern abgebrochen wurden.

In dieser Situation überzeugte das Argument, dass eine vorgeburtliche Untersuchung zielgenau die homozygoten Föten identifiziert und somit hilft, eine Abtreibung von gesunden Föten zu vermeiden. Die Geistlichkeit konnte überzeugt werden, und so kam es zu einer bemerkenswerten moralischen Allianz von Eltern, Ärzten, dem Gesundheitsdienst und der orthodoxen Kirche. Mit dem Ergebnis, dass heute in Zypern so gut wie kein Kind mehr mit Thalassämie zur Welt kommt.

Das *Screening* ganzer Bevölkerungsgruppen hat auch an anderen Orten zu Erfolgen geführt, so auf der Insel Sardinien, ebenfalls im Vorgehen gegen Thalassämie, und bei der jüdischen Bevölkerung osteuropäischer Herkunft (Ashkenazi) in New York, wo häufig eine Krankheit auftritt, die nach ihren Erstbeschreibern als Tay-Sachs-Krankheit bekannt ist. Der Grund ist hier eine Mutation im Gen *HEXA* mit der Folge, dass ein Enzym (Hexosaminidase A) des Lipid-(Gangliosid-)Stoffwechsels nicht gebildet werden kann, was zu einer Anhäufung von Lipidderivaten in Gehirnzellen und deren Zerstörung führt, mit der Konsequenz schwerer neurologischer Schäden und frühem Tod.

Eugenik?

Die *Screening*-Programme auf Zypern, Sardinien und in New York haben viel Leid und Kummer verhindert. Aber immer wieder trat jemand auf und sprach das Unwort aus: Eugenik. Das rief natürlich sofort Erinnerungen wach an die unsäglichen Bestrebungen in der ersten Hälfte des 20. Jahrhunderts, als die genetische Reinheit ganzer Völker und Rassen auf der politischen Agenda stand, bis hin zum Völkermord der Nazis.

Die Diskussionen darüber, ob *Community Screening* nun etwas mit Eugenik zu tun hat oder nicht, sind weitgehend verstummt. Zu offensichtlich sind die Unterschiede. Am wichtigsten ist das, was in den ethischen Debatten mit „Autonomie", also Selbstbestimmung, bezeichnet wird. Die betroffenen Personen entscheiden frei darüber, ob sie am Test teilnehmen wollen oder nicht; und sie entschließen sich frei für oder gegen eine Abtreibung. Sie treffen ihre Entscheidung nach eingehender Beratung durch medizinische Fachleute und Psychologen. Eine Zeitlang galt als Ziel der Beratung eine einfache Zustimmung, *informed consent*, aber Kritiker fanden, dass dies der Forderung nach Autonomie nicht gerecht wird, deswegen ist heute das Ziel *informed choice*, Wahl – der Option – nach Beratung.

Ein zweiter Punkt, der die moderne Humangenetik von der alten Eugenik unterscheidet, ist die Zielrichtung. In der alten Eugenik war von Reinhalten der Rasse oder der Nation die Rede. Heutzutage geht es um eine Hilfe für einzelne Personen.

Übrigens, wenn „Reinhaltung" der Rasse ernst genommen werden sollte, müsste es um die Entfernung aller schädlichen Gene gehen, auch der Gene von heterozygoten Personen. Das würde bedeuten, dass jede 20. bis 30. Person sterilisiert werden müsste, jedenfalls in Gegenden, in denen Thalassämie und Tay-Sachs-Krankheit vorkommen. Doch wenn man genau hinsieht, trägt jeder Mensch eine Reihe mutierter Gene mit sich herum. Man sieht, wir kommen hier schnell in das Abseits der Absurdität.

Gentherapie

Was die praktisch-klinischen Konsequenzen der medizinischen Genetik betrifft, so steht die genetische Diagnostik bis jetzt eindeutig im Vordergrund. Wie erwähnt, gibt es Schwierigkeiten und ethische Probleme. Nun wäre das Ende aller

Schwierigkeiten und Probleme gekommen, wenn endlich die Bemühungen um das theoretisch Nächstliegende gelingen würden – der Ersatz des geschädigten Gens durch ein intaktes Gen. Gentherapie.

Die bestrickend einfache Idee der Gentherapie wurde schon in den 1970er- und frühen 1980er-Jahren aufgegriffen. Seitdem bemühen sich weltweit Hunderte von Forschern darum.

Alljährliche werden einige Hundertmillionen Euro an Forschungsmittel ausgegeben. Es gibt eigene Zeitschriften, etwa mit den schlichten Titeln *Gene Therapy* (seit 1993) oder *Human Gene Therapy* (seit 1990) und eigene Fachgesellschaften, zum Beispiel die Deutsche Gesellschaft für Gentherapie e. V.

Die Ergebnisse sind bisher bescheiden. Das Problem ist nicht die Beschaffung eines intakten Gens, denn, wie wir gesehen haben, ist das ohne Weiteres mit den Methoden der Gentechnik möglich. Das Problem ist auch nicht die Übertragung eines solchen Gens in Zellen, auch das ist Routine für alle, die mit Zellen in Kultur umgehen können. Die Schwierigkeiten sind, erstens, das Gen im Körper dorthin zu dirigieren, wo es gebraucht wird, und, zweitens, es dort über längere Zeit aktiv zu halten.

Meist werden für die Übertragung sogenannte Vektoren eingesetzt. Das sind Viren, die neben eigenen Genen das zu übertragende Human-Gen besitzen. Andere Möglichkeiten sind Liposomen, membranähnliche Bläschen, die das zu übertragenden Gen enthalten.

Ziel der Behandlung sind schwere Erkrankungen, ausgelöst durch Mutationen einzelner Gene. Beispiele sind Thalassämien, Hämophilie und Ausfall des Immunsystems, *Severe Combined Immunodeficiency* (SCID), ein Sammelbegriff für mehrere verschiedene Einzelgen-Ausfälle, die alle dazu führen, dass das betroffene neugeborene Kind jeder, auch der kleinsten Infektion hilflos ausgeliefert ist und unbehandelt meist schon im ersten Lebensjahr zugrunde geht. Überleben gelingt nur in einem sterilen Zelt, abgeschirmt von der Umwelt.

Einige hundert klinische Therapieversuche wurden gemacht. Immer mal wieder gab es Erfolge, aber auch schwere Rückschläge. Die US-amerikanische Kontrollbehörde notierte in einem Rückblick (2000): „Übertreibungen (*hyperbole*) waren größer als die Ergebnisse" und „sehr wenig hat funktioniert". Und Gentherapie kann gefährlich sein. Im Jahre 1999 war es zu einem schweren Zwischenfall gekommen, als ein 18-jähriger Amerikaner starb, und zwar als Folge der Überreaktion seines Immunsystems gegen den Retrovirus-Vektor, mit dessen Hilfe das fehlende Gen in Körperzellen übertragen werden sollte. Weiter besteht die Gefahr von Leukämien. Das wurde überdeutlich bei der Behandlung von Kindern mit der Immunkrankheit SCID in einer Pariser Klinik (1999–2000). Wie gesagt, liegt die Störung in einem einzigen Gen. Eigentlich eine ideale Voraussetzung für eine Gentherapie. Das fehlende Gen wurde, wie üblich und oft im

Tierversuch erprobt, in ein Retrovirus-Genom eingebaut, was die Übertragung in Zellen und dann den Einbau in das Genom der Zelle erleichtert.

Tatsächlich gelang es den Pariser Ärzten, bei 9 von 10 Kindern die Vermehrung von T-Lymphocyten in Gang zu setzen und die SCID-Symptome zu lindern. Aber nur ein Jahr später trat bei zwei der behandelten Kindern Leukämie auf, und zwar als direkte Folge davon, dass sich die als Vektoren benutzten Retroviren an ungünstigen Stellen im Genom niedergelassen hatten. In diesen Fällen mag die Gentherapie eine Entwicklung von SCID unterbrochen haben, aber dafür trat Leukämie auf als eine höchst unerwünschte und gefährliche Nebenwirkung.

Im Rückblick auf die Jahrzehnte zwischen 1980 und 2000 muss man sagen, dass der Weg vom Labor in die Klinik zu hastig gegangen wurde, getrieben natürlich von den unrealistischen Erwartungen der Patienten, die ihre ganze Hoffnung auf die Gentherapie setzten, getrieben auch von der unkritischen Berichterstattung in den Medien und schließlich vom Enthusiasmus der Forscher.

Das Interesse an Gentherapie nahm zeitweilig ab. Doch einige sagten sich immer wieder „Gentherapie ist so offensichtlich" und „es gibt keinen Grund, warum sie nicht funktionieren soll". Tatsächlich nahm die Zahl der klinischen Studien dann wieder zu, wie man der Datenbank *Gene Therapy Clinical Trials Worldwide* entnehmen kann. Erfolgsmeldungen aus den Kliniken trafen ein, zuerst, um 2003, umstritten aus China, dann 2012 in Europa, ein echtes offiziell zugelassenes Gentherapeutikum mit dem Namen Glybera, eingesetzt gegen die seltene Stoffwechselkrankheit Lipoproteinlipase-Defizienz. Das intakte Gen, eingebaut in einen Virus-Vektor, wird einfach in die Oberschenkelmuskulatur gespritzt. Allerdings zum stolzen Preis von 1 Mio. €, was Glybera den Beinamen „das teuerste Medikament der Welt" einbrachte.

Weitere „Gentherapeutika" zur Behandlung der Ausfälle von einzelnen Genen wie Bluterkrankheit oder Thalassämie sind in der Pipeline. Aber die meisten, nämlich fast zwei Drittel der laufenden über zweitausend klinischen Studien (2015) beschäftigen sich mit gentherapeutischen Maßnahmen gegen Krebserkrankungen. Dabei geht es, erstens, um das Übertragen sogenannter Tumorsuppressorgene in Krebszellen und, zweitens, um das Einbringen von Genen, die Krebszellen gegen Medikamente verwundbar machen, und, drittens, um das Immunsystem, das so ausgestattet werden soll, dass es Krebszellen spezifisch erkennt und unschädlich macht. Man kann gespannt sein, wohin der Weg führen wird.

Das Lösen alter biologischer Rätsel

Wir kehren wieder zurück in die 1970er und frühen 1980er-Jahre. Das war nicht nur die Zeit, in der ein medizinisch interessantes Gen nach dem anderen entdeckt wurde, sondern es war auch die Zeit, als zwei alte Rätsel der Medizin und

Biologie zwar bei Weitem nicht ganz gelöst, aber der Lösung erheblich näher gebracht wurden, nämlich erstens das Rätsel der Antikörperbildung und zweitens das Rätsel der Krebskrankheit.

Antikörper und Immunologie

Das große Rätsel lautete damals: Wie ist es möglich, dass die Immunsysteme von Mensch, Maus und anderen Säugetieren quasi unendlich viele Arten von Antikörpern herstellen können, wenn doch die Zahl der Gene begrenzt ist? Denn Antikörper sind Proteine, und jedes Protein braucht ein Gen, von dem es codiert wird. Wie also ist es möglich, dass ein Genom mit einer beschränkten Zahl von Genen nahezu unendlich viele Antikörperproteine codieren kann?

Kurz gesagt, geht die Lösung wie folgt. Antikörper bestehen aus drei oder vier einzelnen Abschnitten. Für jeden dieser Abschnitte gibt es mehrere bis viele Genstücke, also eine Gruppe von Genstücken für den ersten Abschnitt, eine weitere Gruppe für den zweiten Abschnitt usw. In Nicht-Immunzellen bleiben die Gruppen getrennt, aber Immunzellen besitzen Enzyme, die je ein Genstück aus Gruppe 1 mit je einem Genstück aus Gruppe 2 und je einem Genstück aus Gruppe 3 verknüpfen. So entstehen neue genetische Einheiten, die eigentlichen Immunglobulin- oder Antikörpergene aus zusammengesetzten Kombinationen von Genstücken. Jede Immunzelle besitzt eine eigene Kombination solcher Genstücke. Und dazu kommt noch, dass während der Reifung von Immunzellen Veränderungen der Leseraster in den Antikörpergenen erfolgen. Die Konsequenz ist, dass jede Immunzelle ihr eigenes Antikörpergen besitzt. Meist schlummert eine solche Immunzelle vor sich hin, aber wenn ihr spezieller Antikörper gebraucht wird, etwa im Zuge einer Infektion mit Viren oder Bakterien, vermehrt sie sich vielmals und produziert große Mengen ihres Antikörpers.

Onkogene und Tumorsuppressorgene

Gene hunting – die Jagd nach Genen in den 1980er und frühen 1990er-Jahren hat manches Geheimnis der Biologie und Medizin gelüftet. Eines davon war die Krebskrankheit. Wie kommt es, hatten die Mediziner gefragt, dass sich manche Zellen scheinbar zufällig und ohne offensichtlichen Grund der Kontrolle entziehen und unreguliert zu wuchern beginnen, und zwar so, dass der betroffene Mensch zugrunde geht, wenn nicht rechtzeitig eingegriffen wird?

Die Virusforschung brachte zuerst etwas Licht in das Dunkel. Insbesondere die Forschung, die sich mit Retroviren beschäftigte. Diese Gruppe von Viren hatten wir erwähnt, als es um die Reverse Transkriptase ging, dem unentbehrlichen Werkzeug der Gentechnik (Kap. 13). Eine große Untergruppe der Retroviren besteht aus RNA-Tumorviren, die so genannt werden, weil sie bei Tieren Tumoren erzeugen und eine Krebskrankheit verursachen – Leukämie bei Nagetieren und Vögeln, Sarkom bei Ratten, Brustkrebs bei Mäusen usw. Viele RNA-Tumorviren haben neben den viruseigenen Genen noch ein weiteres Gen, das für die Umwandlung normaler Zellen in Tumorzellen verantwortlich ist. Ein genaueres Hinsehen ergab, dass die Viren dieses Extra- oder Onkogen (*onkos,* Anschwellung und hier Tumor, wie in Onkologie, der Lehre von den Tumoren) bei einem früheren Infektionszyklus aus dem Genom der Wirtszelle übernommen haben. Das sind Gene, die an der einen oder anderen Stelle in die Regulation der Zellvermehrung eingeschaltet sind. Gene für die Rezeptoren von Wachstumsfaktoren auf Zelloberflächen; Gene für Proteine im Signalweg von der Zelloberfläche in den Zellkern; Gene für Transkriptionsfaktoren, die das genetische Programm steuern, welches in Zellen abgerufen wird, die von der Ruhe- in die Teilungs- und Vermehrungsphase übergehen. Dazu gehört zum Beispiel ein Protein, das zuerst bei Retroviren gefunden wurde, welche bei **R**atten **S**arkome auslösen, und deswegen **Ras** heißt. Forschungen zeigten, dass nicht nur das Genom der Ratte, sondern die Genome aller Säugetiere, auch das des Menschen, *Ras*-Gene enthalten. Diese Gene sind für Proteine im Signalweg von der Zelloberfläche zum Zellkern zuständig. Normalerweise ist das Ras-Protein streng reguliert und nur dann aktiv, wenn Signale von außen unmissverständlich in Richtung Zellteilung und Zellvermehrung zeigen. Aber in vielen Krebszellen haben sich Mutationen im *Ras*-Gen ereignet – mit dem Effekt, dass das Ras-Protein ständig, auch ohne Signal von außen, aktiv ist. So steht die Zelle ständig unter Proliferationsdruck. Ras ist ein Onkogen, und zwar eines von einigen Dutzend anderer Onkogene. Meist müssen mehrere Onkogene in derselben Zelle durch Mutation verändert sein, bevor die Zelle zur Krebszelle wird.

Eine weitere Voraussetzung ist das Ausschalten eines oder mehrerer Gene, die Tumorsuppressorgene heißen – wie das RB-Gen, von dem bereits in diesem Kapitel die Rede war. Aber das berühmteste Protein dieser Art hat den völlig unspektakulären Namen p53, wobei **p** für Protein steht, und **53** das ungefähre Molekulargewicht angibt – 53 Kilo-Dalton. Das Protein p53 wird als „Wächter des Genoms" bezeichnet. Denn wann immer die genomische DNA geschädigt ist, durch Mutation oder Strangbruch, oder auch wenn Proliferationssignale zur Unzeit eintreffen, tritt p53 in Aktion. Es dreht Gene an, die die Zellvermehrung blockieren, sodass die Zelle Zeit für die Reparatur von Schäden hat; und wenn das nicht gelingt, sorgt p53 dafür, dass die Zelle stirbt, im Rahmen einer Reaktion, die „programmierter Zelltod" oder „Apoptose" heißt. Damit geht zwar die betroffene Zelle verloren, aber der Organismus kann das schnell kompensieren, während er der unkontrollierten Wucherung von Krebszellen meist hilflos gegenübersteht.

In 50–60 % der Krebskrankheiten ist das Gen für p53 durch Mutation verändert, sodass kein oder nur ein funktionsloses p53 gebildet wird, jedenfalls ein p53, das seine Rolle als „Wächter des Genoms" nicht mehr ausüben kann. Das Protein p53 wurde als Partner eines Proteins einer Tumorvirusart entdeckt, die, anders als die Retroviren, als genetisches Material DNA besitzt und deswegen DNA-Tumorviren heißt. Dazu gehören die Papillomviren, von denen einige Arten harmlose Warzen, andere Arten aber das gefährliche Cervix-Carcinom verursachen. Papillomviren exprimieren ein Protein, das sich erst an p53 bindet und es dann dem Abbau, der Zerstörung zuführt. Damit fällt der „Wächter des Genoms" aus. Papillom- und andere DNA-Tumorviren haben davon einen Vorteil. Sie schaffen sich ein zelluläres Milieu, das auf Vermehrung eingestellt ist und deswegen die eigene Vervielfältigung begünstigt.

Das Geheimnis der Krebserkrankung? Es sind Mutationen, und zwar allermeist Körperzell- oder somatische Mutationen, die – anders als die Mutationen in Keimzellen – nicht an die nächste Generation weitergegeben werden. Welche Onkogene durch Mutation an- und welche Tumorsuppressorgene durch Mutation ausgeschaltet werden, kann von Krebsart zu Krebsart – ja, von Patient zu Patient – verschieden sein.

Die Erforschung der molekularen Ursachen der Krebskrankheit ist ein großer Erfolg der medizinischen Grundlagenforschung. Aber hilft sie auch den Patienten? Das lässt sich mit einer gewissen Zurückhaltung bejahen. Denn aufgrund der Erkenntnisse werden seit einigen Jahren neue Medikamente entwickelt, die schon einigen Krebskranken das Leben verlängert oder gar gerettet haben. Es gibt Grund für Optimismus.

16

Gene für die Entwicklung

Wir haben in den beiden vorangegangenen Kapiteln hauptsächlich über Gene des Menschen berichtet. Tatsächlich standen in den 1980er-Jahren die menschlichen Gene im Blickpunkt, nicht nur im Blickpunkt der medizinischen und biologischen Fachwelt, sondern auch der allgemeinen Öffentlichkeit, jedenfalls des Teils der Öffentlichkeit, der die Wissenschaftsseiten der Zeitungen las und sich die entsprechenden TV-Programme ansah. Aber damals begann viel, was über die Genetik des Menschen hinausging und die Biologie enorm bereichern, ja, erweitern und verändern sollte. Dabei gelangte zunächst wieder ein bewährtes und gut bekanntes Modellsystem in den Vordergrund – *Drosophila melanogaster*.

Es ging um die Genetik der Embryonalentwicklung. Die Frage ist, wie sich aus einer befruchteten Eizelle der fertige Organismus entwickelt, mit seinen vielen Milliarden Zellen und seiner grandiosen Komplexität. Dies ist das große Wunder der Natur. Es versteht sich, dass so etwas Einzigartiges die forschende Fantasie anregt, und so gibt es eine unübersehbare Menge an Literatur, beginnend in der Zeit der Antike bis heute. In den ersten Jahrzehnten des 20. Jahrhunderts wurden wichtige Grundtatsachen der Entwicklung geklärt, aber dann kam lange Zeit nicht viel Neues dazu, bis in den 1980er-Jahren die Arbeiten an *Drosophila* aufgenommen wurden. Wie in vielen anderen Bereichen der Genetik stand am Anfang eine genaue Beobachtung von Mutanten – und am Ende ein umfangreicher Katalog von Genen, die zusammen das Programm für die Entwicklung von der Eizelle zum erwachsenen Organismus steuern.

Ein erster Teil dieses Katalogs geht auf Mutanten zurück, die Christiane Nüsslein-Volhard (geb. 1942) und Eric Wieschaus (geb. 1947) Ende der 1970er und Anfang der 1980erJahre am *European Molecular Biology Laboratory* (EMBL) in Heidelberg isolierten. Die intelligente Planung, das schiere Ausmaß an Arbeit, das glanzvolle Ergebnis – eine außerordentliche und einzigartige Pionierleistung.

© Springer-Verlag GmbH Deutschland 2017
R. Knippers, *Eine kurze Geschichte der Genetik*, DOI 10.1007/978-3-662-53555-4_16

Sie hat das Gebiet der Entwicklungsbiologie beeinflusst wie kaum ein anderes einzelnes Unternehmen.

EMBL und EMBO

Wir sagten, dass C. Nüsslein-Volhard und E. Wieschaus ihre bahnbrechenden Experimente am EMBL durchgeführt hatten. Das ist eine Forschungseinrichtung (gegründet 1974), die von 20 europäischen und einigen assoziierten nicht-europäischen Ländern finanziert wird. Das Hauptlaboratorium liegt auf den Neckarbergen über Heidelberg. Außenstationen gibt es in Hamburg, in Hinxton (England), Grenoble (Frankreich) und Monterotondo (Italien). Die Forschungsarbeiten erfolgen in über 80 unabhängigen Arbeitsgruppen. Sie betreffen nicht nur die strenge Molekularbiologie (wie der Name des Labors nahelegt), sondern auch Zellbiologie, Entwicklungsbiologie, Genomik, Bioinformatik und anderes im weiten Feld der Biologie. Und nahezu alle betrachten molekulare Genetik als Basis ihrer Arbeiten und benutzen die Werkzeuge und Methoden der Gentechnik. Das EMBL ist eine der führenden biologischen Forschungsstätten weltweit.

Auf dem EMBL-Gelände befindet sich auch das Hauptquartier der *European Molecular Biology Organization* (EMBO). Diese Einrichtung wurde im Jahre 1964 gegründet, um die damals neue Molekularbiologie in Europa zu etablieren. Inzwischen fördert EMBO alle Gebiete der modernen Biologie unter der Überschrift *„Excellence in Life Sciences"*. EMBO vergibt dazu Stipendien an ausgesuchte junge Forscher/innen, organisiert Tagungen und Fortbildungskurse und gibt einige Zeitschriften heraus, darunter die älteste und bekannteste mit dem schlichten Namen *The EMBO Journal* (seit 1982). Die Basis von EMBO sind ihre Mitglieder: die ca. 1700 besten europäischen Wissenschaftler/innen auf dem weiten Gebiet der Biologie/Lebenswissenschaften.

Bildung von Segmenten

Bei den Arbeiten von Nüsslein-Volhard und Wieschaus ging es, grob beschrieben, um eine systematische Suche nach Mutanten, bei denen die Embryonalentwicklung in frühen Stadien zum Erliegen kommt. Zum Verständnis sind einige Vorbemerkungen notwendig. Der Lebenszyklus der Fliege beginnt mit der befruchteten Eizelle, wo sich das mütterliche Erbgut und das Erbgut des väterlichen Spermiums zu einem Kern zusammenfinden. Der Kern teilt sich vielfach. Etwa 6000 der neuen Kerne sammeln sich unter der Oberfläche der Eizelle und umgeben sich erst nach einiger Zeit mit eigenen Zellwänden (Blastoderm). Dann – und das ist ungefähr dreieinhalb Stunden nach der Befruchtung – setzt sichtbar die Differenzierung der Zellen ein, gefolgt und begleitet von weiteren Teilungen und komplizierten Zellbewegungen, bis schließlich nach 24 h dieser Teil der Entwicklung abgeschlossen ist: Eine Larve hat sich gebildet und wird freigesetzt. Die Larve wächst, nicht so sehr durch

Zellteilungen, sondern hauptsächlich durch Größerwerden der Zellen, häutet sich zweimal im Laufe einiger Tage und wird zur Puppe. Dort erfolgt die Metamorphose von der Larve zur Fliege. Dabei entwickeln sich aus einzelnen Zellhäufchen (Imaginalscheiben) die äußeren Strukturen, also Beine, Flügel, Antennen usw. Dann, 12 Tage nach der Befruchtung, verlässt die fertige Fliege die Puppenhülle.

Das unmittelbare Produkt der Embryonalentwicklung ist die Larve, nicht die erwachsene Fliege. Wenn also eine Isolierung von Mutanten mit Störungen der frühen Entwicklung das Ziel sein soll, muss der Phänotyp von Larven untersucht werden. *Drosophila*-Larven sind einfach gebaute kopf- und beinlose Organismen mit primitiven Sinnesorganen und Mundwerkzeugen am vorderen Ende, einer Serie von Segmenten und einem Hinterteil. Drei der Segmente bilden den Thorax und acht das Abdomen. Larven haben eine Art Außenskelett oder Haut, die Kutikula. Dort zeichnen sich die Segmente ab, hauptsächlich durch Zahnbändchen, die jedem Segment zugeordnet sind. So lassen sich Veränderungen im Muster der Segmentierung gut mit dem Mikroskop erkennen (Abb. 16.1).

Nüsslein-Volhard und Wieschaus haben viele Tausend *Drosophila*-Familien untersucht – Kreuzungen mit Nachkommen, die äußerlich normal aussehen, aber unfruchtbar sind, weil die Entwicklung ihrer Nachkommen gestört ist. Die beiden Forscher haben das Ergebnis ihrer experimentellen Mühen in einer eleganten Publikation in *Nature* (1980) veröffentlicht. Der Titel dieser epochemachenden Arbeit lautet *„Mutations affecting segment number and polarity in Drosophila"* und deutet an, dass sich die embryonal-letalen Mutanten in Gruppen zusammenfassen lassen, nämlich eine Gruppe, in der die Zahl, und eine andere Gruppe, in der die Organisation der Segmente verändert ist (Abb. 16.1).

Im Laufe der Zeit wurden mithilfe der Gentechnik die betreffenden Gene isoliert und ihre Funktion erforscht. So entstand ein einigermaßen komplettes Bild, wie im Zuge der Embryonalentwicklung der Bauplan von *Drosophila* realisiert wird. Das Prinzip ist das aufeinanderfolgende Anschalten spezieller Gengruppen. Am Anfang stehen Maternal-Effekt-Gene. „Maternal", weil die Gene schon im mütterlichen Organismus aktiv sind, und zwar bei der Bildung des Eies. Inzwischen kennt man etwa 40 solcher Gene, und ihre Hauptfunktion besteht darin, die Proteine bereitzustellen, die die Körperachsen im frühen Embryo festlegen, also bestimmen, wo vorn und hinten („anterior-posterior"), oben und unten („dorsal-ventral") ist. Später, mit der Bildung des Blastoderms, kommen Gene ins Spiel, die erst im Embryo aktiv werden, die Segmentierungsgene, etwa 120 an der Zahl. Ihre Aufgabe ist die Einrichtung des Musters der

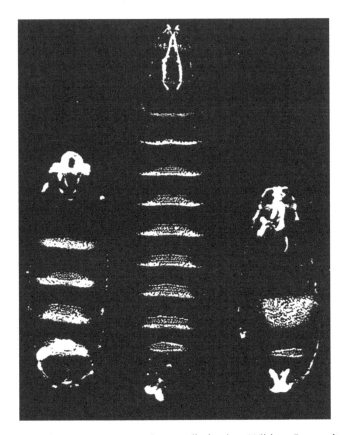

Abb. 16.1 Entwicklungsmutanten. *Mitte*: Kutikula einer Wildtyp-Form mit normalem Segmentierungsmuster. *Links* und *rechts*: Mutanten mit veränderten Segmentierungen. In den Mutanten sind Gene ausgefallen, die wichtige Funktionen bei der Einrichtung der Körpergrundgestalt im frühen *Drosophila*-Embryo haben. Die Abbildung ist der gedruckten Form des Nobel-Vortrags entnommen, den Christiane Nüsslein-Volhard am 8. Dezember 1995 in Stockholm gehalten hat. Einen wunderbaren Eindruck von Mutanten dieser Art erhält man aus der frühen und grundlegenden Veröffentlichung, die den Ruhm von Christiane Nüsslein-Volhard und Eric Wieschaus (1980) begründeten: Mutations affecting segment number and polarity in *Drosophila*. *Nature* 287: 795–801. Abbildung aus Nüsslein-Volhard C (1995) The identification of genes controlling development in flies and fishes. In: Ringertz N (ed.) *Nobel Lectures in Physiology or Medicine 1991–1995*, Nobel Foundation, © World Scientific Publ, Singapore. (Mit freundlicher Genehmigung des Verlags)

sich wiederholenden Körpersegmente hinsichtlich ihrer Zahl und ihrer inneren Organisation.

Welche Funktion haben die Gene? Viele, wenn nicht die meisten, codieren Proteine mit regulatorischen Funktionen. Zum Beispiel wirken sie als Transkriptionsfaktoren bei der Aktivierung nachgeordneter Gene. Oder sie sind Signalproteine, die von einer Zelle gebildet werden, auf andere Zellen einwirken und dabei deren Funktion beeinflussen.

Viele der *Drosophila*-Proteine haben Verwandte („Homologe") bei anderen Organismen, auch beim Menschen, und zwar Proteine, die nicht nur während der Entwicklung gebraucht werden, sondern oft an ganz anderen Stellen. Zum Beispiel ist ein Protein mit der Bezeichnung *dorsal* im frühen *Drosophila*-Embryo für die Einrichtung der Oben-unten-Körperachse notwendig. Ein verwandtes Protein beim Menschen dient als Untereinheit eines Transkriptionsfaktors (*Nuclear Factor kappa*-B), der aktiv wird, wenn sich Zellen gegen Infektionen und anderen Stress zur Wehr setzen.

Homöotische Gene

Mit der Einrichtung des repetitiven Segmentmusters ist es natürlich nicht getan. Die Segmente müssen auf den richtigen Weg gebracht werden. So wird aus den primitiven Segmenten T1, T2 und T3 der Thorax der Fliege mit den drei Beinpaaren, dem Flügelpaar (am T2-Segment) und den beiden Schwingkölbchen (Halteren) (am T3-Segment). Für diese Spezifizierung der Segmente ist eine eigene Gruppe von Genen zuständig, die homöotischen Gene. „Homöotisch" (von gr. *homeosis*, Umwandlung), weil die Gene durch Mutanten gekennzeichnet sind, bei denen das Programm eines Segments umgewandelt wird.

Wir müssen ein wenig ausholen. Es war C. B. Bridges, der 1915 im Labor von T. H. Morgan eine auffällige Mutante entdeckte, die er *bithorax* (kurz *bx*) nannte, „bi-" also „doppelt", weil die erwachsene Fliege ein Thorax-Element, das normalerweise nur einmal vorkommt, in zweifacher Ausführung besitzt, mit der Konsequenz, dass das Tier zwei Flügelpaare hat, statt, wie normal, nur ein Paar. Später wurde eine noch skurrilere Mutante entdeckt: *Antennapedia*, kurz *Antp*, die anstelle der beiden Antennen am Kopf Beine entwickelt.

Homöotische Mutationen sind in mancherlei Hinsicht faszinierend, auch weil sie zeigen, dass offenbar ein einziges Gen ausreicht, um ein ganzes Programm auszulösen, das etwa zur Bildung eines Flügelpaares (bei *bithorax*) oder eines Beines (bei *Antennapedia*) führt.

Edward B. Lewis (1918–2004) am *California Institute of Technology* hat einen guten Teil seiner Forscherlaufbahn dem Studium der homöotischen Gene bei *Drosophila* gewidmet. Er fand, dass die Gene *bx* und *Antp* Komponenten einer größeren Gruppe von eng benachbarten Genen sind. Jedes Gen in dieser „Batterie" ist für die Differenzierung eines Körpersegmentes zuständig. Wobei die Anordnung der Gene in der Batterie alles andere als zufällig ist. Sie sind nämlich in der Reihenfolge angeordnet, in der sie im Körper zur Geltung kommen, am

Anfang liegen die Gene für die Differenzierung der Kopfsegmente, dann diejenigen für die Differenzierung von Thorax und Abdomen usw.

Auszeichnung

Ed Lewis, Christiane Nüsslein-Volhard und Eric Wieschaus erhielten im Jahre 1995 den Nobelpreis „für ihre Entdeckungen bezüglich der genetischen Kontrolle der frühen embryonalen Entwicklung." Was die dürre Verlautbarung des Nobelpreis-Komitees besagt, ist, dass sich das Wunder der Embryonalentwicklung auf plausible Weise erklären lässt, nämlich als eine Kaskade von genetischen Aktivitäten. Das Wunder bleibt. Die beteiligten Gene beeinflussen sich gegenseitig in einem überaus komplexen Netzwerk räumlicher und zeitlicher Wechselwirkungen. Und man fragt sich, wie es die Evolution fertigbrachte, etwas so Kompliziertes und Komplexes zu ermöglichen.

Homöoboxen

Die Geschichte der homöotischen Gene ist noch nicht zu Ende erzählt. Im Laboratorium von Walter Gehring (1939–2014) am Biozentrum in Basel wurde eine *Antp*-spezifische cDNA isoliert. Es stellte sich heraus, dass diese cDNA nicht nur Sequenzen des *Antp*-Gens enthielt (was man ja erwarten konnte), sondern auch Sequenzbereiche, die in anderen Genen vorkommen. Ein genaueres Hinsehen zeigte, dass sich die Ähnlichkeit zwischen dem *Antp*-Gen und den anderen Genen hauptsächlich auf einen Bereich von 180 Basenpaaren beschränkt. Ein Bereich, den die Basler Forscher „Homöobox" (*Hox*) nannten, weil er so kennzeichnend für die homöotischen Gene ist. Gehring und Mitarbeiter publizierten ihre Entdeckung der Homöobox im März 1984 in der Zeitschrift *Nature*. Noch im selben Jahr, nämlich im Juli 1984, erschien ein Aufsatz von M. P. Scott und A. J. Weiner von der *Indiana University* in Bloomington, USA. Die beiden Forscher waren unabhängig ebenfalls auf die Homöobox gestoßen. Es sieht so aus, als wenn diese wichtige Entdeckung damals sozusagen in der Luft gelegen hätte.

Der entscheidende Punkt ist, dass Gene mit Homöobox nicht nur bei *Drosophila* vorkommen, sondern bei allen anderen Tieren, auch bei Maus und Mensch, ja sogar bei Pflanzen. Es gibt natürlich Unterschiede. Zum Beispiel hat *Drosophila* nur eine einzige Batterie von homöotischen Genen, während Säugetiere vier Batterien besitzen, verteilt auf vier Chromosomen (Abb. 16.2). Evolutionsforscher deuten dies als das Ergebnis einer zweifachen Genomverdopplung während einer sehr frühen Phase der Evolution von Wirbeltieren. Jedes dieser Gene besitzt eine Homöobox, aber es unterscheidet sich außerhalb der Box von den anderen Genen der Batterie. Daraus folgt, dass die einzelnen Homöobox-Gene verschiedene

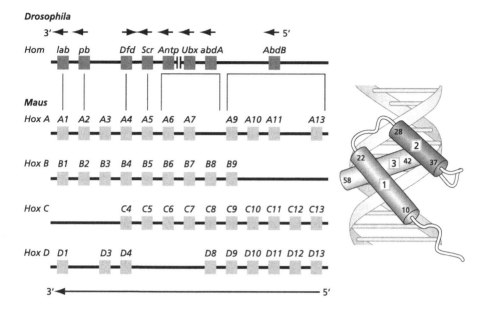

Abb. 16.2 Homöobox und Homöobox-Gene. Das *Drosophila*-Genom enthält eine Folge von acht hintereinandergeschalteten Homöobox-Genen. Die Bezeichnungen entsprechen den Phänotypen der betreffenden Mutanten. So sehen wir die im Text erwähnten Gene *AntP* und *Ubx* etwa in der Mitte der Gengruppe. Säugetiergenome haben vier Folgen von einander ähnlichen (homologen) Gengruppen, die wiederum evolutionär mit den Fliegengenen verwandt sind. *Hox*-Gene codieren recht unterschiedliche Proteine, die aber eines gemeinsam haben, nämlich eine Folge von 60 Aminosäuren. Diese Folgen heißen „Homöodomänen" und zeichnen sich dadurch aus, dass sie drei aufeinanderfolgende Strukturelemente besitzen, die α-Helix 1, α-Helix 2 und α-Helix 3 (im Bild *rechts* als Zylinder dargestellt). Mithilfe dieser Strukturen binden Homöobox-Proteine an spezifische DNA-Stellen vor Genen, die für die Entwicklung wichtig sind. Mit anderen Worten, Homöobox-Proteine sind Transkriptionsfaktoren, die die Expression anderer Gene regulieren. Der *linke Teil* stammt ursprünglich aus einer Arbeit von Gehring W, Affolter M und Bürglin T (1994) mit dem Titel „Homeodomain proteins" in *Ann Rev Biochem* 63: 487–526. Der *rechte Teil* ist die Umzeichnung einer Abbildung aus Kissinger DR, Liu BS, Martin-Blanco E, Kornberg TB und Pabo CO (1990) Crystal structure of an engrailed homeodomain-DNA complex at 2.8 A resolution in *Cell* 63: 579–590. (Grafikbüro Epline)

Aufgaben haben. Wie bei *Drosophila* codieren auch die *Hox*-Gene von Säugetieren Transkriptionsfaktoren, die eine übergeordnete regulatorische Funktion bei der Ausprägung des körperlichen Bauplans, etwa bei der Entwicklung von Armen und Beinen, ausüben.

Wie funktioniert die Homöobox? Sie codiert eine Proteindomäne aus 60 Aminosäuren, die sich zu einer charakteristischen 3D-Struktur falten, die Homöodomäne (Abb. 16.2). Mithilfe dieser Domäne können Hox-Proteine an regulatorische Elemente stromaufwärts von spezifischen Genen binden und deren Expression steuern. Solche Gene codieren selbst oft wieder Transkriptionsfaktoren, die dann ihrerseits Gene steuern, in einer Kaskade genetischer Aktivitäten.

Gehring und Mitarbeiter haben das auf eine wahrhaft dramatische Weise illustriert, als sie ein Homöobox-Gen namens *Pax6* untersuchten. Dieses Gen steht oben in der Hierarchie der Gene für die Augenentwicklung. Normalerweise ist das Gen nur in der Augenanlage des sich entwickelnden Embryos aktiv, aber den Basler Forschern gelang es mit einigen genetischen Tricks, das *Pax6*-Gen auch an anderen Stellen im *Drosophila*-Organismus zur Aktivität zu bringen, und überraschend entstanden dann Augen an Beinen und Antennen.

Auch Mäuse (und andere Säugetiere) haben ein *Pax6*-Gen, das für die Augenentwicklung verantwortlich ist. Zur Verblüffung der Zoologen kann das Maus-*Pax6*-Gen ein defektes *Pax6*-Gen von *Drosophila* ersetzen. Das Verblüffende ist, dass das Gen über so weite evolutionäre Distanzen hinweg funktioniert, und das obwohl die Augen von Insekten sich grundlegend von den Wirbeltieraugen unterscheiden. Insekten haben Komplex- oder Facettenaugen, Wirbeltiere haben Kameraaugen, und es galt als ausgemacht, dass die beiden Augentypen Ergebnisse völlig unterschiedlicher Entwicklungslinien sind. Und nun zeigt sich, dass ein übergeordnetes Gen, nämlich *Pax6*, die Entwicklung sowohl des Komplex- als auch des Kameraauges in Gang setzt.

Sicher sind weit mehr als tausend Gene an der Embryonalentwicklung des Auges beteiligt, aber ganz oben in der Hierarchie steht das *Pax6*-Gen, das andere Gene aktiviert, zunächst Gene für andere Transkriptionsfaktoren, die ihrerseits dann erst die Gene für Bausteine des Organs Auge in Betrieb setzen, und es ist auf diesen darunterliegenden Ebenen genetischer Aktivität, wo die Unterschiede zwischen Insekten- und Wirbeltierauge manifest werden.

Proteine mit Homöodomäne

Die beiden ersten Arbeiten über Homöobox-Gene erschienen im Jahre 1984. In den folgenden Jahren wurden alljährlich Hunderte von wissenschaftlichen Arbeiten zum Thema Homöobox publiziert. Eine Suche in PubMed unter dem Stichwort *Homeobox* ergibt Hinweise auf etwa 16.000 Publikationen (2016). Und es sieht so aus, als wenn die Geschichte der Homöobox-Gene unvermindert weitergeht.

Die Genome von *Drosophila* und Wirbeltieren enthalten nicht nur die Homöobox-Gene der Abb. 16.2, sondern weit mehr. Tatsächlich gibt es im Genom von *Drosophila* insgesamt 103 und in den Genomen von Wirbeltieren, einschließlich des Menschen, ungefähr 250 Homöobox-Gene. Sie codieren

Proteine, die alle eine Homöodomäne besitzen, aber sich sonst in Größe und Aminosäuresequenz voneinander unterscheiden. Proteine mit Homöodomäne wirken, oft zusammen mit anderen Proteinen, als Transkriptionsfaktoren, meist als Aktivatoren, aber auch als Repressoren genetischer Aktivität. Sie regulieren die Differenzierung von Zellen und die Ausbildung von Organen, einschließlich des Zentralnervensystems und des Gehirns, wo Homöodomänen-Proteine nicht nur für die allgemeine Organisation, sondern unter anderem auch für die spezifische Kontaktaufnahme zwischen Nervenzellen verantwortlich sind.

Auch Pflanzen besitzen über 100 verschiedene Homöobox-Gene. Ihre Produkte – Proteine mit Homöodomäne – organisieren Zellteilung und Zellvermehrung im Meristem (dem pflanzlichen Wachstumsgewebe) sowie die Differenzierung von Blättern und Blüten u. a.

Die meisten der vielen Homöodomän-Proteine in Tieren und Pflanzen stehen am Anfang einer Kette von Genen, die gemeinsam die Bildung wichtiger Organsysteme organisieren. Hier bietet sich die Chance, grundlegende Probleme der Embryonalentwicklung zu erforschen, und deswegen wundert es nicht, dass sich viele Wissenschaftler lebhaft für dieses Gebiet der molekularen Genetik interessieren.

Evo-Devo

Hox-Gene sind vermutlich früh in der Evolution vielzelliger Lebewesen entstanden, ja, waren vielleicht sogar eine Voraussetzung für Vielzelligkeit. Dies und die Beobachtung, dass Mutationen in Hox-Genen oft drastische Veränderungen in der körperlichen Gestalt verursachen, haben die Aufmerksamkeit von Evolutionsforschern erregt. Sie begannen in den 1980er-Jahren, sich das Arsenal der gentechnischen Methoden, hauptsächlich die DNA-Sequenzierung, zu eigen zu machen. Es kam bald zu einem fruchtbaren Hin und Her von Ideen und Methoden zwischen Evolutions- und Entwicklungsbiologen. Man sprach von Evo-Devo, *Evolution and Development*. Weil das interessant und wichtig ist, entstand eine eigene Online-Zeitschrift mit dem Namen *Evo-Devo Journal*. Themen sind die genetischen Grundlagen der Evolution, auch die Verwandtschaftsverhältnisse zwischen Tier- oder Pflanzengruppen und anderes mehr, was die klassischen Stammbäume der Zoologie und Botanik oft in neuem Licht erscheinen lässt.

17

Fortschritte. Modelle für die genetische Forschung: Hefe, Fliege, Wurm und Maus sowie einige Pflanzen

Eines der Kennzeichen des Lebens auf der Erde ist die Vielfalt – unendliche Vielfalt in Form, Gestalt und im Verhalten von Tieren, Pflanzen, Einzellern und der unüberschaubaren Zahl der Bakterien und Archaeen. Aber alle Lebewesen haben einiges gemeinsam: DNA als Träger der Gene und damit einhergehend Transkription und die Bildung von mRNA; Translation und die Bildung von Proteinen; An- und Abschalten von Genen durch Transkriptionsfaktoren und anderes mehr.

Wenn es um die Erforschung solcher Vorgänge geht, kommt im Prinzip jedes Lebewesen in Betracht. Und weil es im Prinzip egal ist, an welchem Organismus man die allgemeinen Grundzüge der Genetik erforscht, bevorzugen Biologen Untersuchungsobjekte, die leicht verfügbar sind, sich kostengünstig und mit möglichst wenig Aufwand kultivieren lassen und sonstige Eigenschaften aufweisen, die die experimentelle Arbeit erleichtern.

Gregor Mendel benutzte Erbsenpflanzen, die sich durch einfach sichtbare Merkmale wie gelbe und grüne Samen usw. unterscheiden und die er gut und einfach im Klostergarten züchten konnte. Thomas H. Morgan wählte *Drosophila*-Fliegen, die prächtig auf Bananenbrei in Milchflaschen gedeihen und in kurzer Zeit zahlreiche Nachkommen produzieren. Die molekulare Genetik bevorzugte das simple und anspruchslose Bakterium *E. coli*, was eine gute Wahl war, wie wir gesehen hatten. Doch da müssen wir anhalten, denn Bakterien sind Prokaryoten und unterscheiden sich in vielen Punkten grundsätzlich von den Eukaryoten, zu denen alle Tiere und Pflanzen gehören. Die Unterschiede beginnen schon mit der Struktur der Gene und gehen bis zu so hoch entwickelten Systemen wie dem Gehirn von Tieren und dem Photosyntheseapparat von Pflanzen. Wenn es also um spezifisch Eukaryotisches geht, müssen andere Modellsysteme in Betracht gezogen werden.

© Springer-Verlag GmbH Deutschland 2017
R. Knippers, *Eine kurze Geschichte der Genetik*, DOI 10.1007/978-3-662-53555-4_17

Vignette

[...] die Wahl des richtigen Modellsystems ist für die Forschung genauso wichtig wie die richtige Fragestellung [...].

Sidney Brenner, Nobelpreis-Vortrag (Titel: *„Nature's Gift to Science"*), Dezember 2002

Hefen

Was wäre denn ein möglichst einfaches Modell eines Eukaryoten? Da bietet sich ein einzelliger Eukaryot geradezu an, weil Menschen mit ihm viel zu tun haben und das seit einigen Tausend Jahren: die Bier- oder Bäckerhefe. Mit wissenschaftlichem Namen *Saccharomyces cerevisiae*, genau übersetzt: Zucker(*Saccharo*)-Pilz (*myces*), wobei *cerevisiae* für „Bier" steht. Es ist ein richtiger Eukaryot mit Zellkern, Chromatin, Mitose und Meiose, mit Mitochondrien und komplizierten inneren Zellstrukturen. Dabei einzellig und leicht in einfacher Brühe zu züchten. Die Zellen vermehren sich durch Knospung. Etwa alle zwei Stunden geht eine Nachkommenzelle aus einer Mutterzelle hervor.

S. cerevisiae (wie man abkürzend schreibt) war der erste Eukaryot, dessen Genom genau vermessen wurde (1996). Die Sequenz von ungefähr 13 Mio. Basenpaaren, verteilt auf 16 Chromosomen, enthält etwa 6300 Gene, proteincodierende und RNA-codierende Gene. Interessant, dass fast ein Viertel der Hefegene Ähnlichkeiten (Homologien) mit Genen des Menschen hat.

Wir nennen gleich noch den entfernt verwandten Vetter von *S. cerevisiae*. Das ist *Schizosaccharomyces pombe*. *Schizo-*, also „Spaltung", weil sich diese Hefe nicht durch Knospung, sondern durch Spaltung vermehrt; und *pombe* ist das Swaheli-Wort für Bier, denn in Ostafrika wurde *S. pombe* in der Bierindustrie entdeckt. Das Genom von *S. pombe* ist ähnlich groß wie das von *S. cerevisiae*, aber auf nur drei Chromosomen verteilt.

Forschungen an beiden Hefearten haben wichtige Erkenntnisse über die Replikation eukaryotischer DNA geliefert, auch über ihre Rekombination während der Meiose, überhaupt zum Ablauf von Meiose und Mitose. Vielleicht am wichtigsten waren Erkenntnisse über die Regulationen von Zellvermehrung und Zellteilung. Deswegen am wichtigsten, weil Hefegene, die Teilung und Vermehrung steuern, große Ähnlichkeiten mit den entsprechenden Genen im Humangenom haben. Und diese Ähnlichkeit erleichterte die Forschungen auf einem der spannendsten Gebiete der Zellbiologie, die Entartung normaler tierischer und menschlicher Gewebszellen zu Krebszellen. Denn in vielen Krebszellen haben Mutationen gerade die Gene verändert, die für die Kontrolle von Zellteilung und

Zellvermehrung zuständig sind. So kommt es, dass sich Krebszellen ungehemmt teilen und vermehren, während normale Zellen einer Kontrolle unterworfen sind und sich nur vermehren, wenn es erforderlich ist, etwa beim normalen Wachstum oder beim Ersatz zerstörten Gewebes.

Für die Erforschung der Kontrolle des Zellzyklus wurde der Medizin-Nobelpreis des Jahres 2001 verliehen. Leland („Lee") Hartwell (geb. 1939) erhielt seinen Anteil am Nobelpreis für Forschungen mit *S. cerevisiae*, Paul Nurse (geb. 1949) für Arbeiten mit *S. pombe* und Tim Hunt (geb. 1943), weil er erstmals gezeigt hat, dass die Mechanismen, die den Zellzyklus von Hefen regulieren, im Prinzip auch in tierischen Zellen am Werke sind.

Paul Nurse war von 2003 bis 2010 Präsident der Rockefeller-Universität in New York und seit 2010 Präsident der ehrwürdigen *Royal Society* in London (gegründet 1662) als unmittelbarer Nachfolger des Astronomen Martin Rees, der sich selbst wieder in der Nachfolge von Isaac Newton sah, dem Royal-Society-Präsident von 1703 bis 1727. Was zeigt, welche hohe Wertschätzung jemand erlangen kann, der einen Großteil seines wissenschaftlichen Lebens mit Arbeiten über einen sehr simplen Modellorganismus verbracht hat.

Die Fliege *Drosophila* und die Anfänge der Verhaltensgenetik

Eines der verbreiteten Modellsysteme hat einen besonderen Platz in der Geschichte der Genetik: *Drosophila melanogaster*. Forschungen haben zwei grundlegende Entdeckungen ermöglicht, nämlich die sichere Zuordnung von Genen zu Chromosomen (Kap. 3) und die genetischen Grundlagen für die embryonale Entwicklung (Kap. 16). Bis heute bleibt *Drosophila* ein bewährtes und gut bekanntes Modellsystem für viele andere genetische Fragestellungen.

Ein Beispiel ist die Genetik des Verhaltens. Es geht um eine sehr grundsätzliche Frage, die seit jeher Literaten und Psychologen, ja eigentlich jedermann interessiert, der das Verhalten von Vätern und Söhnen, Müttern und Töchtern beobachtet. Eltern und Nachkommen verhalten sich oft auffällig ähnlich, schneiden mit ähnlichen Werten im Intelligenztest ab und nehmen gleiche Gewohnheiten an. Hat das etwas mit den gemeinsamen Genen zu tun, oder ist es schlicht die Nachahmung eines Vorbilds, eine Prägung durch Familie und das frühe soziale Umfeld?

Wie wir im Kap. 5 gesehen hatten, sind das Fragen, die sich nicht mit ein paar Sätzen beantworten lassen. Es gibt eine geradezu unübersehbare Fülle an Literatur zum Thema, aber die Aussagen bleiben oft im Vorläufigen und Ungefähren. Gene könnten eine Rolle spielen, sagten die einen, und andere eilten der Wissenschaft voraus und sprachen von Genen für Intelligenz oder

Aggressivität oder Extrovertiertheit und dergleichen. Darüber konnte trefflich gestritten werden.

Molekularbiologisch orientierte Genetiker fanden solche Aussagen wenig hilfreich, oft oberflächlich oder auch einfach nur ärgerlich. Denn Gene können nur eines, nämlich als Matrize zur Synthese von RNA dienen und eventuell Proteine codieren. Und wenn es einen Weg von den Genen zum Verhalten gibt, dann kann das nur lang und kompliziert sein. Wie lässt sich das mit den Methoden der molekularen Genetik untersuchen?

Bei der Suche nach Antworten kam auch *Drosophila* ins Spiel. Zuerst waren es Seymor Benzer (1921–2007) und seine Mitarbeiter am *California Institute of Technology*, die mit geschickten Methoden nach Mutanten mit veränderten Verhaltensformen suchten. S. Benzer war kein Unbekannter in der Molekularbiologie. Er hatte sich in der frühen Phase der molekularen Genetik wichtige Verdienste um die Erforschung der Struktur von Genen erworben (1955–1962). Zum Beispiel war bis dahin zwar klar, dass sich Mutationen in Genen ereignen, ja, dass Gene durch Mutationen geradezu definiert sind, aber Benzer ging darüber hinaus und zeigte in höchst intelligent geplanten Experimenten, dass es Basenpaare sind, deren Veränderung zu Mutationen führen. Das war richtungsweisend für das Denken und Arbeiten der frühen Pioniere auf dem Gebiet der Molekularen Genetik.

Für diese Entdeckungen war Benzer gehörig bewundert worden, bevor er sich mit der Genetik des Verhaltens von *Drosophila* beschäftigte und damit das Gebiet der Neurogenetik begründete. Zuerst ging es um eine der elementaren Verhaltensformen einer Fliege, nämlich die Bewegung zum Licht hin. Benzer behandelte Fliegen mit mutationsauslösenden Chemikalien und suchte nach Mutanten, die sich anders verhalten als normal. Unter den auffälligen Mutanten waren einige schlicht blind, aber auch andere, die zwar sehen konnten, aber auf den Lichtreiz nicht reagierten, weil höhere Gehirnfunktionen ausgefallen waren (1969). Weiter fanden Benzer und Kollegen Mutanten, die sich nicht mehr dem normalen Tag-Nacht-Rhythmus anpassten (1971), und weitere, die ihr Gedächtnis verloren hatten.

Andere Forscher untersuchten Mutanten mit drastisch gestörtem Paarungsverhalten. Das ist besonders interessant, weil das normale Paarungsverhalten der Fliege eine Art Tanz mit einer barocken Folge von Flügel- und Körperbewegungen ist. Es stellt sich heraus, dass viele Gene diese komplizierte Verhaltensform steuern und für das Verknüpfen von Nervenbahnen zuständig sind. Es bleibt eine verblüffende und faszinierende Erkenntnis, dass einfache Basenaustausche in einem Gen komplexe Verhaltensmuster durcheinanderbringen, Verhaltensmuster, die sich allmählich im Laufe einer langen Evolution herausgebildet hatten.

Benzers Forschungen waren ein Anfang und zeigten, jedenfalls im Prinzip, dass handfeste molekularbiologische Forschung weiterführt – auch auf diesem schwankenden Gebiet zwischen Psychologie und Physiologie. Ein Anfang, wie gesagt, denn bis heute geht es um die Frage, wie es die Gene fertigbringen, die passenden Nervenbahnen im Gehirn einzurichten und die Bahnen aufzubauen, die vom Gehirn ausgehen, und Beine und Flügel des Insekts in den richtigen Takt bringen.

Schließlich will man wissen, ob das alles von Bedeutung ist, wenn es um die genetischen Grundlagen des Verhaltens von Säugetieren, insbesondere des Menschen geht. Erste Antworten auf diese wichtigen Fragen wurden später möglich. Voraussetzungen dafür waren neue genetische Methoden (Kap. 21).

Der Wurm

Wenn Genetiker vom Wurm sprechen, dann meinen sie *Caenorrhabditis elegans*, einen 1 mm langen Rundwurm, einen Nematoden, der sich „elegant" in schlangenförmigen Bewegungen über den Kulturschalenboden bewegt. Weil es viel zu schwerfällig wäre, den vollen Namen im schnellen Gespräch bei Vortrag und Diskussion auszusprechen, sagt man entweder *C. elegans* oder einfach nur „der Wurm".

C. elegans als Modellorganismus. Das bleibt auf immer verbunden mit dem Namen eines außergewöhnlichen Wissenschaftlers, Sydney Brenner (geb. 1927). Wir hatten ihn schon erwähnt als eine der herausragenden Personen in jener bunten Truppe von Forschern, die die molekularbiologische Wende Ende der 1950er- und Anfang der 1960er-Jahre gestalteten. Unter anderem hat er zusammen mit Francis Crick in brillanten und zugleich einfachen Experimenten gezeigt, dass der genetische Code aus Tripletts besteht, und zwar aus hintereinander geschalteten, nicht überlappenden Tripletts, was damals ein entscheidender Durchbruch auf dem Weg zum genetischen Code war. Brenner hat das Wort „Codon" erfunden.

Brenners Leben begann in einer südafrikanischen Kleinstadt, wohin es seine Eltern als arme jüdische Einwanderer aus dem Baltikum verschlagen hatte. Er schreibt in seiner Autobiografie, dass sein Vater, ein Schuster, weder lesen noch schreiben konnte, aber mehrere Sprachen beherrschte. Dass eine Kundin irgendwie die ungewöhnliche Intelligenz des Kindes Sydney bemerkte und ihm den Weg in den Kindergarten und zu den öffentlichen Bibliotheken ebnete und wie die frühe Förderung auf fruchtbaren Boden fiel und er schließlich an der Universität von Witwatersrand in Johannesburg Medizin studieren konnte.

Aber sein Interesse war nicht die praktische Medizin, sondern die Wissenschaft. Unterstützt von Stipendien gelangte er über einige Zwischenstationen schließlich an das Cavendish-Laboratorium in Cambridge und in die Nähe von Francis Crick. Ja, mit Crick teilte er sich viele Jahre lang ein kleines Büro, die Schreibtische

Kopf an Kopf, was das Miteinanderreden und Diskutieren erleichterte. Irgendwann Ende der 1960er-Jahre drehten sich die Gespräche mehr und mehr um das Nervensystem. Crick interessierte sich, wie wir gehört hatten (Kap. 9) eher für die höheren Funktionen des Nervensystems, Gehirn, Bewusstsein und dergleichen; Brenner dafür, wie Gene den Aufbau von so etwas Komplexem wie ein Nervensystem steuern. Um das untersuchen zu können, benötigt man einen geeigneten Modellorganismus mit möglichst wenigen Nervenzellen. „Nach einigem Suchen fiel meine Wahl schließlich auf den kleinen Nematoden *Caenorrhabditis elegans*", schreibt er, „ein sich selbst befruchtender Zwitter mit selten spontan auftretenden Männchen. Die Erwachsenen sind 1 mm lang und durchlaufen den Lebenszyklus in 3½ Tagen. Die Tiere leben in einer zweidimensionalen Welt auf der Oberfläche von Agarplatten und ernähren sich von *E. coli*. Sie sind leicht zu kultivieren, jedes Tier produziert 300 Nachkommen pro Zyklus."

Wir wollen noch hinzufügen, dass man die Würmer ohne Schaden einfrieren kann, was das Aufbewahren von Mutanten-Tieren erleichtert, ebenso das Versenden von Würmern zwischen den Mitgliedern der weltweit ständig wachsenden Schar von *C.-elegans*-Forschern.

Nachdem sie das Züchten und den Umgang mit den Würmern in den Griff bekommen hatten, begannen Brenner und seine Leute mit der Suche nach Mutanten und hatten schon bald einige Hundert Mutanten gefunden, darunter mehrere Verhaltensmutanten, die Schlüsse auf das Funktionieren des Nervensystems zuließen. Obwohl der Erfolg des Modell *C. elegans* damals alles andere als sicher war, zog Brenner schon früh eine ganze Reihe hoch motivierter und begabter Wissenschaftler in sein Labor. Darunter den Briten John E. Sulston (geb. 1942) und den Amerikaner H. Robert Horvitz (geb. 1947).

Sulston war derjenige, dem es in Zusammenarbeit mit anderen gelang, die Herkunft jeder einzelnen der genau 959 Zellen des erwachsenen Wurms zu klären oder anders gesagt, genau aufzuzeigen, was aus den Zellen wird, die aus der ersten embryonalen Teilung hervorgehen, und was aus denen, die aus der zweiten, dritten, vierten usw. Teilung hervorgehen. Es entstand ein imposanter Stammbaum einer jeden einzelnen Zelle, aus denen der Wurm aufgebaut ist. Darunter sind genau 302 Nervenzellen, die vielfach miteinander verknüpft sind, was ein hochkomplexes Netzwerk ergibt, aber doch das einfachste Nervensystem im Tierreich darstellt.

Zellteilungen und Zellvermehrungen gehen mit dem Erwerb zelltypspezifischer Eigenschaften einher. Es entstehen zur richtigen Zeit und am richtigen Ort die Haut-, Darm-, Muskel-, Geschlechts-, Nervenzellen usw., je mit ihrem eigenen genetischen Programm, bei dem spezifische Gene an- und andere abgeschaltet werden. Überdies entstehen bei den Teilungen auch überschüssige Zellen, genau 131 an der Zahl, die wieder eliminiert werden müssen. Hauptsächlich H. Robert Horvitz fand heraus, dass dazu spezielle Gene in Aktion treten und ein Programm abrufen, das später als „programmierter Zelltod" oder Apoptose bekannt wurde und seither weltweit ganze Forschergruppen beschäftigt.

Brenner, Sulston und Horvitz erhielten den Medizin-Nobelpreis des Jahres 2002 „für Entdeckungen auf dem Gebiet der genetischen Regulierung der Organentwicklung und des programmierten Zelltods."

John E. Sulston wird uns im Kap. 20 wieder begegnen als Direktor des Sanger Center (heute: *Wellcome Trust Sanger Institute*), jenes DNA-Sequenzier-Kraftwerks, wo nicht nur wichtige Teile der Hefegenome, sondern auch das gesamte *C.-elegans*-Genom und ein Riesenstück des Humangenoms entziffert wurden. Übrigens war das *C.-elegans*-Genom das erste Genom eines vielzelligen Organismus, dessen Sequenz bekannt wurde (1998). Das Genom besteht aus ungefähr 100 Mio. Basenpaaren und enthält etwas über 20.000 proteincodierende und noch einmal mehrere Tausend RNA-codierende Gene. Den aktuellen Stand der Dinge erfährt man über *WormBase* im Internet.

Der Fisch

Wie wir gerade gesehen hatten, hat der „Wurm" viele Vorteile als Modellorganismus und deswegen auch viele Anhänger. Aber seine Entwicklung ist doch recht speziell, eben die eines Nematoden, und der entwickelt sich anders als ein Wirbeltier. Auf der Suche nach einem guten Wirbeltiermodell kam der Molekularbiologe George Streisinger (1927–1984) als Erster auf einen bunt-gestreiften und beliebten Aquariumsfisch von bis zu 5 cm Länge – den Zebrafisch; zoologischer Name: *Danio rerio*. Er bietet eine Reihe experimenteller Vorteile, unter anderem die extrauterine Entwicklung in Form eines durchsichtigen Embryos, was die Beobachtung der Entwicklung sehr erleichtert.

Streisinger kam in Budapest zur Welt und musste als Zehnjähriger mit seinen Eltern vor den Nazis nach Amerika fliehen. Als Doktorand und junger Wissenschaftler erwarb er sich hohes wissenschaftliches Ansehen auf dem Gebiet der Molekularbiologie, genauer durch Arbeiten mit dem Bakteriophagen T4. Das brachte ihm eine Professorenstelle an der *University of Oregon* in Eugene, US-Bundesstaat Oregon, ein. Als sich der Nutzen von Bakteriophagen als Modell der molekularen Genetik allmählich erschöpfte, suchte Streisinger, wie seinerzeit auch viele andere, nach neuen Herausforderungen. Er wählte den Zebrafisch als Modell und begann, den Einfluss der Gene auf das Nervensystem eines Wirbeltiers zu erforschen. Anfang der 1980er-Jahre publizierte er die ersten Studien über Mutationsauslösung und genetische Analyse. Aber er konnte die Früchte seiner Arbeit nicht ernten, denn schon 1984 starb er bei einem Tauchunfall. Andere Forscher setzten die Arbeiten fort, an vorderster Stelle und mit besonders großem Erfolg Christiane Nüsslein-Volhard und Mitarbeiter in Tübingen.

Heute arbeiten viele Tausend Wissenschaftler in einigen Hundert Laboratorien weltweit am Zebrafisch als Modell der Entwicklungsbiologie. Inzwischen besitzt man große Sammlungen von Mutanten. Viele davon verursachen, wenn sie homozygot vorkommen, Defekte, die verblüffende Ähnlichkeiten mit menschlichen Krankheiten haben. Zum Beispiel stimmen die meisten Gene für die Herzentwicklung des Zebrafischs gut mit denen des Menschen überein. So kommt es, dass bestimmte Zebrafisch-Mutanten Vorhofflimmern und Herzrhythmusstörungen haben. Kein Wunder, dass der Zebrafisch nicht nur für biologische Grundlagenforscher, sondern auch für Mediziner und Pharmakologen von Interesse ist.

Die Maus

Maus und Mensch haben eine lange gemeinsame Geschichte. Sie begann vor vielleicht 10.000 Jahren, als die ersten Ackerbauer im Vorderen Orient und in China ihre Ernten für den Winter einlagerten. Die Getreide- und Reisschätze zogen Mäuse an, und von da an gab es einen permanenten Krieg um die Vorräte: Große Scharen von Mäusen machten sich über die mühsam gesammelten Winterrationen her. Dabei beobachteten die frühen Farmer immer wieder einmal Mutanten, die anders aussahen oder sich anders benahmen als die Durchschnittsmäuse. Zum Beispiel weiße Mäuse, die sich auffällig von den grauen und braunen Wildtyp-Tieren abhoben. Menschen in China und Japan waren die Ersten, die an solchen auffälligen Mutanten Gefallen fanden. Sie fingen und züchteten die besonderen und seltenen Tiere und verkauften sie später auch an Liebhaber und Interessenten in Europa. Angeblich war das Mäusezüchten im Europa des 19. Jahrhunderts, besonders im Viktorianischen England, ein weitverbreitetes Freizeitvergnügen. Da ging es um allerlei Kreuzungen zwischen Individuen verschiedener Fellfarben und dergleichen.

Und das gelang deswegen so gut, weil Mäuse billig und problemlos in Käfigen zu halten sind, sich gut vermehren und kreuzen und züchten lassen, gekennzeichnet durch kurze Generationszeiten, acht bis zehn Wochen zwischen der Befruchtung der Eizelle und dem Wurf mit fünf bis zehn Nachkommen.

Biologen und Mediziner erkannten, dass Mäuse und Menschen viele physiologische Eigenschaften gemeinsam haben, was das Herz-Kreislauf-System oder Muskeln und Skelett oder Nervensystem und Hormone betrifft. Was lag näher, als die einfach zu züchtenden Mäuse für Laboratoriumsarbeiten zu nutzen. Und so begann die Karriere der Maus als eines bevorzugten Laboratoriumstiers in der biomedizinischen Grundlagenforschung. Mäuse sind heute das Säugetier-Modellsystem schlechthin – und damit die Basis für eine Milliarden-Dollar-Industrie. Jährlich werden mehr als 25 Mio. Mäuse in hochspezialisierten Einrichtungen gezüchtet und von dort in die Forschungslaboratorien von Industrie, Universitäten und anderen Einrichtungen der Biomedizin verschickt. Hunderte von speziellen Inzuchtlinien und speziellen Mutanten für Forschungen über Krebserkrankungen, Rheumatismus, das Immunsystem, Stoffwechsel, Neurobiologie und vieles mehr.

Die Bedeutung der Maus für die Biomedizin ist von so großer Bedeutung, dass es geradezu selbstverständlich war, dass die Folge von drei Milliarden Basenpaaren, die das gesamte Erbgut – das gesamte „Genom" – der Maus ausmachen, schon im Jahre 2002 publiziert wurde – als zweites Säugetiergenom überhaupt und gerade einmal anderthalb Jahre nachdem die komplette Basenpaarsequenz des Humangenoms veröffentlicht worden war. Das Genom der bescheidenen Maus enthält ungefähr genau so viel Gene wie das Genom des Menschen, nämlich ca. 21.000, und 99 % der Mausgene kommen (meist leicht verändert) auch beim Menschen vor und umgekehrt.

Natürlich war in den Jahren vor dem Mausgenom-Projekt schon viel über die Beziehung zwischen Genetik und Krankheit bekannt. Hauptsächlich über die Untersuchung von Mutanten. Zum Beispiel Maus-Mutanten, die – wie die weiße Maus der Maus-Liebhaber im 19. Jahrhundert – spontan in einer Population auftraten, oder Maus-Mutanten, die durch Bestrahlung oder Chemikalien im Laboratorium produziert wurden. Auf diese Weise hat man Hunderte von Maus-Mutanten isoliert – Mutanten mit neurologischen Auffälligkeiten, etwa vom Typ der Parkinson-Krankheit oder mit verschiedenen Epilepsieformen; Mutanten im Stoffwechsel wie die Fettmaus, die sehr viel zur Forschung über die genetischen Grundlagen der Fettsucht beim Menschen beigetragen hat; Mutanten mit angeborenen Herzfehlern usw. Von besonderem Interesse sind Maus-Mutanten mit angeborener Neigung zu Krebserkrankungen.

Mutationen sind zufällige Ereignisse. Das gilt nicht nur für die Mutationen, die spontan, also ohne äußere Einwirkungen auftreten, sondern auch für Mutationen, die durch Strahlen und mutagene Chemikalien ausgelöst werden. Strahlen und Chemikalien erhöhen die Häufigkeit, mit der Mutationen auftreten, aber welches Gen sie treffen, bleibt dem Zufall überlassen. Um eine Mutation in einem spezifischen Gen zu finden, mussten große Populationen von Mäusen mit mutagenen Chemikalien behandelt und untersucht werden. Wenn man Glück hatte, dann fand sich unter Tausenden von Mutanten eine im interessierenden Gen. Mutantensuche blieb immer ein sehr langwieriges Unternehmen mit unsicherem Ausgang.

Damit wollten sich Forscher nicht abfinden. Um 1980 hatten sich die amerikanischen Wissenschaftler Oliver Smithies (geb. 1925) und Mario Capecchi (geb. 1937) unabhängig voneinander vorgenommen, gezielt spezifische Gene im Mausgenom auszuschalten. Beide brachten DNA-Stücke in die Zellen einer Zellkultur ein und beobachteten, wie diese von außen zugesetzte DNA in das Genom der Empfängerzelle eingebaut wird. Ihre Absicht war, diesen Einbau so zu steuern, dass die zugesetzte DNA gezielt in einem spezifischen Gen landet, genau in dem Gen, das man untersuchen möchte.

Allein die Tatsache, dass die beiden Forscher mit ihren Mitarbeitern ungefähr zehn Jahre brauchten, um zu ihrem Ziel zu kommen, zeigt, dass erhebliche methodische und grundsätzliche Schwierigkeiten zu überwinden waren. Aber es gelang! Zwar zunächst nur in Zellkulturzellen. Das war zwar gut, aber zu wenig, denn das Ziel war es ja, gezielt spezifische Gene im intakten Tier auszuschalten. Hier betrat der Dritte im Bunde die Szene, der Engländer Martin Evans (geb. 1941). Ihm war es gelungen, embryonale Stamm(ES)-Zellen der Maus zu gewinnen und im Labor zu vermehren. Aber mehr noch: Er konnte die kultivierten ES-Zellen in isolierte Mausembryonen einbringen und beobachten, wie sich die ES-Zellen problemlos in den Verband der normalen Zellen des Embryos einordnen. Der betreffende Embryo wird in den Uterus hormonell vorbereiteter Mäuse eingesetzt und setzt seine Entwicklung fort. Nach einigen Wochen kommen Nachkommen zur Welt, die ein Mosaik aus zwei Zelltypen sind, nämlich aus den eingebrachten ES-Zellen und den Zellen des „Wirts"-Embryos. Nun kann man die Nachkommen über einige Generationen kreuzen, um schließlich Mäuse zu erhalten, die ganz aus den Nachkommen der Embryonalen Stammzellen bestehen (Abb. 17.1).

Mario Capecchi und Martin Evans begegneten sich. Der Fortgang der Dinge lässt sich denken: Die DNA für zielgerichtete Mutagenese wird in ES-Zellen eingebracht, wo ein und nur ein bestimmtes Gen zerstört wird. Dann werden die ES-Zellen in den „Wirts"-Embryo und schließlich in das Muttertier übertragen. Die Nachkommen entsprechen in allem den Wildtyp-Tieren, außer dass ihnen ein einziges Gen im Katalog der 21.000 Gene fehlt, weil es speziell ausgeschaltet – oder, wie man sagt, *knocked-out* – ist. Man spricht von „Knockout-Mäusen", und die spannende Frage für den Experimentator ist, wie sich eine Knockout-Maus im Vergleich zur Normal-Maus verhält. Denn damit lässt sich auf die Bedeutung des betreffenden Gens für den Gesamtorganismus schließen.

Es gibt Weiterentwicklungen zu diesem Schema, auch sehr interessante und nützliche Varianten, aber das ist technisch kompliziert, sodass wir es hier übergehen. Nur eine der Varianten soll erwähnt werden: Knock-In. Das Prinzip ist hier, das vorhandene Gen nicht einfach auszuschalten, wie beim Knock-Out, sondern es durch ein anderes, etwas verändertes Gen zu ersetzen. Das Knockout-Verfahren war von Anfang an ein durchschlagender Erfolg. Bald wollte jeder Biologe das Gen, das ihn interessiert, ausgeschaltet haben. So wurden im Laufe der Jahre einige Tausend Gene verändert, darunter mehr als 500 Gene, die eine unmittelbare Bedeutung für die Erforschung spezieller menschlicher Krankheiten haben. Ja, es gibt inzwischen keinen Bereich der biomedizinischen Forschung, der nicht von der Knockout-Technologie profitiert.

Aber sie ist kein einfaches Verfahren. Es zieht sich länger als ein Jahr hin; erfordert speziell trainierte Techniker, die den Umgang mit ES-Zellen und Mausem-

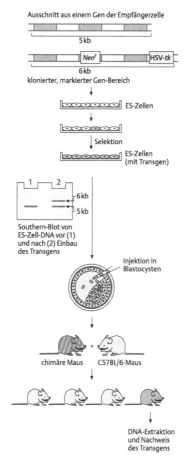

Abb. 17.1 Knockout-Mäuse. Das Prinzip ist einfach zu beschreiben, aber in der Praxis ist die Knockout-Technologie langwierig und verlangt Geschicklichkeit und Erfahrung im Umgang mit Genen, Zellkulturen und Mäusen. Der Prozess beginnt mit der Veränderung des interessierenden Gens durch gentechnischen Einbau von Markierungssequenzen wie Neoʳ und HSV-tk. Das so veränderte Gen wird in embryonale Stammzellen (ES) übertragen. Zellen mit dem übertragenen Gen sind resistent gegenüber dem Antibiotikum Neomycin und vermehren sich in dessen Gegenwart („Selektion"). Man fragt, ob das übertragene Gen wirklich an der Stelle des bodenständigen Gens eingebaut wurde. Zur Überprüfung setzt man PCR-Verfahren ein oder Southern-Blot-Verfahren (wie hier gezeigt). Dann der nächste Schritt: Übertragen der manipulierten ES-Zellen in Mausembryonen („Blastocysten"). Wenn alles gut geht, entwickeln sich die Embryonen zu Mäusen. Diese Tiere sind aus zwei Zelltypen zusammengesetzt, den eigenen Zellen und den ES-Zellen. Deswegen werden sie manchmal als Chimären bezeichnet (wie die Wesen der Mythologie, die aus zwei oder mehr Tierarten bestehen). Die chimären Mäuse müssen mehrmals miteinander gekreuzt werden. Daraus gehen am Ende Mäuse hervor, die das veränderte Gen in allen Zellen enthalten. Hintergründe und viele technische Details findet man im Aufsatz von Mario R. Capecchi (2005) Gene targeting in mice: functional analysis of the mammalian genome in the twenty-first century. *Nature Rev Genet* 6: 507–512. Das hier gezeigte Bild stammt aus Knippers R (2006) Molekulare Genetik, 9. Aufl., Georg Thieme Stuttgart

bryonen perfekt beherrschen; bestens organisierte Tierforschungsanstalten mit optimaler Versorgung der Mäuse unter der Aufsicht von Veterinären und guten Tierpflegern. Nur wenige Biologie-Departments an Universitäten können sich so etwas leisten, selbst viele Max-Planck-Institute sind überfordert, und so sind einige Firmen entstanden, die Knockout-Mausstämme auf Bestellung produzieren. Des Weiteren gibt es öffentlich unterstützte Programme, wie das *International Mouse Phenotyping Consortium* oder IMPC, die sich die Aufgabe gestellt haben, nacheinander jedes einzelne der 20.000 Mausgene auszuschalten. Die Knockout-Mäuse werden einem rigorosen Test unterworfen, wo alle möglichen physiologischen Auffälligkeiten und Verhaltensformen aufgespürt und registriert werden.

Wen wundert's, dass es für diese Erfolgsgeschichte auch die höchste Auszeichnung gab, nämlich den Medizin-Nobelpreis, der im Jahre 2007 an Mario Capecchi, Oliver Smithies und Martin Evans ging. In der offiziellen Verlautbarung hieß es: „[...] für ihre Entdeckung von Verfahren, um spezifische Genveränderungen bei der Maus mithilfe von embryonalen Stammzellen einzuführen [...]".

Man muss allerdings hinzufügen (2015), dass die Zukunft der klassischen Knockout-Technologie (Abb. 17.1) unsicher ist, weil seit etwa 2010 andere und technisch einfachere Verfahren entwickelt wurden, um gezielt Gene zu verändern, allen voran die CRISPR-Technologie (Kap. 23).

Die Ratte

Über Modellorganismen sind dicke Bücher geschrieben worden. Zum Beispiel ein Buch mit dem Titel *Emerging Model Organisms. A Laboratory Manual*. Der erste Band mit über 600 Seiten erschien im Jahre 2009 und beschreibt 23 verschiedene Modellorganismen.

Diese können hier natürlich nicht aufgezählt werden. Zumal die meisten dieser Modelle nur für Spezialisten von Interesse sind. Aber wir wollen einige Sätze zu einem der ältesten Modellorganismen in der biomedizinischen Forschung schreiben, zur Ratte. Sie ist größer als die Maus und deswegen besser mit den Methoden der Physiologie zu untersuchen. So wird die Ratte auch heute noch für bestimmte klinisch relevante Forschungen bevorzugt, vor allem für Forschungen über Herz- und Kreislauferkrankungen, erhöhten Blutdruck, Diabetes, rheumatische Erkrankungen, auch über Verhaltensformen. Im Jahre 2004 wurde die Basenpaarsequenz des Rattengenoms veröffentlicht, als drittes Säugetiergenom (nach dem des Menschen und der Maus). Warum sich die Maus und nicht die Ratte als das beliebteste biomedizinische Modellsystem durchgesetzt hat? Einerseits, weil Ratten teurer im Unterhalt sind und längere Generationszeiten haben, und andererseits, weil die Knockout-Technik bei Ratten lange nicht funktioniert hat und erst ab etwa 2010 verlässlich eingesetzt werden konnte.

Die Modellpflanze

Was Pflanzen betrifft, so hatten wir gesehen, dass Mais das bevorzugte Untersuchungsobjekt der bedeutenden US-amerikanischen Genetiker in der ersten Hälfte des 20. Jahrhunderts war, nicht zuletzt, weil auch die Farmer im Mittleren Westen der Vereinigten Staaten an solchen Arbeiten interessiert waren und sie teilweise finanzierten. Denn ein Ziel blieb immer die Verbesserung der Ernteerträge. Mais hat zudem den Vorteil, dass er wunderbar viele Linien und Varianten hat – Form der Kolben; Zahl, Farbe und Form der Körner und dergleichen. Wir hatten gesehen, wie Barbara McClintock diesen Schatz bei der Entdeckung der springenden Gene zu nutzen wusste.

Die deutschen Genetiker jener Zeit experimentierten mit Blumen: Levkojen, Löwenmäulchen (*Antirrhinum*), Geranien. Was immerhin zu der wichtigen Entdeckung führte, dass Gene nicht nur auf den Chromosomen im Zellkern vorkommen, sondern auch auf Chloroplasten.

Seit den 1970er-Jahren wurde die weitverbreitete und bescheidene Schotenkresse oder Acker-Schmalwand, ein weltweit verbreitetes „Unkraut", zum ausgesprochenen Liebling der Pflanzengenetiker. In Wissenschaftskreisen kennt man die Pflanze unter ihrem systematischen Namen *Arabidopsis thaliana,* kurz *Arabidopsis* oder auch *A. thaliana*, was übrigens an Johannes Thal erinnert, den deutschen Arzt und Botaniker (1542–1583), der die Pflanze zuerst beschrieben hat.

Gegenüber den Blumen und Erntepflanzen hat die 20–30 cm hohe *A. thaliana* entscheidende Vorteile. Sie ist problemlos auf kleinstem Raum zu kultivieren, braucht gerade einmal 6–8 Wochen von der Keimung bis zur Reifung des Samens und hat dabei alle Eigenschaften höherer Pflanzen, was Physiologie und Anatomie betrifft. Das Genom ist für pflanzliche Verhältnisse mit 125 Mio. Basenpaare, verteilt auf fünf Chromosomen, relativ klein, beherbergt aber mehr als 25.000 Gene, von denen schon viele gut untersucht sind. Das alles lässt sich seit 2001 in einem wunderbaren elektronischen Buch nachlesen: *The Arabidopsis Book*, kurz TAB, herausgegeben von der *American Society of Plant Biologists*, ständig ergänzt, erweitert und verbessert.

Ein Blick zurück – Gregor Mendel am Ende des 20. Jahrhunderts

Auf den ersten Seiten dieses Buches wurde einer der wichtigsten frühen Modellorganismen der experimentellen Genetik vorgestellt, die Gartenerbse. Wir hatten beschrieben, wie Gregor Mendel die Erbse in seinem Klostergarten kultivierte und im Zuge dieser Arbeiten zu wichtigen Erkenntnissen über die Vererbung kam (1865). Die Grundlage seines Erfolges war die Kreuzung von Pflanzen, die sich in klaren Merkmalen unterscheiden: kantige/runde Früchte; gelbe/grüne Früchte; Hochwuchs/Niederwuchs usw. Kurz, die sichtbaren Merkmale dienten als Marker für den Gang der Gene durch die Generationen. Damals war natürlich nichts über die Natur der Gene bekannt. Erst mit den Methoden der Gentechnik konnten die betreffenden Gene isoliert und untersucht werden.

Wir nennen einige dieser Gene und schließen damit den kurzen Überblick über die mehr als 150-jährige Geschichte der genetischen Modelorganismen.

Rund und kantig

„Mendel – now down to the molecular level" war der Titel eines kurzen Kommentars in der Ausgabe vom 18. Januar 1990 der Zeitschrift *Nature*. Es ging um einen Aufsatz von Forschern aus dem *John Innes Institute* in Norwich, England. Was auch ein anmerkenswerter historischer Schnörkel ist, denn das *John Innes Institute* ist ja die Forschungsstätte, die Bateson, der frühe Mendel-Propagandist, vor über hundert Jahren zu Ansehen und Ruhm geführt hat (Kap. 1). Wie auch immer, die Forscher isolierten und sequenzierten ein Gen, das Mendels Erbsen kantig oder rund macht. Das Gen codiert ein Enzym, das an der Bildung von Stärke beteiligt ist und aus Zucker die großmolekulare Verbindung Amylopektin herstellt. Wenn das Enzym nicht funktioniert oder fehlt, sammelt sich Zucker in den Zellen an, und nach den Regeln der Osmose strömt Wasser ein. Aber die Erbsen verlieren das Wasser, wenn sie geerntet werden und dann trocknen: sie „verschrumpeln" und werden „kantig".

Der genetische Unterschied: Runde Erbsen haben das normale Allel; kantige Erbsen haben dagegen ein Allel, das zerstört ist, und zwar durch ein integriertes Transposon (Kap. 12), ein Stück Extra-DNA, das die Codierungssequenz des Gens unterbricht. Den Genotyp von Pflanzen mit kantigen Erbsen hatten wir in Abb. 1.1 mit rr notiert, den Genotyp von Pflanzen mit den normalen runden Erbsen mit RR oder mit Rr. Anders gesagt, das Gen R ist dominant, und wir verstehen, warum das so ist, denn ein einziges Exemplar des normalen Gens reicht aus, um genügend Enzym für die Synthese von Amylopektin zu liefern.

Gelb und grün, groß und klein

Pflanzenforscher kennen auch das Gen für das Mendel'sche Merkmalpaar gelb/grün. Das Gen hat den passenden Namen *Stay Green*, abgekürzt *SGR*. Normalerweise ist das Gen für den Abbau des grünen Farbstoffes Chlorophyll im Herbst verantwortlich. Wenn aber das Gen durch Mutation verändert ist (und zwar durch eine Insertion von sechs Basenpaaren), bleiben Blatt und Früchte grün.

Nennen wir schließlich noch das Gen, das Mendels Pflanzen groß- oder kleinwüchsig werden lässt. Auch dieses Gen wurde isoliert, und es zeigte sich, dass es
ein Enzym für das Pflanzenhormon Gibberellin codiert, eine Art Wachstumshormon. Normalerweise produziert das Enzym genug Wachstumshormon und
die Pflanze wächst gut in die Höhe. Anders bei der Mutante: Das Enzym funktioniert nur schlecht und liefert gerade so viel Hormon, dass die Pflanze überleben
kann. Der Grund ist eine Mutation im offenen Leseraster des Gens. Die Mutation führt dazu, dass im aktiven Zentrum des Enzyms statt der Aminosäure Ala-
nin die Aminosäure Threonin steht. Wodurch die Funktion beeinträchtigt wird.

18

Das andere Genom: DNA in Mitochondrien und Chloroplasten

Auf den nächsten Seiten geht es um ein Thema, das immer als eine Art Extrakapitel in der Geschichte der Genetik galt, sozusagen eine Sonderrolle spielte neben der Mainstream-Genetik. Es geht um eine Besonderheit von Eukaryotenzellen. Sie besitzen nämlich neben dem Hauptgenom im Zellkern mindestens noch ein zweites Genom, das Genom in Mitochondrien. „Mindestens", denn Pflanzenzellen enthalten noch ein drittes Genom, in den Chloroplasten. Bleiben wir zunächst bei Mitochondrien, hauptsächlich bei den Mitochondrien des Menschen. Wie wir sehen werden, ist das ein lohnendes und abwechslungsreiches Unternehmen, denn es geht auch um Altern und Tod, Vor- und Frühgeschichte. Aber zuerst die zellbiologischen Grundlagen.

Mitochondrien und ihre DNA

Gegen Ende des 19. Jahrhunderts haben deutsche Zellbiologen erstmals die Aufmerksamkeit auf die fadenförmigen (*mito-*) Körnchen (*chondrion*) im Cytoplasma von Zellen gelenkt und den Namen geprägt, den sie noch heute tragen – Mitochondrien (s. Abb. 14.1). Heute weiß man, dass normale Körperzellen mit einigen Hundert Mitochondrien ausgestattet sind und Zellen mit hohem Energiebedarf, vor allem Muskel- und Nervenzellen, sogar mit tausend und mehr langgestreckten und meist verzweigten Mitochondrien. Den Rekord halten Eizellen und ihre Vorläufer mit über hunderttausend Mitochondrien.

Ihre Funktion blieb zwei oder drei Jahrzehnte lang gänzlich unbekannt, bis es allmählich klar wurde, dass Mitochondrien lebenswichtige Funktionen bei der Atmung, der Sauerstoffverwertung und der Produktion von Energie haben. Inzwischen kennt jeder das Schlagwort von den „Kraftwerken der Zelle". Tatsächlich ist es der wichtigste Lebenszweck der Mitochondrien, Elektronen,

© Springer-Verlag GmbH Deutschland 2017
R. Knippers, *Eine kurze Geschichte der Genetik*, DOI 10.1007/978-3-662-53555-4_18

die mit den Endprodukten des Stoffwechsels herangeschafft werden, in kontrollierten Einzelreaktionen schließlich auf Sauerstoff zu übertragen. Die dabei freiwerdende Energie kann auf zweierlei Weise ausgenutzt werden, erstens zur Produktion von Wärme; und zweitens zur Herstellung von ATP (Adenosintriphosphat), der universellen Energiewährung aller Zellen. Dabei spricht man von „oxidativer Phosphorylierung", denn ATP entsteht durch Übertragung einer Phosphatgruppe auf Adenosindiphosphat (ADP).

ATP wird für die meisten Lebensvorgänge gebraucht, für die Synthese von Nucleinsäuren und Proteinen; für Auf- und Abbau von Zellstrukturen; für die Funktionen von Nieren, Herz, Nervensystem, Muskeln und so weiter. Was sich so leicht daher sagt, hat in den 1930er und 1940er-Jahren viel mühsame Arbeit und immensen Fleiß gekostet, aber auch viele Biochemiker berühmt gemacht, oft gekrönt durch Nobelpreise. Wobei man anmerken muss, dass derjenige, der das ATP in Heidelberg entdeckte, Hans Karl Heinrich Adolf Lohmann (1898–1978), leer ausgegangen ist, was den Nobelpreis betrifft, genauso wie der Russe Vladimir A. Engelhardt (1894–1984), der erstmals in Moskau zeigte, dass bei Spaltung von ATP (in ADP und Phosphat) tatsächlich Energie für biologische Arbeit freigesetzt wird, und zwar im Fall seiner Pionierarbeit speziell für die Bewegung von Muskeln.

Jedenfalls war die Aufklärung der Art und Weise, wie Nahrungsmittel zuerst abgebaut, dann in die Atmungskette eingeschleust und schließlich für die oxidative Phosphorylierung verwertet werden, ein sehr bedeutender Abschnitt in der Geschichte der Wissenschaft. Das wird detailliert auf vielen Seiten der Biochemie-Lehrbücher beschrieben. Wir können das hier nicht wiederholen, aber einen ersten, wenn auch nur oberflächlichen Eindruck geben wir u. a. in der Abb. 18.1.

Ein anderes Kapitel in der Mitochondrienforschung begann im Jahre 1964, als mindestens zwei Arbeitsgruppen unabhängig voneinander entdeckten, dass Mitochondrien ihre eigene DNA besitzen. Zuerst wurde das bei Mitochondrien von Hefe und Pilzen gefunden, im folgenden Jahr auch bei Mitochondrien anderer Organismen. Seither steht fest, dass Mitochondrien aller Eukaryoten 10 bis 20 DNA-Moleküle beherbergen.

Die mitochondrialen DNA-Moleküle sind relativ klein und ringförmig geschlossen (Abb. 18.1). So hat die DNA in Säugetiermitochondrien nur Platz für gerade einmal ca. drei Dutzend Gene. Die mitochondriale DNA in Pflanzen ist zwar erheblich größer, beherbergt aber auch nur höchstens ungefähr 100 Gene. Dem gegenüber steht, dass die Mitochondrien selbst aus 1000 oder mehr verschiedenen Proteinen aufgebaut sind. Deshalb reichen die mitochondrialen Gene bei Weitem nicht aus, um Struktur und Funktion eines Mitochondriums zu gewährleisten. So kommt es, dass viele Gene beteiligt sind, die auf der DNA des Zellkerns zu Hause sind. Diese Gene werden, wie üblich, im Zellkern tran-

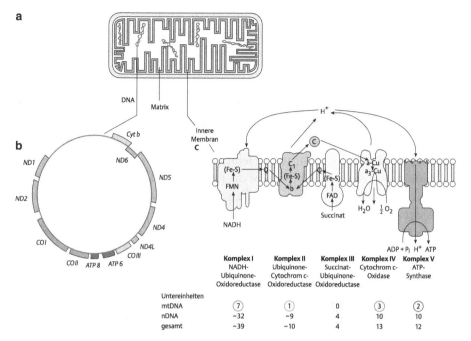

Abb. 18.1 Genetik von Mitochondrien. Ein Überblick. **a** Schematischer Aufbau eines Mitochondriums. In der vielfach gefalteten inneren Membran befinden sich die Komplexe der Atmungskette. Der Innenraum enthält Enzyme für wichtige Stoffwechselvorgänge und dazu ca. ein Dutzend ringförmiger und verdrillter Moleküle mitochondrialer DNA. **b** Mitochondriale DNA (mtDNA) des Menschen besteht aus 16.569 Basenpaaren und hat Platz für 13 proteincodierende Gene (*graue Kästen*) und 24 RNA-codierende Gene (22 tRNAs und 2 rRNAs). **c** Das Herzstück der Mitochondrien sind die Komplexe der Atmungskette. Jeder Komplex besteht aus mehreren Proteinbausteinen. Wie angegeben, codiert die mtDNA nur einen kleinen Teil dieser Proteinbausteine, das Genom im Zellkern den größeren Teil. Es ist die Funktion der Atmungskette, Elektronen zum Sauerstoff zu transportieren. Die dabei frei werdende Oxydationsenergie wird zum großen Teil für die Synthese von ATP verwendet, dem universellen Energielieferant der Zelle. (Aus: Knippers R (2006) Molekulare Genetik, 9. Aufl., Georg Thieme, Stuttgart)

skribiert. Von dort gelangt die mRNA ins Cytoplasma, wo die Synthese der entsprechenden Proteine erfolgt. Diese Proteine gelangen dann über eigene Wege in das Innere und in die Hülle eines Mitochondriums.

Wie sieht der – bescheidene, aber notwendige – Beitrag der mitochondrialen DNA zum Aufbau eines Mitochondriums aus? Die definitive Antwort gaben Fred Sanger und seine Mitarbeiter im englischen Cambridge (1981). Sie bestimmten – natürlich mit der Sanger-Sequenziermethode (Kap. 13) – die Basenpaarfolge der mitochondrialen DNA des Menschen. Zunächst bestätigten sie frühere Befunde, wonach mitochondriale DNA ringförmig geschlossen ist. Wie sich später herausstellte, gilt dies für alle Organismen, Tiere, Pflanzen, Hefen, Pilze usw. mit sehr seltenen Ausnahmen. Weiter wurde klar, dass die mitochondriale DNA von Mensch und, wie später klar wurde, auch von anderen Säugetieren aus gerade einmal ungefähr 16.500 Basenpaaren besteht und damit winzig ist gegenüber der DNA im Zellkern mit ihren zweimal drei Milliarden Basenpaaren.

Noch größer war die Überraschung, als man die Gene genauer betrachtete. Denn Mitochondrien-DNA verschwendet ihren ohnehin schon knappen Platz für Elemente eines eigenen Proteinsyntheseapparates: Je ein Gen für eine große und eine kleine ribosomale RNA und 22 Gene für tRNA. Das allein reicht für die Synthese von Proteinen nicht aus. Es fehlen andere notwendige Komponenten: die Proteinbausteine von Ribosomen; die Enzyme für die Beladung von tRNAs mit Aminosäuren und anderes. Die Gene für diese Proteine kommen auf der DNA des Zellkerns vor.

Neben den RNA-Genen besitzt die mitochondriale DNA von Mensch und Säugetieren noch 13 Gene, die Proteine codieren, allesamt Bausteine der Atmungskette. Die Atmungskette besteht aus fünf sogenannten Komplexen, die in der inneren der beiden Membranen liegen, von denen ein Mitochondrium eingeschlossen ist. Abb. 18.1 zeigt schematisch die Komplexe (nach dem Verständnis der 1990er-Jahre) und deutet an, dass jeder Komplex aus mehreren Bausteinen besteht, von denen einige durch die mitochondriale DNA, die meisten aber durch Gene auf der Kern-DNA codiert werden. Außer der oxidativen Phosphorylierung laufen in Mitochondrien noch mehrere andere Stoffwechselwege ab, Fettsäuresynthese, Zuckerabbau, Synthese von Häm u. a., jeweils gesteuert und ermöglicht von Proteinen, die ausschließlich vom Kerngenom codiert werden.

Evolution

Inzwischen kennt man die Sequenzen der mitochondrialen DNAs von mehreren Hundert verschiedenen Tier- und Pflanzenarten. Da findet man einige Abweichungen vom Muster der mitochondrialen DNA bei Mensch und Säugetier. Aber überall gibt es das Nebeneinander von zwei genetischen Systemen: für den Aufbau von Mitochondrien sind sowohl Gene im Zellkern als auch Gene in den Mitochondrien zuständig.

Das ist umständlich und aufwendig. Warum und wozu? Antworten haben mit der Entstehung der ersten Eukaryoten auf der Erde zu tun. In den 1960er und frühen 1970er-Jahren gab es teilweise heftige Debatten über die Herkunft der Eukaryoten, aber heute zweifelt kaum noch jemand daran, dass Eukaryoten das Ergebnis einer Fusion zweier Zellarten sind. Vermutlich war es ein Prokaryot aus dem Reich der Archaeen, der vor zwei Milliarden Jahren eine Bakterienzelle in sich aufnahm, eine Bakterienzelle, die schon die Kunst der oxidativen Phosphorylierung beherrschte. Im Laufe der Zeit verlor diese Bakterienzelle alle Gene, die sie für ihre Vermehrung und für ihren speziellen Stoffwechsel brauchte, doch behielt sie die Gene für die oxidative Phosphorylierung und vermutlich für andere Stoffwechselleistungen, aber auch für die eigene Transkription und für die Synthese ihrer Proteine. Der größte Teil dieser Gene gelangte in die DNA des Zellkerns (wo die Gene bis heute nachweisbar sind), aber ein kleiner Teil verblieb in dem Zellorganell, das wir heute als Mitochondrium vor uns sehen. Während sich so allmählich aus den aufgenommenen Bakterien die Mitochondrien bildeten, entstanden andere typische Strukturelemente der Eukaryotenzelle, insbesondere der Kern und das innere Membransystem, parallel dazu oder lagen schon vor (Abb. 14.1).

Angesichts dieses Szenarios stellte sich die Frage, warum denn überhaupt noch Gene in Mitochondrien zurückgeblieben sind und warum nicht alle Gene auf das Kerngenom übertragen wurden. Als durchaus seriöse Antwort gilt, dass das reiner Zufall war, dass irgendwann einmal der Prozess der Genübertragung stehen blieb, weil die Zelle einen Grad der Vollkommenheit erreicht hatte, bei dem jede Veränderung eine Störung des Gleichgewichts bedeutet hätte. Andere Forscher finden, dass diese Antwort unbefriedigend ist, und behaupten, mitochondriale Gene hätten eine bodenständige eigene Funktion. Der Punkt ist bis heute nicht eindeutig geklärt.

Noch einige Sätze zur Evolution. Für viele Evolutionsforscher bietet die Endosymbiontentheorie der Mitochondrienentstehung eine plausible Erklärung für die Entwicklung des Lebens über einfache Einzeller hinaus. Das Argument geht wie folgt: Bakterien haben ihre Atmungskette in der Membran, von dort kann das entstehende ATP rasch an die Stellen diffundieren, wo es gebraucht wird, denn die Wege in Bakterien sind kurz. Aber die Konsequenz ist, dass die Größe von Bakterien beschränkt bleibt. Anders bei den Zellen von Eukaryoten. Sie besitzen Hunderte von oft weit verzweigten Mitochondrien, und jedes versorgt den Raum um sich herum mit Energie. Eine Eukaryotenzelle kann deswegen größer werden und ein mehr als zehntausendmal größeres Volumen annehmen als Bakterien. Das ist die Voraussetzung für die Ausbildung neuer Strukturen und für den Erwerb von Funktionen, die über die bloße Reproduktion der immer gleichen Formen hinausgeht. Unterschiedliche Formen und Funktionen – das ist der erste Schritt auf dem Weg zur Mehr- und Vielzelligkeit. Kurz, mit dem Erwerb von Mitochondrien konnte die Evolution von Pflanzen und Tieren beginnen und damit zu der Vielfalt des irdischen Lebens führen, so wie wir es kennen.

Der genetische Code in Mitochondrien

Wie gesagt, vereinigten sich in der Frühzeit des Lebens auf der Erde zwei ganz verschiedene Zelltypen. Das muss tatsächlich früh in der Geschichte des Lebens gewesen sein. Denn es stand noch nicht einmal hundertprozentig das fest, was heutzutage alle Lebewesen verbindet, der genetische Code. Die Konsequenz ist, dass sich die genetischen Wörterbücher von Kerngenom und Mitochondriengenom an einigen Stellen unterscheiden. Zum Beispiel gibt es bei Wirbeltieren (einschließlich des Menschen) drei Unterschiede: UGA = Stopp im Code der Kern-DNA, aber Tryptophan (Trp) im Mito-Code sowie AUA = Isoleucin im Kern- und Methionin im Mito-Code; und AGA = Arginin im Standard- und Stopp im Mito-Code (vgl. die Code-Wort-Tabelle in Abb. 10.3).

Mütterliche Linien

Was die Ausstattung mit Mitochondrien betrifft, fällt eine Zellart aus dem Rahmen: die Oocyten. Als Vorläufer der Eizellen haben sie viele Tausend Mitochondrien und dementsprechend mehrere Hunderttausend Moleküle mitochondrialer DNA. Im Gegensatz dazu besitzen Spermien nur wenige Mitochondrien. Demnach gelangen bei der Befruchtung zwar einige paternale, also vom Vater stammende Mitochondrien in die Eizelle, aber sie bleiben in kleiner Minderzahl. So kommt es, dass praktisch alle Mitochondrien bei Mensch und Säugetier von den mütterlichen Vorfahren stammen.

Dass dieser Schluss zutrifft, haben Forscher schon im Jahre 1974 mithilfe von Restriktionsnucleasen gezeigt, unter anderem an einem eher kuriosen Beispiel, dem Maultier. Die mitochondriale DNA des Pferdes ergibt nach Behandlung mit bestimmten Restriktionsnucleasen andere Fragmente als die mitochondriale DNA von Eseln. Bekanntlich sind Maultiere die – unfruchtbaren – Nachkommen eines Eselvaters und einer Pferdestute. Maultiere haben die mitochondrale DNA von Pferden. Umgekehrt ist ein Maulesel der Nachkomme eines Pferde-Hengstes und einer Eselin. Die mitochondrale DNA von Mauleseln ist die der Eselin-Mutter.

Der Hauptgrund für die mütterliche Vererbung ist der quantitative Vorsprung der mütterlichen Mitochondrien vom Zeitpunkt der Befruchtung an. Dazu kommt, zumindest bei einigen Tierarten, dass es im Cytoplasma von Eizellen einen Mechanismus gibt, der die väterlichen Mitochondrien erkennt, markiert (durch Anheftung von Ubiquitin) und dem Abbau preisgibt. Das ist interessant, denn das aktive Ausschalten der väterlichen Mitochondrien lässt vermuten, dass ein gleichzeitiges Vorkommen von maternalen und paternalen Mitochondrien irgendwie schädlich für eine Zelle oder einen Organismus sein könnte.

Krankheiten und Ersatz

Unter etwa 10.000 neugeborenen Kindern ist statistisch eines, das von seiner Mutter Mitochondrien mit schädlichen Mutationen erbt. Dies können Punktmutationen in tRNA- oder proteincodierenden Genen sein oder auch Deletionen verschiedenen Ausmaßes. Ob die Konsequenzen milde oder heftig sind, hängt vom Anteil der geschädigten Mitochondrien an der Gesamtzahl ab. Jedenfalls äußern sich die Krankheiten bevorzugt in Geweben, die viel Energie benötigen – allen voran Gehirn und Nervensystem, dann Herz- und Skelettmuskeln, Drüsengewebe u. a.

Ein Beispiel ist die „nekrotisierende Enzephalomyelopathie", benannt nach dem britischen Neuropathologen A. D. Leigh, der die Krankheit zuerst beschrieben hat (1951). Das Leigh-Syndrom beginnt oft schon in der frühen Kindheit mit dem Verlust von Gehirnregionen („nekrotisierend"). Das verursacht allerlei neurologische Symptome wie epileptische Anfälle, Atmungs- und Sehstörungen, überhaupt schwere Beeinträchtigung der Entwicklung. In vielen Fällen ist die Ursache eine Mutation im mitochondrialen Gen *ATP6* und ein Verlust der ATP-Synthase (Komplex V in der Abb. 18.1). Eine Behandlung existiert nicht, und die betroffenen Kinder gehen nach kurzer Lebenszeit zugrunde.

Um dennoch hier und bei den anderen mitochondrialen Krankheiten helfen zu können, haben sich Reproduktionsbiologen den Ersatz der geschädigten durch intakte Mitochondrien ausgedacht. Kurz beschrieben, sieht das Vorgehen folgendermaßen aus:

- Oocyten (Vorläufer-Eizellen) der Frau mit Mitochondrienschäden und Oocyten einer gesunden Spenderin werden präpariert. Zum Verständnis des weiteren Vorgehens gehört, dass in Oocyten das Genom des Zellkerns als dicht gepackte Metaphase-Chromosomen in einer Mitose-Spindel vorliegt.
- Der nächste Schritt ist die Übertragung der Spindel aus der Oocyte mit den geschädigten Mitochondrien in die Spender-Oocyte, deren Spindel vorher entfernt worden war.
- Diese künstlich zusammengesetzte Oocyte wird für eine *in-vitro*-Fertilisation (IVF) vorbereitet und unter Laborbedingungen mit Spermien befruchtet. Nach wenigen Zellteilungen wird der frühe Embryo in den Uterus implantiert, wie es zur Routine jeder IVF gehört.
- Das sich entwickelnde Kind trägt das genetische Erbe von drei Personen: das Kerngenom der Mutter, das Kerngenom des Vaters und das Mitochondriengenom der Spenderin. Die Zeitungs- und Fernsehwelt spricht vom „Drei-Eltern-Kind".

Dieses Verfahren ist oft und erfolgreich und ohne erkennbare Nebenwirkungen im Tierversuch erprobt worden. Aber ob es auch beim Menschen angewendet werden soll, ist heftig umstritten. Die wichtigsten Bedenken waren, dass die Gene im Zellkern und die Gene in Mitochondrien eng zusammenarbeiten müssen, damit ein funktionierendes Mitochondrium entstehen kann, und dass schon kleinste Unterschiede die empfindliche Balance stören könnten.

Das britische Parlament in London hat diese und andere Bedenken genau berücksichtigt, als es im Frühjahr 2015 grünes Licht für den Mitochondrienersatz
(oder, wie es offiziell heißt: für den „Spindel-Chromosomen-Komplex-Transfer")
gab. So ist das Vereinigte Königreich das erste Land, in dem der Mitochondrienersatz offiziell als therapeutische Maßnahme erlaubt ist. Beobachter gehen
davon aus, dass dies ungefähr 150 Paare jährlich in Anspruch nehmen werden.

Altern

Wie in der Abb. 18.1 gezeigt, steht im Zentrum des mitochondrialen Geschehens der schrittweise Transport von Elektronen in der Atmungskette. Dabei
entweicht immer wieder ein Teil der Elektronen und reagiert direkt mit Sauerstoff. Dann können Sauerstoffradikale entstehen, darunter das hoch aktive
Hydroxylradikal, abgekürzt ·OH. Sauerstoffradikale beschädigen Proteine,
Nucleinsäuren und andere Zellbestandteile und können sogar den Zelltod
verursachen. Kein Wunder, dass im Laufe der Evolution Enzyme entstanden
sind, die die Hydoxylradikale wirksam unschädlich machen, denn sonst wäre
ja das zelluläre Leben ständig in höchster Gefahr. Doch ein Teil der Sauerstoffradikale entgeht dieser Kontrolle und richtet Schäden an. Man spricht von
oxidativem Stress; und der soll neben anderem den Verlauf vieler Krankheiten
prägen – Krebs, Typ-II-Diabetes, chronische Entzündungen, neurodegenera-
tive Erkrankungen und mehr.

Weil die Radikale in Mitochondrien entstehen, ist es unausweichlich, dass
dort die DNA und auch andere Strukturen in Mitleidenschaft gezogen werden.
Dazu kommen andere mutationsauslösende Reaktionen. Und das wirkt sich deswegen so drastisch aus, weil anders als im Zellkern, wo kräftige Reparatursysteme
am Werk sind, die DNA-Schäden in Mitochondrien nur recht zögerlich repariert
werden. Deswegen häufen sich im Laufe des Lebens Schäden in der mitochondrialen DNA an: Deletionen und Punktmutationen aller Art.

Das stört die Energieversorgung, worunter besonders Zellen mit hohem Energiebedarf leiden, vor allem Herz- und Skelettmuskeln sowie das Zentralnervensystem mit dem Gehirn, also Bereiche, die im Alter bei Weitem nicht mehr so
gut funktionieren wie in der Jugend.

Ob nun wirklich das eine, nämlich mehr Mutationen in der mitochondrialen DNA, mit dem anderen, also Alterung, zu tun hat, ist zunächst nichts als
eine plausible Vermutung. Aber gibt es auch Beweise? Hier kommt die Maus als
Modellsystem zu ihrem Recht. Forscher haben gezielt Knockin-Mäuse gezüchtet (Kap. 17), bei denen die Häufigkeit mitochondrialer Mutationen drastisch
erhöht ist. Diese Mäuse zeigen alle Zeichen des vorzeitigen Alterns: Haarverlust,
Schwerhörigkeit, Osteoporose, Gewichtsabnahme und frühen Tod.

Aber das soll nun nicht heißen, dass damit das Rätsel des Alterns gelöst ist. Im Gegenteil. Mitochondriale Mutationen tragen nur einen geringen Teil, vielleicht sogar nur einen sehr geringen Teil zum Altersgeschehen bei. Altersforscher finden ein komplexes Gemisch von Ursachen aus Umwelt und Genetik. Umwelt schließt Lebensstil und Ernährung ein. Denn wenn sich jemand gern und viel bewegt und nicht zu dick ist, steigt seine Lebenserwartung. Und was die Genetik betrifft, so kennen Altersforscher inzwischen mehr als 40 unterschiedliche Gene, die die Lebensspanne zumindest von Modellorganismen wie *Drosophila*, dem Wurm und der Maus beeinflussen und das Auftreten degenerativer, also typisch altersabhängiger Krankheiten prägen. Beim Menschen wird das ähnlich sein.

Zellensterben als Programm

Von Mitochondrien geht eine eigentümliche und viel untersuchte Reaktion aus, der programmierte Zelltod, von Biologen meist als „Apoptose" bezeichnet – ein griechisches Wort für das Fallen welker Blätter von herbstlichen Bäumen.

Programmierter Zelltod tritt ein, wenn Mitochondrien so beschädigt sind, dass ihre Membranhüllen Löcher bekommen und Komplexe der Atmungskette auseinanderbrechen. Mehrere Proteine verlassen die Mitochondrien, auch Cytochrom *c*, das sich unter anderem mit einem Protein namens Apaf-1 (Abkürzung für: *apoptosis protease activating factor*) verbindet. Zusammen mit anderen Proteinen setzen sie schließlich das Enzym Caspase-3 in Gang, das der Zelle den Todesstoß versetzt, indem es Strukturen im Zellkern und in den Zellmembranen zerstört (Abb. 18.2).

Wie wirkungsvoll dieser Weg zum zellulären Selbstmord ist, zeigt das Experiment. Die Injektion geschädigter Mitochondrien in eine sonst gesunde Zelle reicht aus, um das Zelltodprogramm auszulösen.

Apoptose geht nicht nur von Mitochondrien aus, sondern auch von Signalen, die auf der Zelloberfläche empfangen werden (Abb. 18.2). Dann ist Apoptose ein normaler und gut regulierter Vorgang, der unter genauer genetischer Kontrolle steht und dem gesamten Organismus dient, etwa bei der Entwicklung, wie erstmals bei Forschungen am Modellorganismus *C. elegans* entdeckt wurde (Kap. 17). Weiter ist Apoptose wichtig, wenn es um die Entsorgung überflüssiger oder unerwünschter Zellen geht, etwa nach Ablauf einer Infektion, wenn der Überschuss an nicht mehr benötigten Immunzellen abgeräumt wird. Andere Funktionen betreffen die Vernichtung virusinfizierter Zellen oder Tumorzellen. Schließlich erfolgt Apoptose, wenn Zellen so geschädigt sind, dass sie nicht mehr repariert werden können, wie nach Bestrahlungen, Chemikalienexposition, Sauerstoffmangel usw.

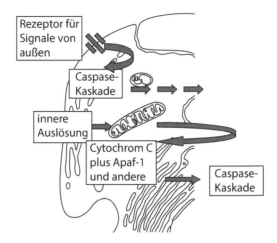

Abb. 18.2 Wege zum programmierten Zelltod. Wir sehen einen Teil einer tierischen Zelle mit Mitochondrien und dem Endoplasmatischen Retikulum. Es ist handelt sich um einen Ausschnitt aus der Abb. 14.1. Hier wird angezeigt, dass es zwei Wege zum programmierten Zelltod (Apoptose) gibt. Ein Weg wird von außen gestartet, indem ein Signalprotein an einen Rezeptor bindet; und ein zweiter Weg beginnt im Inneren der Zelle, an Mitochondrien. Der äußere Weg ist z. B. bei der Entwicklung wichtig, wenn überschüssige Zellen entfernt werden (Kap. 17) oder auch im Zuge der Immunantwort, z. B. wenn antikörperproduzierende Zellen nicht mehr benötigt werden. Der innere Weg tritt in Aktion, wenn Zellschäden die Mitochondrien in Mitleidenschaft ziehen. Dann gelangt Cytochrom c in das Zellinnere und bindet an Apaf-1 und andere Proteine. Schließlich geraten beide Wege auf eine Schiene, hier als „Caspase-Kaskade" bezeichnet. Caspasen sind proteinabbauende Enzyme, die im Endeffekt die Strukturen der Zelle zerstören

Familien und Genealogien

In der Kontrollregion zwischen den mitochondrialen Genen (Abb. 18.1) gibt zwei Bereiche von je etwa 400 Basenpaaren, die bezeichnenderweise „hypervariable Sequenzen", kurz HVS I und HVS II, heißen. Weil diese Bereiche keine Gene enthalten, bleiben Änderungen der HVS-Basensequenzen meist ohne Folgen.

Die hypervariablen Sequenzen sind von Mensch zu Mensch verschieden. In Datenbanken wie mitomap.org sind viele Zehntausend solcher HVS-Sequenzen gespeichert. Vergleiche zeigen, dass verwandte Menschen oft gleiche oder sehr ähnliche hypervariable Sequenzen besitzen. Im Gegensatz zu Menschen, die nicht miteinander verwandt sind, wo die Unterschiede zwischen den Sequenzen größer sind.

Gerichtsmediziner nutzen das aus, wenn es zum Beispiel gilt, die Verwandtschaftsverhältnisse zwischen Verstorbenen und ihren Angehörigen festzustellen. Das ist von Interesse, wenn der „genetische Fingerabdruck" von nuklearer

DNA – der DNA-Test der Kriminalfilme – nicht möglich ist, weil das Gewebe weitgehend zerstört oder verfallen ist. Die Wahrscheinlichkeit, dass dann auch nach langer Zeit ein Stück mitochondrialer DNA nachgewiesen werden kann, ist größer als bei nuklearer DNA, einfach deshalb, weil mitochondriale DNA in viel höherer Kopienzahl vorliegt.

Wie nützlich die Untersuchung hypervariabler Sequenzen sein kann, zeigt ein historisch interessantes Beispiel. Es geht um die sterblichen Überreste des letzten russischen Zaren und seiner Familie. Das historische Geschehen ist gut dokumentiert. Im Jahre 1917 hatte die bolschewistische Revolutionsregierung den Zaren Nikolaus II. (Romanow), seine Frau Aleksandra, vier Töchter und einen Sohn zusammen mit drei Dienern und dem Leibarzt verhaftet und in die Uralstadt Jekaterinburg verschleppt. Dort wurden sie im Juli 1918 ermordet und in der Umgebung der Stadt an einem verborgenen Ort verscharrt. Nach dem Zerfall der Sowjetunion entdeckten Amateurhistoriker ein Massengrab mit Skelettüberresten, die gut zur Beschreibung der Zarenfamilie mit ihrer Begleitung passte. Aber Zweifel blieben. Bis im Jahre 1993 eine russisch-britische Forschergruppe genügend mitochondriale DNA aus den Knochen extrahieren und die entsprechenden Analysen durchführen konnte. Einige Ergebnisse sind in Abb. 18.3 gezeigt. Der wichtige Punkt in dieser Abbildung ist, dass die Sequenzen des Zaren und seiner Familie mit den mitochondrialen DNAs verwandter Nachkommen übereinstimmen.

Trotz der eindrucksvollen Daten blieb Kritik. Da war besonders die ungewöhnliche Situation, dass die DNA-Probe, die dem Zaren zugeordnet wurde, zwei mitochondriale Sequenzen enthielt, eine mit C und eine zweite mit T an der gleichen Stelle der hypervariablen Sequenz (Abb. 18.3). Formal lässt sich das als ein Fall von Heteroplasmie beschreiben. So nennt man das gemeinsame Vorkommen genetisch verschiedener mitochondrialer DNA in einem Mitochondrium oder einem Gewebe. Aber die Möglichkeit einer Verunreinigung oder einer Verwechslung war nicht ganz auszuschließen – trotz aller Plausibilität, was historische Umstände, Fundstätte und die DNA-Proben der anderen Personen im Massengrab betrifft. Zwei Entdeckungen halfen bei der Aufklärung des Falles. Die erste Entdeckung betrifft die Überreste des jüngeren Zaren-Bruder, Georgij Romanow, der im Jahre 1899 als 28-Jähriger an Tuberkulose starb. Es gelang in den Jahren 1997/98 mitochondriale DNA aus den Skelettresten von Georgij zu gewinnen und zu untersuchen. Das Ergebnis: die gleiche Heteroplasmie wie bei Nikolaus. Dann die zweite Entdeckung. Ein blutverschmiertes Hemd, das man als eine Art Reliquie im Familienarchiv aufgehoben hatte. Es stammt aus dem Jahre 1891, als der Zar mit Mühe einem Attentatsversuch entkommen war. Erstaunlicherweise ist das Hemd trotz aller historischen Turbulenzen erhalten geblieben, und russische Genetiker nutzten das aus, indem sie die mitochondria-

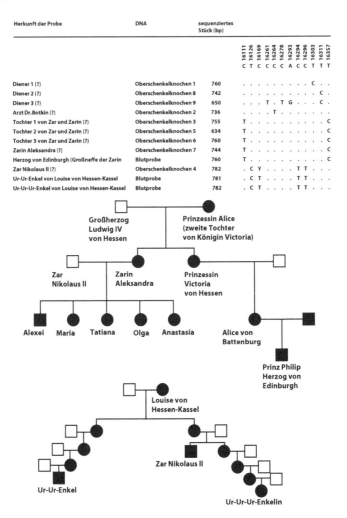

Herkunft der Probe	DNA	sequenziertes Stück (bp)	16111	16126	16169	16261	16264	16278	16293	16294	16296	16303	16311	16357
			C	T	C	C	C	C	A	C	C	T	T	T
Diener 1 (?)	Oberschenkelknochen 1	760	.	.	.	.	.	.	.	.	.	C	.	.
Diener 2 (?)	Oberschenkelknochen 8	742	.	.	.	.	.	.	.	.	.	.	C	.
Diener 3 (?)	Oberschenkelknochen 9	650	.	.	.	T	.	T	G	.	.	.	C	.
Arzt Dr.Botkin (?)	Oberschenkelknochen 2	736	.	.	.	.	.	T	.	.	.	.	.	.
Tochter 1 von Zar und Zarin (?)	Oberschenkelknochen 3	755	T	.	.	.	.	.	.	.	.	.	.	C
Tochter 2 von Zar und Zarin (?)	Oberschenkelknochen 5	634	T	.	.	.	.	.	.	.	.	.	.	C
Tochter 3 von Zar und Zarin (?)	Oberschenkelknochen 6	760	T	.	.	.	.	.	.	.	.	.	.	C
Zarin Aleksandra (?)	Oberschenkelknochen 7	744	T	.	.	.	.	.	.	.	.	.	.	C
Herzog von Edinburgh (Großneffe der Zarin)	Blutprobe	760	T	.	.	.	.	.	.	.	.	.	.	C
Zar Nikolaus II (?)	Oberschenkelknochen 4	782	.	C	Y	.	.	.	.	T	T	.	.	.
Ur-Ur-Enkel von Louise von Hessen-Kassel	Blutprobe	781	.	C	T	.	.	.	.	T	T	.	.	.
Ur-Ur-Ur-Enkel von Louise von Hessen-Kassel	Blutprobe	782	.	C	T	.	.	.	.	T	T	.	.	.

Abb. 18.3 Mitochondriale DNA in der Gerichtsmedizin am Beispiel der Romanows. *Unten.* Mitochondrien werden über weibliche Linien vererbt (*gefüllte Symbole*). Der *obere* der beiden Stammbäume zeigt, dass Prinz Philipp, Herzog von Edinburgh und Gattin der englischen Königin, ein Großneffe der letzten Zarin Aleksandra war. Er wollte einen Beitrag zur Aufklärung des historisch wichtigen Verbrechens an der Zarenfamilie leisten und stellte eine Blutprobe zur Verfügung. Der zweite Stammbaum zeigt die Verwandtschaft des letzten Zaren Nikolaus II. mit dem Hause Hessen-Kassel. Nachkommen dieser Familie (die anonym bleiben wollten) beteiligten sich ebenfalls an der Untersuchung, *Oben.* Ergebnisse der Sequenzierungen. Alle DNA-Abschnitte stammen aus der hypervariablen Region, *links* vom Gen *Cytb* in Abb. 18.1. Der *obere* Teil der Tabelle zeigt die relevanten DNA-Basen in der Standard-Sequenz von Fred Sanger und Mitarbeitern (1981). Darunter die Abweichungen vom Standard bei den untersuchten Personen. Man beachte, dass beim Eintrag Zar Nikolaus II. unter dem Basenpaar Nr. 16.169 der Buchstabe *Y* steht. Das bedeutet, dass an dieser Stelle sowohl *C* als auch *T* vorkommt. Was das bedeutet, wird im Text erklärt. Die Daten stammen aus der Veröffentlichung von Gill P, Ivanov PL und Mitarbeiter (1994) Identification of the remains of the Romanov family by DNA analysis. *Nature Genetics* 6: 130–136

len Sequenzen in den Blutresten bestimmten. Sie berichteten im Frühjahr 2009, dass auch in dieser Probe zwei mitochondriale DNA-Sequenzen vorkommen, eine mit C, eine zweite mit T an der gleichen Stelle. Die Autoren meinten, dass nun „kein vernünftiger Zweifel" an der Identität mehr möglich sei.

Überdies klärten sie in ihrem Bericht noch ein weiteres Rätsel. Zur Zarenfamilie gehörten fünf Kinder, vier Mädchen und der Knabe Alexei (Abb. 18.3). Aber im Massengrab lagen nur die Überreste von drei Töchtern. Wo waren die vierte Tochter und der Sohn?

Die Überlieferung berichtet eindeutig, dass die gesamte Zarenfamilie an jenem Juli-Tag des Jahres 1918 ermordet worden war. Erst 2007 kam man auf die Spur der beiden fehlenden Kinder – ein Grab in der Umgebung Jekaterinburgs mit den Skelettresten einer jungen Frau und eines Knaben von geschätzten 10–14 Jahren. Die DNA wurde extrahiert und unabhängig in einem russischen und in einem amerikanischen Laboratorium untersucht. Übereinstimmend zeigten sie, dass die beiden Personen im Grab exakt die mitochondriale DNA der Zarin-Mutter besaßen.

Diese Geschichte ist eine von vielen, die sich um mitochondriale DNA ranken. Erwähnen wir noch die Geschichte von Kaspar Hauser, jenem freundlichen, aber unbeholfenen Jüngling, der 1828 scheinbar aus dem Nichts in Nürnberg auftauchte und einige Jahre später ermordet wurde. Viele Verschwörungstheorien rankten sich um das Ereignis. Weit verbreitet war die Geschichte, dass Kaspar Hauser ein Abkömmling der badischen Großherzogsfamilie gewesen sei, den man wegen Erbfolgestreitereien eingesperrt und in Isolierungshaft gehalten habe. Von dort sei er entkommen und nach Irrwegen schließlich in Nürnberg gelandet. Wie gut, dass die blutbefleckte Unterhose des Ermordeten als Museumsstück aufgehoben worden war. Ein Vergleich der mitochondrialen DNA aus dem Kaspar-Hauser-Blut mit der mitochondrialen DNA von lebenden Nachfahren der Großherzöge zeigte keinerlei Hinweise auf Verwandtschaft. Kaspar Hausers Eltern müssen also sonstwo herkommen, jedenfalls nicht aus der großherzoglichen Familie.

Paläoanthropologie

Kaspar Hauser. Das war DNA von vor zweihundert Jahren. Aber wenn die Umstände stimmen, lässt sich noch ältere DNA untersuchen. Dreitausend Jahre alte mitochondriale DNA half, die Verwandtschaftsverhältnisse, Vater, Mutter, Kinder in bronzezeitlichen Begräbnisstätten zu klären. Sogar dreißigtausend Jahre alte mitochondriale DNA aus den Knochen von Neandertalern konnte untersucht werden. Mit dem wichtigen Ergebnis, dass die mitochondriale DNA der Neandertaler sich signifikant von der mitochondrialen DNA aller heute lebenden Menschen unterscheidet. Was gegen eine enge Verwandtschaft zu sprechen scheint.

Mitochondriale Eva

Noch einmal: Menschen mit geringen Unterschieden in den mitochondrialen DNA-Sequenzen sind enger miteinander verwandt, als Menschen mit vielen Sequenzunterschieden. Rebecca Cann, Mark Stoneking und Allan C. Wilson gehörten zu den Ersten, die fanden, dass sich damit etwas Wichtiges über die Herkunft der heute lebenden Menschen sagen lässt. Sie untersuchten die mitochondriale DNA von fast 150 Personen aus mehreren großen ethnischen Gruppen und aus vielen Teilen der Erde. Sie ordneten die DNAs nach Ähnlichkeiten und fanden zwei große Gruppen, eine mit der DNA von Afrikanern und eine zweite Gruppe, die die mitochondriale DNA aller anderen Menschen umfasst. Innerhalb dieser zweiten Gruppe lassen sich Untergruppen erkennen, je mit mitochondrialer DNA von Europäern sowie von Menschen aus dem Nahen und Fernen Osten, Australien und Amerika. Der Schluss ist, dass diese Menschen allesamt von einer Population abstammen, die irgendwann einmal aus Afrika ausgewandert ist und allmählich den Rest der Welt besiedelt hat.

Wann hat die Auswanderung stattgefunden? Mit Annahmen über die Häufigkeit von Mutationen pro Generation kamen Cann, Stoneking und Wilson zu dem kühnen Schluss, den sie schon im zweiten Satz ihrer berühmten Publikationen in *Nature* (1987) verkünden: „Alle mitochondrialen DNAs stammen von einer Frau, von der man annehmen kann, dass sie vor 200.000 Jahren gelebt hat, vermutlich in Afrika." „Die mitochondriale Eva". Aber anders als die Eva im Mythos vom Garten Eden war die mitochondriale Eva nicht die einzige Frau ihrer Zeit, sondern nur die Frau, deren mitochondriale DNA-Sequenz sich erhalten hat, zufälliger- oder auch wunderbarerweise, jedenfalls im Spiel der Statistik.

Der zitierte Satz aus dem *Nature*-Paper des Jahres 1987 ist viel bewundert, aber auch viel gescholten worden. Letzteres vor allem von denen, die daran festhielten, dass der moderne Mensch *Homo sapiens* unabhängig an vielen Stellen der Erde entstanden ist, als Nachfahre des Vormenschen *Homo erectus*, der schon vor ein oder zwei Millionen Jahren aus Afrika in alle Welt gezogen war. Doch sprechen all die vielen Untersuchungen, die sich seit 1987 mit der Frage beschäftigt haben, für einen Auszug aus Afrika, der nicht länger zurückliegt als fünfzig- bis hunderttausend Jahre. Die archäologischen Daten stehen nicht im Widerspruch dazu. Man hat in Afrika ein- bis zweihunderttausend Jahre alte Fossilien mit allen Merkmalen des anatomisch modernen Menschen gefunden. Danach Fossilien im Vorderen Orient aus einer Zeit von weniger als hunderttausend Jahren; und schließlich Fossilien in Europa von vor einigen Zehntausend Jahren.

Mitochondriale DNA ist ideal für Studien der Menschheitsgeschichte, denn sie wird ja in direkter weiblicher Linie von den Müttern auf die Söhne und Töchter weitergegeben. Unverändert, wenn man von gelegentlichen Basenpaaraustauschen absieht. Anders die nukleare DNA, deren Reihenfolge und Anordnung während jeder Meiose durch Rekombinationen durcheinandergebracht wird. Mit einer Ausnahme – die DNA im männlichen Y-Chromosom. Denn für das Y-Chromosom gibt es keinen homologen Rekombinationspartner, und das Y-Chromosom (oder jedenfalls der größte Teil davon) wird unberührt von Rekombinationen über die Generationen weitergegeben, diesmal über die männliche Linie von den Vätern auf die Söhne. So kann auch das Y-Chromosom Geschichten erzählen. Darunter auch die, dass Sequenzvergleiche zwischen den Y-Chromosomen heute lebender Menschen mit der *Out-of-Africa*-Hypothese in gutem Einklang stehen und somit die mitochondrialen Vergleiche unterstützen.

Das dritte Genom in Pflanzen

Pflanzen besitzen drei genetische Systeme: im Zellkern, in den Mitochondrien und den Chloroplasten (Abb. 18.4). Pflanzenzellen enthalten zwischen zehn und mehr als 100 Chloroplasten. In ihnen findet Photosynthese statt, wo mithilfe des grünen lichtabsorbierenden Farbstoffs Chlorophyll die Energie des Sonnenlichtes zur Fixierung des atmosphärischen Kohlendioxids und Synthese von Kohlenhydraten eingesetzt wird.

Es war Erwin Baur (1875–1933), den wir schon als Genetiker, bedeutenden Züchter von Kulturpflanzen und vielbeschäftigten Wissenschaftler kennengelernt hatten (Kap. 6), der als Erster zeigte, dass Chloroplasten (oder wie er und seine Zeitgenossen damals sagten: Chromatophoren) ein eigenes genetisches System besitzen. Er arbeitete um 1905 mit grün- und weißblättrigen Pelargonien (*Pelargonium zonale*). Die grünblättrigen Pflanzen hatten den normalen Bestand an Chlorophyll, das den weißblättrigen fehlte. Kreuzungen zwischen beiden ergaben Ergebnisse, die nicht mit dem klassischen Schema Mendel'scher Vererbung übereinstimmten. So kam Baur auf die Idee, dass die betreffenden Gene nicht durch das Genom im Zellkern, sondern durch Chloroplasten vererbt werden. Seine Daten waren mit einem Modell zu erklären, wonach die befruchteten Eizellen gleich viel Chloroplasten von der väterlichen und von der mütterlichen Keimzelle mitbekommen und dass die Chloroplasten dann im Verlauf der Embryonalentwicklung nach den Zufallsgesetzen von den Eizellen auf die Nachkommenzellen verteilt werden. So erhielten die Zellen „weiße" und „grüne" Chloroplasten in verschiedenen zufälligen Verhältnissen. Baur hat seine Ideen in einem Aufsatz des Jahres 1909 publiziert, und zwar im ersten Band der ersten Zeitschrift für Genetik überhaupt, die damals und noch viele Jahre später den

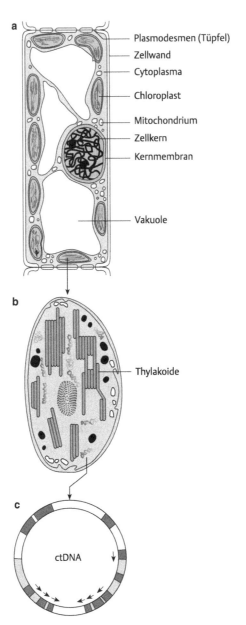

Plasmodesmen (Tüpfel)
Zellwand
Cytoplasma
Chloroplast
Mitochondrium
Zellkern
Kernmembran
Vakuole
Thylakoide
ctDNA

Abb. 18.4   Chloroplasten. **a** Pflanzenzelle im Schema. Ein großer Teil der Zelle wird von der flüssigkeitsgefüllten Vakuole eingenommen. Der Zellkern ist die größte Struktur, gefolgt von den Chloroplasten und den viel kleineren Mitochondrien. **b** Chloroplasten enthalten ein gestapeltes Membrangerüst, wo die Reaktionen der Photosynthese erfolgen. Im Zwischenraum befinden sich ringförmige und verdrillte DNA-Moleküle. **c** Die Chloroplasten-DNA trägt ungefähr 100 proteincodierende Gene. Aber das reicht bei Weitem nicht aus. Denn um einen Chloroplasten zu bauen, sind noch mehrere Hundert Gene auf dem Genom des Zellkerns erforderlich. (Aus Knippers R (2006) Molekulare Genetik, 9. Aufl., Georg Thieme, Stuttgart)

umständlichen Namen *Zeitschrift für induktive Abstammungs- und Vererbungslehre* trug (Kap. 1).

Baur hatte Glück, denn anders als Mitochondrien, die, wie wir gesehen haben, nur über weibliche Linien vererbt werden, werden Chloroplasten sowohl über männliche als auch über weibliche Keimzellen weitergegeben. Jedenfalls bei Pelargonien, jedoch nicht bei jeder Pflanze. Die meisten bedecktsamigen Pflanzen (Angiospermen) vererben Chloroplasten nur maternal, also über Eizellen, und andere Pflanzen zeigen Mischformen unterschiedlichsten Ausmaßes.

Wie auch immer, die Einsicht, mit der Erwin Baur seine Ergebnisse gedeutet hat, ist bewundernswert, denn erst sehr viel später, nämlich im Jahre 1963, entdeckten mehrere Arbeitsgruppen gleichzeitig, dass Chloroplasten tatsächlich DNA enthalten. Zwischen 30 und 100 Exemplaren pro Chloroplast, ringförmig, 120.000–160.000 Basenpaare lang. In den 1980er-Jahren wurden die Basenpaarsequenzen von Chloroplasten-DNA bestimmt, erst von einfachen Moosen, dann von Kulturpflanzen wie Tabak und Reis, später von allen möglichen Pflanzen. Die Strukturen ähneln sich. Es gibt Gene für ribosomale RNA und tRNA, dazu Gene für einen Teil, aber nicht für alle ribosomalen Proteine und für zusätzlich etwa 100 proteincodierende Gene, meist zuständig für Bestandteile des Photosynthesesystems. Aber die Chloroplastengene reichen für einen funktionstüchtigen Chloroplasten bei Weitem nicht aus, dazu muss noch eine erhebliche Anzahl von Genen im Zellkern beitragen, wie wir es ja auch bei Mitochondrien gesehen haben.

Eine genaue Betrachtung der Gene zeigt, dass sie Ähnlichkeiten sowohl mit eukaryotischen als auch mit bakteriellen Genen haben. Der Grund dafür liegt weit zurück in der Frühzeit der Evolution, als eine Ur-Eukaryotenzelle ein photosynthetisierendes Bakterium von der Art der noch heute existierenden Cyanobakterien aufgenommen hat.

19

Genomik

In dem Jahrzehnt nach der Einführung von Gentechnik und DNA-Sequenziermethoden bestanden die naheliegenden Ziele in der Isolierung und Beschreibung von möglichst vielen menschlichen, tierischen und pflanzlichen Genen. Dann ging es auch um die Zuordnung der Gene zu Chromosomen und um die Anordnung der Gene entlang der Chromosomen, also um das Aufstellen von Genkarten. Aber was immer man plante und machte, es war doch früh klar, dass eine letztgültige Genkarte nur die Sequenz aller Basenpaare sein konnte. Anfang der 1980er-Jahre galt die Sequenzierung des Humangenoms zwar als eine im Prinzip lösbare Aufgabe, aber doch auch als ein sehr langwieriges, mühsames und kostspieliges Geschäft, sodass zuerst niemand so recht an das Sequenzieren des gesamten Humangenoms glauben mochte.

Doch wurde viel über methodische Verbesserungen bei Genkartierung und Sequenzierung, ja überhaupt über die Analyse von Genomen gesprochen und geschrieben. Einige der beteiligten Forscher fanden ein eigenes Publikationsorgan für den Austausch von Informationen nützlich. So erschien im Jahre 1987 eine neue Zeitschrift unter dem Namen *Genomics*.

Die beiden Herausgeber, Victor A. McKusick und Frank H. Ruddle (von denen später noch die Rede sein wird), begründeten die Wahl dieses Namens. Sie schrieben im Editorial des ersten Heftes, dass man traditionell ein Wissenschaftsgebiet mit den Endsilben „-ologie" bezeichnen würde, so wie in Psychologie, Anthropologie, Ornithologie usw. Oder auch mit der Endsilbe „-ik" wie in Physik und Mathematik. Wie solle man nun das neue Gebiet der Genomforschung nennen? McKusick und Ruddle schlugen das Wort „Genomik" vor. Auch weil der Ausgangsbegriff Genetik zu den Wörtern mit „-ik" am Ende gehöre. Wir merken an, dass es sich wohl auch besser anhört als die Alternative – „Genomologie".

© Springer-Verlag GmbH Deutschland 2017
R. Knippers, *Eine kurze Geschichte der Genetik*, DOI 10.1007/978-3-662-53555-4_19

Unter anderem ist Genomik das Sequenzieren von DNA in großem Stil. Aber Sequenzen allein sind nicht mehr als öde Folgen aus A und G und C und T. Wie lässt sich zum Beispiel ein offenes Leseraster inmitten von womöglich sinnloser DNA erkennen? Da sind geeignete Computerprogramme unerlässlich. So gehörte Bioinformatik von Anfang an zum Programm der Genomik. Die Erforschung des menschlichen Genoms stand stets ganz oben auf der Agenda der Genomik, schon allein wegen der medizinischen Bedeutung. Dass sich das dann auch gut für die Werbung um Forschungsmittel ausnutzen lässt, liegt auf der Hand.

Anfänge

Die Grundlagen der molekularen Humangenetik stammen aus den ersten Jahrzehnten des 20. Jahrhunderts mit dem Nachweis, dass die Mendel'schen Vererbungsregeln auch für Menschen gelten. Die Priorität gehört dem englischen Arzt Archibald Garrod (1857–1936). Er beobachtete Patienten mit einer seltenen Krankheit, Alkaptonurie, die sich zuerst durch eine dunkle Verfärbung des Urins zu erkennen gibt und später im Leben zu Einlagerungen des Farbstoffes in die Gelenke und zu gichtähnlichen Beschwerden führt. Garrod sah, dass die Krankheit gehäuft in Familien vorkommt, und fand, dass sich ihr Gang durch die Generationen am besten erklären lässt, wenn man annimmt, dass Alkaptonurie *rezessiv* vererbt wird. Was bedeutet, dass die Krankheit nur im *homozygoten* Zustand auftritt, also dann wenn beide Allele des betreffenden Gens durch Mutation verändert sind. Wenn dagegen nur ein Allel verändert ist, das andere aber nicht, wenn also ein *heterozygoter* Zustand vorliegt, bleiben die Betroffenen gesund, weil das intakte Allel den Körper mit genügenden Mengen seines Produktes versorgen kann.

Welches „Produkt"? Wie sich viel später herausstellte, ist es ein Enzym mit dem Namen Homogentisat-Dioxygenase, und seine Funktion ist der Abbau des Farbstoffes Homogentisat, der selbst wieder ein Stoffwechselprodukt der Aminosäure Tyrosin ist. Tyrosin ist ein Baustein von Proteinen, die mit der Nahrung in unseren Körper gelangen.

Garrod veröffentlichte seine Erkenntnisse zuerst in einem kurzen Aufsatz (1902). Aber weil ihm die breitere Bedeutung seiner Forschungen bewusst war, trug er seine Ideen noch einmal in einem Buch mit dem Titel *Inborn Errors of Metabolism* (1909) vor: „angeborene Stoffwechselstörungen." Garrods Name bleibt mit diesem Begriff verbunden, zumal er klar voraussah, was den Stoffwechselstörungen zugrunde liegt, nämlich das Fehlen eines funktionstüchtigen Enzyms. Deswegen meinen viele Genetiker, dass es Garrod war, der die Beziehung „ein Gen – ein Enzym" (Kap. 7) erstmals klar erkannt und durchdacht hat.

Ein Katalog von Genen

Alkaptonurie ist die Störung im Stoffwechsel einer speziellen Aminosäure, Tyrosin. Im Laufe der Zeit lernte man Dutzende von Störungen im Stoffwechsel dieser und anderer Aminosäuren kennen und noch mehr „angeborene Störungen" im Stoffwechsel von Kohlehydraten, Lipiden und anderen Stoffen. Dazu Veränderungen in vielen Genen von Strukturproteinen wie im Hämoglobin, im Bindegewebe und anderen.

Victor A. McKusick (1921–2008), Internist und Medizin-Genetiker an der *Medical School* der Johns-Hopkins-Universität, Baltimore, USA, brachte eine erste Ordnung in das ständig zunehmende Wissen über vererbbare Krankheiten. Sein berühmtes Buch hatte den Titel *Mendelian Inheritance in Man. Catalog of autosomal dominant, autosomal recessive and X-linked phenotypes* (1966). Die erste Auflage des „Katalogs" enthielt etwa 1400 Einträge, darunter viele Gene, die auf dem X-Chromosom liegen. Solche Gene konnten leicht anhand des typischen Erbgangs identifiziert werden, denn der zugehörende Phänotyp tritt – fast – nur bei männlichen Nachkommen auf. Dagegen war es damals noch nicht möglich, Gene, die auf einem anderen als dem X-Chromosom liegen, einem speziellen Chromosom zuzuordnen. Das änderte sich erst im Laufe der Zeit, besonders nach Einführung der Gentechnik. Entsprechend enthält die 12. Auflage von *Mendelian Inheritance in Man* aus dem Jahre 1998 nicht nur mehrere Tausend menschliche Gene, sondern auch viele Gene, deren Lokalisation auf den Chromosomen gelungen war. Danach wurden mehr und mehr menschliche Gene entdeckt und einer Stelle auf einem der Chromosomen zugeordnet. Gedruckte Versionen von McKusicks Buch wurden unpraktisch. Von da ab erschien nur noch die elektronische Version: OMIM oder *Online Mendelian Inheritance in Man*. Ständig ergänzt und verbessert, zudem frei zugänglich; mit annähernd 20.000 Genen und vielen Informationen zu jedem einzelnen Gen wie seine Position auf einem gegebenen Chromosom, seine Struktur mit Exons und Introns; Funktionen sowie Angaben über die wissenschaftliche Literatur. OMIM ist längst ein unschätzbar wertvolles Instrument der Humangenetik geworden.

Gene auf Autosomen

Eine Methode, um Gene den einzelnen Chromosomen zuzuordnen, hat als einer der Ersten Frank H. Ruddle (1929–2013), Professor für Genetik an der *Yale University*, New Haven, Connecticut, systematisch eingesetzt. Seine Methode ging von den sogenannten somatischen Zellhybriden aus. Das sind Zellen, die aus einer Verschmelzung von Human- und Mauszellen in der Zellkultur hervorgehen. Diese Hybridzellen haben nie die erwartete Chromosomenzahl (46 Mensch- plus 40 Maus-Chromosomen), sondern meist nur 41–55 Chromosomen. Die

Maus-Chromosomen sind vollständig, aber von den Mensch-Chromosomen sind nur wenige übriggeblieben. Das liegt unter anderem daran, dass Mensch-Chromosomen bei der Zellteilung hinterherhinken und im Laufe der Zellteilungen verloren gehen. Jedes Chromosom geht mit ähnlich hoher Wahrscheinlichkeit verloren. Deswegen besitzt jede Linie von Hybridzellen eine spezielle und zufällige Auswahl von Mensch-Chromosomen. Der Experimentator kann nun fragen, welches menschliche Protein neben den vielen Maus-Proteinen in einer gegebenen Hybridzelle vorkommt. Der Genort für ein solches Protein muss auf einem der vorhandenen Mensch-Chromosomen liegen.

Das Verfahren ist umständlich, aber doch auch wirkungsvoll, und F. H. Ruddle erwarb sich einen ausgezeichneten Ruf als Humangenetiker. Er wurde, wie eingangs erwähnt, einer der ersten Herausgeber der Zeitschrift *Genomics* und ein Gründungsmitglied von HUGO, der internationalen Human Genome Organisation. Darüber später mehr.

Hier noch eine zweite und anschaulichere Methode zur Zuordnung von Genen zu Chromosomen, die *in-situ*-Hybridisierung. Anfangs wurde ein Stück eines Gens oder einer cDNA mit radioaktivem Phosphat markiert. Aber das war umständlich und lästig, denn der radioaktive Abfall musste aufwendig entsorgt werden. Deswegen war es eine große Erleichterung, als später dann die Markierung mit Fluoreszenzfarbstoffen aufkam. Die markierten DNA-Stücke werden für eine DNA-DNA-Hybridisierung mit Chromosomen eingesetzt. Dabei bleibt der homologe Strang im Verband des intakten Chromosoms. Daher *in situ*, wörtlich: „am Ort". Mithilfe von FISH, der Fluoreszenz-in-situ-Hybridisierung, lässt sich die Lage eines Gens in einem gegebenen Chromosom gut darstellen.

Genomik in Santa Cruz

In den 1980er-Jahren bedeutete Genomik die Entdeckung von immer mehr Genorten sowie ihre Untersuchung, Beschreibung und schließlich ihre Einordnung in McKusicks Katalog. Das Humangenom wurde sozusagen Schritt für Schritt aufgeklärt. Kleine Schritte, aber es ging klar voran. Doch das war manchen zu langsam und auch zu abhängig von den individuellen Forschungsinteressen einzelner Wissenschaftler. So kam der Gedanke auf, „alles auf einmal" zu machen und die gesamte Basenpaarsequenz des Humangenoms zu bestimmen.

Robert L. Sinsheimer (geb. 1920) war wohl der Erste, der sich öffentlich für das Humangenom-Projekt einsetzte. Von 1957 bis 1978 hatte er als Wissenschaftler und Professor am *California Institute of Technology* wichtige Beiträge zur jungen Molekularbiologie geleistet. So gehörte er zu den Ersten, die zeigten, dass die DNA mancher Viren ringförmig geschlossen ist, genauso wie die DNA von Mitochondrien und Chloroplasten. Er war auch an einem Experiment beteiligt, das seinerzeit großes

Aufsehen erregte. „Leben im Reagenzglas", wie die Schlagzeilen damals meinten. Sinsheimers Partner war Arthur Kornberg (1918–2007), der große Biochemiker, der im Jahre 1959 den Nobelpreis für die Entdeckung der DNA-Polymerase erhalten hatte. Dieses Enzym kann im Reagenzglas die Abfolge der Basen eines DNA-Stranges kopieren. Unter anderem auch die DNA eines Bakteriophagen, und Sinsheimer wies nach, dass eine biochemisch hergestellte DNA genauso funktioniert wie die DNA, die aus lebenden Zellen stammt. Sie kann eine komplette Infektion auslösen (1967). Für einen heutigen Biologen, der mithilfe der Gentechnik jedes beliebige Stück DNA isolieren und biologisch untersuchen kann, erscheint das Kornberg-Sinsheimer-Experiment trivial, aber damals war es etwas Besonderes.

Wie mancher Wissenschaftler vor und nach ihm, verließ Sinsheimer nach einigen Jahrzehnten erfolgreicher Arbeit sein Laboratorium, um sich um die Organisation und Verwaltung einer wissenschaftlichen Einrichtung zu kümmern. Er wurde Kanzler des Santa-Cruz-Campus der *University of California*. Die *University of California* (UC) ist ein System staatlicher Universitäten, das aus mehreren Einzeluniversitäten besteht, mit je einem Campus in San Francisco, Los Angeles, San Diego und andernorts, unter anderem eben auch in Santa Cruz. Die *University of California* in Santa Cruz, kurz UCSC, ist eine der kleineren Teiluniversitäten im UC-System, hatte aber einen hohen akademischen Anspruch. Sinsheimer übernahm als Kanzler die Leitung im Jahre 1978, in einer Zeit von Unruhe und Übergang.

Er beschreibt ausführlich in seiner Autobiografie, die 1994 unter dem Titel *The Strands of A Life. The Science of DNA and the Art of Education* erschien, wie es ihm allmählich gelang, aus UCSC eine ordentliche Universität mit guter Reputation zu machen. Deswegen konnte er auch wohlmeinende Sponsoren gewinnen, unter anderem einen Familien-Trust, der in Gedenken an den verstorbenen Firmengründer mehrere Millionen Dollar für ein größeres Projekt stiften wollte. Zuerst ging es um ein neues Teleskop, das sich die Santa-Cruz-Astronomen dringend wünschten. Aber das Vorhaben ging im Gerangel konkurrierender Astronomen von anderen kalifornischen Universitäten unter.

Inzwischen hatte Sinsheimer Gefallen an *Big Science* gefunden und daran, wie Astronomen und Kernphysiker mit Überzeugung und großem Selbstbewusstsein Summen von 100 Mio. Dollar und mehr für ihre Teleskope oder Beschleuniger ins Spiel bringen. Das war damals unerhört für Biologen, die an Forschung in kleinen und bescheiden ausgestatteten Gruppen gewöhnt waren. Doch Sinsheimer fragte sich, ob *Big Science* nicht auch für die Biologie taugte, und kam auf die Idee, als großes, biologisch interessantes Projekt die Bestimmung der Basensequenz des gesamten Humangenoms vorzuschlagen. Das wäre von unschätzbarem Wert für Biologie und Medizin, meinte er, und sei im Prinzip technisch machbar, ungewiss allerdings, wie lang es dauern würde, wie hoch die Kosten sein würden, und wie die Organisation aussähe.

Sinsheimer wollte seine Pläne mit dem Präsidenten der *University of California* diskutieren, aber der hatte offensichtlich kein Interesse und beantwortete nicht einmal den Brief. Doch Sinsheimer ließ sich nicht entmutigen und organisierte im Mai 1985 ein kleines Treffen (Workshop) von Sequenzier-Experten, Computer-Leuten und Molekularbiologen (Thema des Treffens: *„Can We Sequence the Human Genome?"*). Sinsheimer schreibt, dass die Stimmung beim Workshop zuerst skeptisch war, dann aber in Zuversicht umschlug. Die Teilnehmer verfassten einen Text mit einem Verfahrensvorschlag, der tatsächlich eine Art Richtlinie für die nächsten Jahre bildete. Der Vorschlag war, zuerst eine klassische Genkarte des Menschen zu entwerfen und parallel dazu eine Bibliothek menschlicher DNA-Klone herzustellen, die in die richtige Reihenfolge und Ordnung gebracht werden müssen, um zu einer sogenannten physikalischen Genkarte zu kommen. Erst dann sollte das eigentliche Sequenzieren beginnen, und zwar systematisch – ein DNA-Klon nach dem anderen.

Genkarten

Warum der Umweg über Genkarten? Weil jeder Sequenziervorgang nur ein Stück von weniger als 500 bis höchstens 800 Basenpaaren liefert. Das ist winzig im Vergleich zur Größe des Genoms mit seinen drei Milliarden Basenpaaren. Man steht also vor der Aufgabe, viele Millionen einzelner Sequenzierergebnisse in Reih und Glied zu bringen.

Das wird erschwert, weil das Genom sehr viele Kopien sich wiederholender Sequenzen besitzt. Wie können solche, einander ähnliche oder gleiche Genomstücke in die richtige Reihe gebracht werden? Und wie kann man vermeiden, dass ein gegebenes sequenziertes Stück DNA in der Masse an Basenpaaren verloren geht? Deswegen sollten zunächst überschaubare Abschnitte des Gesamtgenoms nacheinander sequenziert werden, wobei jeder Abschnitt durch eigene DNA-Marker gekennzeichnet ist. Und eine Reihung der Abschnitte könnte gelingen, wenn die DNA-Marker möglichst eng und gleichmäßig verteilt im Genom vorkommen.

So begann die systematische Erforschung des Humangenoms mit dem Aufstellen von Genkarten. Wie gesagt, unterschied man zwei Typen. Der erste Typ von Genkarte heißt „klassisch", weil man sie in Rekombinationshäufigkeiten oder Centi-Morgan (cM) misst wie seinerzeit bei *Drosophila* und Mais, nur dass nicht phänotypische Merkmale als Marker genommen werden, sondern individuelle Unterschiede in der DNA-Sequenz, eben: DNA-Marker. Der zweite Typ heißt „physikalische" Genkarte, denn die Maßeinheit ist etwas Konkretes wie ein Maß in der Physik. Hier ist es das Basenpaar oder praktischer das Kilobasenpaar, abgekürzt mit kb für tausend Basenpaare.

DNA-Marker – Karten des Humangenoms

Was Kopplungsgruppen und Genkarten sind, hatten Morgan und seine Leute definiert, und zwar als Ergebnis ihrer Kreuzungen von *Drosophila*-Mutanten. Dass man etwas Ähnliches mit DNA-Markern beim Menschen machen kann, hatten zuerst D. Botstein und Mitarbeiter in einem Aufsatz im *American Journal of Human Genetics* (1980) beschrieben. Ihr Ausgangspunkt war die Tatsache, dass sich die Sequenzen der Genome einzelner Menschen an jedem 500. bis 1000. Basenpaar unterscheiden, was, wie wir gesehen hatten (Kap. 15), unter anderem dem Restriktionsfragment-Längenpolymorphismus (RFLP) zugrunde liegt. Um RFLP für die Kartierung des Humangenoms auszunutzen, werden die Genmarker bei Familien bestimmt. Am besten bei möglichst vielen Familien mit mehreren Generationen und mit zahlreichen Nachkommen. Dann lässt sich überprüfen, welche Genmarker „gekoppelt" vererbt werden, also auf einem Chromosom nebeneinander liegen, aber gelegentlich auch mal durch Rekombination voneinander getrennt werden (Abb. 15.1).

Das Aufstellen solcher Genkarten wurde durch eine Zellbank besonderer Art gefördert – das *Centre d'Etudes du Polymorphisme Humain* (CEPH) in Paris. Dort gibt es Zelllinien, die von Familien mit drei Generationen stammen, von vier Großeltern sowie den Eltern mit ihren Kindern. Die Zelllinien sind Immunzellen, die auch ursprünglich für immunologische Studien gedacht waren, dann aber von Wert für die Humangenomforschung wurden. Ähnliche Kollektionen von Zellen standen auch in den USA zur Verfügung.

Es folgten mühsame, auch langwierige, ja langweilige Arbeiten von vielen Biologen, Chemikern, Ingenieuren und Informatikern, bis schließlich im Jahre 1987 die ersten biologischen Genkarten des Menschen publiziert werden konnten. Die Bilder zeigen Linien, auf denen das Centi-Morgan (cM) als eine Einheit der Vermessung eingetragen ist, ganz ähnlich den klassischen Genkarten der 1920er-Jahre (Abb. 3.2), aber mit dem Unterschied, dass es DNA-Marker sind, zwischen denen die Abstände gemessen werden. Es war der Start in die nächste Runde der Genomik.

Dulbeccos Einwurf

Kehren wir zurück zu Sinsheimers Initiative im Jahre 1985. Er suchte Unterstützung. Zuerst vergebens, und er notierte, vielleicht etwas bitter, dass das Echo sicher größer gewesen wäre, wenn der Vorschlag von einer der großen und prominenten Universitäten, Harvard, Stanford, Caltech, gekommen wäre. Dagegen habe eine kleine und relativ unbedeutende Universität wie der Campus in Santa Cruz keine reelle Chance. Aber da unterschätzte er sich selbst. Denn die schriftliche Zusammenfassung des Workshops von 1985 gelangte in die Hände vieler Leute und fiel offensichtlich auf fruchtbaren Boden.

Unterstützung kam unter anderem vom hoch angesehenen Virusforscher Renato Dulbecco (1914–2012), der den Nobelpreis des Jahres 1975 für seine Arbeiten über Tumorviren erhalten hatte. Er veröffentlichte am 7. März 1986 in der Zeitschrift *Science* einen kurzen und temperamentvollen Aufsatz unter der Überschrift *„A Turning Point in Cancer Research: Sequencing the Human Genome"*. Dulbecco argumentierte, dass wenn man bei der Krebsforschung vorankommen wolle, die Kenntnis aller menschlichen Gene notwendig sei, und das gehe nur über die Sequenzierung des gesamten Genoms. Er schrieb: „Ein solches Unternehmen kann nicht von einer einzelnen Gruppe durchgeführt werden. Es muss eine nationale Anstrengung sein. Seine Bedeutung wäre mit dem Bemühen zur Eroberung des Weltalls vergleichbar; und es sollte vom gleichen Enthusiasmus getragen werden. Noch besser wäre es, daraus ein internationales Unternehmen zu machen, denn die Sequenz der menschlichen DNA gehört zu unserer Art; und alles, was in der Welt passiert, hängt von diesen Sequenzen ab."

Ob dieser pathetische Tonfall geholfen hat oder nicht, bleibt offen. Jedenfalls kam gleichzeitig Hilfe von einer ganz unerwarteten Seite, vom US-amerikanischen *Department of Energy*, DoE. Die dortigen Wissenschaftler hatten ihre eigenen Erfahrungen mit *Big Science*, unter anderem mit dem umfangreichen Biologie-Programm, das aus dem Manhattan-Projekt hervorgegangen war, jenem legendären Unternehmen, das in den 1940er-Jahren den Bau der Atombombe ermöglicht hatte. DoE-Biologen untersuchten die Folgen von Strahlenschäden bei den Überlebenden von Hiroshima und Nagasaki. Das näherte sich dem Abschluss, und um 1985 waren sie auf der Suche nach neuen Herausforderungen, und das Humangenom-Projekt kam gerade recht.

Sinsheimer notierte: „Ich habe nur den Anstoß gegeben, der den Ball ins Rollen brachte. Anders als ich gehofft hatte, hat es dem Santa-Cruz-Campus nichts gebracht, aber es wird der Menschheit nützen. Und darüber freue ich mich." Übrigens sind die Millionen Sponsoren-Dollar, die Sinsheimer auf den Weg zu *Big Science* gebracht hatten, nie dem Humangenom-Projekt zugutegekommen.

Genbanken

Dass sich DoE in Los Alamos für das Humangenom-Projekt interessierte, hatte noch weitere Gründe. Einige Jahre zuvor war dort mit dem Aufbau einer Sequenzdatenbank begonnen worden. Das war im Prinzip nichts Neues, denn schon seit den 1960er-Jahren wurden Sequenzdaten gesammelt und in Buchform publiziert. Am bekanntesten war der *Atlas of Protein Sequences and Structures*, herausgegeben von der Proteinforscherin Margaret Dayhoff. Die Auflage des Jahres 1969 enthielt immerhin mehr als 300 Proteinsequenzen und sogar einige wenige Nucleinsäuresequenzen.

Aber mit dem Aufkommen der DNA-Sequenziermethoden genügte diese Art der Datenspeicherung nicht mehr. So hatte 1979 eine Gruppe von Molekularbiologen die *National Institutes of Health* (NIH) aufgefordert, sich um die Einrichtung einer computergestützten Datenbank für DNA-Sequenzen zu kümmern. Erst 1982 wurde diese Forderung umgesetzt und die Los-Alamos-Gruppe mit der Einrichtung einer öffentlich zugänglichen DNA-Sequenz-Datenbank (*GenBank*) beauftragt. Inzwischen hatte schon das *European Molecular Biology Laboratory*, EMBL, in Heidelberg eine eigene Datenbank eingerichtet und später sollte die *DNA Data Bank of Japan*, DDBJ, folgen.

Von Anfang an kooperieren die drei Einrichtungen, GenBank, EMBL und DDBJ, eng miteinander und gleichen täglich ihre Daten ab. Sie erhalten die Daten direkt von den Wissenschaftlern. Ja, es wurde zu einem wichtigen Punkt des Humangenom-Projektes und später auch anderer großer Vorhaben, dass alle Sequenzen unverzüglich bei den Datenbanken abgeliefert werden. So kann jeder Interessierte vom Fortschritt der Sequenzierarbeiten profitieren. Wir werden im nächsten Kapitel sehen, dass das zu Konflikten führte.

GenBank heute

GenBank und die anderen Datenbanken wurden ein Riesenerfolg. Sie verdoppelten sich alle ein bis zwei Jahre. Im Jahre 2015 enthielten sie Sequenzen von mehreren Hundertausend-Milliarden Basenpaaren von hunderttausend Organismen – Bakterien, Pilzen, Pflanzen, Tieren, auch von vielen Viren.

Die EMBL-Datenbank wird heute vom *European Bioinformatics Institute* (EBI) in Hinxton bei Cambridge in England betreut. Und GenBank ist Teil des *National Center of Biotechnology Information* der *National Institutes of Health* in Bethesda, USA.

Zugang bekommt man am besten über ENTREZ. Jeder Erstbesucher wird überwältigt sein von den Möglichkeiten moderner Informatik: quasi sofortiger Zugang zu jeder beliebigen Sequenz, mit vielen Zusatzinformationen, was Lokalisation im Genom, Genstruktur, Funktion usw. betrifft.

Übrigens sind Genbanken nicht nur Archive und Kataloge, sondern wichtige Forschungsinstrumente. Das stellten vermutlich als Erste R. F. Doolittle und Mitarbeiter in einem kurzen Aufsatz in *Science* (1983) unter Beweis. Sie fanden durch simplen Vergleich von Sequenzen, dass das Onkogen eines Sarkomvirus ursprünglich vom Gen eines zellulären Wachstumsfaktors stammt; damals ein sehr wichtiger Beitrag zum Verständnis von Tumorviren. Heute zieht man Datenbanken heran, wenn es um Detailstudien zum Aufbau von Genomen geht, etwa bei der Analyse von genregulatorischen Elementen, auch bei Fragen der Evolution, der Embryonalentwicklung und anderem. Wir werden später darauf zurückkommen.

20

Das Humangenomprojekt

Der nächste Schritt im Projekt, an dessen Ende die Sequenz des gesamten menschlichen Erbguts stehen sollte, ging vom US *Department of Energy* (DoE) aus. Es organisierte ein Treffen von Experten im März 1986 in Santa Fe, New Mexico. Wieder waren sich die Wissenschaftler über Nutzen und Machbarkeit einig, und wieder war das Interesse der möglichen staatlichen Geldgeber gering.

Aber dann gelangte, wie schon mehrmals in den Jahren und Jahrzehnten vorher, das Cold-Spring-Harbor-Laboratorium ins Schlaglicht. Sein Symposium im Sommer des Jahres 1986 stand unter dem Titel „*Molecular Biology of Homo sapiens*" und wurde zu einer eindrucksvollen Bestandsaufnahme der Humangenetik, insbesondere der Fortschritte, die seit der gentechnischen Wende von 1975 gemacht worden waren. Auch wurde das PCR-Verfahren erstmals vorgestellt. Aber in unserem Zusammenhang ist wichtig, dass der Direktor von Cold Spring Harbor, James Watson, sozusagen in letzter Minute das Programm der Tagung durch den Punkt „Humangenomprojekt" erweiterte, im Gefühl, dass jetzt endlich die Zeit gekommen war, die Ideen, die in kleinem Kreis entstanden waren, der Öffentlichkeit vorzustellen: zuerst die Kartierung des Genoms mit der Aufstellung einer biologischen Genkarte, gemessen in Centi-Morgan, dann die „physikalische" Genkarte in Form von aneinandergereihten, überlappenden DNA-Klonen, schließlich die Klon-für-Klon-Sequenzierung (Abb. 20.1). Ein Teil der Überlegungen war, parallel zu den Arbeiten am Humangenom oder bald danach, mit der Erforschung der Genome von Modellorganismen zu beginnen, *Drosophila*, *C. elegans*, Maus und anderen. Das Argument war, dass die Funktionen der Gene, die man im Zuge der Genomforschung entdecken würde, nur an Modellorganismen ordentlich untersucht werden können.

© Springer-Verlag GmbH Deutschland 2017
R. Knippers, *Eine kurze Geschichte der Genetik*, DOI 10.1007/978-3-662-53555-4_20

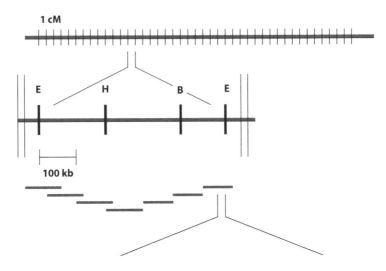

Abb. 20.1 Das Programm des Humangenomprojektes. *Oben*: Biologische Genkarte. Das Ergebnis von Rekombinationsanalysen. Dazu wurden die Reihenfolgen der DNA-Marker in den Genomen von Eltern und ihren Kindern bestimmt. Und zwar zuerst mühsam und zeitaufwendig über Restriktionsfragment-Längenpolymorphismen (RFLP) (s. Abb. 15.1). Später mithilfe von PCR-Verfahren. Die Einheit biologischer Genkarten ist das Centi-Morgan (cM), wie schon in der ersten Zeit der wissenschaftlichen Genetik (Abb. 3.2). *Mitte* und *unten*: Molekulare (oder „physikalische") Genkarten. Die Einheit ist das Basenpaar oder praktischer das Kilobasenpaar (kb). In der Mitte sind Abstände zwischen DNA-Markern gezeigt, Schnittstellen für Restriktionsnucleasen (E, H, B), darunter dann überlappende klonierte DNA-Abschnitte, schließlich die fertige Basenpaarsequenz

Die Teilnehmer am Cold-Spring-Harbor-Symposium waren gehörig beeindruckt. Wissenschaftliche Schwergewichte wie die Nobelpreisträger Paul Berg und Walter Gilbert setzten sich wortgewaltig für das Projekt ein. Und hier nannte jemand die Summe, die das Ganze wohl kosten würde: jährlich 200 Mio. Dollar und das über lange 15 Jahre hinweg. Bei dieser gewaltigen Summe von drei Milliarden Dollar und mehr kamen Bedenken auf, dass die riesigen Ausgaben auf Kosten der kleinen und wichtigen Projekte im biomedizinischen Bereich gehen würden. Solche Bedenken hatten durchaus ihre Berechtigung, wie sich zeigte, als die Förderung von Einzelprojekten zurückging. Aber das war nur vorübergehend und blieb ohne große Schäden.

Dann wurde ein Einwand vorgebracht, der später wieder und wieder in den Diskussionen auftauchte. Es hieß, dass man viel Mühe und Kosten sparen könnte, wenn nur der interessante Teil des Genoms sequenziert würde, nämlich die proteincodierenden Gene, und nicht der große Überschuss an DNA zwischen den Genen, mit den langen repetitiven Elementen, denn das sei ja doch nur Schrott und Müll (*„Junk-DNA"*). Ja, es reiche doch aus, sagten manche, wenn man sich auf den exprimierten Teil der Gene, also auf die mRNA bzw. auf die davon abgeleitete cDNA konzentriere. Dieses Argument hatte einiges für sich. Aber Paul Berg und andere wandten sich dagegen. Berg meinte, dass niemand ausschließen könne, dass die angebliche „Schrott-und-Müll"-DNA vielleicht wichtige regulatorische Elemente enthält und dass eine Beschränkung der Sequenzierarbeit auf cDNAs eine „voreingenommene Definition von Genen" voraussetze, denn zu den Genen gehörten nicht nur die Sequenzen, die schließlich in der mRNA auftauchten, sondern auch die langen vorgeschalteten Sequenzen für die Regulation der Genaktivität und ganz sicher auch die Introns.

Es scheint, dass die Initiative in Cold Spring Harbor zur rechten Zeit kam. Mehrere weitere Treffen und viele Beratungen folgten. Die *National Institutes of Health* (NIH) wurden ins Boot geholt, und der US-Kongress bewilligte schließlich erhebliche Mittel, die sowohl an NIH als auch an DoE gingen. Vor allem hatte überzeugt, dass die Genomiker geradezu schwärmerisch den medizinischen Nutzen betonten, und dann sahen Politiker auch gern, dass das Projekt ein wohl definiertes Ende hatte – nicht das übliche Fass ohne Boden, wie sie es sonst von der Grundlagenforschung her kannten, wo endlos weitergeforscht wird, weil ja bekanntlich jedes gelungene Experiment neue Fragen aufwirft.

Genomprojekte wurden in verschiedenen europäischen Ländern ins Auge gefasst und auch begonnen. Im April 1988 ging, wieder von Cold Spring Harbor, die Anregung zur Gründung einer internationalen Organisation aus. Deren Aufgabe sollte es sein, die Genomikarbeiten in den verschiedenen Ländern zu koordinieren, schon allein um Doppelarbeit zu vermeiden. Bald nach ihrer offiziellen Gründung in Genf (1989) hatte die *Human Genome Organisation,* kurz HUGO, 220 Mitglieder aus 23 Ländern, darunter neun Mitglieder aus Deutschland-West und ein Mitglied aus Deutschland-Ost, die sich zusammen mit den anderen um das Humangenom oder um „verwandte wissenschaftliche Themen" kümmern wollten. HUGO wurde durch mehrere Sponsoren finanziert, wobei besonders wichtig das Engagement des britischen *Wellcome Trust* und des amerikanischen *Howard Hughes Medical Institute* wurde.

Und noch einmal Cold Spring Harbor. Im Jahre 1988 übernahm der dortige Direktor James Watson die Leitung der Humangenomforschung am NIH. In dieser ersten kritischen Phase des Projekts war es wichtig, dass jemand wie er die Führung übernahm. Er hatte die Reputation eines der bedeutendsten Wissenschaftler des Jahrhunderts und konnte auf Erfolge bei der Leitung und Organisation des Cold-Spring-Harbor-Laboratoriums verweisen. Dazu kamen persönliche Eigenschaften wie Selbstsicherheit, Beredsamkeit und Überzeugungskraft, verbunden mit diplomatischem Geschick. Das alles half, um über manche politische und organisatorische Hürden hinwegzukommen. „Wir dachten immer, dass unser Schicksal in den Sternen liegt, aber heute wissen wir, dass unser Schicksal größtenteils in den Genen liegt", sagte er und meinte, dass die Gene den Schlüssel zum Verständnis von Krankheit und Gesundheit, von Körperform und Verhalten, überhaupt von allem Menschlichen in sich tragen. Von Anfang an war es für ihn wichtig, dass einige Prozent der Forschungsmittel für ELSI reserviert werden, *Ethical, Legal and Social Issues*, für ethische, rechtliche und soziale Belange. Wir werden später mehr davon hören.

Vignette

Um die Stimmung jener Jahre zu illustrieren, soll ein Satz aus dem Aufsatz *„Vision of the Grail"* von Walter Gilbert zitiert werden (aus dem Buch von DJ Kevles und L Hood, (1992) *The Code of Codes. Scientific and Social Issues in the Human Genome Project*, Harvard Univers. Press, Cambridge, Mass.):
    „Die drei Milliarden Basen der Sequenz können auf eine einzige CD gebracht werden. Dann ist man in der Lage, eine CD aus der Tasche zu ziehen, und zu sagen: ‚Hier ist ein menschliches Wesen; das bin ich'".
    Wie wir sehen werden, dauerte es nur zehn Jahre und der letzte Teil von Gilberts Satz wurde zur reinen Torheit.

Im Frühjahr 1991 konnte Watson schreiben: „Das Humangenomprojekt ist Wirklichkeit geworden" und „endlich haben wir mit der Arbeit angefangen, statt immer nur zu reden". Er zählt die „ersten Früchte der Bemühungen" auf: geordnete Reihungen der DNA-Fragmente von mehreren humanen Chromosomen; Sequenzierung von zehn Millionen Basenpaaren des *C.-elegans*-Genoms, ja, der erfolgreiche Beginn eines echten *C.-elegans*-Genom-Projektes u. a.

Dann, ziemlich genau ein Jahr später, im April 1992, trat Watson von seinem Posten zurück. Die Spannungen zwischen ihm und der NIH-Direktorin Bernadine Healy waren unüberbrückbar geworden. Nach außen war alles höflich und formell. „Nachdem ich das Projekt auf den Weg gebracht habe, ist die Zeit gekommen, dass ich zurücktrete", sagte Watson, und darauf Healy: „Dr. Watson ist eine historische Figur in der Geschichte der Molekularbiologie, und die *National Institutes of Health* haben von seiner Führung profitiert". Vorsichtig abgewogene, diplomatisch zurückhaltende Worte, denen man aber vielleicht anmerkt, dass hinter ihnen Zorn und Ärger steckt. Angeblich ging es um Aktien, die Watson bei einigen Biotech- und Pharma-Firmen hatte und den damit verbundenen möglichen Interessenskonflikten. Aber die Probleme lagen wohl tiefer. Nach außen drang besonders ein Streit um die Patentierung von DNA-Sequenzen. Patente auf DNA-Sequenzen? Wir müssen ausholen. Denn hier tritt zum ersten Mal

jemand auf, der die Genomiker dann später noch intensiv beschäftigen wird –
J. Craig Venter.

Venters erster Auftritt

Craig Venter (geb. 1946) wuchs in einer Kleinstadt südlich von San Francisco
auf. Ein rebellisches Kind, das, wie er in seiner Autobiografie schreibt, heute
vermutlich mit Ritalin wegen Überaktivität behandelt worden wäre. Er schaffte
es nur mit Ach und Krach durch die Schule. Aber immerhin konnte er sich als
guter Schwimmer auszeichnen. Nach der Schule ging er in den Süden Kaliforniens, wo er nichts anderes tun wollte als Surfen und Schwimmen. Aber da
erreichte ihn der Stellungsbefehl für den Krieg in Vietnam. Er meldete sich bei
der Marine und hoffte auf einen Platz im *Navy Swim Team*. Aber daraus wurde
nichts, Sportgruppen wurden aufgelöst, und Venter musste sich anders orientieren. Er wurde Sanitäter und arbeitete im Militärlazarett in Da Nang: „*University
of Death*", so die Überschrift des betreffenden Kapitels seiner Autobiografie. Im
Anblick von Schmerz und Pein zog er sich oft ans Meer zurück und lernte den
Umgang mit Segelbooten, was anzumerken ist, weil Hochseesegeln seine Leidenschaft blieb.. Nach dem Krieg gelangte Venter schließlich an die *University
of California* in San Diego. Er hatte Glück, denn er fand einen Platz im Laboratorium des eminenten Biochemikers Nathan O. Kaplan (1917–1986). Bald
gelangen ihm interessante und beachtete Arbeiten über die Wirkungsweise von
Adrenalin, beschrieben in einem Dutzend sehr guter Publikationen. Der Erfolg
brachte ihm die Stelle eines Professors ein, und zwar zuerst an der *Medical School*
der *State University of New York* in Buffalo und seit 1983 am NIH-Institut für
Neurologische Erkrankungen.

Sein Forschungsziel war die Untersuchung der Empfangsstationen (Rezeptoren) für Adrenalin auf der Oberfläche von Zellen. Der Adrenalinrezeptor kommt
im Gehirn nur in sehr geringen Mengen vor. Deswegen sind traditionelle biochemische Verfahren recht mühsam und unsicher, aber als Alternative bot sich der
damals noch neue und originelle Weg über eine cDNA-Bibliothek und über das
Gen des Rezeptors an. Das war, schrieb er später, „ein Wendepunkt in meiner
Laufbahn [...] ich hatte mir selbst ein neues Fach beigebracht – Molekularbiologie".

Dazu gehörte das Sequenzieren der isolierten DNA-Stücke. Venter merkte
bald, wie mühsam die Sanger-Originalmethode war und las mit großem Interesse einen Bericht der Caltech-Forscher Leroy Hood und Michael Hunkapiller,
die eine neue DNA-Sequenziertechnologie entwickelt hatten. Automatisches
Sequenzieren. Praktisch hieß das, dass die Arbeit, die nach dem ursprünglichen
Sanger-Verfahren eine Woche in Anspruch nahm, in nur 16 h erledigt werden

konnte. Die Firma Applied Biosystems (ABI) baute diese automatischen Sequenziermaschinen, und Venter gehörte zu den ersten Kunden. Aber bevor die Maschinen wirklich eingesetzt werden konnten, war eine Menge geduldiger Verbesserungsarbeit nötig. Andere Labors brachten die Geduld nicht auf, so kam es, dass Venter und seine Leute die Ersten waren, die mit der neuen Sequenziertechnologie arbeiten konnten (1987).

Bei der Arbeit an den Sequenzen der Adrenalinrezeptor-Gene merkte Venter, dass ihm Genomik Freude machte und kam auf die Idee, ein Stück Genom vom kleinen Arm des X-Chromosoms zu sequenzieren, weil dort eine Reihe neurologisch interessanter Gene vorkommt. Er isolierte DNA-Klone mit Längen von etwa 35 Kilobasen (kb). Ein DNA-Stück dieser Länge kann nicht durchgehend sequenziert werden. Man muss es zuerst in noch kleinere Fragmente zerlegen. Venter setzte simple mechanische Scherkräfte ein. Die einzelnen, nun viel kürzeren Sequenzstücke werden automatisch sequenziert, eines nach oder neben dem anderen, in beliebiger Reihenfolge. Erst durch den Computer werden die Einzelsequenzen zur Gesamtsequenz aneinander gefügt. Man hat das Verfahren mit dem Schuss aus einer Schrotbüchse (*shotgun*) verglichen: Sie schießt breit gestreut. Anders als eine Flinte, die gezielte Schüsse abgibt.

Das Shotgun-Verfahren gelang so gut, dass Venter weitere Sequenziermaschinen anschaffte, und „[...] plötzlich wurde mein Labor das größte DNA-Seqenzierzentrum in der Welt", schrieb er.

Die Computerprogramme mögen gut funktionieren, aber sie geraten oft in Schwierigkeiten, wenn es darum geht, die recht kurzen Exons von Genen in den langen Folgen der Basenpaare zu finden. Kein Problem bei Bakterien, wo Gene lange offene Leseraster sind, aber beim Humangenom, überhaupt bei Eukaryoten, lässt sich oft nicht sagen, wo ein Exon anfängt und wo es aufhört. Da können cDNA-Sequenzen weiterhelfen, denn die sind ja Kopien von mRNAs, quasi hintereinander gereihte Exons (Kap. 14). So gelangten cDNAs in Venters Blickfeld, und bei einem Flug zurück von einem Meeting in Japan kam ihm angeblich hoch über dem Pazifik die Idee, dass sich cDNAs und Shotgun-Sequenzieren wunderbar verbinden ließen, um einen Überblick über aktive Gene in einzelnen Geweben und speziell im Gehirn zu gewinnen. Im Gehirn, weil Venter nun mal in der neurologischen Abteilung der NIH angestellt war und viele Erbkrankheiten zu Störungen von Gehirnfunktionen führen. Dazu kommt, dass im Gehirn viel mehr Gene aktiv sind als in jedem anderen Gewebe des Körpers. Wenn man also einen Überblick über die Gesamtheit der aktiven Gene haben möchte, ist es eine gute Idee, erst einmal mit dem Gehirn anzufangen. „Überblick" ist hier das Stichwort, denn Venter strebte keine vollständigen cDNA-Sequenzen an, sondern nur Teilsequenzen von einigen Hundert Basenpaar Längen. Mit einer solchen Teilsequenz lässt sich jede cDNA kennzeichnen. Venter sprach von *Expressed Sequence Tags* oder ESTs, also Etiketten oder Kennzeichen (*tags*) exprimierter Gene.

Ein erstes Paper über mehr als 300 ESTs erschien in *Science* (1991), ein zweites in *Nature* (1992) mit fast 2400 weiteren ESTs. Obwohl das alles weder konzeptionell noch methodisch besonders originell war, haben die Arbeiten doch Aufsehen erregt, weil sie viele Hinweise auf interessante Gene gaben. Und im Rückblick schreibt Venter: „Tagtäglich konnten wir 20–60 neue menschliche Gene entdecken." Neue Gene? Nein, nur Stücke von cDNAs, 300 bis 500 Basenpaare lang, was nur 10 % oder weniger der Länge einer vollständigen cDNA ausmacht. Gar nicht zu reden von intakten Genen mit Exons und Introns. Aber was immer man einwenden mag, ESTs zeigen ja die Transkripte von Genen an, sagen also, ob ein gegebenes Gen in dem untersuchten Gewebe aktiv ist. Überdies sind sie ein gutes Hilfsmittel, um an die vollständigen Gene zu kommen. So weit, so gut. Aber dann wollten NIH-Verwaltung und NIH-Patentabteilung die Sequenzen patentieren lassen.

Streit um Patente

Das Patentieren von DNA-Sequenzen lag damals sozusagen in der Luft. Das Insulin-Gen hatte die Biotech-Firma Genentech reich gemacht, ebenso wie das Erythropoetin-Gen die Firma Amgen (Kap. 15). Viele hatten das Gefühl, passende DNA-Klone lägen nur so herum und könnten schnell zu Milliardengeschäften werden. So begannen alle Beteiligten im Genomikbetrieb, Wissenschaftler, Universitäten, öffentliche und private Forschungseinrichtungen, mit dem Patentieren von DNA-Sequenzen. Kein Wunder, dass die NIH nicht zurückstehen wollten.

Übrigens sind im Laufe der Jahre einige Millionen DNA-Fragmente für die Patentierung angemeldet worden, aber nur 2000 wurden bewilligt, denn für die Bewilligung eines Patentes muss u. a. auch die Nützlichkeit nachgewiesen werden, und die liegt für irgendein beliebiges Stück DNA-Sequenz nicht so ohne Weiteres auf der Hand. Aber die Sache ging weiter, und es wurde sogar eine Zeitschrift mit dem Namen *Recent Patents on DNA & Gene Sequences* gegründet (2010), seit 2014 weitergeführt unter einem neuen Namen *Recent Advances in DNA & Gene Sequences*, wo nicht nur Patentsachen zur Sprache kommen, sondern auch andere Themen, die mit DNA- und Gentechnologie zu tun haben.

US-Patentstreit um Gene

Der Streit um die Patentierung einiger Gene fand zeitweise das Interesse der Öffentlichkeit. Hier ein Beispiel. Der Ausgangspunkt war die Entdeckung von Forschern der *University of Utah*, der Firma Myriad Genetics und anderen, dass

Mutationen in den Genen *BRCA1* und *BRCA2* das Risiko für Brust- und Ovarialkrebs erheblich erhöhen. Frauen aus Familien von Brustkrebs-Patientinnen sollten deshalb die Risiko-Gene überprüfen lassen. Da Brustkrebs bekanntlich weit verbreitet ist, vermuteten Universität und Firma ein gutes Geschäft und ließen beide Gene patentieren. Dementsprechend mussten Personen, die einen BRCA-Test vornehmen lassen wollten, sehr teure Lizenzgebühren bezahlen. Dagegen protestierten Patienten, Ärzte, Wissenschaftler und reichten eine Klage beim obersten US-amerikanischen Gericht (*Supreme Court*) ein. Dieser entschied nach langen Beratungen am 13. Juni 2013, dass Gene ein „Produkt der Natur" sind und deswegen nicht patentiert werden können. Dieses Urteil erstreckte sich natürlich nicht nur auf die BRCA-Gene, sondern auch auf die gut 4000 anderen menschlichen Gene, die patentiert oder zum Patent angemeldet waren. Allerdings gilt dieses Urteil nicht für cDNAs, denn die sind ja keine „Produkte der Natur".

Auch das Europäische Patentamt (EPA) beschäftigte sich mit der Patentierung von Genen und Gensequenzen. EPA ließ sich von den allgemeinen Richtlinien leiten, wonach patentierbar ist, was erstens neu, zweitens gewerblich anwendbar ist und drittens erfunden (und nicht etwa entdeckt) wurde. Demnach sind Gene und Gensequenzen nicht patentierbar.

Mit dem kuriosen Schnörkel, dass Patente auf Gene mit bestimmten Mutationen möglich sind. Allerdings hat Myriad Genetics auf dem Europäischen Markt keinen Gebrauch davon gemacht.

Zurück zum Jahr 1992 und den NIH. James Watson, der offizielle Leiter des Humangenomprojektes am NIH, fühlte sich bei den Patentierungsbestrebungen über- oder besser hintergangen. Ihm passte auch die ganze Richtung nicht, denn er gehörte ja zu denen, die einen Weg über cDNA-Sequenzierungen abgelehnt hatten. Er befürwortete das direkte Sequenzieren des gesamten Genoms, und vor allem setzte er sich dafür ein, dass die Sequenzen allen Interessierten unmittelbar zur Verfügung gestellt werden. Patentierungen schließen so etwas aus. Watson meinte, Patentierung sei ein Hindernis für Forschung und Entwicklung. Er trat zurück, und das war das Ende der ersten Phase des Humangenomprojektes.

TIGR

Während über ESTs und deren Patentierung diskutiert wurde, stellte Venter bei den NIH einen Antrag auf finanzielle Unterstützung seiner Arbeiten über die Sequenzen des X-Chromosoms. Das Ergebnis war eine glatte Ablehnung. Venter blieb nicht viel Zeit für Ärger und Enttäuschung, denn es bahnte sich für ihn etwas Neues an. Er kam mit Sponsoren in Kontakt, die wie viele andere damals hinter den DNA-Sequenzen das große Geld witterten. Venter verließ die NIH und gründete mit den Sponsorengeldern ein neues Institut, *The Institute of Genome Research*, TIGR. Darüber gleich mehr. Doch zunächst noch mal zum NIH.

Francis Collins

Ein Jahr nach Watsons Rücktritt wurde die Direktorenstelle des NIH-Humangenomprojektes wiederbesetzt (1993). Zur Erleichterung aller Beteiligten konnte ein Genomiker gewonnen werden, der ein hohes wissenschaftliches Renommee und zugleich Gewandtheit und Geschick im Umgang mit Menschen besaß. Eigenschaften, die für den Posten unerlässlich waren.

Francis Collins wurde im Jahre 1950 in einer ländlichen Gegend von Virginia geboren. Er studierte und promovierte an der *Yale University*. Später wurde er berühmt durch seine großartigen Arbeiten über das Gen, dessen Störung der cystischen Fibrose zugrunde liegt (Kap. 15) sowie durch Forschungen über andere medizinisch wichtige Gene.

Als Collins den Ruf auf die Leitung des Humangenomprojektes erhielt, war er Professor an der *University of Michigan* in Ann Arbor. Er fuhr gern mit dem Motorrad zur Arbeit und spielte gelegentlich die elektrische Gitarre in einer Rockband. Aber was ihn kennzeichnet und zu einer Ausnahme unter Wissenschaftlern macht, ist, dass er seit einem frühen Erweckungserlebnis ein gläubiger und bekennender Christ ist. Wie er Wissenschaft und Glauben unter einen Hut bringt, beschreibt er in einem Buch *The Language of God*. Auf Deutsch: *Gott und die Gene. Ein Naturwissenschaftler entschlüsselt die Sprache Gottes* (2012).

Aber zurück zum Humangenomprojekt. Collins schreibt, dass er in den ersten Tagen nach seiner Ankunft an den NIH oft das Gefühl hatte, das Humangenom-Unternehmen sei dem Untergang geweiht: „[...] der Weg zur Fertigstellung der Humangenomsequenz erschien hoffnungslos komplex [...]", aber sozusagen im gleichen Atemzug stellte er fest, dass es „[...] ein kritisches Ziel war, die DNA-Sequenziertechnologie zu verbessern und sie bei Modellorganismen auszuprobieren." Die Bemerkungen sind typisch für die Stimmung jener Jahre: Respekt vor der Größe der Aufgabe („größer als die Atomspaltung und die Fahrt zum Mond", meinte Collins), aber begleitet von Überlegungen zur Lösung praktischer Probleme. Eine der praktischen Maßnahmen war eine organisatorische. Im Jahre 1997 bekam das Humangenomprojekt eine eigene feste Struktur. Es wurde als *National Human Genome Research Institute* (NHGRI) zu einem der 27 Institute, die zusammen die NIH bilden. Francis Collins wurde Direktor am NHGRI und dann, gut anderthalb Jahrzehnte später (2009), Leiter der gesamten *National Institutes of Health*.

EST-Projekt

Venters TIGR war ein Zentrum der Genomik. Mehr als 90 Forscher arbeiteten dort, im Sequenzier-Unternehmen TIGR selbst und in einem angeschlossenen Institut mit der Bezeichnung *Human Genome Science* (HGS), wo die Verwertung der Sequenzen überprüft und ihre Patentierung vorbereitet wurde.

TIGR schaffte noch weitere Sequenziermaschinen an und konnte voller Stolz verkünden, dass damit eine „rekordverdächtige Menge von 100 Mio. Basenpaaren pro Jahr" bestimmt werden kann. Wie wir später sehen werden, liefern 20 Jahre später gut ausgerüstete Laboratorien doppelt so viel und mehr Daten an einem einzigen Tag. Aber damals hielt TIGR tatsächlich den Sequenzierrekord.

Das nutzten sie aus, um das EST-Projekt voranzutreiben. Mit dem Erfolg, dass bald die – damals – gewaltige Menge von insgesamt 83 Mio. Basenpaare in Form von cDNA-Teilsequenzen vorlag. Diese Masse an Information wurde ausgewertet, aufbereitet und auf sagenhaften 170 Seiten publiziert, und zwar als Ergänzungsheft zur Ausgabe von *Nature* am 28. September 1995. Wissenschaftlich eine gute Ausbeute: ein Schnappschuss auf die Expressionsmuster von Genen in verschiedenen Geweben, nicht nur des Gehirns; viele Hinweise auf neue Gene; ein erster Eindruck von der Zahl der Gene u. a. Übrigens hatte die EST-Idee Anhänger gefunden: Ein Konsortium, gegründet von der US-Firma Merck, übernahm das Venter-Verfahren und produzierte cDNA-Sequenzen, die ohne Umschweife in die Datenbanken übertragen wurden: dbEST.

Bakterien-Genome

TIGR feierte im Jahre 1995 noch einen zweiten Triumph. Venter erzählte, wie es dazu kam. Anlässlich einer Tagung traf er 1993 einen der Entdecker der Restriktionsnucleasen, Hamilton O. Smith (geb. 1931). Der hatte nach seinem Nobelpreis im Jahre 1978 (Kap. 13) nicht mehr so recht Fuß fassen können – weder im wissenschaftlichen Establishment noch im eigenen Labor. Jedenfalls suchte er nach neuen Aufgaben. Er war beeindruckt von der Technologie, die es bei TIGR gab, und brachte die Rede auf die Sequenzierung von Bakteriengenomen.

Dies markierte den Beginn einer sehr fruchtbaren Zusammenarbeit. Smith brachte sein Geschick im Umgang mit Bakterien und bakterieller DNA ein, Venter und seine Leute waren die erfahrenen Genomiker mit der besten Sequenzierstation der Welt. So konnte die Sequenzierung von Bakteriengenomen beginnen. Eigentlich lag es nahe, das Genom des alten Modellorganismus *E. coli* zu erforschen, aber damit waren schon andere Forscher beschäftigt. So nahmen sich Smith, Venter und ihre Mitarbeiter eine andere Bakterienart vor, *Haemophilus influenzae*. Warum gerade diese Bakterienart? Sicher gab es ein medizinisches

Interesse, denn *Haemophilus* lebt auf menschlichen Schleimhäuten und kann gelegentlich Infektionen der Atemwege, bei Kindern auch Innenohrentzündung und Meningitis verursachen. Aber der eigentliche Grund, warum dieses Genom als erstes sequenziert wurde, war, dass Smith sich gut mit *Haemophilus* auskannte. Immerhin war dies die Bakterienart, bei der er seinerzeit die erste Restriktions-nuclease entdeckt hatte.

Am Bakterienprojekt wollte TIGR das Shotgun-Sequenzierverfahren erst-mals an einem ganzen Genom ausprobieren. Was damals alles andere als eine Selbstverständlichkeit war. So hatten Venter und Smith für die Sequenzierung des *Haemophilus*-Genoms einen Antrag auf NIH-Forschungsmittel gestellt. Sie wussten, dass mit einem Bescheid erst in einigen Monaten zu rechnen war. Des-halb begannen sie mit der Arbeit, bevor die zuständigen Gremien den Antrag gelesen hatten. Als endlich der Bescheid kam, lautete das Urteil Ablehnung, mit der Begründung, dass das vorgeschlagene Shotgun-Verfahren „unmöglich" zum Erfolg führen kann. Zu diesem Zeitpunkt war die *Haemophilus*-Sequenz schon zu 90 % ermittelt.

Die Veröffentlichung des *Haemophilus*-Genoms (1995) gilt als ein Meilen-stein in der Geschichte der Genetik, denn es war das erste Genom eines frei leben-den Organismus, das entziffert wurde. Vorher kannte man nur die vollständigen Genome von Viren, die ja nicht „frei lebend" sind, sondern für ihre Vermehrung eine Wirtszelle brauchen.

Das *Haemophilus*-Genom besteht aus 1,83 Mio. Basenpaaren und enthält ungefähr 1750 Gene. Die Frage stellte sich, welche und wie viel Gene für selbständiges zelluläres Leben unbedingt notwendig sind. Um das zu unter-suchen, nahm TIGR sich die einfachste Bakterienform vor, eine zellwandlose Art namens *Mycoplasma genitalium*. Klinisch von Interesse, weil es eine sexuell übertragbare Krankheit verursacht, hauptsächlich charakterisiert durch eine Infektion der Harnröhre. Biologisch interessant, weil *Mycoplasma genitalium* das kleinste bekannte zelluläre Genom besitzt, nur etwa 580.000 Basenpaare mit, wie sich dann herausstellte, insgesamt 521 Genen, davon 482 proteincodie-rende Gene (1995). Eine Gruppe am Zentrum für Molekularbiologie in Hei-delberg beschrieb ein Jahr später (1996) die Sequenz des Genoms einer anderen *Mycoplasma*-Art mit 820.000 Basenpaaren und 670 offenen Leserastern. Der Vergleich beider Genome erklärt, warum Mykoplasmen mit weniger Genen auskommen als andere Bakterien. Ihnen fehlen viele Gene für Stoffwechsel-leistungen, beispielsweise für die Synthese von Aminosäuren, die einfach als Fertigware von den infizierten oder benachbart gelegenen Mensch- oder Säu-getierzellen übernommen werden.

Schließlich veröffentlichten F. R. Blattner und andere von der *University of Wisconsin* im Jahre 1997 das Genom von *E. coli*. Aber die Führung auf dem Gebiet der prokaryotischen Genomik fiel eindeutig an TIGR. Dort wurden im

Laufe der folgenden Jahre die Genome einiger Archaeen, vor allem aber die Genome wichtiger bakterieller Krankheitserreger aufgeklärt: *Borrelia burgdorferi* (Erreger der Borreliose), *Trepanoma pallidum* (Syphilis), *Helicobacter pylori* (Gastritis) und viele andere. Freilich die DNA-Sequenz eines der wichtigsten Krankheitserreger, *Mycobacterium tuberculosis*, Verursacher der Tuberkulose, stammt von einer internationalen Gruppe, geführt vom *Sanger Center* in England und vom *Institut Pasteur* in Paris (1998).

Hefesequenzen

Die Stimmung in der Mitte der 1990er-Jahre kommt in einem nachdenklichen Aufsatz unter dem Titel *„A Time to Sequence"* zum Ausdruck (*Science*, Oktober 1995). Der Autor, Maynard V. Olson, *University of Washington*, Seattle, meint, die vorhandenen Genkarten seien gut, fast die Hälfte des Humangenoms sei mit DNA-Markern in Abständen von 100–300 kb vermessen, DNA-Klone von 40–200 kb Länge könnten gut in den neu geschaffenen Vektor des künstlichen Bakterienchromosoms (BAC, *bacterial artificial chromosomes*) eingebaut und kloniert werden. Weiter schreibt er, dass das PCR-Verfahren die Arbeit erleichtere, sodass im Grunde alles fertig sei, um endlich mit dem Sequenzieren anzufangen.

Olson verwies auf Erfolge. So wusste er, dass das Hefegenom-Projekt kurz vor dem Abschluss stand. Tatsächlich erschien im Jahr 1996 die Arbeit von etwa 600 Wissenschaftlern aus 16 Laboratorien, hauptsächlich aus Europa (auch aus München und Heidelberg), aus Kanada, USA und Japan. Insgesamt 12 Mio. Basenpaare, verteilt auf die 16 Hefechromosomen, mit 6000 proteincodierenden Genen, von denen fast ein Viertel Ähnlichkeiten mit Genen des Menschen hat. Die Autoren: „Das ist das größte Genom, das bisher komplett sequenziert wurde – ein Rekord, der hoffentlich bald gebrochen wird – und die erste komplette Genomsequenz eines Eukaryoten." Und zu den Fortschritten in der Technologie: „Allein im Jahre 1995 haben wir sechs Millionen Basenpaare aneinanderhängender Hefegenomsequenz bestimmt. Und wir sind sicher, dass es bald Routine sein wird, ein 10-Millionen-Basenpaar-Stück in einem Jahr für weniger als fünf Millionen Dollar zu sequenzieren." Am Hefegenom-Projekt waren noch viele kleine Laboratorien beteiligt, aber man merkte, dass das nicht die zukünftige Organisationsform sein konnte. Die Zukunft würde wenigen großen Sequenzierzentren gehören.

Bermuda

Und was war der Stand der Dinge beim öffentlich geförderten Humangenomprojekt jener Jahre? Die Kartier- und Sequenzierarbeiten gingen ihren Gang. Dazu gleich einige Stichworte. Aber ein Ereignis ragt heraus, die Bermuda-Konferenzen 1996 und 1997. Unterstützt durch den britischen Wellcome Trust trafen sich die Vertreter der nationalen Humangenomprogramme, allen voran das *National Human Genome Research Institute* (NHGRI) in den USA und das britische *Sanger Center* in Hinxton, die zusammen den Löwenanteil der Sequenzierarbeit übernehmen würden. Anwesend waren auch die Vertreter kleinerer Programme, unter anderem auch aus Deutschland mit den Sequenzierzentren in Braunschweig, Jena und am Max-Planck-Institut für Molekulare Genetik in Berlin.

Es ging um organisatorische Fragen, aber die eigentliche Botschaft, die von den Bermuda-Konferenzen ausging, war die Abmachung und Verpflichtung, alle Sequenzen innerhalb von 24 h bei einer öffentlich zugänglichen Datenbank – *Genbank* – abzuliefern. Das soll die Zusammenarbeit unter den verschiedenen Gruppen fördern und jedem Interessierten den Zugang zu den Daten ermöglichen, und es soll verhindern, dass jemand im Alleingang Humansequenzdaten kontrolliert und für sich ausnutzt. „Die Sequenz gehört allen", blieb das Credo der öffentlich geförderten Humangenomprojekte.

ELSI

Wie schon gesagt, gehörte zum US-amerikanischen Humangenomprojekt von Anfang an das Programm ELSI: *Ethical, Legal and Social Issues*. Ausgangspunkt war die Entdeckung von immer mehr Genen, deren Ausfall zu Erbkrankheiten führt. Früher konnten die Ärzte nichts anderes tun, als den ratsuchenden Patienten das Zufallsspiel der Mendel-Regeln zu erklären. Aber jetzt war genaue Diagnostik möglich, wenn in einer Familie eine Erbkrankheit vorkommt und Eltern wissen möchten, ob sie den genetischen Schaden in sich tragen und ob ihre Kinder krank werden oder nicht. Aber „wo es viel Wissen gibt, da gibt es auch viele Sorgen". Wie soll man mit dem neuen Wissen umgehen? Um darüber zu beraten, kamen im April 1998 in Cambridge, Massachusetts, fast tausend Juristen, Theologen, Ärzte, Wissenschaftler, Zeitungs- und Rundfunkleute zusammen.

Die vielen Diskussionen der Ethik-Fachleute haben einige plausible Richtlinien gebracht, die ihre Gültigkeit behalten werden. Dazu gehören:

• Professionalität. Die Untersuchungen müssen von Fachleuten durchgeführt werden und absolut verlässlich sein.

- Fairness und Gleichbehandlung. Kein unterschiedliches Vorgehen bei Angehörigen verschiedener sozialer oder ethnischer Gruppen.
- Vertraulichkeit. Die Ergebnisse dürfen nur den ratsuchenden Personen mitgeteilt werden, keinesfalls den Arbeitgebern, Versicherungen, Krankenkassen usw.
- Autonomie oder Selbstbestimmung. Das ist der vermutlich wichtigste Punkt. Nach ergebnisoffenen Gesprächen mit Ärzten und Angehörigen müssen die Betroffenen selbst entscheiden (*informed choice*), ob sie sich einem Test unterziehen und wie sie mit den Ergebnissen umgehen wollen (Kap. 15). Dazu gehört auch das Recht auf Nichtwissen.

Noch ein Meilenstein in der Genomik

Während TIGR ein Bakteriengenom nach dem anderen sequenzierte und an vielen Orten die Sequenzierung menschlicher DNA vorangetrieben wurde, kam ein anderes bedeutendes Sequenzier-Unternehmen zu einem vorläufigen Abschluss: die Entzifferung des Genoms von *C. elegans* (1998). Erstmals die Sequenz des Genoms eines Tieres, wenn auch nur eines bescheidenen Wurms. Zwar aus weniger als 1000 Zellen aufgebaut, aber ausgestattet mit einem Nervensystem, bewegt sich der Wurm, reagiert auf Reize, zeigt einfaches Verhalten. Mit anderen Worten, er hat die Eigenschaften, die ein Tier auszeichnen, und man erwartet, dass die Genomsequenz zeigt, welche Gene notwendig sind, damit ein Tier funktionieren kann. Das *C.-elegans*-Genom ist mit 97 Mio. Basenpaaren achtmal größer als das der Hefe und enthält etwa 19.000 proteincodierende Gene, von denen erstaunlich viele für den Empfang, die Weiterleitung und Verarbeitung von Signalen reserviert sind. Ein weites Feld für Entwicklungs-, Neuro- und Zellbiologen, auch für Mediziner, denn viele *C.-elegans*-Gene sind mit denen des Menschen verwandt.

Die *C.-elegans*-Sequenz war die Ernte einer achtjährigen Zusammenarbeit des *Sanger Center* in Hinxton, England, und eines Sequenzier-Teams an der *Washington University School of Medicine*, St. Louis. Ihr Vorgehen: Aufstellen einer Genkarte aus mehr als 3000 DNA-Klonen, gefolgt vom Sequenzieren, und zwar eines Klons nach dem anderen. Im Jahre 1992 waren etwa drei Millionen Basenpaare sequenziert, bei einer Rate von einer Million Basenpaaren pro Jahr. Damals realisierten John Sulston, der Leiter des britischen Teams, und sein amerikanischer Partner R. Waterston, dass es bei dieser Rate fast ein Jahrhundert dauern würde, bis die Sequenz fertig wäre. Das war natürlich nicht akzeptabel. Als Konsequenz wurde die Organisation verbessert. Weiterentwicklung der Automatisierungstechniken, Tag-und-Nacht-Schichten, mehr Personal. Zum Schluss waren es mehr als hundert Mitarbeiter. *Big Science* war in der Biologie angekommen, wie Sinsheimer es sich einst gewünscht hatte.

Venters nächster Auftritt

Das Jahr 1998 wurde zum Wendepunkt in der Geschichte des Humangenom-projektes. Neue Technologien der automatisierten Sequenzierung, neue Com-puterstrategien. Das Ganz-Genom-Shotgun-Verfahren (oft.abgekürzt als WGS für *whole genome shotgun*) hat bei der Entschlüsselung vieler Bakteriengenome wunderbar funktioniert. Könnte es auch bei Eukaryoten zum Erfolg führen, etwa beim Humangenom? Aber ja, es könnte gehen, schreiben Eugene Myers, *University of Arizona*, und James Weber in der Zeitschrift *Genome Research* (1997): „Wir beschreiben einen alternativen Weg, um das Humangenom und andere große Genome zu sequenzieren, und der ist preisgünstiger und informativer als der Klon-für-Klon-Weg." Die meisten Fachleute lehnten das vehement ab, angesichts der Größe der DNA und der vielen repetitiven Elemente, und Myers zog sich verärgert und verletzt zurück. Aber Venter war beeindruckt.

Was die Sequenziertechnologie betrifft, so hat Michael Hunkapiller von der Firma Applied Biosystems ein komplett neues automatisches Verfahren entwickelt, die Kapillargelelektrophorese. Damit lassen sich bis zu einer Million Basenpaare am Tag sequenzieren, zu geringeren Kosten und bei geringerer Wartung als bisher. Venter und sein Mitarbeiter Mark Adams flogen im Februar 1998 nach Kalifornien, um sich die neuen Maschinen anzusehen. Dabei machte Hunkapiller den Vorschlag, Applied Biosystems und TIGR sollten sich zusammentun und gemeinsam das Humangenom sequenzieren, unabhängig vom offiziellen Humangenomprojekt. Das Geld käme vom Unternehmer Tony White, Vorstand von Perkin Elmer, der Mutterfirma von Applied Biosystems. Die Idee war, eine neue Firma zu gründen, ein paar Hundert der neuen Sequenziermaschinen aufzustellen, mehrere zig Millionen Basenpaare pro Tag zu produzieren, die Sequenzen nach interessanten Genen zu durchmustern und sie dann – in Abständen von einem Vierteljahr – in die Datenbanken zu geben. Das Hauptargument war Geschwindigkeit: Venter und seine Leute schätzten, dass sie mit der Arbeit schon 2001 fertig sein könnten, vier Jahre früher als vom öffentlich geförderten Humangenomprojekt vorgesehen. Und dass es viel billiger sein würde, vielleicht nur 300 Mio. Dollar, statt der drei Milliarden des offiziellen Programms.

Venter, Adams und Hunkapiller informierten Francis Collins als den Sprecher und Koordinator des internationalen Humangenom-Programms. Dann folgte eine Pressekonferenz. Was die Sache für das öffentlich geförderte Programm so unangenehm machte, waren Berichte zuerst in der *New York Times*, dann in anderen Zeitungen und Medien, die das öffentliche Humangenomprojekt quasi als einen zum Aussterben bestimmten Dinosaurier beschrieben. Die Technologie der neuen Firma sei so fortschrittlich und das Management so tüchtig, dass sie das Humangenom zu geringeren Kosten und viel schneller sequenzieren würden, als die öffentlich-rechtliche Konkurrenz. Die mehr oder weniger ausgesprochene Botschaft war, dass auf der einen Seite das brillante Genie Venter steht, aber auf der anderen Seite eine Gruppe von einfallslosen Bürokraten, nur daran interessiert, ihre Pfründe zu hüten. Nun waren die Genomiker mit gutem Selbstbewusstsein ausgestattet und konnten über diese Sprüche hinwegsehen, aber als große Gefahr empfanden sie, dass Politiker und Sponsoren den Geldhahn zudrehen könnten. Was man ihnen ja auch nicht verdenken könnte, wenn sie tatsächlich zu dem Schluss kämen, dass das offizielle Humangenomprogramm so hoffnungslos unterlegen sei.

Im Mai 1998 trafen sich die maßgeblichen Personen des internationalen Humangenomprogramms zu ihrem jährlichen Meeting in Cold Spring Harbor. Es war schon vor langer Zeit als Routine-Meeting geplant, stand aber nun unter Spannung, denn niemand wusste so recht, wie es weitergehen sollte. Venter und sein Gefolge hatten es fertiggebracht, das öffentliche Humangenomprojekt „in seinen Grundfesten zu erschüttern", wie *Science* in jenen Tagen schrieb. Francis Collins, der Leiter des NIH-Projektes, war natürlich in Cold Spring Harbor dabei, auch Aristides Patrinos, der das Humangenomprojekt beim Department of Energy (DoE) vertrat, und John Sulston vom *Sanger Center* sowie Dutzende von anderen Genomikern aus den USA, Europa und Japan.

Auch C. Venter, M. Adams und M. Hunkapiller waren geladen. Diese drei betonten in ihrem Vortrag, dass es Schnelligkeit ist, was ihr Unternehmen auszeichnet. Sie könnten, sagten sie, an einem Tag 115 Mio. Basenpaare liefern, so viel wie alle anderen zusammen in den beiden vorangegangenen Jahren geliefert hätten, und: „Wir werden das Humangenom mithilfe der Shotgun-Methode zusammensetzen". Und dann fiel noch der Satz, der viele wütend machte: „Wir werden das Humangenom machen; Sie können sich dann ja auf das Mausgenom konzentrieren." Nun ist die Erforschung des Mausgenoms natürlich eine ganz sinnvolle Sache, weil Mensch und Maus so viele Gene gemeinsam haben und sich die Funktion der Gene nur bei der Maus systematisch untersuchen lässt. Doch das strahlendere und eindrucksvollere Unternehmen ist natürlich das Humangenom, der „heilige Gral der Biologie", wie man damals gern sagte. Watson war so wütend, dass er nicht mit Venter im gleichen Raum bleiben wollte.

Viele waren verärgert und auch deprimiert. Dann kam Sulstons historischer Auftritt. Er sagte, man solle die neue Situation als einen Ansporn begreifen und mutig an die Arbeit gehen. Er brachte aber nicht nur Rhetorik, sondern handfeste Unterstützung: Der britische Wellcome Trust würde seine ohnehin schon beträchtliche Förderung des offiziellen Humangenomprogramms noch einmal um die gleiche Summe erhöhen. Stehender Applaus der Teilnehmer am Treffen in Cold Spring Harbor.

Mit dem erneuten Engagement des Wellcome Trusts war das internationale Humangenomprojekt noch nicht gerettet. Denn genau so wichtig war es, die Geldgeber im amerikanischen Kongress zu überzeugen. Zuständig für die Finanzierung des Humangenomprojektes war ein Ausschuss, der sich im Juni 1998 zu einem Hearing traf. Dort berichtete Collins von Fortschritten und dass man schon weiter gekommen sei als geplant. Er spielte die Rivalität mit Venter herunter und sagte, dass man unter allen Umständen mit Venter kooperieren wolle und dass man früher als geplant eine endgültige Version des „Buchs des Lebens" vorlegen werde. Andere Wissenschaftler konnten den Politikern klar machen, dass Venters Methode bestenfalls viele kleine Teilsequenzen mit hunderttausend Lücken liefern würde. Das war wohl eine überzeugende Präsentation, jedenfalls wurde die Förderung nicht gestrichen. Auch ein anderes Argument wird überzeugt haben. Wenn die Venter-Firma allein die Humansequenz zur Verfügung hätte, würde sie ihre Monopolstellung ausnutzen und allein das – damals noch erwartete – Riesengeschäft mit den Gendaten machen. Das ging den Abgeordneten dann doch zu weit.

Venter nahm dies alles zur Kenntnis. Er hatte das Cold-Spring-Harbor-Meeting genutzt, um einen wichtigen Kontakt zu knüpfen. Er wollte sein Ganz-Genom-Shotgun-Sequenzieren an einem interessanten Projekt ausprobieren. Darüber hatte er am Rande des Meetings mit Gerald M. Rubin, Genetik-Professor an der *University of California*, Berkeley, gesprochen. Rubin war ein prominenter *Drosophila*-Genetiker und seit Längerem mit der Vermessung des *Drosophila*-Genoms beschäftigt. Venter schlug eine Kooperation zur Sequenzierung des *Drosophila*-Genoms vor. „Gut", antwortete Rubin, „jeder, der an der *Drosophila*-Sequenz mitmachen will, ist willkommen, aber unter der Bedingung, dass die Daten frei zugänglich sind. Ohne Einschränkung". Das wurde zur Grundlage eines erfolgreichen Projektes, wie wir gleich sehen werden.

Celera

Venter und Mitarbeiter machten sich an den Aufbau ihrer Firma in einer leer stehenden Fertigungs- oder Bürohalle in Rockville, Maryland, nicht weit entfernt vom TIGR-Gebäude in Washington, DC. Das neue Unternehmen brauchte einen Namen. Aus einer Liste von Vorschlägen, die man ihm vorlegte, wählte Venter das Wort Celera, weil ihm der Klang gefiel und weil das lateinische Wort *celer* darin steckt. *Celer* heißt schnell.

Venter wurde Direktor und Mark Adams der technische Leiter. Man stellte Myers als Top-Computerexperten ein, übernahm eine Handvoll erfahrener Mitarbeiter von TIGR und heuerte eine große Zahl von Ingenieuren, Elektronikern, Computerleuten u. a. an. Dabei ging die Arbeit bei TIGR weiter. Die Leitung dort übernahm Claire Fraser, Venters Frau. Sie kannte das Geschäft gut, denn sie war maßgeblich an allen Arbeiten der Bakteriengenomik beteiligt.

Wie will Celera Geld verdienen? Diese sehr naheliegende Frage stellt sich, wenn man bedenkt, dass die Firma Perkin Elmer 300 Mio. Dollar investiert hatte und dass sich Venter verpflichtete, die Sequenzdaten im Abstand von Vierteljahren in die Datenbanken zu geben. Eine Antwort war, dass Celera sich vorbehielt, „vielleicht 100 bis 300 pharmakologisch interessante Gene zu patentieren, aber nur solche, die einen biomedizinischen Nutzen versprechen". Zudem würden Celera-Kunden die Genomsequenz studieren und in der Drei-Monats-Frist auswerten. Das könne vor allem für Pharmafirmen interessant sein. Tatsächlich gehörten Pharmafirmen wie Novartis, Amgen und Pharmacia & Upjohn zu den ersten Kunden. Und das brachte einige Millionen Dollar an Einnahmen. Wohl bemerkt, bevor überhaupt ein einziges Basenpaar sequenziert worden war.

SNP

Und noch ein Drittes gehörte zum Geschäftsmodell. Das müssen wir erklären, denn es wird später in unserem Bericht von Bedeutung. Wie früher schon mehrfach betont, unterscheiden sich die Genome einzelner Menschen an jeder 500.– 1000. Stelle der Sequenz. Wo der eine ein G hat, mag der andere ein A haben oder statt C ein T usw. Man nennt das Einzel-Nucleotid-Polymorphismus oder kurz SNP (*snip*) für *Single Nucleotide Polymorphism*. Als Polymorphismus bezeichnet man in der Genetik das natürliche Vorkommen von Genomunterschieden in einer Population oder einer Art. Irgendwie müssen die Merkmale, durch die sich Menschen unterscheiden, auf SNPs beruhen – Haut- und Haarfarbe, Körpergröße, Empfindlichkeit gegenüber Medikamenten, Reaktion auf Infektionen, Neigung zu den großen, weit verbreiteten Krankheiten wie Diabetes, Rheumatismus und andere einschließlich der großen Psychosen wie Depression und Schizophrenie.

Celera wollte die Genome mehrerer Personen bestimmen, damit müssten auch Sequenzunterschiede zu Tage treten und vermutlich Hinweise auf Krankheiten und andere Merkmale geben. Das könnte besonders für Pharmafirmen interessant sein, die unter anderem wissen wollen, warum einzelne Personen unterschiedlich auf Medikamente reagieren.

Heute mag man sich wundern, dass Leute, die ihr Geld profitabel anlegen wollen, auf der Basis solch vager Aussichten Aktien von Celera kauften. Aber damals standen, wie gesagt, die Investoren unter dem Eindruck der enormen Geschäftserfolge von Biogen und Amgen, und man witterte hinter den Genen das große Geschäft, vorangetrieben durch geschickte und aufdringliche Werbung. So sah man auf der Celera-Website eine als Leiter stilisierte DNA-Doppelhelix und oberhalb der obersten Stufe das Schild „eine Welt ohne Krankheiten", womit gesagt sein sollte, dass man nur die Stufen der DNA-Leiter emporzuschreiten braucht, um schließlich in der schönen neuen Welt zu landen.

Dann muss man bedenken, dass die späten 1990er-Jahre die Zeit von *New Economy* waren. Im Gegensatz zur „alten Ökonomie" baute man darauf, dass nicht Güter oder Produkte die Volkswirtschaft antreiben, sondern smarte Ideen. Von Zukunftsbranchen war die Rede, besonders im Bereich der Informationstechnologien und der Biotechnologie. Viele wollten am Boom teilhaben, auch Menschen, die vorher nie etwas mit Börsengeschäften zu tun hatten, und kauften Aktien von Firmen, die nichts weiter zu bieten hatten als ein paar nette Ideen. So kam es, wie es kommen musste, die *New-Economy*-Blase platzte und viele Aktien wurden wertlos.

Doch Celeras Geschäftsplan überzeugte. So begannen Celera-Aktien bei Preisen von etwa 15 Dollar das Stück und erreichten Ende 1999 Werte von 190 Dollar und mehr. Freilich, zehn Jahre später war der große Traum vorbei – 7 Dollar pro Aktie.

Fortschritte

Im Laufe des Jahres 1999 legte das offizielle Humangenomprojekt an Tempo zu. Als Ziel galt es, nun schon im Frühjahr 2000 eine erste Version der Sequenz vorzulegen, der dann ein paar Jahre später die „hoch genaue" Version folgen sollte. Das war eine Abkehr vom ursprünglichen Forschungsplan, als Präzision und Vollständigkeit ganz oben auf der Agenda standen. Aber als klares Ziel galt nun, im Rennen mit Celera zumindest mitzuhalten oder besser noch Celera zu überholen. Um das zu erreichen, mussten nicht nur die Ziele, sondern auch die Organisation geändert und gestrafft werden. Unter anderem konnten sich die einzelnen Teams für bestimmte Chromosomen entscheiden. Die deutschen Sequenzierlaboratorien in Jena, Braunschweig und Berlin wählten die Chromosomen 8 und 21. Aber insgesamt blieb ihr Beitrag gering, ein paar Prozent der Gesamtsequenz. Trotzdem waren sie, ebenso wie die französischen und japanischen Laboratorien, die auch nur ein paar Prozent der Sequenz lieferten, geschätzte Mitglieder des Consortium, denn mit ihnen ließ sich die Internationalität demonstrieren, und das galt als wichtiges Element des ganzen Unternehmens.

Aber es blieb klar, dass fünf Sequenzierzentren den Ton angaben, die „G5", wie sie sich nannten, voran das *Sanger Center* im englischen Cambridge, dann das Sequenzierlabor an der *Washington University* in St. Louis und das *Whitehead Institute* am *Massachusetts Institute of Technology* (MIT). Nichts demonstriert die Aufholjagd besser als die Tatsache, dass die G5-Laboratorien sich nun auch mit den Sequenziermaschinen der neuesten Generation eindeckten. Fünfzig Maschinen gingen ans *Sanger Center*, ein paar Dutzend nach St. Louis und glatte hundert ans *Whitehead Center*. Zu 300.000 Dollar das Stück, ein Riesengeschäft für die Firma Perkin Elmer (die sich nun PE Corporation nannte), die Mutterfirma von Applied Biosystems, die die Maschinen baut.

Manche Beobachter der Szene vermuteten, dass dies von vornherein die Absicht von Perkin Elmer war, mit anderen Worten, dass der ganze Rummel um Celera nicht mehr war als ein gigantischer Marketingtrick, um möglichst viele der teuren Maschinen verkaufen zu können. Venter meinte sarkastisch: „[...] wie Waffenhändler, die einen Krieg anfangen, und dann Waffen an beide Seiten verkaufen".

Milliarden Basenpaare

Der Lohn der Anstrengung war, dass das internationale Genomprogramm im November 1999 ein G als einmilliardste Base in die Datenbanken geben konnte und das gehörig feierte, denn damit war ein Drittel der Gesamtsequenz geschafft. Übrigens, die zweimilliardste Base kam schon im März 2000 dazu, nach weniger als vier Monaten. Was zeigt, wie weit die Sequenziertechnik inzwischen vorangeschritten war.

Aber am meisten beachtet wurde, dass das *Sanger Center* und verbündete Laboratorien die Sequenz eines vollständigen Humanchromosoms vorlegen konnten, die Sequenz des Chromosoms Nr. 22. Das ist zwar nur eines der kleinsten der menschlichen Chromosomen, das mit 50 Mio. Basenpaaren nicht einmal zwei Prozent des Gesamtgenoms ausmacht, aber seine Entzifferung war ein Anfang mit hoher Werbewirksamkeit. Übrigens, bald gefolgt von der vollständigen Sequenz des Chromosoms Nr. 21, ein Ergebnis deutscher und japanischer Sequenzierer. Als die Chromosom-22-Sequenz herauskam, sagte John Sulston, das sei „ein so entscheidender Erfolg wie die Entdeckung, dass die Erde um die Sonne kreist oder dass wir vom Affen abstammen", und *Nature* ließ kommentieren, dass nun das erste Kapitel eines Buches geschrieben sei, das unseren Blick auf uns selbst so verändern wird wie die Heilige Schrift im ersten und Darwins *Origin of Species* im zweiten Jahrtausend der Zeitrechnung.

Der unabhängige Betrachter fragte sich damals angesichts dieser überschäumenden Rhetorik, was denn nun noch für Wörter übrigbleiben würden, wenn dann einmal die Gesamtsequenz aller 23 Chromosomen vorliegt.

Während das Humangenom-Konsortium seine Erfolge feierte, ruhte Celera natürlich nicht. Venter sagte voll Stolz: „Wir haben 350 Mitarbeiter, zwei Gebäude mit je vier Stockwerken, den größten Computer der Welt – außerhalb des Militärbereiches – und drei des halben Dutzend Leute auf der Welt, die das Programm schreiben können, damit das alles funktioniert", und als Erfolg konnte er vermelden, dass das *Drosophila*-Genom mithilfe der Shotgun-Methode vollständig sequenziert sei, jedenfalls die 120 Mio. Basenpaare des genetisch interessanten Euchromatin-Teils. Und das innerhalb von vier Monaten und obwohl dauernd Sequenziergeräte ausfielen und aufwendig repariert werden mussten und die Probleme mit der Computersoftware nicht sofort gelöst werden konnten. Aber schließlich lag die Sequenz vor.

Um die Gene unter den vielen Basenpaaren zu finden, wählten Venter und seine Leute ein ungewöhnliches Verfahren. Sie riefen im November etwa 50 der besten Bioinformatiker, *Drosophila*-Forscher und Proteinspezialisten zusammen. Die schotteten sich elf Tage lang von der Welt ab. Eine anstrengende, aber höchst erfolgreiche Klausur. Ungefähr 13.600 Gene wurden identifiziert (später auf ca. 19.500 nach oben korrigiert). Von diesen Genen kannte man vorher, trotz der 90 Jahre langen *Drosophila*-Forschung, nur gerade einmal 2500. „Ich konnte mir keine dramatischere und deutlichere Weise vorstellen, um zu zeigen, dass unsere neue Strategie funktioniert", schrieb Venter und sorgte dafür, dass das Ergebnis triumphal im Frühjahr 2000 publiziert wurde. Venter und seine Leute hatten der Welt der Genomiker gezeigt, dass das Shotgun-Verfahren nicht nur bei Bakterien, sondern auch bei komplexen tierischen Genomen funktioniert. Skepsis blieb, denn was für *Drosophila* gilt, muss nicht für das Humangenom gelten, das ja 30-mal größer ist und viel mehr repetitive Stücke enthält, die insgesamt 45 % der Gesamtsequenz ausmachen, verglichen mit nur 8 % repetitiver Stücke bei *Drosophila*.

Celera konnte getrost in die Zukunft blicken. Denn wenn es mal bei ihnen mit dem Sequenzieren des Humangenoms nicht weitergehen sollte, brauchte sie ja nur die Datenbanken zu durchforsten, wo tagtäglich die neuesten Sequenzdaten aus den Laboratorien des offiziellen Humangenomprogramms eintrafen. Je schneller das offizielle Programm voranschritt, desto schneller auch Celera. Welch absurde Situation!

Trotzdem war nicht alles Friede und Freude bei Celera. Venter stand ständig im Konflikt mit Tony White, dem machtbewussten Geschäftsführer von PE Corporation. Der wollte verständlicherweise, dass sich seine erheblichen Investitionen lohnten und drängte auf Patentierungen von allen möglichen DNA-Sequenzen. Dem konnte Venter nicht zustimmen, denn er hatte sich ja öffentlich festgelegt, nur einige und ausgesuchte Genomstücke patentieren zu lassen. Dazu kam, dass hier zwei starke Persönlichkeiten aufeinandertrafen und White die kleinlichsten Mittel einsetzte, um Venter zu ärgern, etwa Beanstandungen bei Vortragshonoraren, Reisekosten und dergleichen. Noch in seiner Autobiografie von 2007 stöhnte Venter: „Ich wollte fast nichts lieber, als mich von Celera und der Welt, die Celera repräsentiert, zu trennen, aber noch lieber wollte ich *Homo sapiens* sequenzieren. Ich musste Kompromisse schließen."

Wessen Genom sollte sequenziert werden? Diese Frage ist alles andere als trivial, weil mit juristischen Klagen, Anfragen von Versicherungen und Arbeitgebern, Ansprüchen usw. gerechnet werden musste. Schließlich entschied sich Venter für fünf parallel zu sequenzierende Genome, darunter sein eigenes, das von Hamilton Smith und die Genome dreier gut informierter anonymer Frauen, von denen die eine sagte, sie sei afrikanischer Herkunft, die zweite aus Asien und die dritte aus Lateinamerika.

Annäherungen und ein erstes Finale

Anfang Januar 2000 verkündete Celera, dass, wenn alle Daten zusammengenommen werden, 90 % des Humangenoms sequenziert worden seien. „Das ist ein monumentaler Augenblick", hieß es in der Verlautbarung, „nicht nur in Celeras Geschichte, sondern in der Geschichte der Medizin". Dabei kam der Wert von 90 % zustande, weil Venter die Zahlen von Celera und dem internationalen Humangenomprojekt zusammenaddieren ließ. Trotzdem stiegen die Aktien von Celera auf ein Allzeithoch von 276 Dollar pro Stück. Der Grund dafür war freilich auch, dass Celera mit der Sequenzierung des Mausgenoms begonnen hatte. Das war für Celera-Kunden sehr interessant, denn, wie gesagt, das Mausgenom ist in mancher Hinsicht nützlicher als das Humangenom, weil man viel besser die Funktion der Gene und die Wirkung von möglichen Medikamenten untersuchen kann.

Vom Herbst 1999 bis zum Frühjahr 2000 versuchte immer mal wieder jemand, eine Zusammenarbeit zwischen Celera und dem internationalen Humangenomprojekt in die Wege zu leiten. Aber das scheiterte daran, dass es für Celera unmöglich war, tagtäglich die neusten Sequenzierergebnisse in die Genbank zu geben, denn dann hätte sie ja wenig in der Hand gehabt, um ihre Kunden zu bedienen und um neue Kunden zu werben. Andererseits war die prompte Veröffentlichung der Daten eine der Grundlagen des internationalen Humangenomprojektes. Diese Kluft war nicht zu überbrücken. Dazu kam noch, dass die führenden Personen auf beiden Seiten mit starkem Selbstbewusstsein und einer kräftigen Portion Sturheit ausgestattet waren. Niemand wollte zurückstecken. Auch sparte keine Seite mit heftigen Bemerkungen bis hin zu Beleidigungen. Am 7. März 2000 schrieb die *Washington Post*: „Das Humangenomprojekt, angeblich eines der nobelsten Unternehmen der Menschheit, ist zu einer Schlammschlacht verkommen."

Aber im Mai 2000 begann etwas, was in den Berichten über jene Zeit oft als Pizza-Diplomatie bezeichnet wird. Mittelpunkt war der sympathische und allseits beliebte Aristides Patrinos, den wir schon als Chef des Humangenomprojektes beim Department of Energy (DoE) vorgestellt hatten. Patrinos erreichte etwas, was jeder für unmöglich gehalten hatte, nämlich Venter und Collins an einen Tisch zu bringen, heimlich und zu Hause, gemütlich bei Pizza und Bier. Man traf sich mehrmals, zum Schluss kamen auch andere führende Personen beider Parteien dazu. Der wichtigste Punkt der Einigung: In nicht zu ferner Zukunft wollten beide Parteien gemeinsam, Seite an Seite, verkünden, dass das Humangenom entziffert sei, nicht vollständig, aber in einer ersten Version. Die endgültige Version sollte dann später nachgeliefert werden. US-Präsident Bill Clinton hatte sich immer sehr für das Humangenom interessiert. So kam es, dass die Bekanntmachung in Anwesenheit des Präsidenten erfolgen sollte, und zwar in feierlichster Form im Weißen Haus.

Als Termin wurde der 26. Juni 2000 gewählt. Eigentlich zu früh für jedes der beiden konkurrierenden Teams. Aber wie man liest, war das der einzige Termin, den sowohl Clinton als auch der britische Premierminister Tony Blair auf absehbare Zeit frei hatten. Weder Celera noch das Humangenomprojekt konnten wirklich ein fertiges Genom vorstellen. John Sulston schrieb ein paar Jahre später (2003): „Wir warfen zusammen, was wir hatten, und verpackten es ganz hübsch und sagten einfach, wir seien fertig. Ja, wir waren ein Haufen von Angebern." Tatsächlich hatte das internationale Humangenomprojekt gerade mal 85 % des Genoms in einer vorläufigen Weise sequenziert und nur 24 % waren wirklich fertig. Celera ging es nicht viel besser.

Trotzdem wurde die Feierstunde im Weißen Haus ein beachtliches Ereignis. Eines der merkwürdigsten und heftigsten Konkurrenzunternehmen in der Geschichte der Wissenschaft hatte ein vorläufiges Ende gefunden. Der Genom-Krieg feierte einen Waffenstillstand. Weder im Weißen Haus noch später bei den getrennten Pressekonferenzen ging eine der beiden Seiten auf die heftigen Kontroversen und die gegenseitigen Angriffe der vergangenen zwei Jahre ein.

Beeindruckt von der feierlichen Kulisse im Weißen Haus mit den vielen versammelten Würdenträgern aus Wissenschaft, Wirtschaft, Diplomatie und Politik verhielten sich Collins und Venter kollegial, fast freundschaftlich. US-Präsident Clinton sagte: „Wir sind hier, um die Fertigstellung eines ersten Überblicks über das gesamte menschliche Genom zu feiern … wir lernen heute die Sprache kennen, in der Gott das Leben geschaffen hat." Und: „Ohne Zweifel ist dies die wichtigste und wundervollste Karte, die je von der Menschheit hergestellt wurde." Blair aus England war auf einem großen Bildschirm zugeschaltet und sagte, allein an einem einfachen Rednerpult stehend, die von ihm erwarteten feierlichen Worte. Dann kam die Reihe erst an Collins und dann an Venter.

Venter schreibt in seiner Autobiografie, dass er lange an seiner Ansprache gearbeitet und noch im Morgengrauen des 26. Juni daran gefeilt habe. Man merkt, wie sehr ihm sein eigener Text gefällt. Dem Leser von heute gefällt vor allem der letzte Satz: „Manche haben mir gesagt, dass das Sequenzieren des Humangenoms die Menschheit herabsetzen würde, weil das Leben seines Geheimnisses beraubt sei. Nichts könnte weiter von der Wahrheit entfernt sein. Die Komplexität und das Wunder, wie aus den unbelebten chemischen Verbindungen, die unseren genetischen Code ausmachen, all die Unwägbarkeiten des menschlichen Geistes entstehen, sollte Dichter und Philosophen noch Jahrtausende lang anregen."

Die Herzlichkeit zwischen Celera und dem Humangenomprojekt hielt gerade einmal 24 h. Dann begannen schon wieder die gegenseitigen Angriffe. Eric Lander vom *Whitehead Institute* sagte, Celeras Shotgun-Methode und ihr einigermaßen kompletter Zusammenbau des Genoms habe nur funktioniert, weil die Humangenomprojekt-Daten frei verfügbar waren; und Celera antwortete, dass diese Daten so schlecht und ungenau sind, dass sie mehr Ärger als Nutzen gebracht hätten usw.

Aber Celera hatte bald die Gelegenheit, aller Welt zu zeigen, dass das Shotgun-Verfahren alles andere als nutzlos ist, indem es die erste Version des Mausgenoms verkündete, vollständig über Shotgun sequenziert.

Was das Humangenom betraf, kam eine gemeinsame Publikation nicht in Frage. Venter und Mitarbeiter publizierten ihre Ergebnisse in *Science*, Collins und die anderen aus dem Humangenomprojekt in *Nature*. Wieder schieden sich die Geister, als es um die Veröffentlichung der Sequenzdaten ging. Venter bot einen Kompromiss an: Die Celera-Sequenz würde nicht in die Datenbanken gehen, aber jeder Leser von *Science* bekam eine DVD geschenkt, musste sich jedoch verpflichten, die Daten nicht für kommerzielle Zwecke zu nutzen. Die Publikation in *Science* (14. Febr. 2001) hat 283 Autoren mit Craig Venter an erster Stelle und umfasst 47 Seiten, zehnmal länger als ein normaler Artikel in dieser Zeitschrift.

Nature brachte ein Sonderheft (15. Febr. 2001) heraus, mit vielen kleineren Aufsätzen und Kommentaren zum Thema und einem zentralen Artikel unter dem vorsichtigen Titel „*Initial Sequencing and Analysis of the Human Genome*", und dort, wo normalerweise die Autoren aufgeführt werden, steht „*International Human Genome Sequencing Consortium*". Auf einer Extraseite dann die beteiligten Sequenzier-Zentren, insgesamt 21, geordnet nach der Menge der gelieferten Daten. An erster Stelle das *Whitehead Institute*, gefolgt vom *Sanger Center* und an letzter Stelle das GBF-Helmholtz-Institut in Braunschweig. Insgesamt werden einige Hundert Autoren aufgezählt, und erst zum Schluss unter der Überschrift *Scientific Management* erscheint unter anderem der Name des wichtigsten Protagonisten Francis Collins.

Zum weiteren Schicksal von Celera

Nach einem Jahr konnte Celera immerhin 150 Mio. US-Dollar Einnahmen jährlich verzeichnen. Kunden waren viele bedeutende Universitäten und Forschungsstätten, einschließlich der NIH. Wie schon erwähnt, sequenzierte Celera noch das Genom der Maus, dann der Ratte und schließlich der *Anopheles*-Mücke, die den Malariaerreger überträgt. Aber Celera bewegte sich von der strukturellen Genomik weg, mehr in Richtung Genfunktion, mit dem Ziel, neue Medikamente zu entwickeln. Was lange vorauszusehen war, traf im Januar 2002 ein. Die Spannungen zwischen dem geschäftlichen Management und der wissenschaftlichen Seite wurden so groß, dass Venter von seinem Posten zurücktrat und die Firma verließ. Die Firma änderte sich und nahm den Namen Applera an, eine Zusammensetzung der alten Firmennamen Applied Biosystems und Celera.

Venter investierte genügend Mittel aus seinem Aktienpaket und gründete eine Stiftung, die *J. Craig Venter Foundation*. Im Jahre 2006 wurden dann die Stiftung zusammen mit TIGR und anderen Venter-Unternehmungen unter einem Dach zusammengefasst: *The J. Craig Venter Institute* mit Laboratoriumsgebäuden in Rockville, Maryland, und in LaJolla, Kalifornien. Das Institut beschäftigt 400 Personen, die sich natürlich mit medizinischer Genomik betätigen. Aber nicht nur. Inzwischen sind andere Aktivitäten genauso bedeutend geworden, zum Beispiel Forschungen über Organismen im Plankton der Weltmeere. Weiter gehört zum Programm die „synthetische Biologie" mit der Herstellung künstlich zusammengesetzter Bakterien, wobei das ferne Ziel die Produktion sauberer Energie auf mikrobieller Basis ist.

Venter wird uns in diesem Buch noch einmal begegnen.

Rückblick auf den Genom-Krieg

Viele Wissenschaftler finden im Nachhinein, dass Venter und Celera dem Humangenomprojekt nicht nur Ärger gebracht haben. Der Eifer wurde angestachelt, die Spannung stieg, neue Methoden und neue Organisationsformen wurden eingeführt, Daten schneller produziert. Selbst Maynard Olson, einer der schärfsten Kritiker von Venters Unternehmen, musste in einem Rückblick aus dem Jahre 2002 feststellen, dass „[...] die Konkurrenz zwischen Celera und dem offiziellen Humangenomprojekt von Vorteil" war. „Das wichtigste Argument ist, dass wir die Sequenz schneller bekamen, weil Celera den öffentlichen Bereich zu einer höheren Gangart antrieb. „Die Konkurrenz führte dazu, dass die vorläufige Humangenomsequenz zwei oder drei Jahre früher vorlag." Früher, als wenn es Celera nicht gegeben hätte.

Wenn man heute auf diese Jahre zurückblickt, dann möchte man anmerken, dass es kein großer Schaden gewesen wäre, wenn die Sequenz tatsächlich erst 2003 oder gar noch ein paar Jahre später herausgekommen wäre. Darüber gleich mehr.

21

Gene des Menschen

Echo

Der Collins-und-Venter-Auftritt am 26. Juni 2000 im Weißen Haus löste ein gewaltiges Echo in den Medien aus. Die schon im Herbst 1999 bei der Publikation des Chromosoms 22 erprobten Vergleiche mussten noch einmal herhalten. Man schrieb und sagte, dass die Sequenz wichtiger sei als die Landung auf dem Mond, vielleicht wichtiger als die Erfindung des Rades, zumindest sei es die bedeutendste Entdeckung des Jahrhunderts – und mehr dergleichen. Nicht nur in den USA, auch in Deutschland. Vor lauter Begeisterung druckte die sonst so betuliche *Frankfurter Allgemeine Zeitung* (FAZ) am 27. Juni 2000 auf wertvollen sechs Seiten ein Stück des Genoms ab: drei Millionen As und Gs und Cs und Ts. Überhaupt ließ sich die FAZ von niemandem im Blätterwald übertreffen: Allein im Jahre 2000 erschienen über 200 Artikel zum Thema „Genomik", nicht nur auf den Wissenschaftsseiten, sondern auch im Feuilleton. Wenn jemand da mithalten wollte, musste er schon starke Worte finden. Das gelang dem *Spiegel* mit dem Heft vom 26. Juni 2000 und dem Titel „Die zweite Schöpfung" (Abb. 21.1). Was gemeint war und was denn die „erste" Schöpfung gewesen sein sollte, blieb unklar. Vielleicht war das alles ja auch ironisch gemeint, aber wenn, dann konnte es dem Durchschnittsleser entgehen, denn der Text zum Titel war ernst und schwer, jedenfalls bedeutungsvoll.

Kurz, viele Journalisten ließen sich gewaltig beeindrucken und gaben das an ihre Leser oder Hörer weiter. Kein Wunder, denn selbst Kevin Davies, immerhin Fachmann und Herausgeber der führenden Genetik-Zeitschrift *Nature Genetics*, geriet in seinem Bestseller *Die Sequenz* (2001) immer wieder in die Superlative. Offenbar wollte er seinen Lesern regelrecht einbläuen, dass die Geschichte des Humangenomprojektes nun wirklich etwas ganz, ganz Großes ist. Er ließ sich zu der Bemerkung hinreißen, dass dies – die Sequenzierung des Humangenoms – „vielleicht der entscheidende Moment (*defining moment*) in der Evolution der

© Springer-Verlag GmbH Deutschland 2017
R. Knippers, *Eine kurze Geschichte der Genetik*, DOI 10.1007/978-3-662-53555-4_21

Abb. 21.1   Echo in der Welt der Medien. Titel der *Spiegel*-Ausgabe vom 26. Juni 2000. (Mit Erlaubnis des Spiegel-Verlags)

Menschheit" sei. Im gleichen Heft von *Science*, in dem Venter und Coautoren ihren monumentalen Aufsatz publizieren (16. Febr. 2001), findet man eine Besprechung des Davies-Buches, geschrieben von Sydney Brenner, wie bei ihm gewohnt, intelligent und scharfzüngig. Brenner beginnt „Das Humangenom hat man einen Rosetta-Stein genannt oder das Buch der Menschheit, den Code aller Codes und das Periodensystem (der Biologie). Für manche Leute ist es eine Blaupause, für andere, etwas bodenständiger, ein Kochbuch [...] Am allerbesten aber war Präsident Clinton, der das Humangenom als die Sprache beschrieb, durch die Gott den Menschen schuf." Und Brenner fügte hinzu: „Vielleicht können wir nun die Bibel als die Sprache ansehen, mit der der Mensch Gott erschuf."

Die Publikationen

Mitte Februar 2001, knapp acht Monate nach dem Ereignis im Weißen Haus, kamen dann die angekündigten Publikationen heraus – einerseits Venter und Mitarbeiter in der Zeitschrift *Science* und andererseits das International Human Genome Sequencing Consortium in *Nature*. Auch hier wollten einige Schreiber mit Superlativen nicht sparen und fanden, dass diese beiden Papers „vermutlich die zwei wichtigsten Publikationen in der Geschichte des wissenschaftlichen Schrifttums" seien. Aber im Großen und Ganzen war die Berichterstattung jetzt sehr viel zurückhaltender als im Juni des vorangegangenen Jahres. Kein Wunder, denn jetzt konnte jedermann nun endlich nachlesen, was wirklich das Resultat des „Kriegs der Gene" war.

Big Science

Insgesamt waren 523 Autoren an den beiden parallelen Publikationen beteiligt. Das ist tatsächlich *Big Science*, wie es Sinsheimer und andere Anfang der 1980er-Jahre gewünscht und vorausgesehen hatten. Ganz neu, ja unerhört in der Tradition biologischer Forschung, denn bis dahin bestanden die Teams meist aus drei oder vier, höchstens einmal acht oder neun Personen.

Aber Biologen und Mediziner mussten sich an große Autorenzahlen gewöhnen. Wie wir später sehen werden, sind fast immer mehrere Dutzend Autoren an den Ganz-Genom-Assoziationsstudien beteiligt, die seit etwa 2005 regelmäßig in den genetischen Zeitschriften erscheinen. Für Physiker ist das natürlich nichts Besonderes. Man kennt mehr als hundert Publikationen mit je über 1000 Physik-Autoren. Ein erster Rekord wurde im Jahre 2015 erreicht: 5154 Autoren eines Papers über vorläufige Ergebnisse am Europäischen Kernforschungszentrum (CERN) in der Elite-Zeitschrift *Physical Review Letters*.

Zurück zur Genetik des Jahres 2001. Die ersten Teile der Berichte sowohl des Venter- als auch des Collins-Teams sind eine etwas ermüdende Lektüre, jedenfalls für alle, die nicht direkt etwas mit der Genomik zu tun haben. Noch einmal geht es um die Methoden, also das Ganz-Genom-Shotgunning bei Celera, und das Aufstellen der physikalischen Genkarte, gefolgt vom Klon-für-Klon-Sequenzieren beim internationalen Consortium. Egal, ob nun die Leser damals die eine oder die andere Vorgehensweise überzeugender fanden, die Zukunft gehörte klar dem Ganz-Genom-Shotgunning. Schon das Mausgenom, publiziert im Jahre 2002, ist mithilfe des Shotgun-Verfahrens sequenziert worden, alle anderen großen Genome in den Folgejahren sowieso. Das trifft auch zu, wenn die „G5"-Laboratorien beteiligt waren, einstmals der Kern des *International Human Genome Sequencing Consortium*, für die seinerzeit das Shotgun-Verfahren die schlimmste Ketzerei war.

Interessanter als die technikorientierten ersten Abschnitte sind die anderen und weniger technischen Teile des Collins- und des Venter-Berichts. Wir lassen hier zuerst David Baltimore zu Wort kommen. Er war damals Präsident am *California Institute of Technology*, Träger des Nobelpreises für die Entdeckung der Reversen Transkriptase (Kap. 13) und damit jemand, der zwar an der Grundlage zu allem mitgearbeitet hatte, aber nicht direkt am Humangenom-Projekt beteiligt war. Baltimore schrieb einen einleitenden Aufsatz zum *Nature*-Sonderheft vom 15. Februar 2001. „Ich habe viel aufregende Biologie in den vergangenen Jahren erlebt", schreibt er, „aber ein Schauder lief mir über den Rücken, als ich erstmals den Artikel las, der in Umrissen unser Genom beschreibt." Weiter berichtet er – und das klingt wesentlich gedämpfter als das Medienecho vom vorausgegangenen Juni: „Was die Folgen angeht (*conceptual impact*), kommt dieser Artikel nicht an das Watson-Crick-Paper von 1953 mit der Beschreibung der DNA-Struktur heran. Trotzdem ist es ein grundlegendes Paper, das die Zeit der postgenomischen Wissenschaft einleitet."

Was die Autoren vorsichtshalber selbst und alle wissenschaftlichen Kommentatoren nach ihnen immer wieder betonten, schrieb auch Baltimore: „Nicht viele Fragen werden endgültig beantwortet, denn die Sequenz, wie sie vorgelegt wurde, ist unvollständig, mit vielen Lücken und Ungenauigkeiten. Es kann nur ein Anfang sein, und das viel Größere wird noch folgen."

Baltimore fragte: „Was haben wir von all diesen As, Gs, Cs und Ts gelernt?", und meint: „Viel von dem, was wir über die allgemeine Organisation des Genoms lernen, ist nur eine ausführlichere Darstellung von dem, was wir schon wussten."

Ja, man wusste vorher schon, dass nur wenig mehr als ein Prozent des Genoms aus proteincodierenden Exons besteht, etwa 20 % aus den Intron-Abschnitten zwischen den Exons und der große Rest aus DNA-Strecken zwischen den Genen, wobei das meiste dieses großen Restes, nämlich fast die Hälfte des Gesamtge-

noms, aus sich wiederholenden Sequenzen besteht, meist Produkte revers transkribierter DNA. Noch einmal Baltimore: „Das Genom sieht aus wie ein Meer
revers transkribierter DNA mit einem kleinen Zusatz von Genen." Er fragt sich,
ebenso wie sich alle anderen Biologen gefragt haben und immer noch fragen,
was der große Überschuss an offensichtlich unnützer DNA eigentlich im Genom zu tun hat. Dass dies „unnütz" sei, könne man mit Recht annehmen, meint
Baltimore, denn ein so perfekter Wirbeltierorganismus wie der Kugelfisch (*puffer
fish, fugu*) besitze so gut wie keine Sequenzwiederholungen in seinem Genom,
könne sich aber ohne Probleme entwickeln und funktioniere bestens ohne den
Überschuss von Extra-DNA zwischen den Genen.

Zahl der Gene

So waren die Erkenntnisse über „die allgemeine Organisation des Genoms"
nicht wirklich neu. Doch die eigentlich spannende Frage war ja sowieso die
Frage nach der Zahl und der Art der Gene. Hier kam die große Überraschung,
denn es stellte sich heraus, dass die Zahl der Gene erstaunlich niedrig ist. Das internationale Humangenomprogramm schätzte damals höchstens 31.000 Gene,
Celera gar nur 26.000. Dabei hatten die Genomiker noch im Jahre 2000 bei
ihrem Treffen in Cold Spring Harbor Wetten über die Zahl der Gene abgeschlossen, und selbst renommierte und erfahrene Genetiker hatten Werte von
über 100.000 Genen angenommen. Ja, die Lehrbücher jener Zeit gingen wie
selbstverständlich von einer Zahl von 100.000 menschlichen Genen aus. Aber
nun zeigten die Sequenzierprojekte, dass die Genzahl viel niedriger ist, und wir
wollen hier schon sagen, dass sie im Laufe der Jahre nach 2001 noch weiter nach
unten korrigiert werden musste und heute mit wenig mehr als 20.000 Genen
pro Humangenom angegeben wird.

Mit anderen Worten, Menschen in ihrer wunderbaren und glanzvollen
Komplexität haben nur wenig mehr Gene als die Fliege (13.600 Gene) oder der
Wurm (18.000 Gene) und weniger als die bescheidene Musterpflanze *Arabidopsis*
(26.000 Gene). Sicher, die Humangene sind größer und haben mehr Exons (acht
bis neun pro Gen) als die Gene der anderen Tiere und Pflanzen und können
deshalb auch mehr alternativ gespleißte mRNAs hervorbringen und damit eine
größere Zahl verschiedener Proteine codieren. Aber trotzdem müssen sich die
Biologen damit abfinden, dass es nicht die Zahl der Gene ist, die die Komplexität
eines Organismus bestimmt, sondern die Art und Weise, wie Gene reguliert und
an- oder abgeschaltet werden. Das ist eine grundsätzliche und weitreichende
Schlussfolgerung. Die Erforschung der Details wird die Biologen noch über viele
Jahrzehnte hinweg beschäftigen.

Suche nach Genen

Wie kann es denn sein, dass Celera eine andere Zahl von Genen angibt als das „Consortium"? Schließlich haben doch beide Gruppen das Genom ein und derselben Spezies untersucht.

Wie also identifiziert man Gene? Es geht hier um proteincodierende Gene, bekanntlich eine Folge von Exons, die gemeinsam transkribiert werden. Da alle Exons zusammen wenig mehr als ein Prozent des Genoms ausmachen, ist es nicht leicht, in dem Riesenüberschuss von Sequenzmengen die Basenpaarfolgen von Exons auszumachen, zumal ein durchschnittliches Exon aus nicht viel mehr als etwa 120–150 Basenpaaren oder 40–50 Codons besteht. Eine enorme Hilfe bei der Gensuche sind, wie im Kap. 20 erwähnt, die EST-Banken. Denn EST-Stücke oder noch besser vollständige cDNAs stammen ja von mRNAs ab und sind damit getreue Kopien der codierenden Exons. Vergleiche zwischen ESTs und genomischer DNA führen somit direkt zu den Genen.

Nicht ganz so direkt, aber doch weitgehend unproblematisch, ist ein Zugang über die Proteinsequenzen, die in den entsprechenden Datenbanken gesammelt werden. Die Aminosäurefolgen der Proteine lassen sich leicht mithilfe der Codewort-Tabelle (Abb. 10.3) in mRNA-Sequenzen übersetzen, die dann direkt zu den Genen führen.

Dann gibt es, drittens, Voraussagen aus den Sequenzen selbst, oft als De-Novo- oder Ab-Initio-Voraussagen bezeichnet. Mithilfe des Computers werden offene Leseraster in den Genomsequenzen gesucht. Wenn alle Tripletts mit gleicher Wahrscheinlichkeit auftreten, sollte durchschnittlich ungefähr alle 20 Tripletts ein Stopp-Codon auftauchen. Längere Folgen von Codons könnten also auf Exons hinweisen. Aber Basenpaarfolgen können sich rein zufällig zu offenen Leserastern von 50 Codons und mehr fügen, statistisch bei immerhin 0,05 % aller Sequenzen. Das ergäbe eine hohe Rate von falsch positiven Signalen. Darum müssen andere Kriterien in ein Suchprogramm eingebaut werden: konservierte Intron-Exon-Grenzen, bevorzugte Codons und dergleichen. Trotzdem bleiben erhebliche Unsicherheiten, und das war der Grund für die unterschiedlichen Genzahlen von Celera und dem Consortium, und deswegen die fortlaufende Korrektur.

Die Schwierigkeit bei der Suche nach Genen im Humangenom lässt sich gut an einer Episode illustrieren, die ziemlich peinlich für das „Consortium" war. Ein spezieller Teil des *Nature*-Papers stand unter Überschriften wie „Möglicher horizontaler Transfer" und – bei einer Tabelle – „Mögliche Aufnahme von Bakteriengenen durch Wirbeltiere." Das fanden viele Molekularbiologen besonders interessant. „Horizontaler Transfer" heißt Übertragung von Genen zwischen ausgewachsenen Organismen. Der Gegensatz ist: „vertikal", der normale Vererbungsweg von Genen über Eltern auf Nachkommen. Horizontaler Gentransfer ist ein gut bekanntes und viel untersuchtes Phänomen bei Bakterien und einzelligen Eukaryoten. Und nun berichteten die Autoren des *Nature*-Papers, dass über hundert Gene im Humangenom direkt von Bakterien in das Genom des Menschen übertragen worden sein sollten. Das war neu und interessant. Allerdings fragten sich die Leser, warum denn die Celera-Leute das nicht auch gefunden hatten. Deswegen gab es Skepsis. Noch im Laufe des Sommers 2001 stürzten sich mehrere Gruppen von Bioinformatikern auf die Daten des Humangenom-Konsortiums. Das Ergebnis: Den Informatikern des Humangenomprojektes ist der peinliche Fehler einer Überinterpretation unterlaufen. Sie hatten ihre Genomsequenzen mit den vorhandenen Datenbanken verglichen, und ihr Computer sagte ihnen, dass die fraglichen Gene größere Ähnlichkeit mit bestimmten Bakteriengenen als mit Eukaryotengenen haben. Aber bis dahin gab es nur wenige Eukaryotengenome, die zu Vergleichen herangezogen werden konnten. Überdies zeigten Evolutionsbiologen, dass die Verwandtschaft der Human- und der Bakteriengene keineswegs so eng war, dass sie als Beweis eines horizontalen Gentransfers gelten konnte. Kurz, von Bakteriengenen im Humangenom war später nie wieder die Rede!

Arten von Genen

Trotz solchen Übereifers und trotz aller Vorläufigkeit und Ungenauigkeiten musste eigentlich jeder Leser, ja selbst jeder flüchtige Betrachter beeindruckt sein von den zentralen Faltblättern, die den Publikationen beigelegt waren. Vielleicht war es ja gerade dieser Teil, der David Baltimore „einen Schauder über den Rücken" jagte. In diesen Faltblättern sind die alte Humangenetik mit ihren Chromosomen und Chromosomenbanden und die neue Genomik mit ihren DNA-Elementen auf das Eindrucksvollste verbunden. Jedes einzelne Chromosom ist als breite Linie dargestellt. Das Maß ist das Mega-Basenpaar (1 Mb = 10^6 Basenpaare). Etwa 250 Mb für das größte Chromosom Nr. 1 und 50 Mb für das kleinste Chromosom Nr. 21. Entlang der 24 Linien, die die Chromosomen darstellen, sind die Lagen der repetitiven Elemente eingetragen, zudem CpG-Inseln und vor allem die Gene und, falls vorhanden, ihre Beziehungen zu OMIM, jenem traditionellen Katalog von menschlichen Genen.

Die bekannten Gene tragen ihre althergebrachten Bezeichnungen und die neu entdeckten Gene ihre Code-Nummern. „Neu entdeckt" – volle 42 % aller Gene sah man zum allerersten Mal. Die restlichen Gene kannte man aus den Forschungen der vergangenen Jahrzehnte oder sie hatten Ähnlichkeiten mit bekannten Genen. Wenn alle Gene nach bekannten oder mutmaßlichen Funktionen in Gruppen eingeteilt wurden, fiel auf, dass die größte Gruppe aller Gene für Transkriptionsfaktoren zuständig ist, überhaupt für die Regulation zellulärer Aktivität – Rezeptoren oder Empfangsstationen für Signale wie Hormone, Wachstumsfaktoren, Transmitter und dergleichen und deren Weiterleitung im Zellinneren, auch im Zellkern, wo Gene aufgrund äußerer Signale an- oder abgedreht werden.

Damals waren nur Vergleiche mit Fliegen- und Wurmsequenzen möglich, und da wundert es nicht, dass das Humangenom verhältnismäßig viel Gene für das Immunsystem und noch viel mehr Gene für die Entwicklung und das Funktionieren des Nervensystems besitzt, denn Fliegen und Würmer haben ja bekanntlich ein kümmerliches Immunsystem und ein noch kümmerlicheres Gehirn im Vergleich zu *Homo sapiens*. Nicht viel Überraschendes, ja Enttäuschendes für alle, die dachten, dass ein Blick auf die Genomdaten genügen würde, um viele Rätsel der menschlichen Existenz zu lösen.

Und dann noch dies: War nicht immer wieder behauptet worden, dass die Sequenzen die Ursachen für alle möglichen menschlichen Krankheiten aufdecken würden und bequemerweise auch noch die Zielstellen für neue Medikamente? Das war ja das Geschäftsmodell, das Celera mit großem Aufwand propagiert hatte; und das war auch der Grund, warum Collins und sein Konsortium so großzügig mit öffentlichen Mitteln unterstützt worden waren. Sicher fast drei Dutzend neuer Gene wurden identifiziert, die für seltene Erbkrankheiten verantwortlich sein könnten. Doch dahin wäre man auch ohne das Humangenomprojekt gekommen, zwar so mühsam und langsam wie seinerzeit beim Gen für die cystische Fibrose (Kap. 15), aber sicher hätte man die betreffenden Gene früher oder später identifiziert. Was nun die großen und weitverbreiteten menschlichen Krankheiten betrifft – Krebs, Diabetes, Arteriosklerose, Rheumatismus, Psychosen usw. – war man nicht viel klüger als vorher. War nicht versprochen worden, dass gleich nach Abschluss des Humangenomprojektes eine neue Zeit anbrechen würde, wo sich Krankheiten viel besser vermeiden, behandeln und heilen ließen?

Mit ganz untypischer Bescheidenheit schließen Venter und Mitarbeiter ihren Artikel mit Sätzen wie „das Zusammenstellen der Humangenomsequenz ist nur ein erster und zögerlicher Schritt auf einer langen und aufregenden Reise zum Verständnis der Rolle des Genoms in der Biologie des Menschen. Alle Gene mit ihren Kontrollelementen müssen identifiziert werden, ebenso wie ihre Funktionen bestimmt werden müssen, allein und im Zusammenhang der Zelle, auch die Sequenzvariationen unter den Menschen weltweit, die Beziehung zwischen Genom-Unterschieden und spezifischen phänotypischen Eigenschaften. Jetzt wissen wir, was wir zu erklären haben".

Mit ähnlichen Sätzen schließt das „Consortium" seinen Bericht: „In aller Bescheidenheit (*we find it humbling*) blicken wir auf die Humansequenz, die jetzt klarer vor uns liegt. Im Prinzip enthält die Folge von genetischen Stücken die langgesuchten Geheimnisse menschlicher Entwicklung, Physiologie und Medizin. In der Praxis jedoch bleibt unsere Fähigkeit, diese Information zu nutzen, schmerzlich unvollständig. Um die Versprechungen des Humangenomprojektes zu erfüllen, ist die Arbeit von Zehntausenden von Wissenschaftlern an Universitäten und in der Industrie notwendig."

Nature publizierte Anfang April 2010, also fast zehn Jahre nach der Feierstunde vom Juni 2000 im Weißen Haus, eine Serie von Aufsätzen unter dem Titel „*The Human Genome at Ten.*" Die Zeiten hatten sich inzwischen verändert. Das zeigte sich nirgendwo besser als am Fortschritt der Sequenziertechniken. Denn nun war es möglich, ein gesamtes Humangenom an gerade einmal einem Tag zum Preis von einigen Tausend Dollar zu sequenzieren. Das sind mehr als drei Milliarden Basenpaare pro Tag, verglichen mit knapp 5000 Basenpaaren am Tag im Jahre 1987, als Venter, damals noch an den *National Institutes of Health* (NIH), stolz darauf war, das bestausgerüstete Sequenzierlabor der Welt zu besitzen.

Die Welt wartete im Jahre 2010 immer noch darauf, dass Genomik die Praxis der Medizin in spürbarer Weise beeinflusst. Eric Green, Direktor des US-amerikanischen *National Human Genome Research Institute* (NHGRI), schrieb im Frühjahr 2011, dass es wohl bis 2020 dauern wird, bis das Gesundheitswesen von der Genomik profitieren kann, andere waren zurückhaltender und sprachen unverbindlich von einigen Jahrzehnten.

Doch muss man anerkennen, dass das Humangenomprojekt einige große und unzählige kleinere Projekte auf dem weiten Gebiet der Humanbiologie angestoßen und ermöglicht hat. Zu den großen Projekten gehören:

- ENCODE, *Encyclopedia of DNA Elements*, eine Sammlung aller Promoter- und Enhancer-Sequenzen, die für ein Verständnis der Regulation genetischer Aktivität wichtig sind.
- Das *International HapMap Project* und andere Forschungsvorhaben, die alle das Ziel haben, Unterschiede in den Genomen einzelner Menschen aufzuspüren. Dabei geht es darum, wie Gene die offensichtlichen Unterschiede zwischen einzelnen Menschen prägen.
- Daraus entwickeln sich die zahlreichen „genomweiten Assoziationsstudien", die eine Beziehung zwischen Genetik und Krankheit suchen.
- Dazu kommt das Sequenzieren von Hunderten von Genomen einzelner Menschen aus allen Teilen der Erde, auch das Sequenzieren längst verstorbener Menschen.

Für dieses und viele andere Vorhaben dient das Humangenomprojekt als „Referenz" oder als Bezugspunkt, auf den sich andere Sequenzierprojekte beziehen. Das erste (ergänzte und korrigierte) Humangenom wurde ein Standard und ein notwendiges Hilfsmittel, vielleicht vergleichbar einem Wörterbuch, das den Literaturwissenschaftlern hilft, die Texte einer neuen und fremden literarischen Welt zu entziffern und zu verstehen.

Die fertige Sequenz

Im April 2003 gab das *International Human Sequencing Consortium* mit seinen weltweit mehr als 2800 beteiligten Wissenschaftlern die „fertige" Humangenomsequenz in die jedermann zugängliche Datenbank ein. Den Molekularbiologen war nicht entgangen, dass es das Datum in sich hat, denn genau 50 Jahre vorher war eine noch bedeutendere Publikation erschienen, das berühmte Watson-Crick-Paper über die Struktur der Doppelhelix. Kein Wunder, dass die Zeitungen voll von Berichten waren, wie phantastisch sich die Genetik, ja die ganze Biologie und mit ihr Medizin, Landwirtschaft und anderes, im Laufe der fünf Jahrzehnte entwickelt haben. James Watson beging das Jubiläum auf eigene Art. Er gab zusammen mit dem Wissenschaftsjournalisten Andrew Berry ein Buch heraus unter dem Titel *DNA – The Secret of Life*, ein Buch, das er passenderweise Francis Crick widmete.

Ein Satz aus dem Vorwort: „[...] DNA ist nicht mehr nur ein esoterisches Molekül, für das sich eine Handvoll Spezialisten interessieren, sondern DNA ist in das Zentrum einer Technologie gerückt, die viele Aspekte des Lebens von uns allen verändert hat." Natürlich hätte 1953 niemand voraussagen können, dass genau 50 Jahre später das gesamte menschliche Genom „fertig" vor uns liegen würde, bequem zugänglich in nutzerfreundlichen Datenbanken, wo jeder jederzeit ein beliebiges Gen heraussuchen und genau betrachten kann, ergänzt durch die zugehörige Spezialliteratur.

Was hieß damals, im Jahre 2003, eigentlich „fertig" (*finished*)? Fast drei Milliarden Basenpaare (genau: 2.851.330.913 bp), entsprechend 99 % des euchromatischen Anteils, sequenziert mit einer Genauigkeit von 99,999 %, was eine Toleranz von einem Fehler pro hunderttausend Basenpaaren entspricht. Übrig geblieben waren im Jahre 2003 noch einige hundert „Lücken" (*gaps*) in der Sequenz, verglichen mit den 150.000 Lücken im ersten Entwurf des Jahres 2000. Lücken sind Abschnitte, die sich hartnäckig dem Klonieren entziehen, vermutlich weil sie aus sich wiederholenden Abschnitten bestehen. Dann fehlen noch die heterochromatischen, dick verpackten und weitgehend genfreien Teile des Genoms, die schwer zu untersuchen sind, aber auch niemanden so richtig interessieren. Dazu gehören die Centromer-Bereiche mit den stereotypen Wiederholungen von DNA-Abschnitten aus 170 Basenpaaren („α-Satelliten-DNA"), die sich eintönig über Strecken von oft mehreren Millionen Basenpaaren hinziehen. Dazu gehören auch die Telomere an den Chromosomenenden mit ihren langweiligen Wiederholungen von Sechs-Basenpaar-Stückchen, und schließlich gehören dazu die extrem kurzen Arme der „akrocentrischen" Chromosomen 13, 14, 21 und 22, wo sich Folgen von 50 und mehr Genen für ribosomale RNA befinden. Wenn man das alles addiert und zu dem sequenzierten Anteil dazurechnet, kommt man auf eine allgemeine Länge des Humangenoms von 3,08 Gb. Die Sequenz und der gesamte Rest sind „eine solide Grundlage für die Biomedizin des 21. Jahrhunderts", wie die Autoren des abschließenden Berichts in *Nature* vom 21. Oktober 2004 in unerwarteter, aber eigentlich ganz sympathischer Bescheidenheit schreiben.

Was gab's Neues im Vergleich zur allerersten und vorläufigen Version der Sequenz vom Juni 2000? Zunächst einmal eine Struktureigentümlichkeit, die man vorher übersehen hatte, die nun aber immer mehr an Bedeutung gewinnt, wie wir später sehen werden, nämlich fast identische Verdopplungen von DNA-Segmenten, „segmentale Verdopplungen" (*segmental duplications*), die immerhin 5 % des Gesamt-Genoms ausmachen. Solche Verdopplungen können zur Entstehung neuer Gene beitragen. So lernte man etwa 1000 Gene kennen, die im Humangenom in den 75 Mio. Jahren entstanden sind, seit sich die evolutionären Wege von Maus und Mensch getrennt haben. Gene, von denen viele etwas mit Immunität, Reproduktion usw. zu tun haben.

Maus und Ratte

Wie wichtig das Mausgenom für die biomedizinische Forschung ist, haben wir mehrmals betont, denn bei der Maus lassen sich Gene gezielt untersuchen (Kap. 17), was praktische Konsequenzen hat, etwa für die Pharma-Industrie, die immer auf der Suche nach Zielstellen für neue Medikamente ist. Deshalb hatten ja C. Venter und seine Celera-Firma das Mausgenom parallel zum Humangenom sequenziert, aber die Ergebnisse nur ihren Kunden aus der Pharma-Branche für teures Geld zur Einsicht angeboten. Das internationale Consortium folgte im Dezember 2002. Seine Ergebnisse wurden ordentlich publiziert, und jeder Interessierte konnte nun die Mausgenomsequenz in Ruhe studieren. Eigentlich war niemand überrascht, als es hieß, dass 99 % der Mausgene den menschlichen Genen entsprechen. Das hatte man schon vorher aufgrund begrenzter Informationen annehmen können. Interessanter war, dass mehr als hundert Gene nur bei der Maus vorkommen und nicht beim Menschen und dass umgekehrt fast 300 Gene menschspezifisch sind und nicht im Mausgenom vorkommen. Wer allerdings hoffte, unter diesen Genen die zu finden, die das typisch Menschliche ausmachen, wurde enttäuscht. Denn die artspezifischen Gene sind ziemlich prosaisch. Sie haben etwas mit Immunität zu tun oder mit der Entschärfung von Giftstoffen, auch mit Geruchsrezeptoren und dergleichen. Aber womöglich verbirgt sich das artspezifisch Besondere an anderen Stellen, etwa in der Feinstruktur von Genen oder in Bereichen zwischen den Genen, wo die Regulation genetischer Aktivität erfolgt. Wir werden auf diesen Punkt bald noch etwas ausführlicher eingehen.

Im Jahre 2004 kam das dritte Säugetiergenom dazu, nämlich das der Ratte, die seit dem 19. Jahrhundert ein wichtiger Modellorganismus für menschliche Physiologie und Pathologie ist. So hat man im Laufe der Jahrzehnte Rattenstämme gezüchtet, die einen hohen Blutdruck haben oder fettsüchtig sind oder zu Diabetes oder Arthritis neigen und so weiter. Das sind wichtige Modelle für die entsprechenden menschlichen Krankheiten. Mit dem Rattengenom im Hintergrund lassen sich die genetischen Ursachen erforschen. Übrigens sind Rattengene zu 97 % identisch mit den Mausgenen, sodass Forschungen an einem Modellorganismus die Forschungen an dem anderen ergänzen.

Schimpansen-Gene

Im Jahre 2005 wurde die lang erwartete Sequenz des Genoms eines Schimpansen fertig. Im Tierreich der nächste Verwandte des Menschen, mit manchmal verblüffend ähnlichen Verhaltensweisen. Doch seit sich die Evolutionswege trennten, vor vielleicht 6–7 Mio. Jahren, hat sich auf dem Weg zum Menschen viel Dramatisches ereignet. Der aufrechte Gang, der Verlust des Haarkleids und anderes mehr, aber vor allem eine dramatische Vergrößerung des Gehirns als Grundlage für Sprache und Kultur.

Man hatte erwartet, dass sich Ähnlichkeit und Unterschiede in den Genen widerspiegeln. Aber als Erstes musste man registrieren, dass 99 % aller Basenpaare im Human- und im Schimpansengenom an gleichen Stellen stehen, und dass fast 30 % aller Gene sogar absolut identisch sind. Aber 99 % identische Basenpaare bedeuten auch 1 % Unterschiede, und das sind bei drei Milliarden Basenpaaren immerhin 30 Mio. Unterschiede – Austausche von Basenpaaren, dazu Insertionen und Deletionen verschiedener Länge. Die meisten davon sind vermutlich neutral und haben keinen Einfluss auf das Erscheinungsbild von Mensch oder Affe. Aber unter den Unterschieden müssen auch die sein, die für die Evolution zum Menschen hin wichtig waren. Bioinformatiker haben Methoden entwickelt, um Varianten dieser Art zu identifizieren.

Eine der Methoden beruht auf folgendem Argument. Wenn Genomabschnitte unter Säugetieren, einschließlich des Schimpansen, hoch konserviert sind, müssen sie funktionell wichtig sein. Wenn nun die gleichen Genomabschnitte im Humangenom deutlich anders aussehen als bei allen anderen Säugetieren, sollten sie für spezifisch menschliche Merkmale verantwortlich sein. Bioinformatiker haben über diesen Weg fast 1000 humanspezifische regulatorische Sequenzen identifiziert. Dabei fiel auf, dass überdurchschnittlich viele dieser Sequenzen im Bereich von Genen vorkommen, die etwas mit dem Zentralnervensystem zu tun haben. Das passt gut zu der Idee, dass Vergrößerung und Weiterentwicklung des Gehirns wesentlich für den Evolutionsweg in Richtung Mensch waren.

Beispiel: Sprech- und Sprachgen

Zur Illustration der Verhältnisse sehen wir uns ein humanspezifisches Gen an, das richtig populär geworden ist, ja, fast so etwas wie einen Kultstatus erlangt hatte, und zwar nicht nur unter Genetikern und Neurobiologen, sondern auch unter Sprachforschern und sogar unter Philosophen.

Das Gen heißt *FOXP2* (kurz für *forkhead box protein 2*) und codiert einen Transkriptionsfaktor, der viele Hundert andere Gene reguliert und somit an einer sehr hohen Stelle in der Hierarchie dieser Genkette steht. Das Gen hat eine interessante Entdeckungsgeschichte. Sie beginnt in den 1990er-Jahren mit einer großen Familie pakistanischer Herkunft, die in Südengland lebt und unter den Initialen KE bekannt ist. Die Drei-Generationen-Familie war aufgefallen, weil Mitglieder eigentümliche Sprachstörungen aufwiesen. Besonders Störungen in der Kontrolle und Koordination aller Bewegungen, die zur Produktion von Sprache notwendig sind: An- oder Abspannen von Lippen-, Zungen-, Wangenmuskeln sowie Heben oder Senken von Brustkorb und Zwerchfell für das gesteuerte Ein- und Ausatmen. Aber zu den Störungen gehören auch Schwierigkeiten, einfache Grammatik- und Syntaxregeln zu erkennen. Die Familie KE war in den 1990er-Jahren schon intensiv von Psychologen, Neurologen und Sprachwissenschaftlern untersucht worden, als Anthony P. Monaco und sein Team von der Universität Oxford dazukamen, die schließlich innerhalb recht kurzer Zeit mit Geschick, Fleiß und einer Portion Forscherglück das Gen isolieren konnten (2001). Verglichen mit den *FOXP2*-Genen gesunder, also sprachtüchtiger Menschen hat das Gen in der KE-Familie an Stelle 553 in der Gesamtfolge von 715 Codons einen Nucleotidaustausch, der dazu führt, dass im Protein statt der Aminosäure Arginin die Aminosäure Histidin auftaucht, weswegen die Mutation R553H heißt, nach den Ein-Buchstaben-Abkürzungen für die beteiligten Aminosäuren (Abb. 21.2).

Aufgrund der Entdeckungsgeschichte kann man schließen, dass das Gen *FOXP2* etwas mit Sprache und Sprechen zu tun haben könnte. Nun ist Sprache und Sprechen zweifellos etwas höchst Menschliches und Voraussetzung für Kultur und Technik. Und so fragt man sich, ob das Gen auch bei Tieren vorkommt. Die Antwort lautet ja. Man findet Homologe des humanen Gens *FOXP2* bei vielen Wirbeltieren, bei Fischen, Reptilien, Vögeln, allen Säugetieren und selbstverständlich auch bei Schimpansen. Wie beim Menschen hat das Gen auch bei Tieren vermutlich etwas mit der Entwicklung bestimmter Gehirnregionen zu tun, aber natürlich nichts mit Sprache und Sprechen. Wie unterscheiden sich denn die *FOXP2*-Gene von Tier und Mensch?

Hier kommen nun Svante Pääbo, Wolfgang Enard und andere vom Max-Planck-Institut für Evolutionäre Anthropologie in Leipzig ins Spiel. Sie taten sich mit der Oxforder Genetik-Gruppe von A. P. Monaco zusammen und überprüften mit ihren bioinformatorischen Methoden Ähnlichkeiten und Unterschiede.

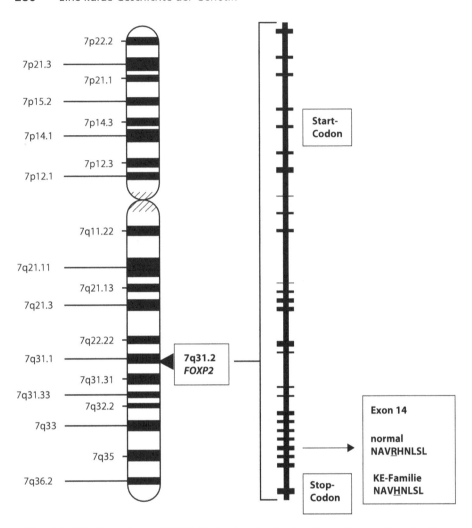

Abb. 21.2 Die Genetik von FOXP2. *Links*. Das Gen liegt auf dem langen Arm des Chromosoms Nr. 7 in einem Bereich, den die Humangenetiker als 7q31.2 bezeichnen. *Mitte*. Die senkrechte Linie kennzeichnet das Gen. Es erstreckt sich über einen Bereich von mehr als 600.000 Basenpaaren und besteht aus 22 Exons (angedeutet als *Querstriche*). Die Exons 13 und 14 codieren die Forkhead-Domäne, die dem Gen den Namen gibt (*FOX, forkhead box*). Mit Hilfe der Forkhead-Domäne bindet der Transkriptionsfaktor an DNA. Die Mutation der Familie KE liegt im Exon 14. *Rechts unten*. Wir zeigen kleine Folgen der Codons (in der Ein-Buchstaben-Abkürzung für Aminosäuren) in den Exons 14 für Nicht-Betroffene und KE-Familien-Mitglieder. Der Unterschied liegt in einem einzigen Basenpaar, der das Codon für Arginin (*R*) vom Codon für Histidin (*H*) unterscheidet. (Daten aus: Lai CSL, Fisher SE, Hurst JA, Vargha-Khadem F und Monaco AP (2001) A forkhead-domain gene is mutated in a severe speech and language disorder. *Nature* 413: 519–23)

Die Vergleiche zeigten, dass die tierischen Gene einander sehr ähnlich sind. Zum Beispiel hat sich im Laufe der 70 Mio. Jahre, seit sich die Evolutionswege von Maus und Schimpanse trennten, gerade einmal eine Mutation ereignet, die den Austausch einer Aminosäure in *FOXP2* zur Folge hatte. Damit gehört das Gen zu einer Minderheit von Genen, die besonders hoch konserviert sind. Vor diesem Hintergrund fällt dann auf, dass sich Mensch- und Schimpansen-*FOXP2* durch zwei Aminosäuren unterscheiden. Mit anderen Worten, in der relativ kurzen Zeit von 6–7 Mio. Jahren, in der Mensch und Schimpanse getrennte evolutionäre Wege gegangen sind, haben sich zwei Mutationen mit der Konsequenz von zwei Aminosäureaustauschen ereignet.

Wolfgang Enard und Mitarbeiter argumentieren (2002), dass die Mutationen selektive Vorteile gebracht haben müssen. So wäre es möglich, dass Menschen mit der humanen Variante von *FOXP2* die Fähigkeit zum Sprechen erwarben und deswegen besser miteinander kommunizieren konnten, was besseres Überleben und mehr Nachkommen bedeutet. So konnte sich das neue Allel im Laufe einiger Jahrtausende in der menschlichen Population verbreiten. Wann könnte das menschspezifische Gen entstanden sein? Den Forschern in Leipzig gelang es, mithilfe ausgefeilter PCR-Techniken das *FOXP2*-Gen in der DNA von Neandertalern zu identifizieren. Das Ergebnis: Heutige Menschen und Neandertaler haben exakt das gleiche Gen. Die humanspezifische Mutation muss also schon bei einem gemeinsamen Vorfahren von Mensch und Neandertaler aufgetreten sein, und die archäologischen Befunde sagen, dass diese Vorfahren vor 600.000 Jahren gelebt haben.

Dass die *FOXP2*-Gene von Mensch und Neandertaler übereinstimmen, ist keine Selbstverständlichkeit. Denn das Neandertalergenom (bekannt seit 2010) enthält viele Gene, die sich von denen des heutigen Menschen unterscheiden, etwa Gene, die Beschaffenheit und Farbe der Haut bestimmen, oder Gene, die den Bau von Kopf und Brustkorb gestalten, und schließlich auch Gene, die im Gehirn aktiv sind. Wenn also Mensch und Neandertaler die gleiche Variante von *FOXP2* haben, kann man annehmen, dass Neandertaler sprechen konnten.

Aber stimmt das, oder ist der Zwei-Aminosäure-Austausch neutral und ohne funktionelle Konsequenzen? Wolfgang Enard, Svante Pääbo und andere Forscher aus Leipzig und andernorts haben im Jahre 2009 eine Arbeit veröffentlicht, die viel Aufsehen erregt hat. Die Forscher hatten das Mensch-*FOXP2* in das Genom einer Maus anstelle des entsprechenden Mausgens eingebaut („*knockin*"; s. Kap. 17). Als die ersten Mäuse mit dem menschlichen *FOXP2*-Gen in ihrem Käfig herumliefen, schien es, als ob die Tiere gesund und normal wären, erst ein genaueres Hinsehen zeigte Besonderheiten. So fielen die Ultraschallgeräusche, die Mäuse gewöhnlich von sich geben, anders aus als normal, auch stolperten sie mehr, als dass sie liefen, etwa so wie man es von Menschen mit der Parkinson-Krankheit kennt. Tatsächlich haben die Knockin-Mäuse ungewöhnlich niedrige Konzentrationen des Transmitterstoffes Dopamin in den Basalganglien. Weiterhin sind dort die Nervenbahnen verändert, speziell an Stellen, wo sie von den Basalganglien zur Großhirnrinde laufen. Das sind genau die Gehirnbahnen, die bei Menschen für die Kontrolle der komplizierten Lippen-, Zungen-, Kehlkopf- und Brustkorbbewegungen beim Sprechen verantwortlich sind. Damit hängen Worterkennung, Satzverständnis und das Erkennen von Form und Bild zusammen. So könnte es wohl sein, dass die menschliche Form des *FOXP2* bestimmte Nervenbahnen im Gehirn anders, vielleicht feiner und effizienter einstellt, als es das *FOXP2* von Tieren kann. Wie das im Einzelnen aussieht, werden weitere Forschungen zeigen.

Noch eine Anmerkung. In den Medien, auch im Gespräch unter Wissenschaftlern, ist vom Sprach- oder Sprech- oder gar vom Grammatik-Gen die Rede. Das mag man als Abkürzung gelten lassen, aber es wirft ein schiefes Licht auf die Sache. Und zwar aus mindestens zwei Gründen. Erstens codiert ein Gen ein Protein, aber natürlich nicht eine „Sprache"; und zweitens sind einige Hundert Gene für den komplexen Apparat von Spracherwerb und Sprachnutzung notwendig, wobei *FOXP2* wohl weit oben in der Hierarchie dieser Gene stehen mag, aber jedes der nachgeschalteten Gene seine eigene wichtige Funktion hat.

Paläogenetik

Hierbei geht es um die Genomik von Frühmenschen und von Menschenarten, die lange vor den heutigen Menschen auf der Erde lebten: Neandertaler u. a. Wir haben früher auf mitochondriale DNA der Neandertaler hingewiesen (Kap. 18) und im vorangegangen Abschnitt ein Gen im Neandertaler-Kern-Genom vorgestellt. Das und einiges mehr sind die Ergebnisse der außerordentlich erfolgreichen Forschungsarbeiten von Svante Pääbo und seinen Mitarbeitern.

Der schwedische Forscher (geb. 1955) hatte sich schon früh in seiner Laufbahn für die DNA in ägyptischen Mumien interessiert und bald festgestellt, dass der Umgang mit alter DNA seine eigenen Probleme hat. Denn erstens ist alte DNA durch allerlei chemische Einflüsse verändert, insbesondere ist sie in kleine Stücke zerbrochen, wobei das Ausmaß der Veränderungen davon abhängt, wo die menschlichen Überreste gelagert waren, wenn Schäden durch Feuchtigkeit, Bodenbeschaffenheit, Temperatur und dergleichen entstehen. Und zweitens ist alte DNA durch große Mengen Fremd-DNA verunreinigt, hauptsächlich durch DNA von Bakterien und Pilzen, die den Körper nach dem Tod erobert haben. Nicht zuletzt tragen Personen, die die Fossilien beim und nach dem Ausgraben handhaben, zu Verunreinigungen bei. Pääbo und Mitarbeiter haben in langwierigen und mühsamen Arbeiten gelernt, mit den Problemen fertig zu werden, wie er selbst sehr eindringlich in seiner Autobiografie beschreibt (2014) (*Die Neandertaler und wir. Meine Suche nach den Urzeit-Genen*).

Was die Genomik von Neandertalern betrifft, war der erste Erfolg die Präparation mitochondrialer Neandertaler-DNA ausgerechnet aus dem Oberarmknochen des Skelettrestes, der Mitte des 19. Jahrhunderts im Neandertal bei Düsseldorf entdeckt worden war und der der ganzen Art den Namen gab und im Landesmuseum in Bonn aufbewahrt wird. Pääbo war Professor am Zoologischen Institut der Universität München, als er und seine Mitarbeiter die Sequenz eines Abschnitts im Mitochondriengenom des Neandertalers veröffentlichten (1997). In der Sequenz aus den über 30.000 Jahre alten Knochen entdeckten sie Merkmale, die die Mitochondrien-DNA des Neandertalers von der aller lebenden Menschen unterscheiden. Die naheliegende und wichtige Schlussfolgerung war, dass Neandertaler einen anderen Entwicklungsweg gegangen sind als die Vorfahren der heutigen Menschen. Und da Neandertaler den Nahen Osten und Europa besiedelt hatten, lange bevor unsere Vorfahren dort ankamen, galt die Pääbo-Entdeckung als wichtige Stütze der „Out-of-Africa"-Theorie, wonach wir Heutigen alle von einer Gruppe Menschen abstammen, die vor 50.000 bis 100.000 Jahren Afrika verlassen und den Rest der Erde besiedelt hat. Sie schien die konkurrierende Theorie auszuschließen, wonach die heute lebenden ethnischen Populationen unabhängig voneinander (multiregional) aus verschiedenen Vormenschengruppen entstanden sind.

Die Publikation des Jahres 1997 hat viel Aufsehen erregt, nicht nur innerhalb der biologischen Wissenschaften, sondern weit darüber hinaus. Pääbo wurde vielfach mit allerlei Medaillen und Preisen geehrt, aber am wichtigsten war wohl, dass die Max-Planck-Gesellschaft ihm den Aufbau eines Instituts für evolutionäre Anthropologie in Leipzig übertrug. Dieses Institut wurde schon nach wenigen Jahren zu einer weltweit führenden Forschungsstätte mit Abteilungen für vergleichende Psychologie, für Primatenkunde, für menschliches Verhalten und menschliche Evolution, jeweils geleitet von herausragenden und international hoch geschätzten Forschern.

Pääbo selbst leitet die Abteilung für Evolutionäre Genetik. Ein erstes Ziel der neu eingerichteten Abteilung war die Gesamtsequenz des Neandertal-Genoms. Das ist methodisch ein ganz anderes Kaliber als die mitochondriale DNA, denn, wie vorher berichtet (Kap. 18) hat jede Zelle tausend und mehr Kopien mitochondrialer DNA, aber nur zwei Kopien eines Gens oder überhaupt eines x-beliebigen Stücks der Kern-DNA. Wenn man sich nun noch einmal daran erinnert, dass nur sehr wenig DNA aus den Fossilien gewonnen werden kann und ein Großteil davon zerstört ist und in kurzen Stücken vorliegt und dass sie massiv durch Fremd-DNA verunreinigt ist, dann bekommt man eine Ahnung davon, vor welchen Herausforderungen die Forscher standen. Dass sie trotzdem vorankamen, lag vor allem an der Weiterentwicklung der DNA-Sequenziermethoden. Die damals aufkommenden Hochdurchsatzverfahren (*Second Generation Sequencing*) ermöglichen das gleichzeitige Sequenzieren von mehreren Hunderttausend DNA-Stücken und zwar direkt, ohne voriges Klonieren in Plasmid- oder sonstige Vektoren, was nicht nur viel Arbeit spart, sondern die sonst quasi unvermeidlichen erheblichen Verluste ausschließt. So wichtig wie die technischen Neuerungen waren die hocheffizienten bioinformatorischen Verfahren, mit deren Hilfe die vielen Millionen kleine Sequenzabschnitte in gute Ordnung gebracht werden können.

Kurz und gut, eine erste und noch etwas vorläufige Sequenzierung des Neandertaler-Genoms gelang. Sie wurde zu einem umwerfenden Erfolg und brachte unter anderem die Erkenntnis, dass etwa 2 % der Genome aller lebenden Menschen außerhalb Afrikas aus DNA-Abschnitten bestehen, die dem Neandertaler-Genom entstammen (2010). Demnach musste es, anders es als die Mitochondrien-DNA vermuten ließ, doch zu sexuellen Kontakten zwischen den „modernen Menschen", wie Paläontologen unsere Vorfahren gern nennen, und den Neandertalern gekommen sein. Wo und wann könnte sich das ereignet haben?

Jedenfalls nach dem Auszug der modernen Menschen aus Afrika, denn die Abschnitte der Neandertaler-DNA kommen nur in den Genomen der Menschen außerhalb Afrikas vor. Als Ort der Begegnung kommt der Nahe Osten mit dem Gebiet des heutigen Israel in Frage. Denn archäologische Funde zeigen, dass dort vor 50.000 bis 60.000 Jahren Neandertaler und moderne Menschen für einige Tausend Jahre nebeneinander gelebt haben. Und weitere Daten sprechen dafür, dass die Kreuzung erfolgte, bevor der moderne Mensch nach Europa einwanderte (wo vor etwa 30.000 Jahren die Neandertaler ausstarben).

Im Jahr 2010 bestimmte die Pääbo-Gruppe die DNA-Sequenz aus einem winzigen Stück eines frühmenschlichen Knochens, gefunden in einer Höhle im russischen Altai-Gebirge. Die Analyse ergab das erstaunliche Ergebnis, dass das Genom zu einer weiteren Gruppe früher Menschen gehört, nur entfernt verwandt mit den Neandertalern. Diese Gruppe wurde Denisova-Menschen (*Denisovans*) genannt, nach der Höhle, wo das Knochenstück entdeckt worden war. Auch das Denisova-Genom ist nicht ganz verschwunden, denn einige wenige Prozent davon kommen in den Genomen von Menschen in Asien, besonders in Polynesien und Melanesien vor.

Wie passt das alles zusammen? Man schätzt, dass der gemeinsame Vorfahre der „modernem Menschen" und der Neandertaler vor ca. 600.000 Jahren in Afrika lebte. Dann trennten sich die Entwicklungslinien. Eine führte zum „modernen Menschen", die andere spaltete sich nach 300.000–400.000 Jahren in eine Neandertaler- und eine Denisova-Linie auf. Die Neandertaler zogen nach Europa und Asien, die Denisova-Menschen hauptsächlich nach Asien. Individuen aller drei Linien (und womöglich noch andere, ältere) hatten sexuelle Kontakte miteinander, tauschten untereinander Gene aus und bereicherten den Genpool der heute lebenden Menschen.

Bevor die „modernen Menschen" auftauchten, waren vor ihnen Neandertaler und Denisovans schon einige Zehntausend Jahre an Ort und Stelle. Sie konnten sich an ihre Umgebung anpassen, auch durch den Erwerb günstiger Gene. Und es mögen Gene dieser Art sein, die sie an die „modernen Menschen" weitergaben, was diesen wiederum half, sich im für sie neuen Lebensraum zu behaupten und zu vermehren. Dazu gehören Gene für das Immunsystem sowie für Stoffwechsel und Komponenten der Haut.

Während nun Neandertaler und Denisovans vor ca. 30.000 Jahren zugrunde gingen, setzten unsere Vorfahren die spektakulären technischen und sozialen Entwicklungen in Gang, die zu den Grundlagen für Zivilisation und Kultur wurden. Die Frage, was diesen Ausbruch an Kreativität auslöste, gehört zu den interessantesten Fragen der Menschheitsgeschichte. Zukünftige Forschung wird zeigen, ob und welche genetische Ausstattung dafür notwendig war.

Ein Blick auf die Erforschung von Pflanzengenomen

Kein Zweifel, in den zehn Jahren nach 2000 stand das Humangenom im Vordergrund des öffentlichen und wissenschaftlichen Interesses. Eng gefolgt vom Maus-, Ratte- und von anderen tierischen Genomen. Aber mittlerweile hatte die genomische Revolution auch die Botanik erfasst. Schon Ende 1999 wurden die DNA-Sequenzen von zwei der fünf Chromosomen der Modellpflanze *Arabidopsis thaliana* bekannt. Wir erinnern uns (Kap. 17), *Arabidopsis* wurde zur Modellpflanze, weil sie gut zu kultivieren ist, sich schnell vermehrt und weil sie mit ungefähr 120 Mb zwar ein relativ kleines Genom besitzt, aber annähernd gleich viel Gene hat wie andere Blütenpflanzen mit sehr viel größeren Genomen.

Arabidopsis machte den Anfang, aber im Laufe des Jahrzehnts kamen die Sequenzen anderer Pflanzengenome dazu, besonders Pflanzen mit landwirtschaftlicher Bedeutung: Sojabohne, Reis, Mais, Weizen, auch Apfel und Weintrauben und andere. Wie gesagt, sind die Genome meist erheblich größer als das *Arabidopsis*-Genom. Dazu kommt, dass sich die DNA-Gehalte verwandter Pflanzen, etwa von Blütenpflanzen, um einen Faktor von 1000 und mehr unterscheiden können. Dafür gibt es hauptsächlich zwei Gründe: Erstens, viele Blütenpflanzen sind polyploid und haben nicht nur den doppelten, sondern oft den vierfachen (Mais, Kartoffel), ja bis zum sechsfachen (Weizen) Chromosomensatz; und zweitens, viele Genome enthalten sehr hohe Anteile repetitiver Elemente. Dabei ist die Anzahl proteincodierender Gene mit 27.000–30.000 etwa gleich.

Das heißt: In einem typischen Pflanzengenom gibt es 10 bis 20 % mehr Gene als in einem typischen Tiergenom, obwohl Tiere ein komplexes Nervensystem haben und dazu Skelett, Muskulatur und die anderen Komponenten des Bewegungsapparates. Aber dann mag man sich daran erinnern, dass Pflanzen alle Aminosäuren und alle Vitamine herstellen können (die die Tiere mit der pflanzlichen Nahrung zu sich nehmen), dass Pflanzen den riesigen genetischen Apparat zum Aufbau ihres Photosynthesesystems brauchen und schließlich dass auch Pflanzen ein großes Repertoire von Verhaltensformen haben, mit denen sie auf Veränderungen in ihrer Umgebung reagieren – Schwerkraft, Tageslänge, Temperatur, Feuchtigkeit, Lichtqualität usw.

22

Genetik und menschliche Vielfalt

Dass sich die Genome zweier Menschen an jedem 800. bis 1000. Basenpaar unterscheiden, hatten wir schon gesagt und auch, dass es diese Unterschiede sind, die das Erscheinungsbild prägen, jedenfalls was den genetischen Teil betrifft. Das gilt für allerlei körperliche Merkmale wie Haut- und Haarfarbe, Körpergröße und vieles mehr, namentlich auch für die Neigung zu Krankheiten, zudem für manche Verhaltensformen. Deswegen besteht ein großes Interesse an individuellen Genomen.

> **Vignette**
>
> Als eine Art Vignette – auf Deutsch „Randverzierung" – notieren wir zu Beginn des Kapitels einen seinerzeit oft wiederholten Satz:
>
> > *We used to think our fate was in our stars. Now, we know, in large measure, our fate is in our genes.*
>
> James D. Watson (1989)
> (*Time Magazine*, March 20, 1989)
>
> Und die Antwort darauf:
>
> > *Is our fate encoded in our DNA?*
> > *Is Watson's genetic aphorism of human disease really true?*
>
> A. Charkravarti & P. Little (2003)
> *Nature* 421: 412–413

© Springer-Verlag GmbH Deutschland 2017
R. Knippers, *Eine kurze Geschichte der Genetik*, DOI 10.1007/978-3-662-53555-4_22

SNP – *Single Nucleotide Polymorphism*

Chromosom A	AAC**A**CGCCA .... TTC**G**GGGTCAT ....
Chromosom B	AAC**C**CGCCA .... TT**A**GGGGTCAT ....

Insertionen/Deletionen

Chromosom A	ATTTGCGGGGCCCATTACTAG
Chromosom B	ATTTGC____GCCCATTACTAG

Mikrosatelliten

Chromosom A   AGCGGGGCCCTT<u>CACACACACACACA</u>CAAGGCTCTTAGC

Chromosom B   AGCGGGGCCCTT<u>CACACACACACA</u>AAGGCTCTTAGC

a

Struktur-Varianten (*Structural Variation*)

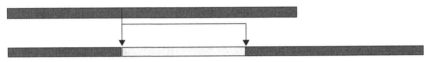

CNV – *Copy Number Variation*

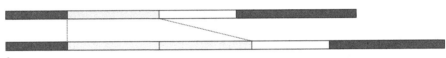

b

Abb. 22.1 Verschiedene Arten von DNA-Polymorphismen. **a** SNPs sind Unterschiede in der Sequenz oder kleine Insertionen bzw. Deletionen (Indels). Mikrosatelliten sind mehr oder weniger lange Folgen von einfachen Sequenzwiederholungen. Am häufigsten sind Folgen von CA, wie hier gezeigt. Solche monotonen DNA-Abschnitte kommen in Abständen von ungefähr 30.000 Basenpaaren verteilt im Genom vor. Meist zwischen den Genen, aber auch in Introns. Menschliche Chromosomen unterscheiden sich durch verschiedene Längen der CA-Folgen. Das ist eine der Grundlagen zur Unterscheidung individueller Chromosomen, wie bei der Aufklärung von Verbrechen in der Kriminalistik. **b** Strukturvarianten und Kopienzahlvarianten. Hier geht es um DNA-Abschnitte von weniger als 1000 bis zu einer Million und mehr Basenpaaren. Strukturvarianten sind durch An- oder Abwesenheit eines DNA-Stücks (*hell*) in einem gegebenen Genombereich gekennzeichnet. Bei Kopienzahlvarianten kommt ein gegebenes DNA-Stück ein-, zwei- oder mehrfach vor

Wodurch unterscheiden sich Genome?

Wo bei dem einen Menschen (oder Tier oder Pflanze) das Nucleotid C in der Sequenz steht, mag bei einem anderen ein G stehen oder ein A oder T. Genetiker bezeichnen das Vorkommen unterschiedlicher Genome in einer Population als

Polymorphismus. Hier geht es um Einzel-Nucleotid-Polymorphismus, kurz SNP (für: *Single Nucleotide Polymorphism*).

Das ist aber nicht die einzige Form von genetischem Polymorphismus. So gibt es ein Mehr oder Weniger von ein bis zu einem Dutzend Basenpaaren, Insertionen oder Deletionen, zusammen als *Indels* bezeichnet oder SNV (für: *Single Nucleotide Variant*). Das geht dann über in längere Strukturvarianten: die Anwesenheit oder Abwesenheit längerer DNA-Abschnitte, auch Verdopplungen oder Verdrei-, Vervierfachung längerer Abschnitte: CNV, *Copy Number Variations* (Zusammenfassung in Abb. 22.1).

Populationen

Zuerst standen die SNPs im Vordergrund. Wenn ein gegebener Genomabschnitt an einer bestimmten Stelle ein T hat, der gleiche Abschnitt in einem anderen Genom aber ein C, dann spricht man in Anlehnung an alte genetische Tradition von einem „T-Allel" oder einem „C-Allel". Allele dieser Art kommen in unterschiedlichen Häufigkeiten vor. So können beispielsweise 70 % aller Genome in einer Population ein T-Allel und 30 % ein C-Allel haben. SNPs, bei denen ein Allel mit einer Häufigkeit von mehr als ein Prozent vorkommt, nennt man oft „allgemeine (*common*) Allele". Davon hat man im Laufe der Jahre bis 2014/15 etwa 30 Mio. identifizieren können. Sie sind es, die hauptsächlich die Unterschiede zwischen individuellen Genomen ausmachen. Daneben gibt es die übrigen oder „seltenen" SNPs, mit Häufigkeiten von weniger als 1 %. Darunter sind auch die SNPs, die in den Genen selbst vorkommen und für die klassischen Erbkrankheiten verantwortlich sind. Im Allgemeinen kommen solche Allele selten vor, können aber, wenn sie einen Vorteil bringen, in bestimmten Populationen vermehrt vorkommen, wie das β-Thalassämie-Allel auf Mittelmeerinseln oder das Sichelzell-Allel in Westafrika, wie wir gesehen hatten (Abb. 15.3)

Die allgemeinen SNPs kommen bei allen Menschen auf allen Kontinenten vor, weil die Menschheit – mit dem Maßstab der Evolution gemessen – eine junge Art ist. Wir erinnern uns, sechs bis sieben Millionen Jahre sind seit der Trennung der Evolutionswege von Mensch und Schimpanse vergangen, aber der anatomisch moderne Mensch entstand erst vor ungefähr 200.000 Jahren in Afrika, von wo aus er sich auf die Wanderung in alle Erdteile begab. Dabei haben dann geografische Gegebenheiten – Meere, Gebirge, Wüsten, oft entlang der kontinentalen Grenzen – die Menschheit in einzelne Populationen aufgetrennt. Jede Population blieb einige Zehntausend Jahre unter sich, ohne größeren Austausch von Genen mit anderen Populationen. So entstanden verschiedene ethnische Gruppen. Die menschlichen Genome zeigen die Spuren des Prozesses. Eine davon ist, dass die allgemeinen SNP-Allele in unterschiedlichen Häufigkeiten auftreten können. Ja, Unterschiede in der Häufigkeit bestimmter Allele beobachtet man selbst für Regionen innerhalb eines Kontinents, etwa wenn man in Europa von Nord nach Süd oder von West nach Ost geht.

Ethnische Gruppen/Ethnien/Subpopulationen/„Rassen"

Seit den wahnhaften Gräueln der Nazi-Zeit ist das Wort „Rasse" kontaminiert. Keiner will es mehr in den Mund nehmen oder zu Papier bringen. Jedenfalls hierzulande. Aber auch in den USA. Auch dort ist das Thema „Rasse" Tabu. Es gilt als „äußerst sensibel" (s. *Nature* 502: 26). Das behindert nicht die öffentliche Diskussion. Allein im Jahre 2014 erschienen drei populäre Bücher, die das Wort „Rasse" (*race*) im Titel führten. Über alle drei Bücher hat der Medizinhistoriker Nathaniel Comfort eine kenntnisreiche und temperamentvolle Rezension geschrieben (in *Nature* vom 18. Sept. 2014).

Die Frage, die im Raum steht, lautet: „Gibt es wirklich so etwas wie Rasse?" Unter Biologen und Medizinern gab der Genetiker Richard Lewontin von der Harvard-Universität den Ton der Debatte an. Er schloss aufgrund seiner Forschungen (1972), dass die genetischen Unterschiede zwischen zwei Menschen innerhalb einer der „klassischen Rassenkategorien" größer sind als die zwischen zwei beliebigen Menschen aus je einer anderen „Rassenkategorie". Er schloss daraus, dass der Begriff „Rasse" keine biologische Grundlage hat. Man sagte: *„Differences are only skin deep"* (ungefähr übersetzt: Unterschiede betreffen gerade mal die Haut). Das war zweifellos politisch korrekt. Aber es waren die 1970er-Jahre. Genomik, DNA-Sequenzen und Haplotypen waren unbekannt. Und die moderne Medizin lernte erst allmählich dazu, unter anderem dass manche Medikamente bei Afrikanern anders wirken als bei Europäern und dass das auf die unterschiedliche genetische Ausstattung zurückzuführen ist.

Ja, es gibt messbare genetische Unterschiede zwischen einzelnen ethnischen Gruppen. Die Übergänge mögen graduell und nicht abrupt sein. Aber in verschiedenen Gegenden der Erde haben sich aus den gemeinsamen Vorfahren unabhängig voneinander Subpopulationen entwickelt, die sich durch Merkmale in den DNA-Sequenzen unterscheiden.

Wenn ich sage, dass solche Unterschiede wirklich bestehen, dann bin ich kein Rassist. Denn das ist jemand, der eine (und natürlich die eigene) Rasse für besser und überlegen hält. Das Gefühl der Überlegenheit oder der Drang nach Überlegenheit ist der Kern des soziopolitischen Konstrukts, das als Rassismus so viel Unheil angerichtet hat.

Noch einmal: Die Ähnlichkeit zwischen allen lebenden Menschen ist überwältigend, aber die Menschheit besteht aus Subpopulationen mit je eigener genetischer Geschichte. Wenn jemand solche Unterschiede akzeptiert, dann ist er nicht automatisch ein Rassist. Trotzdem sollte man im Gespräch und im wissenschaftlichen Diskurs auf das Wort „Rasse" verzichten. Es gibt zu viele hässliche Assoziationen. Wie gesagt, das Wort ist kontaminiert. Wir sprechen lieber von ethnischen Gruppen oder Subpopulationen.

Wir betonen, dass es meist nur um Unterschiede in den Häufigkeiten von Allelen geht. Denn es gilt, dass allgemeine SNPs wirklich „allgemein" sind und bei allen Menschen vorkommen. Man muss allerdings berücksichtigen, dass im Laufe einer Generation einige Hundert Nucleotide pro Genom ausgetauscht werden: Nucleotidaustausch-Mutationen (mit einer Häufigkeit, Mutationsrate genannt, von ungefähr 10^{-8} pro Basenpaar pro Generation). Ob die Nucleotid-austausche auf ein oder wenige Individuen beschränkt bleiben und allmählich wieder aus der Population verschwinden oder ob sie sich in der Population weiter ausbreiten, hängt davon ab, wo der Austausch des Basenpaares erfolgt – in den DNA-Bereichen zwischen den Genen, was meist keine Konsequenzen hat, oder innerhalb eines Gens. Wenn dadurch die Funktion des Gens beeinträchtigt ist, wird das betreffende Allel bald aus der Population verschwinden, weil es für die betreffende Person geringere Fitness und weniger Nachkommen bedeutet. Aber es kann natürlich auch sein, dass das neue Allel Vorteile bringt. Ein klassisches Beispiel hatten wir genannt: die Verbreitung des Sichelzell-Allels, das im malaria-verseuchten Afrika einen gewissen Schutz bietet (Kap. 15).

Einen Vorteil brachte auch das Merkmal, das einem als Erstes einfällt, wenn man an Unterschiede zwischen ethnischen Gruppen denkt – Pigmentierung von Haut, Haar und Augen. Man kennt über ein Dutzend Gene, die für Pigmentie-rung verantwortlich sind. Darunter das Gen *MC1R* mit seinen etwa 30 Varianten und ein Gen mit der Bezeichnung *SLC45A2* ebenfalls mit vielen Varianten. Je näher Menschen am Äquator leben und je mehr sie intensiver Sonnenstrahlung ausgesetzt sind, umso häufiger sind sie mit Varianten dieser Gene ausgestattet, die eine dunkle Pigmentierung bewirken. So sind sie vor den ultravioletten Strahlen des Sonnenlichtes und damit vor Sonnenbrand und Hautkrebs geschützt. Die Vorfahren aller heutigen Menschen, die sich vor 50.000 Jahren von Afrika aus auf die transkontinentale Wanderung machten, waren dunkelhäutig. Aber je weiter sie in den grauen Norden vorstießen, umso weniger UV-Strahlung erreichte sie. Damit bestand dann auch nicht mehr die Notwendigkeit für die dunkle Pigmen-tierung, zumal das kalte Klima eine Bekleidung des ganzen Körpers erforderte. Überdies sind UV-Strahlen in geringem Umfang nützlich, ja lebensnotwendig. Sie überführen entsprechende chemische Vorstufen in das wirksame Vitamin D, und das wiederum ist für Festigkeit und Wachstum von Knochen verantwortlich. Abwesenheit von Vitamin D bedeutet Rachitis und Verkrüppelung.

Deswegen setzten sich in europäischen Populationen allmählich Varianten der Gene durch, die eine geringere Pigmentierung und helle Haut und helles Haar bewirken. Populationsgenetiker schätzen, dass der Wechsel zu den „hellen" Varianten vor etwa 10.000 Jahren begann und sich innerhalb einiger Tausend Jahre vollzog, vermutlich gefördert durch „sexuelle Selektion," eine Bevorzugung hellhäutiger Partner bei der Partnerwahl.

Das Problem mit dieser Geschichte

Menschen in den allernördlichsten Breiten, Eskimos, sind relativ dunkelhäutig. Eine Erklärung ist, erstens, dass Eskimos noch nicht lange genug im Norden leben und sich deswegen die betreffenden Genvarianten noch nicht durchsetzen konnten; und zweitens, dass Eskimos genügend Vitamin D mit ihrer fisch- und tranhaltigen

Nahrung zu sich nehmen, sodass sie auf den positiven Effekt von UV-Licht verzichten können. Dass dieses Argument etwas für sich hat, zeigt die Beobachtung,
wonach heutzutage, wenn Eskimos nicht mehr auf Fisch- und Robbenjagd gehen
und stattdessen auf Supermarktkost umsteigen, die Krankheit Rachitis zunimmt.

Positive Selektionen

Dass sich positive Selektion noch in geschichtlichen Zeiten abspielen kann, zei-
gen Vergleiche von Tibetanern mit ihren genetisch engen Verwandten, den Han-
Chinesen. Tibetaner leben seit einigen Tausend Jahren in den Höhen des Hima-
lajas, Han-Chinesen dagegen nur wenige hundert Meter über dem Meeresspiegel.
Unter den Tibetanern hat sich eine Variante des Gens *EPAS1* durchgesetzt, das
bei niedriger Sauerstoffkonzentration angedreht wird und unter anderem die
Versorgung von Geweben mit Blutgefäßen verbessert. Wodurch natürlich das
Leben in hohen Höhen erleichtert wird. Han-Chinesen haben diese Genvariante
nicht. Übrigens sind manche besonders leistungsstarken Ausdauersportler mit
einer Tibet-ähnlichen Variante von *EPAS1* ausgestattet, was ihnen einen natürlichen Vorteil gegenüber den Konkurrenten mit der Normal-Variante verschafft.

Dass Forschungen über die Vorgeschichte des Menschen von den Fortschritten der Genetik profitieren, hatten wir im vorangegangenen Kapitel gesehen.
Hier noch ein Beispiel aus der europäischen Vorgeschichte. Mit dem Aufkommen von Ackerbau und Viehzucht änderten sich die Lebensformen der frühen
Menschen. Auch dadurch wurde die Ausbreitung bestimmter Gene beeinflusst.
Ein gut bekanntes und viel diskutiertes Beispiel für die Wechselwirkung zwischen
biologischer und kultureller Evolution ist Lactose-Toleranz.

Kleinkinder sind auf den Milchzucker Lactose angewiesen und können ihn
bestens in ihrem Stoffwechsel verwerten. Die meisten Menschen verlieren diese
Fähigkeit mit dem Älterwerden und reagieren auf lactosehaltige Nahrung mit
Blähungen und Durchfällen. Aber in einigen Populationen bleibt die Fähigkeit
zur Verwertung von Lactose auch im Erwachsenenalter erhalten – Lactose-Toleranz. Ursache dafür ist eine Sequenzveränderung (SNP) in der Nähe des Gens
LCT. Eine solche Genveränderung und die entsprechende Lactose-Toleranz findet man bei den meisten Nordeuropäern, die in frühen Phasen ihrer Geschichte
auf Viehzucht und Ernährung mit Milch angewiesen waren. Tatsächlich findet
man die Genvariante **nicht** in der DNA von fossilen Überresten der Menschen,
die in der Zeit vor 7000–8000 Jahren als Jäger und Sammler in Europa lebten.
Die Variante hat sich erst durchgesetzt, nachdem bronzezeitliche Hirten aus der
südrussischen Steppe nach Mittel- und Nordeuropa gekommen waren und immer mehr Menschen Milch und Milchprodukte konsumierten.

Individuelle Genome

Die DNA-Sequenzen des Humangenomprojektes (Kap. 20) stammt zu gut zwei Dritteln aus dem Genom eines ungenannten Spenders, eines Afro-Amerikaners, aus dem Nordosten der USA. Der Rest der DNA-Sequenzen stammt von verschiedenen Personen. Somit ist das Ergebnis des Humangenomprojektes ein Kunstprodukt, zusammengesetzt aus mehreren individuellen Genomen. Aber weil es sorgfältig und höchst genau hergestellt und im Laufe der Jahre immer weiter vervollständigt wurde, dient es als Referenz oder als eine Art von Standard-Sequenz, mit der neue Human-DNA-Sequenzen verglichen werden.

Das erste vollständige Genom einer einzelnen Person stammte – man möchte hinzufügen: Wie könnte es anders sein? – von Craig Venter (2007). Die Methode war die traditionelle Kapillargelelektrophorese, die zuvor bei der Firma Celera zur Entzifferung der Standard-Genomsequenz eingesetzt worden war. Mit der Erfahrung von Celera im Hintergrund konnte die Arbeit im Laufe von vier Jahren relativ schnell erledigt werden, aber immer noch zu einem Preis von ungefähr 100 Mio. Dollar. Auch das zweite vollständig sequenzierte Genom stammte von einer charismatischen Person, James Watson, und hat entsprechendes Aufsehen erregt (2008). Aber Watsons Genom wurde schon mit der Zweite-Generation-Sequenziertechnik entziffert. Vom Beginn bis zum Ende des Projekts vergingen gerade einmal vier Monate, und der Preis lag bei ungefähr einer Million Dollar.

M. V. Olson, der die Arbeit kommentierte, schrieb: „Dieser Aufsatz ist die kuriose Fortsetzung eines anderen Aufsatzes, der vor 55 Jahren publiziert wurde – die Beschreibung der doppelhelikalen Struktur der DNA durch James Watson und Francis Crick." Und weiter: „Der Aufsatz ist auch die auffällige Bemühung, in aller Öffentlichkeit deutlich zu machen, dass das Zeitalter der individuellen Genomik begonnen hat, eingeleitet durch einen berühmten Genetiker, der seine eigene Genomsequenz offen zur Schau stellt."

Wer nun hoffte, dass sich aus der DNA-Sequenz irgendetwas herauslesen ließe, was Watsons ungewöhnliche Begabung als Wissenschaftler, Manager und Kommunikator erklären würde, wird enttäuscht. Zwar wurden ungefähr 3,3 Mio. SNPs relativ zur Standard-Sequenz identifiziert, aber mehr als 80 % davon kannte man schon aus den Datenbanken. Überdies sind die meisten der SNPs „neutral." Sie liegen irgendwo zwischen den Genen und haben vermutlich keinerlei genetische Konsequenz. Aber andere SNPs befinden sich in regulatorischen Bereichen von Genen, und fast 11.000 SNPs in den Exons proteincodierender Gene. Sie könnten die Expression und Funktion der Proteine beeinflussen. Aber ob das zutrifft und wie sich das auswirkt, bleibt zurzeit unbekannt. Der Kommentator Olson bemerkt trocken, wenn Watson seine Sequenz einem Humangenetiker vorlegen würde, hätte der wenig dazu zu sagen. Natürlich findet man eine Reihe von womöglich schädlichen, rezessiven Mutationen. Aber wie schon seit Langem bekannt, findet man solche Mutationen auch in dem Genom eines jeden beliebigen Menschen. Sie sind so lange harmlos, bis einmal das seltene Ereignis eintrifft, dass sich zwei Genome mit rezessiven Genen zusammenfinden.

Im Rennen um die Humangenomsequenz standen sich Venter und Watson oft in heftigen Wortwechseln gegenüber. Was nun ihre Genome angeht, so haben sie 1,68 Mio. gemeinsame SNPs, was nicht überrascht, denn Vorfahren beider Personen stammen von den britischen Inseln. Aber dann unterscheiden sich die beiden Genome auch durch fast anderthalb Millionen unterschiedliche SNPs, darunter sind aber auch viele SNPs in proteincodierenden Exons, weshalb sich beide „durch 7648 proteincodierende (Basenpaar-) Austausche unterscheiden". Man mag fragen, ob zukünftige Genetiker daraus irgendwelche Schlüsse auf die Persönlichkeit der beiden Kontrahenten ziehen können. Wir sind da skeptisch.

Durch drei weitere Publikationen in *Nature* vom November 2008 erhöhte sich die Zahl der bekannten individuellen Genome. Forscher am *Beijing Genomics Institute* in Shenzhen, China, publizierten das vollständige Genom eines Han-Chinesen; eine große Forschergruppe unter Führung der Firma Illumina entzifferte das Genom eines Yoruba-Mannes aus Nigeria und schließlich ein Team des *Genome Center, Washington University*, St. Louis, die DNA eines nordamerikanischen Patienten mit Leukämie. Viele SNPs und Struktur-Polymorphismen wie Indels und *Copy Number Variants* wurden identifiziert. Darunter viele bekannte Polymorphismen, aber auch viele neue.

Bis 2008 war die Sequenzierung eines Individual-Genoms noch etwas so Besonderes, dass der Schriftsteller Richard Powers darüber einen langen Bericht schrieb, aus dem der S. Fischer Verlag in Frankfurt sogar ein Buch machte, besser, ein Büchlein mit 78 weitspaltig bedruckten Seiten: *Das Buch Ich # 9. Eine Reportage.* „Nummer (#) neun", weil der Autor angeblich der neunte Mensch war, dessen Genom vollständig sequenziert wurde. Zur Sprache kommen all die Ängste und Befürchtungen, die in diesem Zusammenhang immer wieder geäußert worden waren: der „gläserne Mensch" und ob verborgene Veranlagungen zu Krankheiten sichtbar werden und ob man wirklich alles wissen möchte, was in den Genen steht. Powers beschreibt anschaulich seine Begegnungen mit führenden Humangenetikern – und sein „Zittern und Herzklopfen", als er endlich die CD mit den sechs Milliarden Basenpaaren seines Genoms in Empfang nehmen konnte. Der Leser, der weiß, dass die Genome von C. Venter und J. D. Watson bereits publiziert und in aller Öffentlichkeit diskutiert wurden, muss sich schon sehr anstrengen, um die Befürchtungen des Autors nachzuvollziehen. Aber wir wiederholen hier gern einen der Schlusssätze des Autors Richard Powers: „Ich weiß jetzt", schreibt er, „dass ich 248 genetische Varianten in mir habe, die mein Risiko erhöhen, an ungefähr 77 Krankheiten zu erkranken. Der wohlbekannte Rat eines jeden Arztes – essen Sie gesünder, bewegen Sie sich mehr, leben Sie entspannt, nehmen Sie Anteil an der Welt – bekommt plötzlich auf der Molekülebene eine neue Autorität." Man fragt sich, warum ausgerechnet auf der Molekülebene? Der „wohlbekannte Rat" hätte sich doch auch schon zu Hippokrates' Zeiten gut begründen lassen.

Geschäftsideen

Zur Zeit des Humangenomprojektes und in den Jahren danach wurden Firmen gegründet, die jedem, der es wünscht und dafür zu zahlen bereit ist, eine ausführliche SNP- und CNV-Analyse liefern. Darunter sind Firmen wie *23andMe* (benannt nach der Zahl der Chromosomenpaare) in Kalifornien und *deCode* in Island. Die Firma deCode, gegründet 1996, wurde bekannt durch ihre populationsgenetischen Arbeiten an 160.000 freiwillig teilnehmenden Isländer/innen, immerhin fast die Hälfte der isländischen Bevölkerung. Die Arbeiten waren auch deshalb so eindrucksvoll, weil die isländische Bevölkerung genetisch relativ einheitlich ist und weil sich Familien über viele Generationen bis zur Gründung des Staates vor 1000 Jahren zurückverfolgen lassen. Unter seinem temperamentvollen Leiter, Kari Stefansson, hat deCode zahlreiche Risikogene für verbreitete Krankheiten entdeckt. Die Liste seiner Publikationen ist höchst eindrucksvoll und begründet den Ruf von deCode als ein führendes Unternehmen im Bereich der Humangenetik.

23andMe, deCode und andere Firmen untersuchen die Genome zahlender Kunden und liefern Hinweise auf Risikogene, Verwandtschaftsverhältnisse, Abstammung und dergleichen. Die Informationen sollen nur persönlich verwendet werden, ausdrücklich nicht für Diagnosen, Vorbeugungsmaßnahmen und Behandlungen. Das bleibt der ärztlichen Beratung überlassen.

Der Normal-Kunde, in dessen Verwandtschaft keine genetischen Auffälligkeiten vorkommen, erhält die gleiche unverbindliche Auskunft wie seinerzeit auch Richard Powers: „ordentlich essen und viel bewegen".

Angeblich hat die Firma 23andMe über eine Million Kunden in vielen Ländern. Die meisten Kunden sind an ihrer Abstammung interessiert. Für zurzeit (2016) gerade einmal 99 Dollar präpariert die Firma ihre DNA aus einer Speichelprobe, führt das entsprechende Genotyping durch und sagt ihnen, wie groß der Anteil ihres Genoms ist, der von nord- oder von südeuropäischen Vorfahren abstammt und ob irgendwann mal Menschen aus Asien oder Afrika unter den Vorfahren waren usw.

HapMap Consortium

Mehrere Tausend Gene im Humangenom sind gut bekannt und gut beschrieben. Man kann sich über sie in Datenbanken wie OMIM informieren. Aber dann gibt es viele Gene, deren Existenz nur indirekt erschlossen werden kann. Darunter sind viele der Gene, die physiologische Merkmale wie Körpergröße und -gewicht bestimmen und die häufigen menschlichen Krankheiten prägen – Diabetes, Bluthochdruck, alle Formen von Rheumatismus, die großen Psychosen u. a. Wie wir wissen, haben zahlreiche Familien- und Zwillingsstudien gezeigt, dass die genannten Krankheiten zum Teil genetische Ursachen haben und dass mehrere verschiedene Gene daran beteiligt sind (Kap. 5). Aber um welche Gene es sich handelt, war – und man muss hinzufügen: ist oft noch immer (2016) – weitgehend unbekannt. Da solche Gene durch Mutationen verändert sind, könnte man sie identifizieren, indem man schlicht die Genome gesunder Personen und kranker Personen vergleicht. Das ist die Theorie.

Aber die Praxis stellte geradezu unüberwindliche Hürden. Selbst wenn man sich auf Nucleotidaustausch-Mutationen beschränken wollte, müsste man sich jede einzelne der vielen Millionen SNPs bei Gesunden und Kranken ansehen. Das war damals technisch nicht möglich. Um trotzdem voranzukommen, haben sich im Oktober 2002 Humangenetiker und Biologen aus den USA, Großbritannien, Kanada, China, Japan und Nigeria getroffen und das HapMap-Projekt in die Wege geleitet.

Map steht für Genkarte und *Hap* für Haplotyp. Was bedeutet Haplotyp? Damit bezeichnet man benachbart liegende Folgen von SNPs, die als Blöcke über Generationen vererbt werden. Es ist auf den ersten Blick überraschend, dass solche Blöcke überhaupt existieren. Denn Chromosomen werden ja nicht als Einheiten von Eltern auf Nachkommen weitergegeben. In Wirklichkeit erfolgen bei der Reifung der Geschlechtszellen zahlreiche Austausche zwischen väterlichen und mütterlichen Chromosomen (durch Brechen und kreuzweises Wiederverknüpfen; s. Abb. 3.1). Deswegen erhalten Nachkommen zusammengestückelte Chromosomen, und man würde erwarten, dass nach vielen Generationen keine allgemeinen Muster mehr zu erkennen sind. Aber das Brechen und Wiedervereinen erfolgt nicht statistisch verteilt entlang der Chromosomen, sondern bevorzugt an speziellen Stellen (*hot spots*). Dementsprechend bleiben Blöcke mit zusammenhängenden Folgen von SNP-Allelen über viele Generationen weitgehend erhalten: Haplotypen.

Das *International HapMap Consortium* untersuchte die Genome von mehreren Hundert Personen aus zunächst vier Bevölkerungsgruppen: Nord- und Westeuropäer, Han-Chinesen aus Beijing, Japaner aus Tokio und Yoruba aus Ibadan, Nigeria. Später wurden noch andere Gruppen aus Afrika, Mexiko und Europa einbezogen. Das Ziel war, SNPs und andere Strukturvarianten einzelnen Haplotypen zuzuordnen. Jeder Haplotyp wird durch einen gegebenen SNP charakterisiert. Wenn es also um Vergleiche zwischen den Genomen gesunder und kranker Menschen geht, muss man sich nicht die vielen Millionen SNPs ansehen, sondern nur die 250.000 bis 500.000 SNPs, die jeweils einen Haplotypen kennzeichnen.

Die Vergleiche erfolgen mithilfe hochstandardisierter und automatisierter Verfahren, durch das sogenannte *Genotyping*. Ein geläufiges Verfahren geht über die Mikrochip-Technologie, eingeführt gegen Mitte der 1990er-Jahre und seither ständig weiterentwickelt als hochauflösende Analyse genetischer Varianten. Die Grundlage sind Techniken, die ursprünglich aus der Halbleiter-Chip-Industrie stammen und die im Wesentlichen darin bestehen, Hunderttausende verschiedener DNA-Stückchen geordnet auf Trägern aus Glas oder Plastik aufzubringen. Das sind Mikro-Arrays oder DNA-Chips. Die aufgetragenen DNA-Stückchen, durch PCR-Methoden vervielfacht, entsprechen einer genomweiten Kollektion von SNPs. Dazu wird die zu untersuchende DNA gegeben, präpariert aus den weißen Zellen (Leukocyten) in wenigen Millilitern Blut. Die DNA wird vorbereitet durch mechanische Zerkleinerung und Markierung mit Fluoreszenzfarbstoffen. Diese DNA-Stücke hybridisieren mit der DNA auf den Mikro-Arrays. Wenn die Sequenzen passen, führt die Hybridisierung zu einem stabilen DNA-Doppelstrang zwischen dem fixierten und dem zugesetzten Strang. Wenn die Sequenzen nicht passen, liefert eine Hybridisierung kein stabiles Ergebnis. So entsteht auf den Chips ein Muster von fluoreszierenden und nicht fluoreszierenden Flecken, entsprechend vollständig hybridisierter und nicht hybridisierter DNA. Die Auswertung geschieht durch hochempfindliche optische Verfahren.

Mit HapMap und Genotyping lassen sich die SNPs in den Genomen von Patienten und Kontrollpersonen bestimmen und Unterschiede registrieren. Die Frage stellt sich, ob etwaige Unterschiede relevant sind und zu einem interessanten Gen führen. Falsch positive Ergebnisse, hervorgerufen durch Messfehler oder durch individuelle Mutationen (die nichts mit der Krankheit zu tun haben) und anderes, müssen ausgeschlossen werden. Deswegen werden bei genomweiten Assoziationsstudien immer viele Personen, möglichst mehrere Tausend Probanden und mehrere Tausend Kontrollpersonen, untersucht. Der Vergleich erfolgt dann durch aufwendige statistische Verfahren. Mit dieser Vorgehensweise sind von 2005 bis 2015 ungefähr zweitausend genomweite Assoziationsstudien (GWAS) durchgeführt worden. Eine Zusammenstellung findet man im Internet unter *Catalog of Published Genome-Wide Association Studies*.

GWAS haben eine Reihe von SNPs identifiziert, die in der Nähe von Genen liegen, die an der Entstehung so weit verbreiteter Krankheiten beteiligt sind wie Typ-II-Diabetes, Herzinfarkt, Autoimmunkrankheiten, Asthma (s. Abb. 5.1) und anderen, einschließlich Autismus-Spektrum-Störung und Schizophrenie. Aber man muss auch sagen, dass viele GWAS nicht reproduzierbar waren, weil Technik oder statistische Auswirkung nicht ordentlich durchgeführt wurden. Peinliche Angelegenheiten, die gelegentlich einmal das ganze Verfahren in Verruf gebracht haben. Das war sicher übertrieben, aber Probleme blieben. Wir nehmen zur Illustration ein Beispiel aus der menschlichen Physiologie.

Es geht um Körpergröße, das klassische Beispiel für quantitative Genetik. „Quantitativ", weil es um ein Merkmal geht, das nicht als anwesend oder abwesend registriert wird, sondern mit einem Maßstab gemessen wird. Hier geht es jetzt nicht um die Gene, deren Ausfall extrem kleine oder extrem große Körperhöhen verursachen, wie Gene für Wachstumshormone oder deren Rezeptoren und dergleichen. Es geht stattdessen um die ganz normale Größenverteilung in einer Population. Nehmen wir die Menschen in Nord- und Westeuropa. Dort sind erwachsene Männer im Durchschnitt 179 cm und erwachsene Frauen 167 cm groß. Aber die Verteilung ist beträchtlich: Zwischen den 5 % größten und den 5 % kleinsten Menschen liegt eine Differenz von fast 30 cm. Wie die statistischen Methoden der klassischen Humangenetik und der Zwillingsforschung nahelegen, kommt diese Variabilität zu 80 % durch genetische Faktoren zustande, zumindest in der einigermaßen homogenen Population Nord- und Westeuropas (Kap. 5).

Dies ist ein Fall für polygene Vererbung. Wie viele und welche Gene sind für die Variabilität verantwortlich? Zumindest im Prinzip sollten genomweite Assoziationsstudien bestens geeignet sein, um Fragen dieser Art zu beantworten. Es fallen riesige Datenmengen an, die mit komplizierten Statistikprogrammen ausgewertet werden, wobei man prüft, welche SNPs regelmäßig oder wenigstens statistisch signifikant mit den Merkmalen „besonders groß" oder „besonders klein" vorkommen oder „assoziiert" sind.

Wie man auf diesem Weg zu Resultaten bezüglich der Körpergröße kommt, haben drei Aufsätze gezeigt, die im Mai 2008 in der Zeitschrift *Nature Genetics* erschienen sind. Die Zahlen der untersuchten Personen lagen bei 14.000 in der ersten, 16.000 in der zweiten und 34.000 in der dritten GWA-Studie. Das bedeutet natürlich sehr viele Untersuchungen und Messungen, und es wundert daher nicht, dass an jeder Studie ein bis zwei Dutzend Laboratorien mit vielen Wissenschaftlern beteiligt waren. Nach Ausschluss statistischer Fehler und „falsch positiver" Resultate blieben etwa 50 SNPs übrig, die mit dem Merkmal „Körpergröße" assoziiert sind. Viele dieser echt positiven SNPs kommen in Genen oder in der Nähe von Genen vor, die etwas mit Wachstum zu tun haben, entweder mit Zellvermehrung und Zellteilung oder mit der Entwicklung von Knochen und dem ganzen Skelett.

Das war interessant, aber zugleich kam eine große Enttäuschung, zumindest für alle, die eine abschließende Antwort auf die Frage nach der Zahl und Art der Gene erwartet hatten. Denn als Statistiker den Einfluss jedes Gens auf die Körpergröße abschätzten, kamen sie zum Schluss, dass alle entdeckten Allele zusammen genommen nur etwa 5 % der Varianz in der Population, gerade einmal einige wenige Zentimeter des Unterschieds, erklären.

Es blieb die Möglichkeit, dass zu wenig Menschen untersucht wurden und deswegen viele SNPs unentdeckt blieben. So ging die Forschung weiter und im Jahre 2010 erschien eine GWA-Studie mit, sage und schreibe, 183.000 Personen. Tatsächlich konnten 180 neue Genvarianten entdeckt werden, wiederum lagen viele in Genen und um Gene, die mit plausiblen biologischen Funktionen im Bereich Wachstum und Skelettentwicklung zu tun haben. Aber ihr Gesamteffekt erklärt auch nur 13 % oder vielleicht bei großzügiger Auslegung der Daten höchstens 20 % der Varianz in der Population. Immer noch ein gewaltiger Abstand zu den 60–80 %, wie er sich aus Zwillingsforschung und klassischer Humangenetik ergeben hatte.

Und IQ?

Die großen Personenzahlen in den GWA-Studien über Körpergrößen wurden erreicht, weil die Körpergröße quasi automatisch und nebenbei in den vielen anderen GWA-Studien gemessen wurde, die man zur Erforschung von Krankheiten wie Diabetes, Bluthochdruck, Herzinfarkt, Autismus, Schizophrenie usw. durchgeführt hatte. So standen die Daten der DNA-Chips und die gemessenen Körpergrößen zur weiteren Verwendung zur Verfügung.

Erheblich aufwendiger wird es, wenn es um ein zweites, interessantes und viel diskutiertes „quantitatives" Merkmal geht, um IQ-Werte. Denn ein ordentlicher IQ-Test kann nicht so nebenher gemacht werden wie das Messen der Körpergröße. Deswegen sind die Untersuchungen hier weit weniger fortgeschritten.

Aber um überhaupt eine Vorstellung davon zu bekommen, wie die beteiligten Gene aussehen könnten, die etwas mit der Entwicklung der Intelligenz zu tun haben, sind Forschungen über ein Merkmal interessant, das man zu Anfang des 20. Jahrhunderts als Schwachsinn, später als geistige oder mentale Behinderung oder als intellektuelle Störung (*intellectual disability*) bezeichnet hat. Es geht um Menschen, die mehr oder weniger große Schwierigkeiten haben, neue und komplexe Informationen zu verstehen, neue Fähigkeiten zu erlernen und sich selbständig in ihrer Umwelt zu orientieren. In entsprechenden IQ-Tests erreichen sie weniger als 70 Punkte. Wie bekannt, gelten 100 Punkte als normal bei einer Standardabweichung von 15 Punkten. Man schätzt, dass nach dieser Definition 1 %, ja bis zu 2 % aller Menschen mental behindert sind.

In vielen Fällen können Umwelteinflüsse verantwortlich gemacht werden, etwa Schädigung des heran-wachsenden Föten durch den Alkoholkonsum der Mutter oder Sauerstoffmangel während Schwangerschaft und Geburt. Aber die Genetik hat einen großen Anteil. An erster Stelle steht das Down-Syndrom mit der Trisomie 21, dem dreifachen Vorkommen des Chromosoms Nummer 21. Es ist für ein Zehntel aller Fälle von mentaler Behinderung durch genetische Störungen verantwortlich. Dazu kommen zahlreiche Arten von meist kleineren chromosomalen Strukturveränderungen, einschließlich typischer Kopienzahlvariationen (*copy number variations*, CNV) und schließlich Mutationen in einzelnen Genen. Man kennt inzwischen mehrere Hundert Gendefekte, die mit geistiger Behinderung und schwerer Störung der mentalen Fähigkeiten einhergehen. Viele dieser Gene sind wichtig für grundlegende zelluläre Prozesse, auch für Wechselwirkungen zwischen den Zellen. Andere Gene codieren Proteine, die am Aufbau von Nervenzellen im Gehirn und überhaupt an der Entwicklung des Zentralnervensystems und des Gehirns beteiligt sind. Schätzungen ergeben, dass es mindestens tausend, wahrscheinlich noch mehr Gene sind, die in wechselnder Zahl und Kombination irgendwie an der Entstehung von geistiger Behinderung beteiligt sein können. Möglicherweise gibt es unter diesen vielen Genen auch Varianten, die etwas mit den IQ-Leistungen in normalen Populationen zu tun haben. Aber zurzeit lässt sich das nicht mit Sicherheit sagen, denn GWA-Studien haben bisher keine einwandfreien SNP-Assoziationen zutage gefördert (2016). Das mag sich in Zukunft ändern.

Eine Diskrepanz zur konventionell geschätzten Heredität findet man auch bei den anderen GWA-Studien. Das ist auffällig und stört das positive, fortschrittsorientierte Bild, das man gern zeichnen möchte. Manche Genomiker sprachen von der „dunklen Materie" der Biologie, in Analogie zur dunklen Materie, mit der sich die Astrophysiker herumschlagen, jener Masse oder Gravitationskraft am Rande von Galaxien, die man zwar berechnen, aber nicht sehen und verstehen kann.

Man suchte nach Erklärungen. Könnte man bei der ursprünglichen Hereditätsschätzung den Umwelt-Anteil zu gering eingestuft oder die Wechselwirkung zwischen Umwelt und Genetik nicht genügend berücksichtigt haben? Oder liegt es an einem methodischen Problem? Denn GWAS erfasst gut die SNPs, aber viel schlechter die anderen strukturellen Unterschiede in den Genomen, wie zum Beispiel Indels unterschiedlichen Ausmaßes und Kopienzahlvariationen. Zudem könnte zutreffen, was viele Forscher vermuten, nämlich dass seltene Varianten große Auswirkungen haben, aber dass solche Varianten aus statistischen Gründen nicht erfasst werden, weil es viele davon gibt, sodass, vereinfacht gesagt, bei jeder Person eine andere Variante ins Spiel kommen kann.

Und dann muss bedacht werden, was GWAS nicht erfassen, nämlich dass individuelle Genome diploid sind, bestehend aus je einem vollständigen Genom von jedem Elternteil, und dass sich die Genome beider Elternteile durch Millionen von SNPs und anderen Varianten voneinander unterscheiden. Wenn nun ein Gen auf dem väterlichen Genom durch andere SNPs gekennzeichnet ist als das allele Gen auf dem mütterlichen Genom, gerät die statistische Auswertung durcheinander.

Schließlich könnte anderes, nicht-sequenzmäßiges in Betracht kommen: die Beteiligung von RNA bei der Genregulation oder epigenetische Einflüsse. Von beidem wird in den folgenden Kapiteln die Rede sein.

1000-Genom-Projekt

Aber bei allen Einschränkungen war das HapMap-Projekt im Großen und Ganzen erfolgreich. Denn es hat eine Reihe von Genen in den Fokus gerückt, an die vorher niemand im Zusammenhang mit polygenen Krankheiten gedacht hat. Aber es erreichte seine Grenzen, einmal weil es hauptsächlich SNPs mit Häufigkeiten über 1 bis 5 % berücksichtigte, aber die selteneren SNPs weitgehend vernachlässigte, obwohl gerade unter ihnen interessante Kandidaten zu erwarten sind. Zweitens kommen die erfassten SNPs nur selten in den Genen selbst vor. Sie sind nur „assoziiert", können also in gehörigem Anstand von den Genen liegen, was Unsicherheiten bei der Zuordnung mit sich bringt. Drittens erfassen die meisten Genotypisierungen nicht die Indels und Kopienzahlvarianten (CNV; s. Abb. 22.1), die doch erheblich zur menschlichen Vielfalt beitragen und den Verlust wichtiger Gene verursachen können. Und viertens berücksichtigen die meisten GWAS nicht, dass Genome diploid sind.

Aus diesen Gründen wurde im Frühjahr 2008 eine neue Kampagne zur Erforschung der genetischen Vielfalt gestartet – das 1000-Genom-Projekt. Ziel war die Sequenzierung von mindestens 1000 Genomen von Menschen aus verschiedenen ethnischen Gruppen. Dabei kommen die neuen Hochdurchsatz-Sequenzierverfahren zum Einsatz, die viel schneller und beträchtlich preisgünstiger arbeiten als das Sanger-Verfahren im Humangenomprojekt. Schon um 2002 hatte den Kühnsten unter den Sequenzierern ein Preis von 1000 Dollar pro Genom vorgeschwebt. Zuerst belächelt von denen, die noch das Humangenomprojekt vor Augen hatten, das in den Jahren von 1990 bis 2000 mehrere Hundert Wissenschaftler beschäftigt und drei Milliarden Dollar gekostet hatte. Aber dann konnte man beobachten, wie die Preise für das Genom-Sequenzieren von Jahr zu Jahr fielen und um 2015 tatsächlich die 1000-Dollar-Grenze erreichten. Auf jeden Fall war das Programm des 1000-Genom-Projektes realisierbar.

Technik und Fortschritt

Selten hatte sich die alte Redensart mehr bewahrheitet, wonach es technische und methodische Erneuerungen sind, die die Wissenschaft voranbringen. Tatsächlich hat mit dem Aufkommen des Hochdurchsatz-DNA-Sequenzierens eine neue Phase in der Geschichte der Biologie begonnen, geprägt durch das Sequenzieren eines jeden beliebigen Genoms, nach dem einem forschenden Biologen der Sinn steht. Kostengünstig und problemlos.

Zu den neu erschlossenen Gebieten gehörte der Einsatz der DNA-Sequenzierung beim Studium der Artenbildung und Evolution. Nun konnte man direkt sehen, welche genomischen Veränderungen sich ereignen, wenn alte Arten neue Lebensräume erobern.

Dazu gehören ganz neue Forschungsrichtungen. Zum Beispiel:

– Mikrobiom. Das Studium all der vielen Bakterienarten im und auf dem menschlichen (tierischen, pflanzlichen) Körper. Davon gibt es über 200 verschiedene Arten, von denen die meisten im Darm leben, die anderen in der Mundhöhle, im Genitaltrakt, auf der Haut u. a. Sie helfen im Darm bei der Aufbereitung der Nahrung, beeinflussen den Stoffwechsel, stimulieren das Immunsystem usw. Die meisten Bakterien kann man nicht im Laboratorium kultivieren. Man kennt sie nur aufgrund ihrer DNA-Sequenz. Ein besonderes Forschungsprogramm ist das *Earth Microbiome Project*, dessen Ziel es ist, die DNA von mindestens 200.000 verschiedenen mikrobiellen Organismen im Boden zu sequenzieren.

– Marine Genomik. Ein Teil der Meereswissenschaft. Es geht um die Genome der vielen Viren- und Bakterienarten, die sich millionenfach in jedem Milliliter Meerwasser tummeln, auch um die Genome anderer Kleinlebewesen, z. B. Algenarten. Die Gesamtheit dieser Organismen soll erfasst und studiert werden. Das ist mit konventionellen Methoden schwierig oder unmöglich. So werden die Organismen gesammelt, ihre DNA wird präpariert und in den Sequenziermaschinen analysiert. Der Computer besorgt die Zuordnung zu den Arten.

– Paläogenetik, von der im vorigen Kapitel die Rede war.

Zu den Gewinnern der neuen Sequenziermethoden zählt auch die praktische Medizin. Die neuen DNA-Sequenzierverfahren werden eingesetzt, um Diagnosen zu sichern und individuelle Behandlungspläne aufzustellen. Das Stichwort ist „individualisierte Medizin".

Zu den Möglichkeiten, die die neuen Verfahren mit sich bringen, gehört auch, dass sich DNA aus einer einzelnen ausgesuchten Zelle, ja sogar von einem einzelnen isolierten Chromosom sequenzieren lässt. Was unter anderem der Krebsforschung einen neuen Antrieb gibt, denn nun können Forscher an einzelnen Zellen beobachten, wie die Genetik bei der Entstehung einer Krebszelle aus dem Ruder läuft und Mutationen in regulatorischen Schlüssel-Genen entstehen, wodurch aus normalen Zellen Krebszellen werden, die sich unkontrolliert teilen und vermehren.

Ergebnisse dieser Art kann man nachlesen in COSMIC, so die Abkürzung für *Catalogue of Somatic Mutations in Cancer*. Die Informationen sind kompliziert, denn Tumore, auch Tumore in ein- und demselben Gewebe haben je ihre eigene Entstehungsgeschichte hinter sich, was sich daran zeigt, dass jeder Tumor seine eigene Reihe von Mutationen besitzt.

Zurück zum 1000-Genom-Projekt. Es kam im Jahre 2015 mit zwei wichtigen Arbeiten in *Nature* zu einem vorläufigen Abschluss (Ausgabe vom 1. Okt. 2015). Diese Publikationen beschreiben die Auswertung von 2504 Genomen von Menschen aus gut zwei Dutzend ethnischen Gruppen von allen fünf Kontinenten. Das war bis dahin der umfassendste Überblick über die genetische Vielfalt des Menschen. Die Autoren zählten insgesamt fast 85 Mio. SNPs, 3,6 Mio. kurze Indels und 60.000 andere Strukturvarianten. Ein einzelnes typisches menschliches Genom unterscheidet sich vom Referenz-Genom durch 4 bis 5 Mio. SNPs und kleine Indels sowie durch bis zu zweieinhalbtausend Strukturvarianten, darunter 1000 Deletionen, ca. 160 Kopienzahlvarianten und anderes. Es sind keine neuen medizinisch oder sonstwie interessanten Gene aufgetaucht. Das war ja auch nicht das Ziel des Projektes. Es sollte ja eine Grundlage für weiterführende genetische Ursachenforschung sein.

Damit nicht genug. Im Jahre 2013 hat der englische Gesundheitsdienst, *National Health Service* (NHS), zum 100.000-Genomes-Project aufgerufen. Zum Nutzen der Patienten, wie es heißt. Man kann gespannt sein. Vielleicht löst sich ja dann auch das Rätsel um die dunkle Materie der Genetik.

Einige wagemutige Pioniere nehmen seit 2010 noch ehrgeizigere Ziele ins Visier: die Bestimmung eines Humangenoms für weniger als 200 Dollar. Und das soll innerhalb einer Stunde geschehen und zwar durch ein Instrument, das jeder Klinikarzt auf seinen Tisch stellen kann. Dann könnten Mediziner als Routinemaßnahme die Genome ihrer Patienten bestimmen und darauf aufbauend Ratschläge zur Lebensführung geben. Dann könnten sie auch die Genomsequenz eines jeden neugeborenen Babys bestimmen und sie ihm als eine Art Navigator für den Lebensweg mitgeben.

23

RNA-Welten

Wie viel Gene hat der Mensch? Antwort: „ungefähr 20.500" – Zusatz: „protein-codierende" Gene. Der Zusatz ist wichtig, denn wir wissen, dass es eine große Zahl von Genen gibt, die nicht für Proteine, sondern für RNA zuständig sind. Im letzten Jahrzehnt des 20. Jahrhunderts zeigte sich, dass diese relativ einfache Sicht der Dinge – hier proteincodierende Gene, dort RNA-codierende Gene – geändert, zumindest erweitert werden muss. Denn es wurde deutlich, dass die Welt der RNA größer und komplexer ist, als bis dahin gedacht. Darum geht es in diesem Kapitel.

RNA-Arten

Wie wir gesehen hatten (Kap. 10), war es eine der wichtigsten Entdeckungen in der ganz frühen Zeit der Molekularen Genetik, dass vom Ort der Gene in der DNA zu den Orten, an denen Proteine herstellt werden, den Ribosomen, Boten laufen – in Form von RNA, genauer Boten-RNA oder Messenger-RNA, kurz mRNA. Diese RNA geht aus dem Prozess der Transkription hervor und ist bei Bakterien ein getreues Abbild der Nucleotidsequenz des Gens und bei Eukaryoten das Produkt der Spleißvorgänge, die Exons aneinanderfügen. Messenger-RNA ist codierende RNA.

Aber auch nicht codierende RNA war bekannt und zwar als Bestandteil der Proteinsynthese-Maschinerie. Einmal in Form von ribosomaler RNA, kurz: rRNA, Bausteine des Ribosoms; und dann in Form von Transfer-RNA, tRNAs, die die Aminosäuren aktivieren und zum Ribosom bringen. Später wurden noch weitere nicht codierende RNAs entdeckt. Zum Beispiel *small nuclear RNA*, snRNA, als Bestandteile der Spleißosomen, die das Ausschneiden der Introns aus den prä-mRNAs, den primären Transkriptionsprodukten bei Eukaryoten,

© Springer-Verlag GmbH Deutschland 2017
R. Knippers, *Eine kurze Geschichte der Genetik*, DOI 10.1007/978-3-662-53555-4_23

durchführen; und *small nucleolar RNA*, snoRNA, mit Aufgaben bei der Fertigstellung von rRNA, ebenfalls eine Spezialität von Eukaryoten.

In den 1990er-Jahren kam eine Gruppe kleiner RNA-Moleküle mit regulatorischen Funktionen dazu. Darunter sind am wichtigsten *small interfering RNA*, siRNA, und *microRNA*, miRNA. Um diese beiden RNA-Arten geht es auf den folgenden Seiten.

Regulatorische RNA

Phillip Sharp, der eminente Molekularbiologe am *Massachusetts Institute of Technology* (MIT) in Boston und Nobelpreis-Träger des Jahres 1993 (für die Entdeckung der Exon-Intron-Struktur eukaryotischer Gene) schrieb im Jahre 2004: „Der vermutlich wichtigste Fortschritt in der Biologe der letzten Jahrzehnte war die Entdeckung, dass RNA-Moleküle die Expression von Genen regulieren können." Wieweit es wirklich der „wichtigste" Fortschritt war, hängt natürlich davon ab, wen man fragt und wie viel „letzte" Jahrzehnte man berücksichtigen möchte, aber es trifft ohne Zweifel zu, dass mit der Entdeckung regulatorischer RNA ein neues Kapitel in der Genetik aufgeschlagen wurde. Und selten hat sich eine neue Entdeckung so schnell in der wissenschaftlichen Gemeinde durchgesetzt, was daran liegt, dass regulatorische RNAs für viele Untersuchungen im weiten Feld der Zell- und Entwicklungsbiologie äußerst nützliche Werkzeuge sind und sogar Möglichkeiten für die praktische Medizin bieten.

Wie es anfing

Immer wieder waren in der wissenschaftlichen Literatur Berichte aufgetaucht, die zuerst unerklärt blieben, als Kuriositäten zur Seite gelegt wurden und sich erst im Nachhinein im Sinne regulatorischer RNA deuten ließen. Zum Beispiel die Arbeiten über die Blütenfarbe (Anthocyanin) von Petunien. Molekularbiologen übertrugen das verantwortliche Gen (für das Enzym Chalcon-Synthase) in Pflanzenzellen und erwarteten eine Verstärkung der Färbung, einfach weil nun die Zahl der Gene größer war, denn zum eigenen Gen kamen ja nun die übertragenen Gene hinzu. Doch anders als erwartet, beobachtete man einen teilweisen Verlust der Blütenfarbe. Ähnlich die Ergebnisse bei Versuchen mit dem Pilz *Neurospora crassa*: Die Übertragung des Gens für das orangefarbene Pigment dieses Organismus verursachte nicht, wie erwartet, eine Verstärkung, sondern eine Abschwächung der Farbe.

Licht in die Angelegenheit brachten zuerst Studien am Nematoden-Wurm, dem Modellorganismus *C. elegans* (Kap. 17). Mit feinen Nadeln lassen sich

DNA oder RNA, auch Proteine, in den Organismus übertragen. Das Tier überlebt, und man kann die Auswirkungen registrieren. Andrew Z. Fire (geb. 1959), damals am Carnegie-Institut in Washington, DC, und Craig Mello (geb. 1960), *University of Massachusetts*, Worcester, injizierten ein Stück DNA mit dem Gen für ein Muskelprotein und stellten fest, dass die Bewegungen des Tieres gestört waren. Offensichtlich war es zu einer Blockade des Muskelprotein-Gens gekommen. Das erinnerte an die entsprechenden Petunien- und *Neurospora*-Experimente, denn ein Mehr an Genen verstärkte nicht den Effekt, sondern verringerte ihn.

Dann die entscheidende Beobachtung: Die beiden Forscher erhielten den gleichen Effekt, wenn sie RNA injizierten, und zwar RNA mit den zum Gen passenden Sequenzen, wobei es egal war, welchem der beiden DNA-Stränge die Sequenzen entsprachen, dem transkribierten DNA-Strang oder dem nicht transkribierten DNA-Strang. Die Effekte traten regelmäßig und bei allen Genen auf, die untersucht wurden, und nicht nur bei *C. elegans*, sondern auch bei *Drosophila*, Pflanzen und Hefen. Zuerst bezeichnete man das Phänomen als posttranskriptionelles Gen-Abschalten (*posttranscriptional gene silencing*), aber bald setzte sich der Begriff RNA-Interferenz durch, kurz: RNAi.

Doppelsträngige RNA

Der nächste wichtige Schritt zur Klärung der Verhältnisse war ein Versuch, den Fire und Mello gemeinsam durchführten. Sie zeigten, dass man die stärkste RNAi-Wirkung erreicht, wenn die RNA mit den gen-konformen Sequenzen doppelsträngig ist. Nur einige wenige Moleküle der doppelsträngigen RNA reichen aus, um die Aktivität des untersuchten Gens wirkungsvoll zu unterdrücken. Überdies erhielten die Forscher einen ersten Hinweis darauf, was der RNA-Interferenz zugrunde liegt. Sie registrierten nämlich ein Verschwinden der spezifischen mRNA in den behandelten Zellen und schlossen, dass RNAi irgendwie zur Zerstörung der mRNA führt.

Die beiden Forscher und ihre Mitarbeiter veröffentlichten ihre Experimente in einem kurzen Artikel in *Nature* (Februar 1998). Dieses Paper wurde rasch zu einem Klassiker der Molekularen Genetik. Es wurde im Laufe von zehn Jahren über 7000-mal zitiert. Dabei war noch vieles unklar geblieben. Das zeigte sich im selben Heft von *Nature*: Zwei Kommentatoren schlugen nämlich als Erklärung für den RNAi-Effekt einen komplizierten Rekombinationsmechanismus vor. Damit lagen sie völlig daneben. Es dauerte noch einige Jahre, bis die Sache geklärt war, jedenfalls in Umrissen. Daran waren wiederum Fire und Mello, aber auch mehrere andere Forscher beteiligt.

RNA-Interferenz

Wir fassen das Ergebnis dieser Forschungen in Abb. 23.1 zusammen. Am Beginn der Reaktionsfolge steht doppelsträngige RNA, entweder so, wie sie vom Experimentator direkt in die Zelle übertragen wird, oder so, wie sie in der Zelle entsteht, etwa wenn beide Stränge einer DNA transkribiert werden, zum Beispiel nach Einführen von überschüssigen Gensequenzen, wie in den Petunien- oder *Neurospora*-Experimenten, von denen oben die Rede war. Natürlicherweise entsteht doppelsträngige RNA im Verlauf der Infektion mit Viren oder aber auch, wenn die vielen repetitiven Sequenzen im Genom transkribiert werden. So ist es ganz plausibel, wenn Molekularbiologen annahmen, dass sich RNAi als Schutz gegen Infektion mit Viren oder gegen die Transposition von repetitiven Elementen entwickelt hat.

Wie auch immer, die RNA-Doppelstränge werden durch ein Enzym namens „Dicer" in ungefähr 20 Basenpaar lange Stücke zerlegt, die als *small interfering RNA*, kurz „siRNA", bezeichnet werden. Daran lagern sich Proteine, unter anderem solche mit der kuriosen Bezeichnung „Argonauten-Proteine". In diesem Protein-RNA-Komplex wird der RNA-Doppelstrang in Einzelstränge zerlegt und an komplementäre Sequenzen auf passenden mRNAs geleitet. Basenpaarungen zwischen der RNAi und der mRNA bilden sich aus. Dort wird die mRNA gespalten und danach dem vollständigen Abbau preisgegeben. Das erklärt, warum im Zuge der RNA-Interferenz mRNA-Moleküle spezifisch abgebaut werden und aus der Zelle verschwinden.

Eine kleine etymologische Anmerkung

Oft ist die Namensgebung in der Genetik eine kuriose Angelegenheit. So auch hier. Wenn man das Wort „Argonaut" hört, denkt man an die ruppigen Helden aus den klassischen Sagen des alten Griechenlands. Argonauten sind die Krieger auf dem mythischen Schiff Argo, das aufgebrochen war, um das Goldene Vlies vom anderen Ende des Schwarzen Meeres nach Griechenland zu holen. Doch das Schiff Argo ist nur der indirekte Namensgeber für die Proteine, die an siRNA binden. Der direkte ist eine *Octopus*-Art mit einer dünnen, weißen Schale, die wie ein Segel aussieht. Frühe Biologen fühlten sich an das Segel des Schiffes Argo erinnert. Daher die Bezeichnung *Argonauta argo* für das Schalentier.

An diese spektakuläre Schalenform dachten Pflanzenforscher, als sie die seltsamen Blattformen bestimmter Mutanten der Modellpflanze *Arabidopsis thaliana* sahen. Sie nannten das Gen, das durch die Mutation betroffen war, und das zugehörige Protein Argonaut, kurz AGO (1998). Nur wenige Jahre später wurden die Proteine höchst prominent, nämlich als essenzielle Bestandteile der RNA-Interferenz bei fast allen Eukaryoten, nicht nur bei Pflanzen. Das Humangenom hat acht Gene für Argonauten-Proteine.

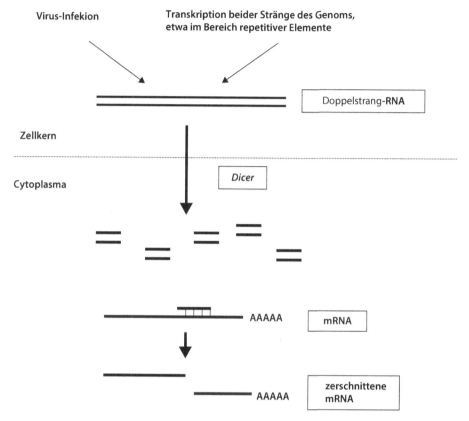

siRNA– *small interfering RNA*

Virus-Infekion

Transkription beider Stränge des Genoms, etwa im Bereich repetitiver Elemente

Doppelstrang-**RNA**

Zellkern

Cytoplasma

Dicer

AAAAA   mRNA

AAAAA   zerschnittene mRNA

Abb. 23.1   RNA-Interferenz. RNA-Doppelstränge treten als Zwischenstufen bei der Vermehrung von RNA-Viren auf, etwa bei Influenza-, Polio- und anderen Viren. Aber RNA-Doppelstränge können auch in normalen Zellen entstehen, z. B. wenn beide Stränge einer DNA transkribiert werden wie in Genombereichen mit repetitiver DNA. Der Doppelstrang wird durch das Enzym Dicer in kleine Stücke zerlegt. Daran binden sich die Argo-Proteine (nicht gezeigt). Argo-RNA-Komplexe gelangen an Stellen der mRNA, wo Basenpaarungen erfolgen können. Dort wird die mRNA zerschnitten. (Aus: Grosshans H, Filipowicz W (2008) The expanding world of small RNAs. *Nature* 451: 414–416)

RNAi in Maus- und Menschzellen

RNA-Interferenz funktionierte wunderbar bei *Drosophila* und *C. elegans*, aber anfangs nicht in Säugetierzellen. Der Grund: Doppelsträngige RNA ruft bei Säugetieren eine Interferon-Reaktion hervor. Normalerweise wird Interferon als Reaktion auf eine Infektion mit Viren oder Bakterien gebildet. Das Protein Interferon wird freigesetzt und löst in Nachbarzellen eine Reaktion aus, bei der

u. a. die Translation aller mRNAs unterdrückt wird, was zum Absterben der Zelle führt. Das ist eine sinnvolle Reaktion, weil dadurch der Infektionsherd begrenzt wird.

Nun ist die Interferon-Reaktion weit entfernt von der Spezifität, die die RNA-Interferenz auszeichnet, wo ja nur sehr spezifisch eine einzige der vielen mRNAs in der Zelle zerstört wird. Zeitweilig dachte man sogar, RNA-Interferenz kommt bei Säugetieren überhaupt nicht vor. Aber dann zeigten T. Tuschl und Mitarbeiter (2001), dass vorgefertigte doppelsträngige RNA-Stücke von ungefähr 20 Basenpaar Länge vorzüglich geeignet sind, um RNAi auch in Säugetierzellen auszulösen.

Als auch diese Hürde genommen war, wurde RNAi schnell zu einem wunderbaren experimentellen Werkzeug, mit dem man beliebig Gene ausschalten kann, und zwar einfach und ohne großen Aufwand. Schon um 2002 wurden RNAi-Bibliotheken eingesetzt, um (fast) jedes beliebige Gen im *C.-elegans*-Genom zum Schweigen zu bringen, wodurch man neuartige Einblicke in die Beziehung zwischen Gen und Phänotyp erhielt. Andere Untersuchungen dieser Art folgten, zuerst bei *Drosophila*-Zellen, dann auch bei Maus- und Menschenzellen. Ganze Reaktionswege konnten neu untersucht werden, und zwar mit einer Genauigkeit, die vorher undenkbar gewesen wäre. RNA-Interferenz wurde rasch populär unter Molekular-, Zell- und Entwicklungsbiologen. Biotech-Firmen liefern RNAi, preiswert, prompt und maßgeschneidert für jedes gewünschte einzelne Gen oder auch für alle Gene einer Zelle oder eines Organismus. Die pharmazeutische Industrie meinte ein Potenzial für neue Medikamente zu sehen und richtete neue Forschungsabteilungen ganz für RNA-Interferenz ein. Ob sie jemals in der Klinik zum Einsatz kommt, wird die Zukunft zeigen. Bis heute weiß niemand so recht, wie man die RNAi mit der nötigen Präzision an ihren Wirkort im menschlichen Körper dirigieren kann (2016).

Aber auf jeden Fall wurde RNA-Interferenz für die Grundlagenforschung sehr wichtig. Man spürte, dass sich ein neues Kapitel in der Geschichte der Genetik aufgetan hatte. So war es wohl recht und billig, dass die Protagonisten, Andrew Fire und Craig Mello, den Nobelpreis des Jahres 2006 erhielten, und zwar „für ein Verfahren, mit dem sich Gene stumm schalten lassen", wie das Nobelpreis-Komitee verkündete.

MicroRNA

RNA-Interferenz und siRNA bilden die eine Seite der Medaille, die andere ist *microRNA*, kurz miRNA. Das sind die Produkte eigener Gene, einige Hundert in den Genomen von *Drosophila* oder *C. elegans* und ungefähr zweitausend in Säugetiergenomen. Einige miRNA-Gene liegen verteilt im Genom, andere kommen in Gruppen hintereinander vor oder auch in den Introns proteincodierender

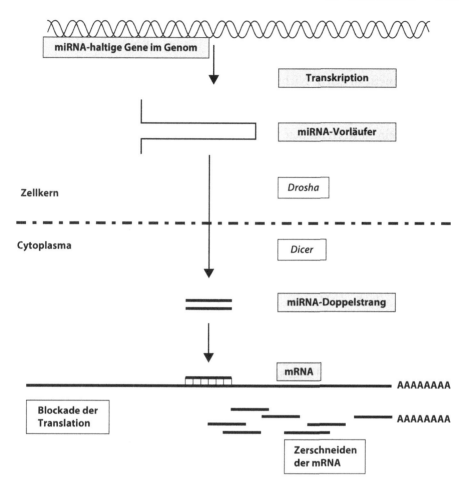

Abb. 23.2 MicroRNA – Regulierung genetischer Aktivität. Das Genom enthält Gene für miRNAs. Sie kommen zunächst als Bestandteile langer Vorläufer-RNA vor. Enzyme mit Bezeichnungen wie Drosha und Dicer zerschneiden die langen Vorläufer-RNAs. Es entstehen RNA-Doppelstrangstücke von ca. 25 Basenpaar Längen. Daran binden Argo- und andere Proteine, die die RNA an komplementäre Stellen auf spezifische mRNAs dirigieren. In den meisten Fällen führt das zur Zerstörung der mRNA, in anderen Fällen kommt es zur Blockade der Translation. (Aus: Grosshans H, Filipowicz W (2008) The expanding world of small RNAs. *Nature* 451: 414–416)

Gene. Manche spezifischen miRNAs werden bevorzugt in bestimmten Zelltypen oder während bestimmter Phasen der Entwicklung gebildet, nicht selten in erheblichen Mengen, sodass tausend oder zehntausend Exemplare einer gegebenen miRNA pro Zelle gemessen werden.

Die Entstehung von miRNA ist in Abb. 23.2 skizziert. Die miRNA-Sequenzen sind in längeren Vorläufer-RNAs mit Doppelstrangbereichen eingebettet. Noch im Zellkern wird der Doppelstranganteil herausgeschnitten und an das

Enzym Dicer weitergegeben, das 20–30 Basenpaar lange Stücke herstellt, die eigentlichen miRNAs. Dann erfolgt, ähnlich wie bei siRNA, eine Verpackung der miRNA mit Argonauten-Proteinen. Der miRNA-Protein-Komplex gelangt an mRNA, meist an den 3′-Nichtcodierungsbereich, wo sich komplementäre Sequenzen von miRNA und mRNA finden. Die Bindung von miRNA an mRNA muss nicht hundertprozentig perfekt sein. So kann sich ein und dieselbe miRNA an mehr als eine mRNA binden. Das kann den Abbau der mRNA einleiten, aber oft verursacht die Bindung lediglich eine Blockade der Translation.

Bioinformatiker haben die Genome nach Ähnlichkeiten zwischen miRNA- und mRNA-Sequenzen abgesucht. Demnach könnte mindestens ein Drittel aller mRNAs von Säugetierzellen unter der Regulation von miRNA stehen.

Populäre Forschung

Kein Zweifel, miRNAs haben wichtige Funktionen im erwachsenen Organismus und während der Entwicklung von Tieren und Pflanzen. Viele Gene für miRNA sind hoch konserviert und kommen bei allen Wirbeltieren vor. Andere miRNA-Gene haben sich mit der betreffenden Art entwickelt. So kommen im Genom des Menschen miRNA-Sequenzen vor, die bei Schimpansen fehlen.

Forschungen über miRNA sind für medizinische Fragestellungen wichtig. Zum Beispiel kennt man miRNAs, die an der Entwicklung des Herzens beteiligt sind und deren Ausfall zu angeborenen Herzkrankheiten führt, oder miRNAs, die für die Differenzierung der weißen Blutzellen zuständig sind und deren Störung Leukämie verursacht. Bis 2016 sind über tausend Publikationen erschienen, die eine Beteiligung von miRNAs bei der Entstehung von Krebszellen beschreiben. Auch Funktionen des Gehirns werden über miRNAi gesteuert. So zeigte sich, dass eine miRNA mit der Bezeichnung miR-212 das Verhalten bei Kokainsucht beeinflusst. Schließlich sind miRNAs nicht nur bei Mensch und Tier wichtig, sondern auch bei Pflanzen. Zum Beispiel steht auch die Ausbildung von Blättern unter der Kontrolle von miRNA (miR319).

So ist ein neues Forschungsfeld für viele Laboratorien entstanden. Ein Besuch bei Pubmed, der virtuellen biomedizinischen Bibliothek im Internet, zeigt, dass im Verlauf der Jahre bis 2016 ungefähr 50.000 Publikationen erschienen sind, bei denen das Stichwort *microRNA* im Titel oder in der Zusammenfassung auftaucht. Einen Überblick über alle bekannten miRNAs gibt die Datenbank *miRBase*.

siRNA und miRNA sind kleine regulatorische RNA-Moleküle. Sie entstehen auf unterschiedliche Art, haben aber eine ähnliche Wirkungsweise. Sie schalten Genfunktionen aus, indem sie sich über Basenpaarungen an mRNA binden und dadurch deren Funktion bei der Translation blockieren oder gar ihren Abbau einleiten.

Das unterscheidet siRNA und miRNA von **langer** nicht codierender RNA, die wir im folgenden Abschnitt vorstellen.

Lange, nicht codierende RNA

Schon frühe Beobachtungen hatten gezeigt, dass es im Zellkern eine beachtliche Fraktion von RNAs gibt, die weder zu den Messenger-RNAs noch zu ribosomaler RNA, Transfer-RNA und anderen bekannten nicht codierenden RNAs gehören. Man bezeichnete diese RNA-Fraktion zusammenfassend als lange, nicht codierende RNA (*long noncoding RNAs*; lncRNA), definiert als RNAs aus 200 oder mehr Nucleotiden ohne offenes Leseraster.

Was ist deren Funktion? Zumindest einige davon greifen in die Regulation genetischer Aktivität ein. Der Prototyp einer langen, nicht codierenden RNA mit regulatorischen Funktionen wurde schon im Jahre 1991 entdeckt, und zwar bei Forschungen über ein eigenes genetisches Phänomen, die Inaktivierung von X-Chromosomen.

In den Zellen weiblicher Säugetiere wird eines der beiden X-Chromosomen stillgelegt. Wie erstmals die englische Genetikerin Mary F. Lyon (1925–2014) erkannt hatte, ist das ein Mechanismus zum Ausgleich der Genzahlen zwischen den Geschlechtern, denn männliche Säugetiere haben ja bekanntlich nur ein X-Chromosom. Ein genetisches Ungleichgewicht könnte Konsequenzen haben, denn das X-Chromosom enthält fast 1000 lebenswichtige Gene. X-Inaktivierung bedeutet, dass die weitaus meisten Gene auf dem X-Chromosom abgeschaltet werden. Aber es gibt Ausnahmen. Eine ist das Gen, das eine 17.000 Nucleotid lange RNA liefert – XIST (*X-inactive specific transcript*). XIST-RNA wird gespleißt und polyadenyliert wie eine ordentliche mRNA, aber sie enthält kein offenes Leseraster. XIST gelangt an das X-Chromosom und bildet dort eine Art Gerüst, an das sich zahlreiche Proteine binden, die unter anderem eine dichte Packung des Chromatins verursachen. Damit werden die Gene auf dem zweiten X-Chromosom in weiblichen Zellen stillgelegt.

In den zehn Jahren nach der Entdeckung von XIST kamen andere lange regulatorische RNAs dazu. Ein Beispiel dafür ist HOTAIR (für *Hox antisense intergenic RNA*), eine 2200 Nucleotid lange RNA, die in der *Hox*-Genfolge gebildet wird. Wie früher erwähnt (Kap. 16) bestimmen *Hox*-Gene, wo im frühen Embryo vorn und hinten ist und wie sich die Körpersegmente dazwischen entwickeln. Ähnlich wie XIST ans X-Chromosom, bindet HOTAIR an die *HoxD*-Genfolge (s. Abb. 16.2) und zieht Proteine heran, die ihrerseits das Chromatin dicht verpacken und die dort liegenden Gene verschließen. Wenn Forscher das Gen für HOTAIR ausschalten, werden die *Hox*-Gene unprogrammgemäß und übernormal stark transkribiert.

Noch ein Beispiel für regulatorische lncRNA: H19, ungefähr 2300 Nucleotide lang, exklusiv exprimiert auf dem mütterlichen Chromosom von Maus- und Menschembryonen. Die lncRNA H19 bringt das väterliche Allel durch dichte Verpackung zum Schweigen. Mütterliches Allel, väterliches Allel! Bisher sind wir immer davon ausgegangen, dass beide Allele eines Gens gleichwertig sind, egal ob ursprünglich väterlich oder ursprünglich mütterlich. Aber hier ist das nun anders. Damit erwähnen wir ein eigenes und eigentümliches Kapitel der Genetik: genetische Prägung (*genetic imprinting*). Damit beschreibt man die unterschiedliche Expression väterlicher und mütterlicher Gene. Das ist, wie gesagt, nicht das Normale; es ist auf ungefähr 100 Allel-Paare im Humangenom beschränkt. Davon später mehr (Kap. 24).

Mit oder ohne Funktion?

ENCODE ist eines der Unternehmen, die aus dem Humangenomprojekt hervorgegangen sind. Der Name ist eine Abkürzung für *Encyclopedia of DNA Elements*. Dazu hatte sich im Jahre 2003 ein Forschungsverbund zusammengefunden, aus über 30 Laboratorien mit Hunderten von Wissenschaftlern hauptsächlich aus den USA, aber auch aus Japan, China, Europa, u. a. aus Heidelberg. Das Ziel war es, möglichst alle regulatorischen „Elemente" im Humangenom zu identifizieren – Promotoren, Enhancer, Startpunkte der Transkription sowie besondere Chromatinstrukturen, z. B. Bereiche mit spezifischen Histon-Modifikationen und Bereiche ohne Nucleosomen, wo Proteine wie Transkriptionsfaktoren Zugänge zur DNA finden, und anderes mehr.

Ein vorläufiger Abschluss wurde im Jahre 2012 erreicht. Die Zeitschrift *Nature* stellte ein Titelbild und über 60 ihrer wertvollen Seiten für sechs Originalpublikationen, Erläuterungen und Kommentare zur Verfügung (am 6. Sept. 2012). Zur gleichen Zeit erschienen in anderen wissenschaftlichen Zeitschriften viele weitere Publikationen, die alle aus dem Programm ENCODE hervorgegangen waren.

Zusammen ergab das eine molekularbiologische Schatzkiste – mit Angaben über 70.000 Promotoren, 400.000 Enhancern, Bindestellen für 120 verschiedene Transkriptionsfaktoren usw. Wer sich im Einzelnen darüber informieren möchte, mag die höchst eindrucksvolle Website von ENCODE aufsuchen.

Wir erwähnen ENCODE an dieser Stelle, weil außer den vielen DNA-„Elementen" auch noch die RNA-Transkripte in mehreren verschiedenen menschlichen Zelllinien untersucht und erfasst wurden. Darunter waren die mRNAs nahezu aller bekannter Gene, fast 9000 Arten von kleiner RNA (darunter tRNAs und miRNAs) sowie an die 10.000 verschiedene Arten von langer nicht codierender RNA (lncRNA).

Und das war die eigentliche Überraschung. Es war sicherlich für die Forschung gut und überaus nützlich, den ENCODE-Katalog mit all den vielen Promotoren, Enhancern, Transkriptionsstarts usw. zu besitzen. Doch viel Neues brachte das nicht. Überraschend und neu war dagegen die Entdeckung Tausender verschiedener lncRNAs, was zeigte, dass nicht nur die allbekannten Gene transkribiert werden, sondern auch die langen Abschnitte dazwischen, wo man eigentlich nichts als „Schrott"-DNA (*junk*) erwartete, überflüssigen Ballast aus meist sich wiederholenden DNA-Bereichen, die durch die vielen Millionen Jahre der Evolution von Generation zu Generation mitgeschleppt worden waren (Kap. 19). Aber nun zeigte sich, dass mindestens 70 bis 80 % dieser anscheinend nutzlosen Genombereiche ständig und effizient transkribiert werden. Auch in diesen Bereichen gibt es Promotoren, Enhancer, Transkriptionsstartstellen usw. Und man musste schließen, dass: „[..] der riesige nicht codierende Anteil des Humangenoms voll von funktionellen Elementen [...]" ist.

Das erregte Aufsehen, nicht nur in der Welt der biologischen Wissenschaften, sondern darüber hinaus. „Lehrbücher müssen neu geschrieben werden", verkündete zuerst die *New York Times* und dann viele andere Blätter weltweit. Auf einmal hieß es nun, dass „*Schrott-DNA*" nicht Schrott sei, sondern Funktion habe. Zwar meist noch geheimnisvoll, aber das wird sicher nicht so bleiben, dachten viele und vermuteten, dass sich darüber hinaus ein Weg auftut, um endlich das Rätsel der Genomik zu lösen, nämlich eine Antwort auf die Frage zu finden, wie es sein kann, dass Menschen genau so viel Gene haben wie Mäuse und nicht viel mehr als Nematoden-Würmer, obwohl Menschen doch ungleich komplexer aufgebaut sind. Die unzweifelhaft viel höhere Komplexität des Menschen kann also nicht auf der Zahl der Gene beruhen, sondern muss durch spezielle Regulation genetischer Aktivität zustande kommen, und die großen Mengen der neu entdeckten lncRNAs könnten daran beteiligt sein.

Aber einige Genetiker und Evolutionsbiologen warnten vor Übereifer. Der Katalog von Promotern, Enhancern usw. mag ja schön und gut sein, schrieben sie, aber wenn man der DNA zwischen den Genen eine Funktion zuschreiben will, dann soll man doch Beweise dafür bringen. Und die fehlten in den allermeisten Fällen. Man erinnerte noch einmal an das C-Wert-Paradox, was besagt, dass evolutionär relativ nah verwandte Organismen dramatisch unterschiedliche Genomgrößen haben können (Kap. 13). So besteht das Genom des Lungenfisches aus 130.000 Mio. Basenpaaren, das des Pufferfisches Takifugu aus gerade einmal 0,4 Mio. Und unter angiospermen Pflanzen kommen tausendfache Unterschiede in den Genomgrößen vor. Und die großen Genome sind nicht größer, weil sie mehr Gene, sondern weil sie viel mehr Schrott-DNA enthalten. Es könnte doch durchaus sein, dass in dem großen DNA-Überschuss zufällig Sequenzen vorkommen, die als Promotoren, Transkriptionsstarts und dergleichen dienen können.

Kurz und gut, die Kritiker sagten, dass ein guter Teil der lncRNA nichts anderes ist als eine Art von transkriptionellem Grundrauschen: RNA-Polymerasen binden sich mehr oder weniger zufällig, quasi automatisch, an Stellen auf der DNA und beginnen mit der Synthese von RNA, egal ob das nun biologischen Sinn ergibt oder nicht.

Wenn man nun die Diskussionen mit Abstand betrachtet, dann kann man beiden Seiten Recht geben. Ja, es gibt regulatorische lncRNA. Siehe: XIST, HOTAIR und dergleichen. Zu denen sich sicher noch viele andere lncRNAs mit Funktion gesellen werden. Und ja, viele lncRNAs sind wohl Produkte des transkriptionellen Grundrauschens und haben keine Funktion beim Überleben und der Fortpflanzung des betreffenden Organismus. Und dann sind die Grenzen zwischen beidem fließend, denn Transkription von DNA kann einfach für sich genommen einen Zweck erfüllen, weil RNA-Polymerasen und RNA-Synthese eine Auflockerung des Chromatins bewirken, wodurch es zugänglicher für DNA-bindende Proteine aller Art wird.

Wie auch immer. Ob und welche Funktionen in Frage kommen, muss von Fall zu Fall gezeigt werden. Forschungen gehen weiter und werden uns sagen, wie sich die eine Sorte lncRNAs von der anderen unterscheiden lässt.

„Was ist nun ein Gen – nach ENCODE?"

So fragten sich M. B. Gerstein und eine Gruppe von Genetikern und Bioinformatikern von der *Yale University* (2007). „Als wir das ENCODE-Projekt anfingen, haben wir uns ein (typisches) Gen ganz anders vorgestellt. Das Maß an Komplexität – auf das wir dann stießen – war unvorhersehbar" – und hat das Bild vom Gen verändert. Ein Kontinuum überlappender Transkripte, viele und weit verteilte Startpunkte der Transkription, auch weit außerhalb traditioneller Gene, die wiederum in vielfacher Weise transkribiert werden, in Sinn- und Gegensinnrichtung, vom üblichen Promotor aus oder auch von anderen Stellen. Kurz, wenn fast das ganze Genom einer Zelle transkribiert wird, lässt sich kaum mehr die Definition aufrechterhalten, wonach ein Gen die Einheit der Transkription ist.

Die Yale-Wissenschaftler, aber auch andere Genetiker meinten, eine Definition könnte jetzt etwa so lauten: Ein Gen ist ein DNA-Segment, das für einen Phänotyp oder für eine Funktion verantwortlich ist. Das ist eine unscharfe Definition, denn man muss sich fragen, ob nun Regulationselemente, Promotoren, Enhancer und dergleichen dazugehören oder nicht. Und was ist, wenn ein und dasselbe DNA-Segment verschiedene Produkte liefert, etwa als Resultat alternativen Spleißens? Aber die Unschärfe der Definition hat den Vorteil, dass das Wort

„Gen" in verschiedenen Zusammenhängen je seine eigene und gerade passende Bedeutung annehmen kann. Man muss nur jeweils sagen, was gemeint ist.

Ungefähr dies meinte auch Francis Collins, der Leiter und Sprecher des Humangenomprojektes (Kap. 20) als er sagte, es bleibe einem fast nichts anderes übrig, als jedes Mal, wenn man das Wort „Gen" benutzt, ein Adjektiv hinzuzufügen: proteincodierend, rRNA-codierend, miRNA-codierend usw.

Aufregungen um CRISPR

Auf dem Weg durch die RNA-Welten treffen wir schließlich auf ein Stück Molekularbiologie, das diesmal nicht von tierischen und pflanzlichen Zellen ausgeht wie etwa RNAi, sondern von Prokaryoten, Bakterien und Archaeen. Archaeen sehen mehr oder weniger so aus wie Bakterien, unterscheiden sich aber von diesen genetisch und biochemisch und haben andere evolutionäre Wege hinter sich.

Ungefähr die Hälfte aller Bakterien- und fast alle Archaeenarten tragen in ihren Genomen einen DNA-Abschnitt, der die Bezeichnung CRISPR bekommen hat. Vor 2010 konnte nur eine kleine Gruppe von Spezialisten etwas mit diesen Buchstaben anfangen. Aber in nur wenigen Jahren danach elektrisierte CRISPR die weltweite Gemeinde der Biologen. Schon am 23. August 2013 brachte die Zeitschrift *Science* einen Aufsatz unter der Überschrift *„The CRISPR Craze"* mit dem Zusatz „Ein bakterielles Immunsystem wird zu einem revolutionären Werkzeug der Gentechnik". Wobei wir anmerken, dass in der englischsprachigen Literatur in diesem Zusammenhang immer von *Gene Editing* oder *Genome Editing* die Rede ist. Damit wird an die Arbeit des Herausgebers einer Zeitung oder eines Buchs (Editor) erinnert, der einen gegebenen Text verändert, ergänzt und verbessert („ediert"). Und darum geht es: die zielgenaue, technisch einfache und preisgünstige Veränderung der Texte in den Genomen.

Die Geschichte begann bescheiden in den 1990er-Jahren, als Forscher in den Genomen von Bakterien und Archaeen einen Genomabschnitt fanden, den sie mit *clustered regularly interspaced short palindromic repeats* bezeichneten, abgekürzt zu CRISPR. Der Name beschreibt, was man aus der Sequenz herauslesen kann: *clustered*, eng aufeinander folgend; *regularly interspersed*, regelmäßig dazwischen verteilt; *short palindromic repeats*, kurze gegenläufige Sequenzwiederholungen. Abb. 23.3 illustriert das Gesagte. Insgesamt besteht die CRISPR-Folge aus einer Leitsequenz, gefolgt von der Serie der erwähnten Sequenzwiederholungen, je nach Art 20 bis 50 Basenpaare lang, von denen je zwei ein DNA-Zwischenstück (*Spacer*; Platzhalter) einrahmen. Die *Spacer* sind ganz unterschiedliche DNA-Sequenzen, ebenfalls je 20 bis 50 Basenpaare umfassend. Zum genetischen System gehören noch ein oder meist mehrere *Cas*-Gene (für: **CRISPR** *associated*)

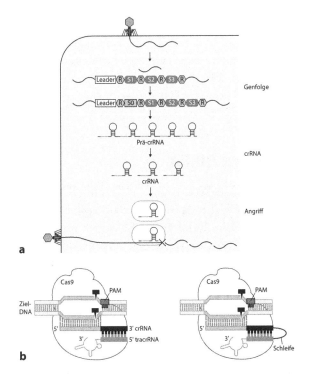

Abb. 23.3 Das System CRISPR. **a** Biologische Grundlagen. Die Genome vieler Arten von Bakterien und Archaeen enthalten Bereiche mit einer einleitenden Sequenz (*leader*) und vielen Folgen, wo kurze DNA-Abschnitte (*spacer* wie S1, S2, S3 usw.) von sich wiederholenden DNA-Sequenzen (*R* für *repeat*) eingerahmt werden. Am *oberen Rand* wird gezeigt, wie ein Bakteriophage seine DNA in die Zelle einschleust. Ein Stück der DNA kann als ein neuer Spacer (S0) in die CRISPR-Batterie eingebaut werden. Zur Gen-Batterie gehören noch weitere Gene, die hier nicht gezeigt sind. Darunter sind Gene für CRISPR-assoziierte Proteine (Cas) und für eine RNA namens transaktivierende crRNA (*tracr*RNA). Im Verlauf einer Zweitinfektion (angedeutet am *linken unteren Rand*) wird der gesamte CRISPR-Bereich in Form einer prä-crRNA transkribiert. In der RNA finden sich die Repeat-Sequenzen zu haarnadelförmigen Doppelsträngen. Aus der prä-crRNA entstehen die einzelnen crRNAs. Sie binden an Cas-Proteine, zum Beispiel an die Cas9-Endonuclease. Ein Komplex aus Cas9-Endonuclease, tracrRNA (nicht gezeigt) und crRNA startet den „Angriff" auf die DNA des infizierenden Phagens. Dabei wird die Phagen-DNA dort geschnitten, wo die Spacer-Sequenz der crRNA Basenpaarungen eingehen kann. **b** Molekularbiologie. Der *linke Teil* zeigt den Komplex aus Cas9-Endonuclease, crRNA und tracrRNA an der Ziel-DNA-Sequenz. Im Bereich des Komplexes ist der DNA-Doppelstrang entwunden und geht Basenpaarungen mit dem Spacer-Bereich der crRNA ein. Für eine effektive Wechselwirkung ist ein benachbartes kurzes DNA-Element notwendig, genannt PAM (für: *protospacer adjacent motif*). Wenn alles gut und ordentlich angeordnet ist, schneidet die Cas9-Endonuclease die DNA an den gekennzeichneten Stellen. Um es noch einmal zu betonen: Für seine DNA-schneidende Funktion muss das Cas9-Enzym durch zwei gebundene RNAs aktiviert werden, durch crRNA und durch tracrRNA. Der *rechte Teil* zeigt eine methodische Weiterentwicklung: Mithilfe gentechnischer Tricks wurden crRNA und tracrRNA miteinander verbunden. Das ist eine erhebliche Erleichterung für den experimentellen Einsatz der CRISPR-Technologie. (Grafik von Martin Lay nach: Doudna JA, Charpentier E (2014) The new frontier of genome engineering with CrispR-Cas9. *Science* 346: 1258096)

und ein benachbartes Gen für eine kleine RNA, namens *tracrRNA* (*transactivating CRISPR-RNA*).

Was es mit dieser merkwürdigen Folge von Genen und Genomabschnitten auf sich haben könnte, blieb rätselhaft. Ein erstes Licht ins Dunkel brachten der spanische Genetiker F. J. M. Mojica und seine Mitarbeiter mit ihrem Aufsatz in der Zeitschrift *Journal of Molecular Evolution* (2005). Sie setzten bioinformatorische Methoden ein und wiesen nach, dass die *Spacer* DNA-Fragmente sind, die ursprünglich aus Bakteriophagen oder fremden Plasmiden stammen. Und es zeigte sich, dass bei einer Infektion mit einem neuen Bakteriophagen oder bei der Aufnahme eines neuen Plasmids Stücke der Phagen- oder Plasmid-DNA in die CRISPR-Folge aufgenommen werden, und zwar eingerahmt von Sequenzwiederholungen. Kurz gesagt entsteht so eine neue Folge *Repeat-Spacer-Repeat*.

Welchen Zweck das hat, zeigten weiterführende Experimente, die zum Ergebnis kamen, dass der CRISPR-Komplex eine Art Immunsystem ist, mit der sich Bakterien und Archaeen vor Fremd-DNA schützen (ein anderer Schutzmechanismus sind Restriktionsnucleasen; Kap. 13). Wie das funktioniert, zeigt schematisch die Abb. 23.3. Bei einer Infektion mit Bakteriophagen wird die gesamte CRISPR-Folge transkribiert, sodass eine lange RNA entsteht (prä-crRNA). Die wird danach in Einzelstücke namens CRISPR-RNA oder, kurz, crRNA, zerlegt. Dann kommen die Produkte der *Cas*-Gene ins Spiel. Beim sogenannten Typ-II-System gelangt das Protein, das vom *Cas9*-Gen codiert wird, in den Fokus. Es ist ein DNA-angreifendes Enzym, eine Endonuclease. Aber es muss zunächst aktiviert werden und zwar erstens durch Bindung an eine crRNA und zweitens durch Bindung an die tracrRNA. Und über die crRNA wird die Cas9-Nuclease an eine Stelle auf der Fremd-DNA geleitet, wo Basenpaarungen zwischen der crRNA und der DNA erfolgen. Dort wird die infizierende DNA zerschnitten und zerstört. Die Bakterien- oder Archaeenzelle hat sich erfolgreich gegen den Eindringling zur Wehr gesetzt.

Die Analogie zum Immunsystem liegt darin, dass die CRISPR-Folge sozusagen eine Erinnerung an frühere Infektionen (in Form einer *Spacer*-Sequenz) besitzt und dass die Abwehrreaktion höchst spezifisch erfolgt, geleitet von Basenpaarungen zwischen der crRNA und der angreifenden DNA.

Wir betonen die Unterschiede zu siRNA und miRNA. Diese gelangen über RNA-RNA-Basenpaarungen an spezielle mRNAs und leiten deren Abbau ein. Dagegen steuert die crRNA die genomische DNA an und bindet – hier geleitet über RNA-DNA-Basenpaarungen – an eine spezifische Stelle des Genoms.

Das alles ist ein schönes Stück Bakteriengenetik und hätte allein gewiss einen Ehrenplatz im Kapitel „RNA-Welten" verdient. Aber das CRISPR-System bekam eine Bedeutung, die weit über die bescheidenen Anfänge hinausgeht. Denn der Komplex CRISPR-Cas9 funktioniert überall dort, wo man ihn einsetzt. So im Reagenzglas unter den Bedingungen des biochemischen Tests, aber auch in intakten Zellen der Zellkultur, egal woher die Zellen stammen. Ja, der CRISPR-Cas9-Komplex funktioniert sogar in ganzen Tieren und Pflanzen. Das Kennzeichen ist die Spezifität, mit der die Cas9-Endonuclease eine DNA zerschneidet, spezifisch geleitet durch die crRNA-Sequenz mit ihrer Komplementarität zur Ziel-DNA. Es lässt sich also jedes Gen in den langen Genomen von Tier und Pflanze gezielt ansteuern und zerschneiden. Zelluläre Reparaturmechanismen versuchen ein Wiederverknüpfen, was aber meist nur unvollkommen gelingt, sodass Narben in Form von Deletionen zurückbleiben. Das betroffene Gen ist ausgeschaltet, inaktiviert, und zwar dauerhaft und nicht nur bei der behandelten Zelle, sondern bei ihren Nachkommen und deren Nachkommen, über alle Zellteilungen und Generationen hinweg. Das zeichnet das CRISPR-System gegenüber der RNA-Interferenz aus, wo ja nur die mRNAs der betreffenden Zelle zerstört werden.

Die praktische Anwendung des CRISPR-Cas9-Systems wird durch einen entscheidenden Trick erleichtert. Wie soeben beschrieben, benötigt die Cas9-Endonuclease zwei RNA-Arten für ihre Aktivierung: tracrRNA und crRNA. Es zeigte sich nun, dass beide RNA-Arten über gentechnische Verfahren miteinander verknüpft werden können und dabei ihre Funktion behalten. So ergibt sich eine Leit- oder *guide*RNA, gRNA, die aus zwei Abschnitten besteht, aus einem gefalteten Abschnitt, der an die Cas9-Nuclease bindet, und einem Abschnitt mit Sequenzen, die komplementär zu spezifischen Stellen im Zielgen sind.

Kurz und knapp gesagt, lassen sich mit dem CRISPR-Verfahren gezielt einzelne Gene ausschalten. Etwas Ähnliches war bis dahin nur mithilfe der Knockout-Technologie möglich. Aber wie wir gesehen hatten (Abb. 17.1) ist das sehr aufwendig, kompliziert und kostspielig. Dagegen ist die CRISPR-Prozedur einfach und von jedem ordentlichen Molekularbiologen zu meistern.

Neue Technologie

Die Wissenschaftlerinnen Jennifer Doudna (geb. 1964), *University of California*, Berkeley, und Emmanuelle Charpentier (geb. 1968), damals an der Umea-Universität, Schweden (seit 2015 Direktorin am Max-Planck-Institut für Infektionsbiologie in Berlin), haben diese Verbesserungen und ihre Anwendung in Säugetierzellen im August 2012 in *Science* publiziert. Eine weitere entscheidende Publikation in *Science* (Februar 2013) stammt von Feng Zhang (geb. 1982) und Mitarbeitern vom *Broad Institute* und *MIT*, Cambridge, Massachusetts Zhang beschreibt weiterführende Ergebnisse einschließlich der Möglichkeit, gezielt DNA-Sequenzen an den Cas9-vermittelten Schnittstellen einzuführen.

Diese zwei Publikationen sind der Start für das, was dann den *CRISPR Craze* und all die Aufregung in der internationalen Gemeinde der Genetiker auslöste.

Seit 2014 werden jährlich über 1000 Publikationen mit CRISPR im Titel veröffentlicht. Darunter sind natürlich zahlreiche Publikationen mit Verbesserungen und Erweiterungen der ursprünglichen Technik. Übrigens haben schon bald beide, zuerst die Doudna-Charpentier-Gruppe und dann die Zhang-Gruppe, Patente angemeldet. Und die jeweiligen Heimat-Universitäten, die sich schöne Einkünfte ausmalten, brachen bald einen bitteren Streit um Prioritäten und Rechte vom Zaun (2015).

Es steht ja auch einiges auf dem Spiel. Seit 2013 stellen Firmen ganze Bibliotheken mit *guide*RNAs von Tausenden von Gensequenzen her, mit denen man so gut wie alle menschlichen Gene oder auch die Gene von Zebrafisch, Nematoden und anderen Modellorganismen editieren kann. Und mehr als eine Firma ist auf dem Sprung, die CRISPR-Technik einzusetzen, um Ernten zu verbessern und um Krankheiten von Mensch und Tier zu erforschen und womöglich gar zu behandeln. Zu den ersten praktischen Ergebnissen aus dem landwirtschaftlichen Bereich gehörten Weizen mit Resistenzen gegenüber Pilzen, Erdnüsse ohne Allergene und anderes wie Schweine, bei denen man die endogenen Viren lahmlegt usw. (2014). Das CRISPR-Verfahren hat entscheidende Vorteile gegenüber der herkömmlichen Gentechnik, denn es bleiben keine Spuren von Plasmiden oder Fremd-DNA zurück, was den Kritikern von gentechnischen Verfahren in der Landwirtschaft den Wind aus den Segeln nehmen dürfte.

Auch in der Medizin gibt es das lebhafteste Interesse am CRISPR-System. Themen sind Krebsforschung, Korrektur von Erbkrankheiten, Immunität gegen das AIDS-Virus und vieles mehr. Zuerst erprobt in Zellkulturen. Dann wurden Körperzellen in Betracht gezogen, am einfachsten zugänglich sind Blut- und Knochenmarkszellen, und ein Ziel ist es, Krankheiten wie Hämophilie, Sichelzellanämie und dergleichen zu behandeln. Und warum sollte man denn nicht gleich eine Heilung versuchen, fragten manche. Man könne doch schadhafte Gene an menschlichen Keimzellen oder in frühen Embryonen korrigieren, und diese dann zu gesunden Personen heranwachsen lassen.

Im Jahre 2015 waren sich Mediziner und Wissenschaftler mit den professionellen Ethikern einig, dass damit Grenzen überschritten und abschüssiges Gelände betreten würde, an dessen Ende der Mensch allen möglichen manipulativen Willkürlichkeiten ausgesetzt werde usw. Aber dann passierte im April 2015 das Unerhörte. Chinesische Wissenschaftler experimentierten mit frühen menschlichen Embryonen, die in Fertilitätskliniken angefallen waren und eigentlich verworfen werden sollten, weil sie unbrauchbar für die Implantation im Zuge der in-vitro-Fertilisation (IVF) waren. Die Wissenschaftler wollten erkunden, ob es im Prinzip möglich wäre, mithilfe von CRISPR-Cas9 bestimmte Formen von β-Thalassämie zu behandeln. Das Ergebnis war ernüchternd, denn in nur wenigen der 86 behandelten Embryonen war das Genom an den Stellen „editiert" worden, die vorgesehen waren. Es gab zu viel Schnitte an falschen Stellen im Genom.

Der internationale Sturm der Entrüstung war erwartungsgemäß groß. Zurück-
haltendere Beobachter der Szene hatten zweierlei anzumerken. Das erste war,
dass die chinesischen Wissenschaftler eine CRISPR-Technik der ersten Stunde
eingesetzt und sich nicht am neuesten Stand der Forschung orientiert hätten
und dass deswegen der Misserfolg sozusagen vorprogrammiert war. Die zweite
Anmerkung war, dass CRISPR und all das Drum und Dran eigentlich unnötig
sind, weil ja schon das Verfahren der pränatalen Diagnostik existiert. Wir erinnern uns (Kap. 15 „Genetische Diagnostik"), dass dabei infrage kommende
Gene in frühen Embryonen überprüft werden. Falls die Gene in Ordnung sind,
wird der junge Embryo in den Uterus der Mutter übertragen; falls nicht, wird
er verworfen.

Trotz dieses Hin und Hers erlaubten im Januar 2016 die Behörden in Großbritannien gentechnische Experimente mit überschüssigen Embryonen aus IVF-
Kliniken. Der Zweck waren Forschungen über die ungewollte Kinderlosigkeit
von Paaren mit Kinderwunsch. Wobei man anmerken muss, dass in Großbritannien Experimente mit frühen, nicht entwicklungsfähigen Embryonen in der
Zeit bis zu zwei Wochen nach der Befruchtung erlaubt sind, wenn das Vorhaben
angemeldet und begutachtet worden ist und die Eltern (d. h. die Spender von
Eizellen bzw. Spermien) ihre Zustimmung gegeben haben.

So sind Anfänge in China und England gemacht. Man kann gespannt sein,
wohin die Reise geht (2016).

24

Epigenetik

Vor den 1980er-Jahren hatten nur wenige Molekular- und Zellbiologen das Wort „Epigenetik" gehört oder zur Kenntnis genommen. Aber dann tauchte es immer häufiger in der Fachliteratur auf. Es wurde zu einem Schlagwort, das vieltausendmal jährlich in den Titeln oder Zusammenfassungen wissenschaftlicher Publikationen erwähnt wird. Ein neues Forschungsgebiet war entstanden.

Was war das Neue an Epigenetik? Die Vorsilbe Epi- bedeutet so viel wie „nach, aufgesetzt" oder „darüber hinaus". „Aufgesetzte" oder „über sich hinausgehende" Genetik? Was ist damit gemeint?

Herkunft

Es lohnt sich ein Blick auf die Herkunft des Wortes. Im Standardbuch *Geschichte der Biologie* von Ilse Jahn und Mitarbeitern aus dem Jahre 1982 sucht man das Wort vergebens, findet aber dafür etwas Verwandtes: Epigenese. Das ist ein ehrwürdiger Begriff, benutzt von den alten Biologen, darunter an prominenter Stelle der Berliner Caspar Friedrich Wolff (1734–1794), Professor an der Akademie der Wissenschaften in St. Petersburg. Man sprach von Epigenese im Zusammenhang mit der Entwicklung des Embryos. Wie alle Biologen – vor ihnen und nach ihnen – standen Wolff und seine Forscherkollegen staunend vor dem Wunder der Entwicklung, wollten aber nicht glauben, was damals gängige Meinung war, nämlich dass alle Merkmale des erwachsenen Organismus schon im befruchteten Ei vorhanden sind, um sich bei der Embryonalentwicklung nur zu entfalten und zu vergrößern. Wolff und seine Kollegen und Nachfolger stellten sich eher vor, dass das befruchtete Ei eine Art Programm besitzt, das bei der Entwicklung nach und nach verwirklicht wird. Diesen Prozess nannten sie Epigenese. Das Wort blieb denn auch in den biologischen Lehrbüchern

© Springer-Verlag GmbH Deutschland 2017
R. Knippers, *Eine kurze Geschichte der Genetik*, DOI 10.1007/978-3-662-53555-4_24

des 19. und frühen 20. Jahrhunderts erhalten, allerdings meist als Adjektiv: „epigenetisch."

Viel später betritt ein englischer Gelehrter die Bühne, Conrad Hal Wadding-ton (1905–1975), Professor für Tiergenetik an der Universität Edinburgh. Auch er interessierte sich für die Embryonalentwicklung. Ihm war klar, dass Gene im Spiel sein müssen, ja, dass das „Programm" der Altvordern wohl nichts anderes ist als eine Kollektion von Genen. Aber wie wir im ersten und zweiten Kapitel gesehen hatten, konnten sich die Biologen vor der Mitte des 20. Jahrhunderts nichts Rechtes unter einem Gen vorstellen, und so blieb die Sache im Ungefähren. Waddington vermutete, dass nicht ein Gen für jeden Entwicklungsschritt verantwortlich ist, sondern ein Netzwerk und dass dieses Netz von Genen eng mit Strukturen und Aktivitäten außerhalb des Zellkerns zusammenwirkt und dass sich das alles gegenseitig auf komplizierte Weise beeinflusst. Also nicht Gene allein, sondern Gene in Wechselwirkung mit äußeren Aktivitäten. Wadding-ton gelangte über die Vorstellung der Alten hinaus, weil er die Genetik in seine Überlegungen einbezog. So schuf er aus Epigenese und Genetik ein neues Wort – Epigenetik (1947).

Wie schon gesagt, konnten damals nur wenige etwas mit dem Wort bzw. Begriff anfangen. Aber seit Anfang der 1990er-Jahre rückte Epigenetik in das Zentrum genetischer Forschung. Der Verlag des Cold Spring Harbor Laboratory, wie immer hellwach, wenn es um neue Trends in der Biologie geht, brachte im Jahre 1996 das vermutlich erste wissenschaftliche Buch über Epigenetik heraus *Epigenetic Mechanisms of Gene Regulation*. Dort findet sich eine geläufige Definition: Bei Epigenetik geht es um vererbbare Veränderungen von Genaktivitäten, jedoch um Veränderungen, die nicht auf die Sequenz der Basenpaare zurückgehen wie etwa Austausch oder Verlust von Basenpaaren und dergleichen. Also keine Mutation, aber doch stabiles An- und Abschalten von Genaktivitäten. Am wichtigsten sind zwei miteinander verknüpfte Mechanismen, nämlich, erstens die Methylierung der DNA-Base Cytosin und zweitens eine mehr oder weniger dichte Verpackung von Genen durch Proteine des Chromatins.

Wir sehen, das Wort Epigenetik hat heute eine andere Bedeutung als die, die Waddington ihm einst gegeben hat.

DNA-Methylierung

Die Zellen von Säugetieren besitzen Enzyme (DNA-Methyl-Transferasen), die Methylgruppen an Cytosin anheften (siehe später), und zwar hauptsächlich an Cytosine, die in der DNA „direkt" vor einem Guanin-Nucleotid vorkommen, genauer, auf der 5'-Seite der Folge CpG (p steht für die Phosphodiesterbrücke zwischen den aufeinanderfolgenden Nucleotiden). So kommt es, dass im Säugetiergenom die Cytosine in 70 bis 80 % aller CpG-Folgen in Form von 5-Methylcytosin (m⁵C) methyliert sind. Manchmal sagt man, dass m⁵C quasi die fünfte Base im Eukaryotengenom ist, neben den Standard-Basen A, T, G und C. Aber Methylierungen sind nicht starr, sondern können sich während der Entwicklung und im Laufe des Lebens verändern und von Zelltyp zu Zelltyp verschieden sein.

Abschnitte mit mehr oder weniger langen Folgen von CpG findet man vor vielen Genen („CpG-Inseln"). Wenn die nachgeschalteten Gene aktiv sind und transkribiert werden, sind die GC-reichen Abschnitte meist auffällig frei von m⁵C. Aber vor stummen Genen sind die Cytosine oft methyliert.

Dass die Methylierung der Cytosine etwas mit genetischer Regulation zu tun haben könnte, vermuteten Genetiker schon in den 1970er-Jahren, als sie entdeckten, dass viel m⁵C im stillgelegten, „inaktiven" X-Chromosom von Säugetieren vorkommt, aber wenig m⁵C im aktiven X-Chromosom (Kap. 23). Zudem fand man, dass die DNA von Transposons ausgiebig methyliert und damit genetisch blockiert ist. Das ist wichtig, denn sonst würden sie sich ja ständig im Genom frei bewegen und die genetische Ordnung durcheinanderbringen. Der Grund für das Abschalten von Genen ist, dass sich spezielle Proteine an die m⁵C-reichen DNA-Abschnitte binden und der RNA-Polymerase den Zugang zu den Genen versperren.

Welche Genombereiche in welchem Umfang betroffen sind, das sogenannte Muster der DNA-Methylierung, kann von Zelle zu Zelle und von Person zu Person verschieden sein, aber einmal eingerichtet, wird sie mehr oder weniger getreu an Nachkommen weitergegeben. Das hat Konsequenzen für die menschliche Genetik und Pathologie, wie wir gleich sehen werden, und bietet Erklärungen für viele sonst unverständliche Beobachtungen. Dazu gehören die unterschiedlichen Verläufe genetischer Krankheiten. Als erstes Beispiel nennen wir die cystische Fibrose (CF), die häufigste monogenetische Erbkrankheit in unseren Breiten (Kap. 15). Das *CF*-Gen ist durch eine spezifische Mutation beschädigt. Und obwohl bei vielen Patienten genau der gleiche Genschaden vorliegt, sehen Mediziner ein weites Spektrum von Phänotypen. An dem einen Ende des Spektrums ist das Leben der betroffenen Personen durch eine schwere Krankheit geprägt, während die Krankheit am anderen Ende eher milde verläuft. Eine Erklärung dafür hatten wir früher genannt, den Einfluss modifizierender Gene. Jetzt können wir noch eine andere Erklärung nennen: Epigenetik mit mehr oder weniger dicht gepacktem Chromatin im Bereich des *CF*-Gens.

Unterschiede bei identischen Genen

Es geht um Gene und Phänotypen und darum, dass sich das nicht eins zu eins entsprechen muss. Nehmen wir eineiige oder monozygote Zwillinge – exakt die gleichen Gene (was die Sequenz der Basenpaare betrifft), aber nicht unbedingt die gleichen körperlichen Merkmale und das gleiche Verhalten.

Schon in einer der ersten und mustergültig durchgeführten Zwillingsstudie von H. H. Newman, F. N. Freeman und K. J. Holzinger (1937) kommen monozygote Zwillingspaare vor, die sich erwartungsgemäß im IQ-Test nur um einen Punkt unterscheiden, obwohl sie in ganz verschiedenen Umgebungen aufgewachsen sind, aber dann sind da auch Zwillingspaare, bei denen die Unterschiede bis zu 24 IQ-Punkte betragen. Natürlich können wir uns leicht Erklärungen für Unterschiede dieser Art ausdenken: verschieden gute Versorgung durch den mütterlichen Blutkreislauf während der Schwangerschaft; oder, später im Leben, unterschiedliche Hygiene und Diät oder Belastung durch Drogen, Alkohol, Rauchen, Mangel an Bewegung usw. Aber auch der simple Zufall kann eine Rolle spielen. So haben eineiige Zwillinge zwar ähnliche, aber keineswegs identische Fingerabdrücke. Das hängt mit der fötalen Entwicklung der Handflächen zusammen, ein Wechselspiel zwischen der Rückbildung frühembryonaler Formen und der dann folgenden Ausbildung von Händen und Fingern, wobei Zug- und Scherkräfte auf die Haut einwirken, zufällig verteilt über die Fläche der Finger.

Schließlich kommt in Frage, was im Zusammenhang dieses Kapitels am wichtigsten ist – Epigenetik. Eine grundlegende Arbeit stammt von spanischen Genetikern (2005). Die Forscher untersuchten 80 meist monozygote Zwillingspaare und fanden, dass die Muster der DNA-Methylierungen bei den Geschwistern eines Paares früh im Leben recht ähnlich sind, was vielleicht nicht besonders überrascht, aber dass mit zunehmendem Alter die Unterschiede größer werden. Demnach unterscheiden sich ältere Zwillingsgeschwister epigenetisch deutlicher voneinander als junge Zwillingsgeschwister, was erklären könnte, warum viel öfter, als man erwarten würde, trotz exakt gleicher Gene der eine Zwilling krank wird, aber der andere gesund bleibt.

Epigenetik mag auch der Grund für unterschiedliche Verhaltensweisen von Zwillingsgeschwistern sein. Zum Beispiel beschreibt eine Publikation aus dem *Institute of Psychiatry*, London, Methylierungen im Bereich der Promotoren von drei verschiedenen Genen für Neurotransmitter – ein Gen für einen Dopaminrezeptor, ein weiteres Gen für einen Serotonintransporter und ein drittes für Monoaminoxidase A. Das sind Gene, deren Bedeutung für das Verhalten seit Längerem bekannt ist: der Dopaminrezeptor für Suchtverhalten, der Serotonintransport für depressive Stimmung und die Monoaminoxidase für die Neigung zu Aggressionen. Die Forschungen ergaben Unterschiede, was Ausmaß und Art der DNA-Methylierung betrifft, und zwar Unterschiede, die im Laufe des Lebens deutlicher werden. Das könnte nicht nur eine Erklärung für unterschiedliches Verhalten sein, sondern auch verständlich machen, dass ein einmal eingespieltes Verhalten nicht unbedingt ein Leben lang erhalten bleibt (Wong, Caspi, Williams et al. 2010).

Schlüsselexperiment: Fellfarben

Dass sich Methylierungsmuster im Laufe des Lebens ändern, ist sicher interessant, aber ob das wirklich für unterschiedliches Verhalten verantwortlich ist, bleibt erst einmal nur eine Vermutung. Um hier voranzukommen, sind Versuche mit Tieren nützlich. Eine erste grundlegende Beobachtung betraf das Gen *agouti* der Maus.

Agouti ist eine eigentümliche Färbung des Fells, und zwar nicht nur von Mäusen, sondern auch von Ratten, Meerschweinchen, Katzen, Hunden und anderen Tieren, benannt nach einem südamerikanischen Nagetier, wo der Phänotyp besonders ausgeprägt ist. Es bezeichnet die Bänderung von Haaren: dunkel am Haaransatz, hell in der Mitte und oft wieder dunkel an der Haarspitze. Das Gen *agouti* codiert ein kleinmolekulares Protein, das auf die Melanocyten (Farbzellen) im Haarfollikel einwirkt und dazu führt, dass vorübergehend die Produktion des dunklen Farbstoffes Eumelanin eingestellt und stattdessen das gelbe Phäomelanin gebildet wird. Wenn das Gen ausfällt (*non-agouti*), kommt es nicht zur gelben Bänderung, und das Fell bleibt einheitlich dunkel.

Unter den vielen Mutationen mit Störungen des Maus-*agouti*-Gens ist eine dominante Mutation mit der Bezeichnung *viable yellow agouti*, kurz A^{vy}. Die Mutation betrifft einen Abschnitt vor dem Gen und führt dazu, dass das Gen *agouti* höchst aktiv ist und, anders als das normale Gen, nicht nur im Haarfollikel, sondern überall im Körper exprimiert wird. Dieser letzte Punkt hat zur Folge, dass sich die Mutation A^{vy} nicht nur durch eine gelbe Fellfarbe äußert, sondern auch allgemeine Symptome mit sich bringt – Fettleibigkeit, Störungen in der Insulinfunktion, erhöhte Neigung zur Krebsentstehung und mehr. Kein Wunder, dass A^{vy}-Mäuse für die Biomedizin interessant sind.

Aber darum geht es hier nicht. Hier geht es um das Ergebnis von Kreuzungen zwischen Maus-Männchen mit der Mutation „*non-agouti*" und A^{vy}-Weibchen. Nach den Mendel-Regeln erbt eine Hälfte der Nachkommen das A^{vy}-Allel. Und weil das Allel dominant ist, erwartet man, dass diese Nachkommentiere eine gelbe Fellfarbe haben. Aber was man beobachtet, ist ein weites Spektrum von Fellfarben, von gelb bis dunkel, dazwischen gescheckt oder gesprenkelt (*mottled*) in allen möglichen Mustern (Abb. 24.1). Das *agouti*-Gen ist bei „gelben" Tieren maximal aktiv, bei „dunklen" Tieren abgeschaltet, und bei allen anderen liegt die Aktivität des Gens zwischen diesen beiden Extremen. Wenn dunkle Tiere untereinander gekreuzt werden, findet man unter den Nachkommen allerlei Varianten,

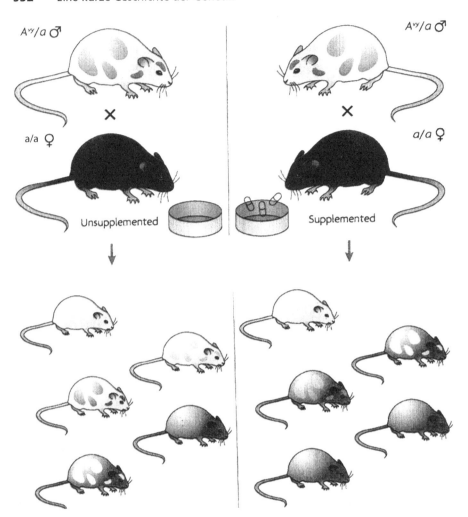

Abb. 24.1 Ein Schlüsselexperiment der Epigenetik (2003). Die Kreuzungen links und rechts im oberen Teil der Abbildung sind genetisch völlig identisch, aber das weibliche Elterntier rechts erhält Zusätze zu seiner Nahrung (*supplemented*) wie Folsäure, Cholin, Vitamin B_{12} u. a., um die Methylierung der DNA zu fördern. Die Konsequenz zeigt sich bei den Nachkommen. Eine Ernährung mit methylierenden Zusatzstoffen hat zur Folge, dass mehr Nachkommentiere dunkel sind, weil Kontrollregionen vor dem Gen *agouti* stark methyliert und damit stillgelegt sind. Die Abbildung zeigt nur die Hälfte der Nachkommen dieser Kreuzung. Die andere Hälfte hat den Genotyp *a/a* und ist einheitlich dunkel. Das wird hier aus Gründen der Übersichtlichkeit nicht gezeigt. Die Abbildung gibt ein Experiment wieder, das R. A. Waterland und R. L. Jirtle im Jahre 2003 beschrieben haben. Dies ist die Nachzeichnung eines Bildes aus einer Übersichtsarbeit von Jirtle RL und Skinner MK (2007) Environmental epigenomics and disease susceptibility. *Nature Rev Genet* 8: 253–262

wie zuvor, aber eine klare Mehrheit „dunkler" Tiere. Und das entsprechende gilt, wenn die „Gelben" untereinander gekreuzt werden: Die Mehrheit ist dann „gelb". Mit anderen Worten, Eigenschaften werden nicht nur auf die nächste, sondern auch auf die übernächste Generation weitergegeben.

Woher kommt die unerwartete Variabilität? Sie hängt mit der Methylierung der stromaufwärts vom *agouti*-Gen liegenden Kontrollregion zusammen. Bei den „gelben" Tiere gibt es dort wenig m^{5}C, bei „dunklen" dagegen viel und bei den anderen mehr oder weniger, je nachdem wie sich der Agouti-Phänotyp ausbildet. Es scheint, dass der Zufall das Ausmaß der Methylierung bestimmt. Tatsächlich weiß man, dass die Weitergabe der DNA-Methylierung von Zell- zu Zellgeneration nicht besonders verlässlich ist. Pro Zellgeneration kann mit einer Häufigkeit von 10^{-3} ein 5-Methylcytosin in ein Cytosin überführt werden und umgekehrt.

Das Kreuzungsexperiment mit den Agouti-Tieren war sicher interessant, denn es gab eine plausible Antwort auf die Frage, wie ein variabler Phänotyp bei einheitlichem Genotyp zustande kommen kann. Aber die Story geht noch weiter. Sie zeigt nämlich auch, wie äußere Einflüsse genetische Prozesse verändern können. Das Experiment dazu ging von einer denkbar einfachen Überlegung aus: Wenn die Methylierung des Promoters oder Enhancers so drastische Effekte auf das Merkmal Fellfarbe hat, dann müsste es zu beeinflussen sein, indem man das Futter der Tiere durch Zusätze so ergänzt, dass Methylierungen begünstigt werden.

Entsprechend dieser Überlegung ergänzten Forscher das normale Mäusefutter durch großzügige Portionen von Folsäure, Vitamin B$_{12}$, Cholin und dergleichen, alles Verbindungen, die die Stoffwechselwege hin zum m^{5}C fördern. Das Ergebnis entsprach den Erwartungen: Weibchen, die zwei Wochen vor der Paarung und während der Schwangerschaft die methylierende Nahrung bekommen hatten, gebaren signifikant mehr „dunkle" Nachkommen als Weibchen mit Standard-Diät. Dazu passte, dass der Promotor/Enhancer-Bereich der Kontrolltiere weniger m^{5}C hatte als der Promotor/Enhancer-Bereich der Tiere mit methylierender Nahrung (Abb. 24.1).

Genom der Königin

Zur Illustration nehmen wir einen weiteren Fall von Epigenetik: Bienenköniginnen und Bienenarbeiterinnen. Sie haben exakt das gleiche Genom und doch unterscheiden sie sich drastisch im Aussehen und Verhalten. Königinnen sind größer als Arbeiterinnen, leben länger und sitzen im Bienenstock, wo sie ihrer wichtigsten, ja einzigen Tätigkeit nachgehen, der Produktion von Eiern. Dagegen bleiben Arbeiterinnen ohne Nachkommen, aber fliegen dafür in der Landschaft umher. Die Lebensschicksale werden durch die Ernährung bestimmt, denn nur die Königinnen erhalten Gelée Royale, alle anderen die simple Pollen-und-Honig-Diät. Im Futter kommen Stoffe vor, die die Methylierung der Genome beeinflussen. Obwohl Bienengenome hundert-, ja tausendmal weniger m⁵C besitzen als Säugetiergenome, ließ sich mit den Sequenziermethoden der zweiten Generation zeigen, dass mindestens 500 Gene im Königin-Genom anders methyliert sind als im Arbeiterin-Genom. Mehr noch, die Blockade der DNA-Methyl-Transferase (durch RNAi) reduzierte die Methylierung des Genoms und begünstigte die Entwicklung von Königinnen. Übrigens, Königinnen leben nicht nur ein anderes Leben, sondern auch ein 10–20-mal längeres Leben als Arbeiterinnen. DNA-Methylierung als Altersvorsorge. Alles in allem ergibt das eine wunderbare Geschichte, die zeigt, wie die Umwelt genetische Aktivität durch Epigenetik beeinflussen kann.

Lamarck und die Vererbung erworbener Eigenschaften

Gene können durch die Ernährung, also im weiteren Sinn durch die Umwelt, beeinflusst werden. Das war ein neuer und wichtiger, ja sensationeller Schluss, denn zahlreiche Rätsel auch der menschlichen Genetik erschienen auf einmal in einem anderen Licht. Aber es warf auch eine grundsätzliche Frage auf, nämlich ob erworbene Eigenschaften vererbt werden können.

Es ist ein Glaubenssatz der Biologie, dass August Weismann (1834–1914), Biologie-Professor in Freiburg, die Frage ein und für allemal geklärt hat. Weismann hatte darauf hingewiesen, dass alle vielzelligen Lebewesen zwei grundsätzlich verschiedene Zellarten haben, Körperzellen und Keimzellen. Die Aufgabe von Keimzellen ist es, das Genom von Generation zu Generation weiterzugeben. Mutationen im Genom von Keimzellen werden an die nachfolgende Generation weitergegeben. Anders bei Körperzellen. Hier können Mutationen nur die betroffenen Zellen verändern und deren Nachkommen, die aus mitotischen Teilungen hervorgehen. Alles, was Körperzellen im Laufe des Lebens erwerben, kann nicht an nachfolgende Generationen weitergegeben werden. So sind die Nachkommen athletischer Eltern nicht unbedingt kräftiger als der Durchschnitt. Jede Generation muss sich die dicken Muskelpakete erneut antrainieren.

Aber nun sehen wir an den Beispielen aus der Epigenetik, dass die Umwelt der Eltern den Phänotyp der Nachkommen prägen kann. Ist das nun doch eine Vererbung erworbener Eigenschaften? Der Begriff, mit dem man so etwas oft bezeichnet, heißt „Lamarckismus". Benannt nach Jean-Baptiste de Lamarck (1744–1829), dem französischen Biologen. Lamarck hatte mit bewundernswert stupendem Fleiß dicke Bücher über Pflanzenkunde, über wirbellose Tiere und über Evolution geschrieben. Manches ist inzwischen vergessen, aber anderes und besonders seine Bücher über wirbellose Tiere wurden Klassiker in der Geschichte der Biologie. Aber darüber hinaus blieb Lamarck bekannt als Namensgeber für den Lamarckismus. Das ist kurios, denn die Vererbung erworbener Eigenschaften spielte eigentlich nur eine Nebenrolle in seiner ausführlichen (und überholten) Theorie der Evolution.

Doch Epigenetik taugt nicht, um den Lamarckismus wieder zum Leben zu bringen. Denn die epigenetischen Veränderungen betreffen die DNA in den Körperzellen des sich entwickelnden Embryos und allenfalls noch die DNA in den Keimzellen dieses Embryos. Sie bleiben meist auf die Genome dieses Embryos beschränkt und werden nicht unbedingt auf die dann folgende Generation weitergegeben. Das können sie im Allgemeinen auch nicht, denn während der frühen Phase der Entwicklung von Keimzellen und dann noch einmal in der Zeit nach der Befruchtung, während der allerersten Zellteilungen wird die DNA-Methylierung des gesamten Genoms zwar nicht ganz, aber zum größten Teil gelöscht und danach wieder neu eingerichtet. Erst nach dieser Zeit kann die Umwelt, zum Beispiel in der Form von Ernährung oder anderen elterlichen Zuwendungen, einen Einfluss auf die DNA-Methylierung ausüben.

Fälschung? Epigenetik!

An dieser Stelle unserer Geschichte ist ein Einschub angebracht. Ein Rückblick auf eine traurige Episode, die gelegentlich als „der größte Wissenschaftsskandal des 20. Jahrhunderts" bezeichnet wurde. Ob man das heutzutage immer noch so sehen kann oder ob es nur eine Arabeske am Rande der Biologie-Geschichte ist, mag jeder selbst entscheiden.

Im Mittelpunkt steht ein etwas exzentrischer, aber doch eindrucksvoller, ja wohl auch charmanter Herr: Paul Kammerer (1880–1926). Aus einer wohlhabenden Wiener Familie stammend, zeitlebens zwischen Musik und Wissenschaft schwankend, entschied er sich schließlich für die Zoologie. Seine Stärke war der Umgang mit Reptilien und Amphibien, die er wie kein anderer im Labor kultivieren und züchten konnte. Er beobachtete, schrieb auf und publizierte über 100 Aufsätze in damals recht prominenten zoologischen Journalen. Und dazu kamen noch einige umfangreiche Bücher.

Seine Obsession (und deswegen erwähnen wir ihn hier) war seine Überzeugung von der Vererbbarkeit erworbener Eigenschaften. Zum Beweis machte er Experimente mit Salamandern und Molchen. Aber sein Paradebeispiel war die Geburtshelferkröte, ein skurriles und entlegenes Modellsystem, das sich nur für jemanden eignete, der so perfekt wie Kammerer mit diesen Tieren umgehen konnte. Zudem zogen sich die Experimente über Jahre hin, und eigentlich konnte sie niemand reproduzieren. Es ging darum, dass männliche Geburtshelferkröten, wenn sie ins Wasser versetzt werden, schwarz-gefärbte „Brunftschwielen" an den Armen entwickeln, die sie einsetzen, um sich beim Laichvorgang fest an den Rücken des Weibchens zu klammern. Kammerer schrieb nun, dass sich die „Brunftschwielen" bei den Männchen im Wasser neu ausbilden, und, wenn sie dann einmal da waren, als erworbene Eigenschaft über mehrere Generationen vererbt werden.

Kammerer hielt zahlreiche Vorträge über seine Ergebnisse und Schlussfolgerungen, in Wien, in Deutschland, England und den USA. Er war wohl ein überzeugender Redner, und die Zeitungen (das damalige Leitmedium) berichteten enthusiastisch darüber. Schlagzeilen lauteten: „Die wichtigste Entdeckung", „ein neuer Darwin", „Wiener Biologe als Mann des Jahrhunderts gefeiert" usw.

Nicht alle ließen sich von dem Hype beeindrucken. Auch der große William Bateson, der uns im ersten Kapitel begegnet ist, blieb skeptisch. Es ergab sich eine lebhafte Auseinandersetzung mit Dutzenden von Artikeln und Gegenartikeln in der Zeitschrift *Nature* (1923–1926). Dann kam der Knall: Ein amerikanischer Experte ließ sich in Wien das letzte noch vorhandene Kröten-Exemplar mit Brunftschwielen zeigen und sah sofort, dass sie künstlich mit Tusche gefärbt waren. Eine grobe Fälschung. Kammerer, bloßgestellt, auch schwer beeinträchtigt durch seine Lebensumstände im armen Nachkriegs-Wien, nahm sich das Leben in einem Wander- und Spazierganggebiet nächst Wien.

Diskussionen klangen lange nach. Am eindrücklichsten in dem Buch des bedeutenden Schriftstellers und Essayisten Arthur Koestler: *Der Krötenküsser* oder im englischen Original *The Case of the Midwife Toad* (1972). Koestler meinte, dass die Fälschung so plump war, dass sie unmöglich von Kammerer selbst stammen konnte, sondern von jemandem, der ihm Schaden zufügen wollte. Doch die Sache blieb jahrzehntelang in der Schwebe und geriet allmählich in Vergessenheit. Bis jemand auf die Idee kam, dass die Brunftschwielen an Kammerers Kröten ein Fall von Epigenetik sein könnten (A. O. Vargas, 2009). Eine Eigenschaft, die zwar vererbt wird, aber nicht wie ein ordentliches Gen nach den Regeln von Mendel, sondern stochastisch, zufällig, wie die Agouti-Farben im Experiment der . Abb. 24.1. Ob das nun zutrifft oder nicht, muss solange offen bleiben, bis jemand die für Brunftschwielen verantwortlichen Gene im Krötengenom bestimmt und ihren Methylierungsgrad gemessen hat.

Verhaltensformen

Im Jahre 2004 hat ein Tierexperiment viele Gemüter bewegt. Michael Meaney und seine Mitarbeiter am *Douglas Mental Health University Institute* in Montreal, Kanada, hatten seit Jahren das Verhalten von Tieren in Stresssituationen untersucht. Unter anderem hatten sie entdeckt, dass das Verhalten im Erwachsenenalter stark durch die Art und Weise bestimmt wird, wie Rattenmütter mit ihren neugeborenen Jungen umgehen. Die Fürsorge der Rattenmütter besteht aus einer zugewandten Art des Säugens und zahlreichen Kontakten, etwa Ablecken der Jungen und Pflege ihres Fells. Derart umsorgte Jungen wachsen zu Tieren heran, die weniger furchtsam sind und deswegen eifriger ihre Lebenswelt erkunden als Tiere, die in ihrer frühen Lebensphase vernachlässigt wurden. Überdies werden weibliche Tiere mit positiven Kindheitserfahrungen selbst wieder zu fürsorglichen Müttern. Anders der Lebensweg, wenn die Tiere in früher Jugend vernachlässigt werden, denn dann entwickeln sie sich zu schreckhaften und ängstlichen Erwachsenen.

Die Montreal-Forscher wussten, dass das Gehirn, genauer der als Hypothalamus bekannte Teil des Stammhirns, ein Hormon mit dem Namen *Corticotropin Releasing Factor* (CRF) produziert und dass dieses Hormon seinerseits die Freisetzung des eigentlichen Stresshormons, Glucocorticoid, veranlasst. Die Zellen im Hypothalamus besitzen Glucocorticoidrezeptoren (GR). Wenn das Hormon sich daran bindet, wird in Form einer typischen Rückkopplungsreaktion die Produktion von CRF blockiert und damit die Stressantwort unterbrochen. Die grundlegende Entdeckung ist nun, dass wohlversorgte Nachkommen viele Glucocorticoidrezeptoren produzieren, aber vernachlässigte Nachkommen nur wenige. Mit der Konsequenz, dass die Stresssituation bei vernachlässigten Tieren länger anhält und stärker ausfällt. Aber warum haben die frühen nachgeburtlichen Erlebnisse Konsequenzen für das ganze Leben?

Um diese Frage zu beantworten, verbündeten sich die Verhaltensforscher mit Molekularbiologen von der *McGill University*, ebenfalls in Montreal. Deren Ergebnisse waren verblüffend eindeutig, denn sie zeigten, dass der Promoter des GR-Gens von Tieren, die in den Wochen nach der Geburt vernachlässigt worden sind, stark methyliert und damit weitgehend stillgelegt ist. Umgekehrt der Promoter von umsorgten Tieren. Er ist wenig methyliert, deswegen offen, zieht einen wichtigen Transkriptionsfaktor heran und wird kräftig transkribiert.

Der Aufsatz mit dem Bericht über diese Forschungsarbeiten erschien unter dem Titel „*Epigenetic programming by maternal behavior*" (2004) und fand sofort eine weite Leserschaft, nicht nur in der Gemeinde der Wissenschaftler, sondern weit darüber hinaus in Presse und Fernsehen. Kein Wunder, denn bis dahin dachte man, dass Änderungen im Verhalten auf neue Verbindungen und neue Verschaltungen zwischen Nervenzellen zurückgehen. Aber nun schien es, als wenn das alte Rätsel, nämlich wie frühkindliche Erfahrungen ein ganzes langes Leben prägen, noch eine zweite Lösung gefunden hätte. Eine epigenetische Lösung.

In vielen Laboratorien von Verhaltensforschern löste der Aufsatz eine Art Goldgräberstimmung aus. Lernen, Erinnerung, Abhängigkeit von Drogen und ähnlich wichtige Formen des Verhaltens sollten nun von der DNA-Methylierung spezieller Gene abhängen. Vieles wurde publiziert. Aber es war auch zu hören, dass viele Leute viel Zeit und viel Geld investiert, aber dann nach Jahr und Tag erfolglos aufgegeben hätten. So blieb vieles offen. An erster Stelle die Frage, wie denn mütterliche Zuwendungen die Methylierungsreaktionen steuern können. Welche Art von Biochemie läuft da ab? Und dann stellt sich die Frage, ob das, was für Ratten und andere Versuchstiere gilt, auch auf den Menschen zutrifft.

Dieser letzten Frage sind auch M. Meaney und seine Kollegen in Montreal nachgegangen. Was sie entdeckten, veröffentlichten sie in einem Paper (2009), das für den unbefangenen Leser etwas recht Makabres hat. Es geht um die Gehirne von insgesamt 36 Männern im Alter von 34–35 Jahren. Von diesen hatten sich 24 selbst getötet, und 12 waren plötzlich auf andere Weise ums Leben gekommen. Die Hälfte der Selbstmordopfer hatte eine schwierige Kindheit und Jugend hinter sich mit vielen körperlichen Misshandlungen, sexuellem Missbrauch, extremer Vernachlässigung und dergleichen, während die andere Hälfte der Selbstmordopfer und die Personen der Kontrollgruppe eine unauffällige Kinder- und Jugendzeit erlebt hatte.

Drei Gruppen, je 12 Männer, alle etwa 35 Jahre alt. Der Leser wundert sich und fragt, ob es denn möglich ist, dass innerhalb weniger Jahre selbst in einer Stadt von der Größe Montreals (anderthalb Millionen Einwohner) exakt die Zahl der Todesfälle zusammenkommt, die zur Studie passt. Aber dann erfährt man, dass die Forscher mit einer Einrichtung namens *Quebec Brain Bank* zusammenarbeiten, wo es unter anderem eine Abteilung mit dem Titel *McGill Group for Suicide Studies* gibt. Dort werden die Gehirne von Selbstmordopfern gesammelt und untersucht.

Wie auch immer, das Team der kanadischen Verhaltensforscher und Molekularbiologen, die seinerzeit auch die Experimente mit den Versuchstieren durchgeführt hatten, untersuchte den Zustand der DNA-Methylierung vor den GR-Genen im Hypothalamus der 36 Gehirne und fand (man möchte fast hinzufügen: wen wundert's) einen signifikant höheren Grad der DNA-Methylierung im Promoter des GR-Gens von Selbstmordopfern mit Missbrauch in Kindheit und Jugend, verglichen mit den beiden anderen Gruppen, bei denen kein Missbrauch bekannt war. Und wie im Tierversuch ging hohe DNA-Methylierung mit einer Verringerung der GR-Genexpression einher.

So konnte der Schluss gezogen werden, dass auch beim Menschen frühe Erlebnisse ihre Spuren im Genom hinterlassen, was sich dann ein Leben lang auswirkt. Die Spuren waren die DNA-Methylierung vor einem interessanten Gen.

Der Hungerwinter und Schizophrenie

Wir haben Tierversuche beschrieben, die zeigen, dass Epigenetisches ins Spiel kommt, wenn die Ernährung den Phänotyp nicht nur der betroffenen Individuen, sondern auch den der Nachkommen bestimmt und wenn mütterliche Pflege den Lebensweg nicht nur von Kindern, sondern auch von Enkeln prägt. So wird verständlich, was im Folgenden berichtet wird. Es geht um die schwere psychiatrische Erkrankung Schizophrenie, von der wir gehört hatten, dass sie zumindest teilweise durch bestimmte Genvarianten verursacht wird (Kap. 21). Teilweise. Für den anderen Teil sind Einflüsse aus der Umwelt verantwortlich. In der Literatur ist von vorgeburtlichem Sauerstoffmangel die Rede oder von Misshandlungen in der Kinderzeit, aber auch von Infektionen mit verschiedenen Virus- und Bakterienarten und schließlich von Fehl- oder Mangelernährung der Mutter während der Schwangerschaft.

In diesem Zusammenhang wird in der Literatur immer an eine der vielen Grausamkeiten des Zweiten Weltkriegs erinnert: der holländische Hungerwinter von 1944/45. Nahrung war ohnehin schon knapp, als im September 1944 der Vormarsch der alliierten Truppen in den westlichen Niederlanden zum Halten kam. Die Niederländer wollten den Alliierten zu Hilfe kommen und bestreikten das Eisenbahnnetz. Die deutschen Besatzer antworteten mit einem Zulieferstopp für Lebensmittel. Als dann das Embargo im November 1944 aufgehoben wurde, konnten Lebensmittel nicht wie geplant über das niederländische Kanalsystem herangeschafft werden, denn der Winter hatte früh und mit ungewöhnlicher Heftigkeit eingesetzt, und die Kanäle blieben unbefahrbar. Das Hungerleiden dauerte bis April 1945. Etwa 18.000 Menschen starben, und viele zogen sich Krankheiten für den Rest ihres Lebens zu.

Für die Medizin war der Hungerwinter eine Art von natürlichem Experiment. Hier war eine große Bevölkerungsgruppe für einen umschriebenen Zeitraum einer extremen Unterernährung ausgesetzt. Wie sehen die gesundheitlichen Spätfolgen aus, speziell bei den Nachkommen der Frauen, die im Winter 1944 schwanger waren?

Dass die Neugeborenen ein sehr niedriges Geburtsgewicht hatten, ist nicht verwunderlich. Aber es ist verblüffend, dass auch die Nachkommen dieser Kriegs- und Hungerkinder ungewöhnlich klein zur Welt kamen. Das erinnert an die beschriebenen Tierversuche, wonach sich epigenetische Effekte nicht nur in der ersten, sondern auch noch in der zweiten Nachkommengeneration bemerkbar machen, wenn auch weniger deutlich.

Kinder, die während des Hungerwinters im Mutterleib heranwuchsen, hatten später ungewöhnlich oft an Herz-Kreislauf-Problemen oder Typ-2-Diabetes zu leiden. Aber die meist zitierte und womöglich wichtigste Beobachtung war, dass zweimal so viele Kinder, die im Hungerwinter und in den Monaten danach zur Welt kamen, an Schizophrenie erkrankten wie normal.

Dass das kein Zufall ist, zeigt eine zweite große Studie, diesmal über die Hungerjahre in China. Dort hatte Mao Zedong (1893–1976) gegen Ende der 1950er-Jahre zu einer Reform der Landwirtschaft aufgerufen, bekannt unter dem Slogan vom „Großen Sprung vorwärts". Weil das schlecht geplant und schlecht durchgeführt wurde, kam es zur Katastrophe: extreme Knappheit an Nahrungsmitteln und Hungersnöte, denen Millionen Menschen zum Opfer fielen. In einigen Provinzen wurde das Schicksal von Schwangeren und deren Nachkommen verfolgt. Ähnlich wie in Holland waren unter denen, die während der Hungerszeiten geboren wurden, doppelt so viel Schizophreniekranke wie normal.

Die Interpretation ist, dass bei Mangelernährung bestimmte Gene, die für die Gehirnentwicklung entscheidend sind, durch DNA-Methylierung verändert werden und dass dies bis ins Erwachsenenalter erhalten bleibt. Natürlich bleiben viele Fragen offen, die für die Erforschung der Schizophrenie wichtig sind. Welcher Stoff oder welche Chemikalie in der Nahrung hat solch drastische Folgen? Wie viel und welche Gene sind betroffen? Warum erkranken nicht alle Kinder, sondern erkrankt nur eine Minderheit?

Übertreibungen?

Geschichten wie die von den ungleichen Zwillingen und von der Vererbung erworbener Eigenschaften haben ihren Charme, weil sie zeigen, dass man seinen Genen ein Schnippchen schlagen kann.

Deswegen entwickelte die Zeitungs- und Fernsehwelt ein enormes Interesse für Epigenetik. Ja, das Interesse war so groß, dass mehrere populärwissenschaftliche Bücher geschrieben wurden und ordentliche Verkaufszahlen erzielten. Die Titel der Bücher zeigen, wo es lang geht: *Der zweite Code: Epigenetik oder: Wie wir unser Erbgut steuern können* (von P. Stork, 2009) und *Wie Erfahrungen ver-*

erbt werden (von B. Kegel, 2009). Der *Spiegel* blies in das gleiche Horn, als er einer Titelgeschichte die Überschrift gab: „Der Sieg über die Gene. Wie wir unser Erbgut überlisten können" (am 9. August 2010). Ein flott geschriebener Aufsatz, der dann noch einmal zu einem veritablen Buch erweitert wurde. Sein Titel lautet: *Gene sind kein Schicksal* und der Untertitel *Wie wir unsere Erbanlagen und unser Leben steuern können* (von J. Blech, 2010). Solche Sätze waren vermutlich gut gemeint, aber dann doch auch übertrieben. Denn selbstverständlich sind es die Gene, die den Bauplan für unseren Körper enthalten, auch den des Gehirns. Mit allen Konsequenzen für Wahrnehmung und Verhalten. Epigenetik liefert die Obertöne zur Melodie der Gene.

Strukturen von Chromatin

Um die Konsequenzen der DNA-Methylierung für Gene und ihre Expression zu verstehen, müssen wir ein molekularbiologisches Zwischenstück in die Erzählung einfügen.

Wir hatten früher notiert, dass das Genom nicht als freies DNA-Molekül im Kern von Eukaryotenzellen vorkommt, sondern im Verbund mit Proteinen als Chromatin (Abb. 13.1). Die häufigsten Chromatinproteine sind die Histone, von denen sich je zwei Exemplare der Histone H2A, H2B, H3 und H4 zu dichten Scheiben zusammenlegen, um die sich Abschnitte des DNA-Fadens in etwa zwei Schlingen winden, was zusammen – Histon-Scheibe plus DNA – als Nucleosom beschrieben wird (Abb. 24.2). Mit Abstand betrachtet, könnte das als eine recht monotone Angelegenheit erscheinen – Nucleosom folgt auf Nucleosom – zu nichts anderem gut, als die langen DNA-Fäden im engen Raum des Zellkerns unterzubringen. Was übrigens viele Zell- und Molekularbiologen einige Jahre lang tatsächlich gedacht haben. Aber es zeigte sich, dass zwar manche Folgen von Nucleosomen fest und dicht gepackt sind, aber andere mehr oder weniger locker aneinandergereiht sind; und weiter, dass das dicht gepackte Chromatin meist die genetisch stumme oder stillgelegte DNA enthält, während die aktiven Gene im locker gepackten Chromatin zu finden sind. So steht die Art der Nucleosomenreihung im Dienst der Genregulation, und was hier wichtig ist, der Zustand des Chromatins, also dichte oder lockere Verpackung, kann über Zellgenerationen hinweg vererbt werden. Ein Fall für Epigenetik. Die Definition von Epigenetik ist ja: „vererbbare Zustände der Genaktivität – ohne Veränderungen der Basenpaarsequenz.".

Wie wird das reguliert? Hauptsächlich durch chemische Modifikation der Aminosäuren in den einzelnen Histonen. Spezielle Enzyme können Acetylreste an Histone heften, andere übertragen Methyl- und wieder andere Phosphatreste und anderes mehr. So können vielfach variierbare Muster entstehen: Aminosäuren ohne oder mit ein oder zwei Acetylresten, gefolgt von anderen mit ein, zwei oder drei Methylresten usw. (Abb. 24.2).

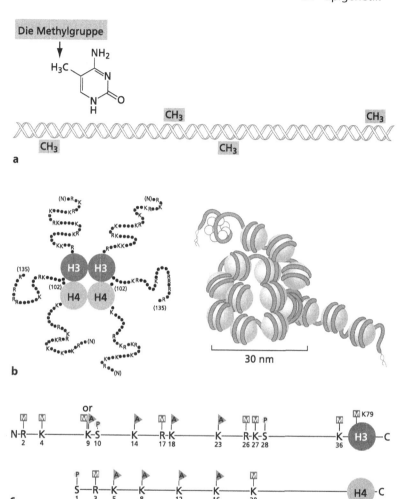

Abb. 24.2 Molekulare Programme der Epigenetik. **a** Cytosin-Bausteine der DNA können durch Anheften von Methylgruppen verändert werden. An „methylierte DNA"
binden spezielle Proteine, die eine dichte Verpackung des Chromatins und damit eine
Abschaltung von Genen verursachen. **b** Chromatin besteht aus Nucleosomen. Das sind
kugelige Proteinkomplexe, um die sich die DNA in zwei Windungen legt. Ein Proteinkomplex ist aus acht Histonmolekülen aufgebaut. Dazu gehören je zwei Moleküle der
Histone H3 und H4. Ein Histon hat einen kompakten Kern und einen flexiblen Schwanz
mit relativ vielen Aminosäuren vom Typ Lysin (*K*) und Arginin (*R*) (die sogenannten
„basischen" Aminosäuren). **c** Hauptsächlich im Bereich der flexiblen Schwänze können Aminosäuren durch „Modifikationen" verändert werden. Und zwar meist durch
Anheftung von Methyl(*M*)-, Acetyl(*A*)- und Phosphat(*P*)-Gruppen. Modifikationen
werden einzeln oder in wechselnden Kombinationen eingeführt. Jede Kombination
bewirkt die Anheftung eigener Gruppen von Proteinen, darunter Transkriptionsfaktoren, die die Aktivität benachbarter Gene beeinflussen. (Daten aus: Richards EJ, Elgin SC
(2002) Epigenetics codes for heterochromatin formation and silencing: round up the
usual suspects. *Cell* 108: 489–500)

Die Konsequenz ist ein regelrechter „Histon-Code", der vom genetischen Apparat der Zelle unterschiedlich interpretiert wird. So hat etwa die Acetylierung der neunten Aminosäure in der Reihe der Aminosäuren von Histon H3, abgekürzt H3K9, eine Auflockerung des Chromatins und eine Expression des betreffenden Gens zur Folge. Ein Beispiel ist das GR-Gen der Hypothalamuszellen von gut umsorgten Rattenjungen, das nicht nur untermethyliert ist, wie im vorangegangenen Abschnitt erzählt, sondern auch acetylierte Histone trägt, was eine lockere Struktur des Chromatins zur Folge hat. Einen umgekehrten Effekt hat die Methylierung der 27. Aminosäure in der Reihe der Aminosäuren, H3K27. Das verursacht nämlich eine Verdichtung des Chromatins.

Zur Illustration sehen wir uns ein Maus-Modell für Depression an. In der betreffenden Untersuchung werden Mäuse unter ständigem Stress gehalten. Dazu werden sie mit einem stärkeren und sozial höher stehenden Tier zusammen auf engem Raum im Käfig untergebracht. Das erzeugt Scheu, Schreckhaftigkeit und andere Verhaltensformen, wie sie auch bei menschlichen Depressionen vorkommen. Unter anderem haben depressive Mäuse eine Methylierung der Aminosäure H3K27 im Histon des Gens für ein Protein namens BDNF (*brain-derived neurotrophic factor*). Dieses Protein hat eine wichtige Funktion bei der Bildung von Kontakten zwischen Nervenzellen im Gehirn. Und das betreffende Gen ist durch Histon-Methylierung stillgelegt. Was nun verblüfft, ist das Ergebnis einer Behandlung mit Antidepressiva. Denn dann erfolgen eine Acetylierung von H3K9 und eine Aktivierung des BDNF-Gens.

Wie wirken sich Histon-Modifikationen aus? Sie können erstens direkt die Nucleosomen-Anordnungen beeinflussen. So verursacht die Acetylierung von Histon H3 – wie im GR-Gen der Ratte – eine Auflockerung dichter Packungen. Zweitens fördern bestimmte Formen von Histon-Modifikation die Anlagerung von Transkriptionsfaktoren, was eine Expression der nachgeschalteten Gene ermöglicht. Und umgekehrt. An methyliertes H3K27 können Proteine binden, die eine Verdichtung des Chromatins bewirken.

Epigenetik und medizinische Forschung

Wohin man auch schaut, man findet Hinweise auf eine Bedeutung der Epigenetik für die Medizin. Zum Beispiel in der Alters- und Gehirnforschung. Modifikationen wie Acetylierungen und Methylierungen von Histonen in Gehirnzellen verändern sich mit dem Alter, und es wird vermutet, dass das irgendwie mit der Abnahme des Wahrnehmungsvermögens zu tun hat. Oder Krebserkrankungen: Ein gut bekanntes, geradezu klassisches Beispiel ist das Gen *CDKN2A*. Es codiert ein Protein, das die Reparatur geschädigter DNA fördert und die Vermehrung von Zellen reguliert. Wenn das Gen ausfällt, neigt die Zelle zu unkontrolliertem

Wachstum. Tatsächlich ist das Gen *CDKN2A* bei vielen Krebserkrankungen, auch bei so häufigen Krebsarten wie Lungen- und Brustkrebs, durch Deletion verloren gegangen oder durch Mutation stark geschädigt. Aber mindestens genau so oft ist die Basenpaarsequenz des Gens unverändert, dafür aber massiv methyliert und damit verschlossen. Überhaupt beobachtet man, dass Gene, die die Vermehrung von Zellen hemmen, in Krebszellen oft übermethyliert und somit stillgelegt sind. Was dann eine unregulierte Zellteilung und -vermehrung zur Folge hat.

Aber zurzeit vielleicht am wichtigsten ist die Rolle der Epigenetik in der großen wissenschaftlichen Debatte über die Frage, wie groß der Einfluss der Gene und wie bedeutend Einwirkungen aus der Umwelt auf die Ausprägung menschlicher Merkmale sind, etwa Körpergröße oder Anfälligkeit für Krankheiten. Wir haben im Laufe unserer Geschichte immer wieder dieses Grundproblem der medizinischen Genetik angesprochen. Eine erste Annäherung ergibt sich aus dem, was wir im Zusammenhang mit den Agouti-Fellfarben gelernt haben, nämlich dass manche Erbgänge auch einen stochastischen, durch den Zufall gesteuerten Verlauf nehmen können. So können die betreffenden Gene sehr stark oder nur mittelstark, wenig oder gar nicht methyliert sein, und entsprechend ergibt sich ein Spektrum der beobachteten Phänotypen. Die Vererbungsregeln nach Gregor Mendel gelten, aber mit Einschränkungen.

Epigenomics Data Base

Um das Jahr 2010 herum war Epigenetik allmählich zu einem etablierten Kapitel der Biologie geworden. Seither werden Jahr für Jahr ein- bis dreitausend wissenschaftliche Aufsätze mit dem Begriff „Epigenetik" im Titel geschrieben. Und das überträgt sich auf die Lehrbücher, in die oft lange Kapitel über Epigenetik aufgenommen wurden (seit 2010). Schließlich gibt es neue Wortableitungen wie Epigenomik. Wir erinnern uns: Genom ist die Summe aller Gene, und so ist das Epigenom die Summe aller epigenetischen Veränderungen. Unter diesem Schlagwort bildete sich ein Forschungsverbund: *International Human Epigenomics Consortium* (2010). Sein Ziel war die Bestimmung von mindestens 1000 Epigenomen vieler verschiedener Typen normaler und krankheitsrelevanter Zellen. Es kam ein eindrucksvoller Katalog von DNA-Methylierungsmustern und von Chromatinabschnitten mit verschieden modifizierten Histonen zustande, nachzulesen im Internet unter *Epigenomics Data Base*.

Wer dann um 2010 immer noch zweifelte, dass es sich bei Epigenetik um ein festgefügtes neues Gebiet der Biologie handelt, brauchte sich nur auf dem Zeitschriftenmarkt umzusehen. Um 2006 kam die Zeitschrift *Epigenetics* heraus, gefolgt im Jahre 2009 durch eine zweite Zeitschrift für den gleichen Leserkreis *Epigenomics*.

Stammzellen

Von Epigenetik sprach und spricht man auch in einem Forschungsfeld, das seit etwa 1990 immer populärer wurde – Stammzellen. Enorme Forschungsmittel wurden bewilligt. Denn man erwartete gewaltige Fortschritte auf biomedizinischem Gebiet. Welches Mitglied von Bewilligungsausschüssen hätte nein sagen wollen, wenn medizinische und wissenschaftliche Autoritäten in großer Einmütigkeit behaupteten, dass sich auf dem Gebiet der Stammzellforschung die Medizin des 21. Jahrhunderts vorbereitet? Mit phantastischen Möglichkeiten zur Behandlung von Diabetes, Herzschwäche, Nervenschäden, Parkinson-Krankheit und was sich heutzutage sonst noch einer effektiven Behandlung entzieht. Stammzellen, so konnte man lesen, sind ein begehrter Rohstoff der Biotechnik, weil sich aus Stammzellen jede beliebige andere Zellart des Körpers entwickeln kann.

Die Eigenschaft von Stammzellen ist, dass bei ihrer Teilung zwei Zelltypen entstehen. Der erste Zelltyp ist wieder eine Stammzelle und der zweite ist auf dem Weg zu einer differenzierten Zelle. Besonders gründlich wurden die Stammzellen im Knochenmark untersucht. Bei gesunden Menschen sind sie ständig mit ihrer Teilung beschäftigt, einmal, um sich zu regenerieren und dann, um die Zellen zu bilden, aus denen schließlich die vielen Zellarten hervorgehen, die in unserem Blut kursieren – rote und weiße Blutzellen, und unter den Letzteren die verschiedenen Zellformen des Immunsystems.

Doch nicht nur im Knochenmark, sondern auch in allen anderen Geweben unseres Körpers kommen Stammzellen in verschieden großen Anteilen vor. Deren Teilung und Vermehrung sind gut reguliert. Wenn zum Beispiel durch Verletzung oder sonstwie Gewebszellen zugrunde gehen, werden Stammzellen aktiviert und Nachkommenzellen entstehen, die die Lücke im Verband des Gewebes schließen.

Stammzellen haben die Phantasie von Medizinern angeregt. Denn die großen Krankheiten der Medizin beruhen oft auf einem Verlust von Zellen – Verlust von Herzzellen beim Herzinfarkt, von Pankreas-Inselzellen bei Diabetes, von Nervenzellen bei der Parkinson- oder Alzheimer-Krankheit usw. Was liegt näher, als die Verluste durch den kontrollierten Zusatz von Stammzellen auszugleichen. Das technische Problem ist, dass die Menge an Stammzellen in jedem Gewebe sehr gering ist, sodass es unmöglich ist, genügend viele Zellen für eine ordentliche Behandlung bereitzustellen.

Embryonale Stammzellen

Deswegen richtete sich der Blick auf embryonale Stammzellen, kurz ES-Zellen. Sie bilden sich während der ersten ein oder zwei Wochen der frühen Embryonalentwicklung von Säugetieren. Der Embryo besteht dann aus einigen Hundert Zellen in einer bläschenförmigen Struktur, der Blastocyste. Sie besteht vereinfacht

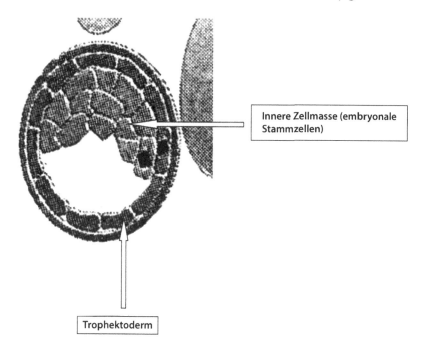

Innere Zellmasse (embryonale Stammzellen)

Trophektoderm

Abb. 24.3 Blastocyste. Das Bild zeigt einen Schnitt durch einen frühen Embryo, etwa sieben Tage nach der Befruchtung und kurz vor dem Einbau in die Uteruswandung. Man erkennt die Form einer kleinen Blase mit einer äußeren Zellschicht, dem Trophektoderm, aus dem sich die Placenta entwickelt. Der eigentliche Embryo entsteht aus der „inneren Zellmasse" mit den embryonalen Stammzellen

gesagt aus zwei Zellarten, eine in der Wandung des Bläschens, woraus später die Placenta entsteht, eine zweite Zellart im Innern, die sogenannte innere Zellmasse mit den ES-Zellen (Abb. 24.3). Daraus entwickeln sich allmählich die etwa 200 verschiedenen Zellarten, aus denen unser Körper aufgebaut ist. Man sagt, ES-Zellen sind pluripotent (von *pluris,* lat. viel, zahlreich und *potens,* lat. fähig).

Seit 1998 gelingt es, menschliche ES-Zellen aus Blastocysten zu gewinnen und im Laboratorium zu vermehren. Und tatsächlich verwandeln sich ES-Zellen unter geeigneten Bedingungen in andere Zelltypen. Also lässt sich im Prinzip die Pluripotenz von ES-Zellen ausnutzen, um andere Zellarten in genügenden Mengen und unter kontrollierten Bedingungen zu produzieren. Im Prinzip – die Praxis ist nicht einfach. Erstens setzt die Kultivierung von ES-Zellen viel zellbiologisches Wissen und biotechnisches Können voraus. Zweitens gelingt die Differenzierung nicht immer, aber es gibt aussichtsreiche experimentelle Lösungen. Das Problem war und ist der dritte Punkt. Ein Punkt, der ethische Prinzipien betrifft.

Fast immer stammen die Blastocysten aus Kliniken, in denen in-vitro-Fertilisation (IVF) praktiziert wird. Bekanntlich geht es bei diesem Verfahren darum, kinderlosen Paaren den Wunsch nach Nachwuchs zu erfüllen. Eizelle und Spermien werden in der Reagenzschale (*in vitro*) zusammengebracht. Meist werden gleich mehrere Eizellen eingesetzt, damit die Chancen für eine erfolgreiche Befruchtung und Implantation möglichst hoch sind. So entstehen mehrere Embryonen. Aber nur eine oder wenige Blastocysten werden in den Uterus der Mutter übertragen. Die restlichen Blastocysten sind überflüssig und können für eventuell zukünftige Schwangerschaften tiefgefroren oder auch anderen Frauen zur Verfügung gestellt werden. Wenn aber weder das eine noch das andere möglich ist, müssen die überschüssigen Blastocysten früher oder später verworfen werden. Eigentlich liegt es nahe, solche überschüssigen Blastocysten mit Zustimmung der Eltern für Forschungszwecke einzusetzen. Ein Ziel sind menschliche ES-Zellen. Aber das erfordert eine Zerstörung des Embryos.

Debatten

Diese Tatsache löste heftige Debatten unter Wissenschaftlern, Berufsethikern, Philosophen, Geistlichen aller Religionen und Konfessionen, Politikern aller Parteien usw. aus. Das Spektrum der Meinungen und Empfindungen reichte von der einen Seite, die sagte, dass menschliches Leben mit der Befruchtung der Eizelle beginne und dass deshalb das Leben des frühen Embryos genauso geschützt werden müsse, wie das Leben von Kindern und Erwachsenen, bis zur anderen Seite, die meinte, dass ein Schutz erst dann gerechtfertigt sei, wenn im Zuge der Entwicklung wichtige Organsysteme entstanden seien, vor allem Gehirn und Nervensystem. Wieder andere fanden, dass der Schutz einsetzen solle, wenn individuelles Leben begonnen habe. Das ist die Zeit, wenn die einzelnen Zellen des Embryos die Fähigkeit verlieren, sich eigenständig zu Mehrlingen zu entwickeln, etwa vom Acht-Zellen-Stadium an. Des Weiteren wurde zu bedenken gegeben, dass frühe Embryonen auch normalerweise oft verloren gehen und die Entwicklung erst nach Einnisten in die Uteruswandung in einigermaßen festen Bahnen verläuft. Demnach wäre es der Zeitpunkt der Implantation in den Uterus, wenn die Schutzwürdigkeit beginnt.

Hier folgt nun keine Wiederholung der Diskussionen, die mit all ihren reichen Details oft an die Debatten mittelalterlicher Scholastiker erinnern. Wir wollen nur kurz sagen, wo sie endeten. In den USA mit der Entscheidung des Präsidenten George W. Bush, dass staatliche Forschungsgelder nicht eingesetzt werden dürfen, um neue embryonale Stammzellen zu gewinnen oder Forschungen an neuen Stammzellen durchzuführen. Das galt bis 2009, als Präsident Barack Obama die Verordnung wieder aufhob, was dann in den Folgejahren vom obersten Gericht bestätigt wurde. In der Schweiz und in Großbritannien dürfen Wissenschaftler Stammzellen aus überschüssigen Embryonen gewinnen und zu

Forschungszwecken verwenden, wenn die Spender von Ei und Spermien, also die Eltern der Blastocysten, zustimmen. Außerdem muss das Forschungsvorhaben begutachtet werden.

In Deutschland gilt das strenge Embryonenschutzgesetz von 1991, das die Zerstörung von Embryonen verbietet. Jedoch dürfen Stammzellen, die vor Mai 2007 andernorts hergestellt wurden, für Forschungszwecke importiert werden (2015). Das erfreute weder die Ethiker, weil das Pharisäerhafte der Entscheidung offensichtlich ist, noch die Forscher, denn viele der importierten ES-Zelllinien waren für die Praxis des Laboratoriums ungeeignet.

Kerne in Eizellen – das Schaf Dolly

Obwohl wir damit scheinbar noch weiter vom Weg der Epigenetik abkommen, möchten wir berichten, dass zu der Zeit, als die Debatte um menschliche ES-Zellen im Gange war, noch eine andere Entwicklung den Verstand und das Gemüt vieler Personen beschäftigte. Im Februar 1997 berichteten Ian Wilmut und seine Kollegen vom Roslin-Institut in Schottland, wie sie Kerne aus den Eizellen von Schafen entfernt und durch Kerne aus dem Eutergewebe ersetzt hatten und wie dann ein Teil dieser künstlichen Gebilde zu Blastocysten heranwuchs, sich davon wieder ein Teil im Uterus von Mutterschafen weiterentwickelte und schließlich ein gesundes und munteres Tier geboren wurde – „Dolly, das Schaf". In über 200 Eizellen wurden Zellkerne aus dem differenzierten Brustdrüsengewebe des Euters eingeschleust, etwa 30-mal begann eine Embryonalentwicklung, aber nur einmal lief sie bis zum Ende ab, nur einmal war ein fertiges Tier entstanden.

Als die Nachricht von Dolly, dem Schaf, Fernsehnachrichten und Schlagzeilen machte, ging vielen Biologen als Erstes durch den Kopf: „Also auch bei Säugetieren ...". Auch bei Säugetieren werden im Laufe der Entwicklung bis hin zu einem hochdifferenzierten Organismus mit vielen verschiedenen Zelltypen keine Gene irreversibel verändert. Das war lange als Möglichkeit diskutiert worden, denn in ausdifferenzierten Zellen werden ja nur die Gene benötigt, die für die Funktion gerade dieser Zellen notwendig sind. Alle anderen Gene sind überflüssig. Sie könnten unwiderruflich stillgelegt oder gar entfernt werden. Aber das geschieht offensichtlich nicht, denn sonst könnte ja unter der Direktion eines Kerns aus volldifferenzierten Zellen keine Embryonalentwicklung beginnen und erfolgreich zu Ende gehen.

„Also auch bei Säugetieren ...". Das „auch" bezieht sich auf eine alte Geschichte aus den 1960er-Jahren. Schon damals hatte John Gurdon (geb. 1933) aus Cambridge, England, Zellkerne von differenzierten Zellen in Eier übertragen, und zwar Kerne aus Froschzellen in Eier von Fröschen. Gurdon beobachtete, wie sich nach einem Kern-Transfer gelegentlich der komplette Organismus einer Kaulquappe entwickelte. Und nun im Jahre 1997 – Dolly. Das Schaf blieb nicht lang das einzige Säugetier, das auf dem Wege des Kern-Transfers erzeugt wurde. In den Jahren 1998–2000 folgten Maus, Kuh, Ziege und Schwein.

Warum nicht auch beim Menschen? Ein Ebenbild zu schaffen, das einen überlebt und das „Selbst" über Generationen intakt hält, ohne die Beimischung fremder Gene. Ein Menschheitstraum. Tatsächlich konnte man damals in Tageszeitungen lesen, dass zumindest zwei Reproduktionsmediziner genau dies vorhatten.

Das regte die öffentliche Debatte um die Reproduktionsmedizin erst recht an. Wir wollen sie nicht wiederholen, zumal sich die Aufregung bald legte. Nicht zuletzt, weil sich die Wissenschaft selbst sehr deutlich zu Wort meldete. Zum Beispiel Ian Wilmut, der Schöpfer von Dolly, und Rudolf Jaenisch, der führende Stammzellforscher vom MIT in Cambridge, USA. Sie schrieben einen kurzen, emphatischen Artikel in *Science* (März 2001) unter dem Titel *„Don't clone humans!"* Sie wiesen darauf hin, dass eine Erzeugung von Tieren durch Kern-Transfer extrem ineffizient ist, denn die weitaus meisten frühen Embryos sterben bald nach der Transplantation im Uterus ab. Beim Menschen wird das nicht anders sein. Und woher sollen die vielen Eizellen kommen, die man brauchen würde, um schließlich doch noch einen geklonten Menschen zu erhalten? Dazu kommt, dass die meisten Tiere, die nach einer anscheinend normalen Schwangerschaft zur Welt kommen, schwer geschädigt sind, durch allerlei Missbildungen und durch Neigung zu Krankheiten. Auch das wird bei Menschen ähnlich sein. Deswegen, so die beiden Wissenschaftler, die für viele andere sprachen, wäre ein Klonen von Menschen durch Kern-Transfer unverantwortlich.

Außerdem verbreitete sich allmählich die Einsicht, dass ein menschlicher Klon zwar in vielen äußeren Merkmalen dem Zellkernspender ähnlich sein mag, aber sonst durchaus verschieden sein wird. Denn das Verhalten wird entscheidend durch die Erfahrungen des Lebens geprägt, besonders durch Erfahrungen des frühen Lebens, wenn sich die wichtigen Verbindungen zwischen den Nervenzellen des Gehirns ausbilden (und individuelle DNA-Methylierungsmuster entstehen). Damit war das Klonieren für Zwecke der Reproduktion nach allen seriösen Kriterien am Ende.

Nicht aber das sogenannte therapeutische Klonieren. Ausgangspunkt sind Kerne aus den Zellen einzelner Personen, und Ziel sind ES-Zellen, aus denen differenzierte Zellen entstehen, mit den immunologischen Eigenarten des Kernspenders. Der Vorteil ist, dass solche Zellen bei einer eventuellen Zelltherapie als eigen akzeptiert und nicht abgestoßen werden. Der Nachteil ist, dass das alles sehr aufwendig ist und vor allem wiederum mit der Zerstörung von menschlichen Embryonen einhergeht. Dann hatte sich auch das therapeutische Klonen bald überholt. Es wurde abgelöst von einer ganz unerwarteten Entwicklung. Darüber gleich die Einzelheiten.

Zuvor nennen wir noch einen kleinen Aufsatz, den der Altmeister John Gurdon im Jahre 2003 veröffentlichte. Ein Rückblick auf einige Jahrzehnte Kern-Transfergeschichte. Gurdon betonte zwei Punkte. Erstens die wissenschaftlich bedeutsame Erkenntnis, dass das Genom während der langen Entwicklung von der befruchteten Eizelle bis zu den differenzierten Zellen des ausgewachsenen Körpers unverändert bleibt. Und zweitens die Erfahrung der Experimentatoren, dass die Reprogrammierung extrem ineffizient ist. Nur höchstens ein Prozent der durch Kern-Transfer programmierten Eizellen entwickeln sich zum fertigen Organismus. Warum? Gurdon diskutierte Methodisches und Zellbiologisches, aber meinte, dass wohl am wichtigsten die Neuausrichtung des Epigenetik-Musters im Genom des ins Ei übertragenen Zellkerns sei. Die Embryonalentwicklung geht einher mit der Entfernung von alten und Einrichtung von neuen DNA-Methylierungen sowie mit der Auflösung von dicht gepacktem Chromatin und dessen Neubildung, womöglich an ganz anderen Stellen des Genoms. Wir hatten gesehen, dass diese Prozesse erheblich von Zufälligkeiten abhängen, und so mag es nicht verwundern, wenn die Prozesse von Neuausrichtung und Anpassung in vielen Zellen nicht recht gelingen. Das ist alles noch unklar, aber die Erforschung der Details ist ein eigenständiges und viel beackertes Wissenschaftsgebiet geworden (2016).

Induzierte pluripotente Stammzellen

Ein paar Jahre nach Gurdons Rückblick kam der erwähnte entscheidende Fortschritt von unerwarteter Stelle, nämlich von der Kyoto-Universität in Japan (2006). Shinya Yamanaka (geb. 1962) und Mitarbeiter setzten die Stammzellforscher in Aufregung und verblüfften den Rest der zellbiologischen Gemeinde. Die Forscher zeigten, dass ein Cocktail von Genen für nur vier wohl bekannte Transkriptionsfaktoren ausreicht, um differenzierte Bindegewebszellen unter den Bedingungen des Laboratoriums in Zellen zu überführen, die alle Eigenschaften von Stammzellen besitzen (Abb. 24.4). Deswegen die Bezeichnung „iPS-Zellen" für „induzierte pluripotente Stammzellen". Später zeigte sich, dass nicht nur Bindegewebszellen, sondern viele andere Zellarten auf gleichem Weg in iPS-Zellen überführt werden können und wichtig, dass sich normale Nachkommen-Mäuse entwickeln, wenn iPS-Zellen in Blastocysten anstelle der embryonalen Stammzellen gesetzt werden. Offensichtlich reichen die vier Transkriptionsfaktoren im Yamanaka-Experiment aus, um das ganze Repertoire von Genen anzudrehen, das für die Neuprogrammierung notwendig ist. Aus welchen Genen das Repertoire im Einzelnen be-

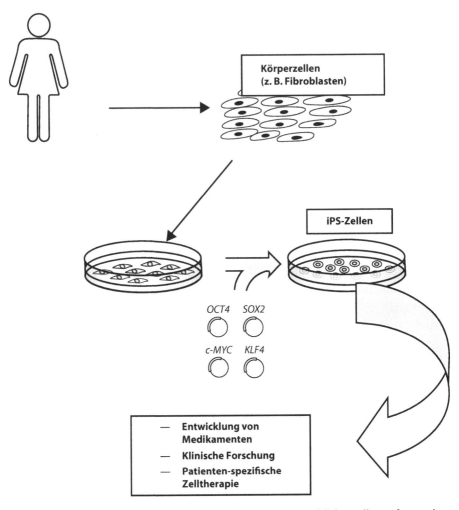

Abb. 24.4 Induzierte pluripotente Stammzellen (iPS). Menschliche Zellen, oft aus dem Untergewebe der Haut (Fibroblasten), vermehren sich unter den Bedingungen der Zellkultur auf dem Boden von Plastikschalen. Speziell dafür zubereitete Retroviren übertragen die Gene für die vier angegebenen Transkriptionsfaktoren. Daraufhin verändern einige Zellen ihre Eigenschaften und werden zu induzierten pluripotenten Stammzellen, kurz iPS. Diese Zellen können nützlich sein. Und zwar, bei der Erprobung neuer Medikamente und bei der Erforschung vieler Krankheiten. In diesen Fällen stammen die iPS-Zellen von Patienten, die an den betreffenden Krankheiten leiden. Und dann gibt es noch einen dritten Punkt – und das ist die Hoffnung vieler Zellforscher, Mediziner und Patienten: iPS-Zellen könnten als Ersatz für Zellen dienen, die im Verlauf einer Krankheit zugrunde gehen. Aber das ist zurzeit noch Zukunftsmusik (2016). (Nach: Yamanaka S, Blau HM (2010) Nuclear reprogramming to a pluripotent state by three approaches. *Nature* 465: 704–712)

steht und wie sich das Neuprogrammieren von Zellen abspielt, wird zurzeit intensiv untersucht (2016). Was die Praxis der Biotechnologie betrifft, liegt im Yamanaka-Verfahren natürlich ein großes Potenzial von Möglichkeiten, denn im Prinzip kann jede Zelle im Körper eines erwachsenen Menschen in ES-Zellen überführt werden. Damit steht die Tür offen für die unbeschränkte Produktion jeder Zellart. Und zwar ohne all die ethischen Bedenken, die die Arbeit mit ES-Zellen aus Blastocysten belasten. Kein Wunder, dass sich in den Jahren nach 2006 bald Dutzende von Arbeitsgruppen auf das iPS-Zell-Gebiet drängten und das Yamanaka-Verfahren benutzten, um ein möglichst großes Stück vom erwarteten Gewinn abzubekommen. Wieder gab es einen Hype in der biomedizinischen Forschung.

Für unsere Geschichte ist erwähnenswert, dass – wie beim Kern-Transfer in Eizellen – nur ein sehr geringer Teil der Zellen die Umsteuerung des genetischen Programms mitmacht und zu iPS-Zellen wird. Dafür gibt es verschiedene Gründe. Darunter vor allem, dass bei der Überführung in iPS-Zellen bei Weitem nicht alle DNA-Methylierungen der Ursprungszellen entfernt werden. Die iPS-Zellen enthalten noch viele DNA-Methylierungsmuster der erwachsenen und differenzierten Zellen, aus denen sie hervorgegangen sind.

Schließlich müssen wir noch nachtragen und hervorheben, dass John Gurdon und Shinya Yamanaka im Jahre 2012 den Nobelpreis für Medizin erhielten „für die Entdeckung, dass reife Zellen in Stammzellen überführt („reprogrammiert") werden können und dass diese sich zu allen Geweben des Körpers entwickeln können" (wie es in der Verlautbarung des Nobelpreis-Komitees heißt).

Genomische Prägung

In einer Geschichte des Gens sollte ein besonderer Fall von Epigenetik nicht fehlen, weil er seit den 1980er-Jahren für Aufsehen weit über den Kreis der Genetiker und Biologen hinaus sorgte – *Genomic Imprinting* oder auf Deutsch „genomische Prägung". Das Interessante dabei ist, dass väterliche (paternale) und mütterliche (maternale) Allele unterschiedlich exprimiert werden, obwohl sie doch identische Basenpaarsequenzen haben.

Ein klassisches Experiment von James McGrath und Davor Solter (1984) aus der experimentellen Biologie zeigt eindrucksvoll, dass manche paternalen Gene andere Aufgaben bei der Entwicklung von Säugetieren haben als die entsprechenden maternalen Gene. Das Experiment beginnt mit der Untersuchung befruchteter Mauseizellen, unmittelbar nach dem Kontakt mit dem Mausspermium. In diesem Zustand sind der Kern der Eizelle und der Kern des Spermiums noch nicht miteinander verschmolzen, sondern als unterschiedlich große Vorkerne sichtbar. Die beiden Forscher führten Austausche durch: Der männliche Vorkern wird gegen den weiblichen Vorkern aus einer anderen befruchteten Eizelle ausgetauscht und umgekehrt. So entstehen diploide Zellkerne mit entweder nur mütterlichen oder nur väterlichen Genomen. Die Eizellen teilen sich und durchlaufen einige Stadien der frühen Entwicklung, sterben aber kurz vor oder kurz nach der Implantation in die Uteruswand. Später durchgeführte Untersuchungen der frühen Embryonen ergaben interessante Ergebnisse:

- Zellen mit zwei maternalen Genomen entwickeln sich in Richtung innere Zellmasse, aus der normalerweise der eigentliche Embryo entstehen würde;
- Zellen mit zwei paternalen Genomen bilden das extraembryonale Trophektoderm, aus dem sich die Placenta entwickeln würde.

Im Laufe der Zeit stellte sich heraus, dass mindestens 80, aber vermutlich mehr als hundert Gene von Maus und Mensch genomisch geprägt sind. Einige Dutzend dieser Gene sind gut untersucht, entweder durch direkte genetische Experimente bei der Maus oder durch die molekulare Analyse von angeborenen Krankheiten beim Menschen.

Als Beispiel für eine Krankheit nennen wir das Beckwith-Wiedemann-Syndrom (BW-Syndrom), benannt nach dem amerikanischen Pathologen J. Bruce Beckwith und dem deutschen Kinderarzt Hans-Rudolf Wiedemann, die die Krankheit in den 1960er-Jahren zuerst beschrieben haben. Bei Neugeborenen mit dem BW-Syndrom fällt das übernormal hohe Gewicht auf, auch die große Zunge (Makroglossie) und die überschweren inneren Organe wie Leber und Milz. Die Kinder neigen zu embryonalen Tumoren, aber wenn sie gut betreut durch die kritischen Phasen gesteuert werden, haben sie Aussicht auf ein normales Erwachsenenleben.

Die für das BW-Syndrom verantwortlichen Gene liegen auf dem kurzen Arm des menschlichen Chromosoms 11. Wir zeigen in der Abb. 24.5 nur einen kleinen Ausschnitt der Genfolge, die von der genomischen Prägung betroffen ist. In diesem Ausschnitt liegen zwei Gene mit den Bezeichnungen *IGF2* und *H19*. Das Gen *IGF2* codiert einen Wachstumsfaktor (*Insulin-like Growth Factor*), das Gen *H19* eine nicht codierende RNA, die vermutlich ähnlich wie die XIST-RNA des inaktiven X-Chromosoms bestimmte Chromatinbereiche stilllegt (Kap. 23). Wie unsere Abb. 24.5 zeigt, ist *H19* auf dem maternalen Chromosom aktiv und das Gen *IGF2* auf dem paternalen Chromosom. Der Grund dafür ist eine Kontrollregion mit der Bezeichnung ICR (*imprinting control region*) zwischen den beiden Genen. Im maternalen Genom ist ICR nicht methyliert. Deswegen kann ein Blockade-Protein (CTCF) an ICR binden und die Expression von *IGF2* unterdrücken. Im paternalen Genom ist die DNA im Bereich von ICR methyliert, das Blockade-Protein bindet nicht, und *IGF2* ist aktiv.

Beim BW-Syndrom ist sowohl die ICR auf dem paternalen Genom als auch die ICR auf dem maternalen Genom methyliert. So bleiben beide allelen *IGF2*-Gene offen und aktiv. Damit wird doppelt so viel Wachstumsfaktor gebildet wie normalerweise, was unter anderem das Übergewicht der Kinder erklärt.

Man beachte, dass normalerweise das paternale Gen aktiv ist und für den Wachstumsfaktor sorgt. Auch für andere genomisch geprägte Regionen gilt:

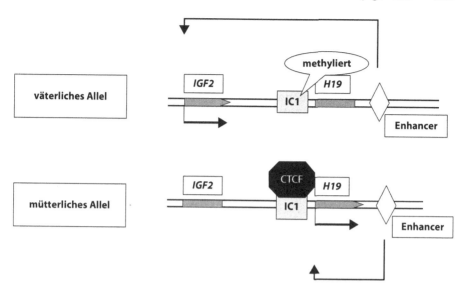

Abb. 24.5 Genomische Prägung. Die Skizze ist eine sehr vereinfachte Darstellung eines Abschnittes auf dem kleinen Arm des menschlichen Chromosoms Nr. 11. Nur zwei Gene sind dargestellt, nämlich *IGF2* für ein Protein, das das Wachstum des Fötus während der Schwangerschaft fördert; und H19 für eine lange nicht codierende RNA (Kap. 23). Außer den beiden Genen enthält der Genomabschnitt noch zwei regulatorische Elemente: erstens einen Enhancer als Bindestelle für positiv wirkende Transkriptionsfaktoren; und zweitens eine DNA-Stelle mit der Bezeichnung IC1 (*imprinting center*). IC1 steht im Zentrum des Geschehens. Die DNA in IC1 kann entweder methyliert sein oder nicht. Wenn sie methyliert ist, wie auf dem väterlichen Allel, aktiviert der Enhancer das (entfernt liegende) Gen *IGF2*. Wenn IC1 nicht methyliert ist, wie im mütterlichen Allel, bindet ein Protein mit der Bezeichnung CTCF. Das wirkt wie ein Stopp-Signal, über das hinweg der Enhancer nicht wirken kann. Dann ist das Gen *H19* aktiv, aber nicht das Gen *IGF2*. Dieses wohl ausgewogene System gerät außer Kontrolle, wenn die Methylierung nicht funktioniert, oder wenn gelegentlich (als Konsequenz bizarrer genetischer Umstände) zwei väterliche Allele vorhanden sind. Dann sind beide *IGF2*-Allele aktiv. Deswegen ist die Menge des Wachstumsfaktors doppelt so hoch wie normal. Die Konsequenz ist unter anderem, dass der Fötus über das normale Maß hinaus wächst. Diese Besonderheit ist in der Kinderheilkunde als Beckwith-Wiedemann-Syndrom bekannt. (Nach: Robertson KD (2005) DNA methylation and human disease. *Nature Rev Genet* 6: 597–610)

Paternale Gene fördern, maternale Gene hemmen eher das fötale Wachstum. Diese Erkenntnis legt eine Antwort auf die Frage nach dem biologischen Sinn der genomischen Prägung nahe. Die Antwort hat mit einem Kampf der Geschlechter um die Größe des Kindes zu tun. Der Vater strebt möglichst große Nachkommen an, weil sie gesünder und kräftiger sind und den Fortbestand seiner Gene besser garantieren als kleine Nachkommen. Dagegen möchte die Mutter mit ihren Ressourcen haushalten und ihre Kräfte für zukünftige Schwangerschaften schonen.

Dass man solche Schlussfolgerungen mit einiger Sicherheit ziehen kann, hängt mit begleitenden Untersuchungen an Mäusen zusammen. Mäuse, deren Gen für den Wachstumsfaktor durch die Knockout-Technik entfernt wird, kommen mit etwa 30 % geringerem Körpergewicht zur Welt als normale Mäuse. Doch holen sie den Nachteil bald nach der Geburt wieder auf. Aber mit der Geburt endet nicht der väterliche Einfluss. Das Prinzip „Förderung des Wachstums durch paternale Gene" gilt auch später noch – von der Optimierung der Temperaturregulierung über eine Ausprägung des Saugreflexes bis zum Brutpflegeverhalten. Dafür verantwortliche Gene werden „genomisch geprägt" und sind paternal aktiv.

25

Um- und Ausblicke

Als ich um 1970 mit der Lehre im Fach Genetik begann, zuerst als Dozent in Heidelberg und Tübingen, dann als junger Professor in Konstanz, war es leicht, in wenigen Vorlesungen des ersten Semesters zu erklären, was ein Gen ist und wie herrlich weit wir es doch gebracht haben seit den Zeiten von Wilhelm Johannsen, der ja, wie berichtet (Kap. 1) um 1910 den Begriff „Gen" eingeführt hatte. Wenn zu Johannsens Zeiten das „Gen" tatsächlich nicht viel mehr war als ein Symbol oder ein vages Wort, mit dem man versuchte, das zu bezeichnen, was als Einheit der Vererbung empfunden wurde, dann war das Gen um 1970 eine handfeste molekularbiologische Sache, nämlich eine Folge von Basenpaaren oder genauer eine Folge von Tripletts oder Codons, ein offenes Leseraster, eingerahmt von einem Start- und einem Stopp-Codon, das transkribiert wird und eine Messenger-RNA liefert zum Programmieren der Proteinsynthese. Ein Gen – ein Protein. Das war's.

Doch im Laufe der Jahrzehnte seit Ende der 1970er-Jahre wurde die Sache immer komplizierter. Ein ganzes Semester war nötig, um das Konzept des Gens gründlich und mit den notwendigen Details darzustellen. Denn je mehr man von Genen und Genetik wusste, umso vorsichtiger wurden Biologen, wenn es um die Definition eines Gens ging. Vor allem war zu bedenken, dass eukaryotische Gene alles andere als offene Leseraster sind, sondern dass sie im Gegenteil aus mehreren oder gar vielen getrennten Exons bestehen, die durch Introns voneinander getrennt sind. Das hatte Konsequenzen für Definitionsversuche. Es wurde noch ein Stück komplizierter, als sich herausstellte, dass alternatives Spleißen eher das Normale als die Ausnahme ist (Abb. 14.6). Damit war klar, dass ein Gen mehrere Proteine codieren kann. Also Schluss mit dem alten Slogan: ein Gen – ein Protein. Dann lernte man, dass es viele Gene gibt, die nicht Proteine, sondern eine von mehreren Arten RNA codieren. Als man das unter dem Dach

© Springer-Verlag GmbH Deutschland 2017
R. Knippers, *Eine kurze Geschichte der Genetik*, DOI 10.1007/978-3-662-53555-4_25

einer Definition zusammenfassen wollte, gelang so etwas wie: „Ein Gen ist eine Einheit der Transkription".

Dieser Satz berücksichtigt nicht die vielen notwendigen Ergänzungen. Etwa Transkripte von Pseudogenen oder Transkripte, die in ein- und derselben Sequenz verschiedene Leseraster enthalten, gegeneinander verschoben durch ein oder zwei Basenpaare. Oder Transkripte mit Introns, die beim Spleißen nicht einfach verworfen werden, sondern Sequenzen für funktionelle RNAs wie tRNAs oder miRNAs enthalten. Oder zusammengesetzte Transkripte, die von verschiedenen Stellen des gleichen Chromosoms oder gar von verschiedenen Chromosomen stammen und durch das sogenannte Trans-Spleißen miteinander verknüpft sind.

Schließlich kam noch das Projekt *Encyclopedia of DNA Elements*, kurz EN-CODE, dazu. Es bereicherte und verwirrte zugleich die Genomforschung. Es war zweifellos eine wichtige Erkenntnis, dass es viele verstreute Startstellen der Transkription gibt, oft weit entfernt von jedem bekannten Gen herkömmlicher Definition. Überhaupt zeigte sich, dass der größte Teil des Genoms transkribiert wird. Etwa in Form der Transkription beider komplementärer DNA-Stränge oder als Transkription von einem Gen bis weit in das nächste hinein oder als Transkription von überlappenden DNA-Sequenzen und anderes. Man fragt sich, wozu, und es ist sicher, dass es da noch viel Überraschendes zu entdecken gibt. Wobei sich andeutet, dass ein Teil der Transkripte überhaupt keine genetische Funktion hat, sondern dass sie nichts anderes sind als Produkte von RNA-Polymerasen im Leerlauf.

Wie auch immer, all diese neuen Entdeckungen geben das faszinierende Bild einer reichen genetischen Komplexität. Sie zeigen, dass die traditionellen Definitionen von Gen nicht ausreichen. Was kann an deren Stelle treten?

Hier ein Versuch:

- Ein Gen ist ein umschriebener Genombereich, der transkribiert wird und der für das Überleben und die Vermehrung des Organismus notwendig ist.

Das klingt umständlich. Aber es ist ja auch nicht für den täglichen Gebrauch gedacht, denn Biologen gehen mit dem Begriff „Gen" recht unbefangen um. Das kann man sehen, wenn man eine der Internetseiten über Genomik aufsucht. Zum Beispiel die vorzügliche Datenbank ENSEMBL vom *European Bioinformatics Institute* (EBI), eine Einrichtung des Europäischen Molekularbiologischen Laboratoriums (EMBL), in der Nähe von Cambridge, England.

Dort findet man unter der Überschrift „Gene des Menschen" ganz konkrete Zahlenangaben (2015). Proteincodierende Gene: 20.313; nicht codierende Gene: 25.180, wozu die Gene für kleine nicht codierende RNAs und für lange nicht codierende RNAs gehören (wie im Kap. 24 beschrieben). Jeder, der diese Zahlen liest, stellt sich unter einem typischen proteincodierenden Gen das charakteristische Konstrukt aus Exons und Introns vor. Entsprechend weiß er, dass ein RNA-codierendes Gen ein Transkriptionsprodukt liefert, das nicht translatiert wird und aus dem ein oder auch mehrere funktionelle RNAs hervorgehen. Zudem ist jedem auch klar, dass es viele Ausnahmen von diesen typischen Strukturen gibt, und man geht davon aus, dass eigens darauf hingewiesen wird, sollte die Rede auf solche Ausnahmen kommen. Mit dieser etwas vagen und unklaren Situation kann die Biologie gut leben.

Weiteres Sequenzieren

Auch einige Jahre nach der kompletten Sequenzierung der Genome vieler Tier- und Pflanzenarten kann niemand allein aufgrund genetischer Informationen das Programm für die Entwicklung eines Tiers oder einer Pflanze nachzeichnen oder voraussagen, welche genetischen Informationen in welchen Phasen abgerufen werden. Wir wissen noch zu wenig. Wir können nicht einmal einfache und offensichtliche Fragen beantworten, etwa die Frage nach der Beziehung zwischen Umwelt und Genetik bei vielen weit verbreiteten Krankheiten oder welche Kette von Reaktionen dazu führt, dass sich einzelne Menschen in Verhalten und Aussehen unterscheiden. Noch kann niemand sagen, wie es kommt, dass der Enkel die Nasen- und Kopfform des Großvaters erbt und das frohe Gemüt und die wache Intelligenz der Großmutter. Abgeschaut? Mag sein, aber der Enkel sieht seine Großmutter nur zweimal im Jahr. Vielleicht also doch ererbt? Aber welche der bekannten 20.000 proteincodierenden menschlichen Gene könnten daran beteiligt sein?

Bald werden Genforscher die Genomsequenzen von Großmüttern, Söhnen, Enkelinnen und Enkeln und natürlich von jedem anderen Menschen nebeneinander legen und nach Unterschieden und Ähnlichkeiten suchen. Denn das DNA-Sequenzieren ist so viel leichter geworden, und die Bioinformatik hat so gewaltige Fortschritte gemacht. Man erinnere sich noch einmal daran, dass das klassische Humangenomprojekt drei Milliarden Dollar gekostet und mehr als zehn Jahre gebraucht hat, während die Sequenziermaschinen des Jahres 2015 ein ganzes Humangenom innerhalb eines Tages schaffen, und zwar zu Kosten von tausend Dollar. Dann hat man gelernt, einzelne Chromosomen zu sequenzieren. Sogar die Chromosomen einer einzelnen Zelle. Kurz gesagt, Tür und Tor zu einer personenbezogenen Genetik stehen weit offen.

Diese erstaunliche Entwicklung hatte schon im Jahre 2010 ihre Chronisten gefunden. Zwei Bücher, deren Titel Programm waren:
- *The $ 1000 Genome: the Revolution in DNA-Sequencing and the New Era of Personalized Medicine*, von Kevin Davies;
- *Here is a Human Being: at the Dawn of Personal Genomics*, von Misha Angrist.

Die Welt der *-omics*

Das Genom mit all seinen Genen ist, wenn man von den relativ seltenen Mutationsereignissen absieht, stabil, statisch, inflexibel und monoton, weitgehend identisch in den vielen Zellen eines Organismus. Zwar kann die Expression der Gene durch allerlei Einwirkungen aus der sozialen und natürlichen Umwelt beeinflusst werden und auch von Zufälligkeiten abhängen, wie wir im Kapitel „Epigenetik" gesehen haben, aber das ändert nichts daran, dass das Genom als Ganzes stabil bleibt.

Anders die Produkte des Genoms, die Proteine. Sie sind nicht statisch, sondern ändern Zahl und Form mit dem Zustand einer Zelle; sie sind nicht stabil, sondern werden ständig neu gebildet und wieder abgebaut; sie sind flexibel, denn verschiedene Proteine können sich in vielfachen Kombinationen zu Komplexen zusammenlagern und viele Proteine werden nach ihrer Synthese modifiziert, durch Anheftung von Phosphat-, Acetyl- und Methylgruppen oder durch weitere Modifikationen. Um herauszufinden, wie sich ein Organismus entwickelt und wie eine Zelle funktioniert, muss man als Erstes den Zustand der Proteine kennen, und zwar nicht nur den Zustand einiger weniger Proteine, sondern möglichst aller Proteine, weil Proteine ja durch ein großes Netz von Wechselwirkungen funktionell miteinander verbunden sind.

Proteom – in Anlehnung an Genom – ist der Begriff, mit dem die Gesamtheit der Proteine einer Zelle bezeichnet wird, und das zugehörige Forschungsfeld heißt Proteomik. Es ist ziemlich weit fortgeschritten, dank methodischer Verfahren, hauptsächlich der Massenspektroskopie. So kennt man seit 2008 die Proteome von haploiden und diploiden Hefezellen und seit 2010 die Proteome spezieller menschlicher Zellen. Schon im Jahre 2001 hat sich eine internationale Organisation gebildet, HUPO, *Human Proteom Organization*, ganz in Analogie zur alten HUGO, der *Human Genome Organization*. HUPO veranstaltet jährliche Treffen und gibt eine eigene Zeitschrift heraus (*Journal of Proteome Research*), eine Pflichtlektüre für alle, die sich für die Proteinausstattung von Zellen interessieren.

Keine Frage, Proteomik hat Karriere gemacht. Andere Zweige der Biochemie und Molekularbiologie stehen nicht zurück. Inzwischen sind die -omik-Forschungsfelder nicht mehr zu übersehen. Wir nennen nur einige davon. Epigenomik hatten wir genannt (Kap. 24). Sie erforscht das Epigenom, die Summe aller epigenetischen Veränderungen der DNA. Dann gibt es Transkriptomik, die das Transkriptom erforscht, die Summe sämtlicher Transkripte einer Zelle oder eines Organs. Das Glycom umfasst alle zuckerähnlichen Verbindungen auf den Zelloberflächen; das Secretom alles, was die Zellen sezernieren (ausscheiden); und das Interactom betrifft alle möglichen Wechselwirkungen (Interaktionen) zwischen Proteinen so wie das Metabolom alle Stoffwechselprodukte einer Zelle, eines Gewebes oder eines Organismus erfasst. Dann nennen wir noch das Microbiom. Das sind alle Bakterien, die am und im menschlichen Organismus beheimatet sind, mit immerhin mehr als tausend Arten allein im Magen-Darm-Trakt. Man sagt, dass die Zahl der Bakterien auf und in unserem Körper um einiges größer ist als die Zahl der Zellen, aus denen der Körper aufgebaut ist.

Und was ist ein Metagenom? Die Gesamtheit aller Gene der Lebewesen eines Biotops. Das Forschungsgebiet heißt Metagenomik. Und was es damit auf sich hat, zeigten beispielsweise Craig Venter und seine Leute, als sie mit dem Shotgun-DNA-Sequenzierverfahren alles untersuchten, was in den Netzen von Venters Hochsee-Yacht als Mikroplankton hängen blieb. Es ergaben sich viele Milliarden Basenpaare, die einige Hunderttausend neue proteincodierende Gene repräsentieren, von Tausenden Bakterien- und Virusarten. Die meisten waren bis dahin völlig unbekannt. *Big Data*. Und die Frage ist, wie und wann kann man das alles in Ruhe und mit Gewinn für die Wissenschaft erforschen?

Und schließlich noch eine Kuriosität. Wissenschaftler aus einem ganz anderen Bereich, der Literaturwissenschaft, haben sich die moderne Biologie zum Vorbild genommen und sind dabei, riesige Datenmengen anzuhäufen. Das Ziel ist die Sammlung aller Wörter, die jemals gedruckt wurden. Mit Schmunzeln nennen sie ihr Programm: *Culturomics,* „eine quantitative Analyse von Kultur durch die Auswertung vieler Millionen digitalisierter Bücher" mit vielen Milliarden Wörtern von der Zeit der Renaissance um 1500 bis heute. Eine erste Analyse erschien in *Science* vom 14. Januar 2011. Viel Unerwartetes war dabei nicht herausgekommen. Das ändert sich. Linguisten benutzen zunehmend die Wörtersammlungen für ihre Arbeiten. Es ist kurios und interessant zugleich, dass der -omik-Eifer auch die Buchwissenschaften erfasst hat.

Was bringt das Sammeln der riesigen Datenmengen?

Zunächst einmal setzt es Hunderte von Molekularbiologen und Informatikern in Lohn und Brot. Das sieht man allein daran, dass jeweils Dutzende, nicht selten über hundert Autoren an den Berichten über einzelne „-omik"-Felder beteiligt sind. Sie haben die neuesten molekularbiologischen, biochemischen und bioinformatorischen Methoden kennengelernt. Das wird ihnen zugutekommen, wenn sie sich später anderen Forschungs- und Entwicklungsarbeiten zuwenden.

Dann sagt man, dass die „-omiks" einen Einstieg in die „personalisierte Medizin" bieten könnten. Und das ist ja bekanntlich das Schlagwort, unter dem sich zukunftsorientierte Mediziner zusammenfinden. Wie die „-omik"-Technologie funktionieren könnte, zeigten erstmals Michael Snyder und seine vierzig Mitarbeiter von der Genetik-Abteilung der Stanford-Universität in Kalifornien (2012). Sie untersuchten etwas, was sie als „integratives persönliches -omik-Profil" bezeichneten. Es handelt sich um eine Kombination von Genomik, Transkriptomik (der Blutzellen), Proteomik (im Blutserum), Metabolomik (alle Stoffwechselprodukte im Blut) usw. Und das alles wurde über eine Zeit von 14 Monaten bei einer Person gemessen, nämlich bei Snyder selbst. Was kam heraus? Eine gewaltige Menge von mehreren Milliarden Messdaten. Daraus lasen die Forscher den Zustand nach Mahlzeiten, während der Schlaf-Wach-Rhythmen und dergleichen heraus, und auch wann Snyder Schnupfen und Erkältung hatte, und sie diagnostizierten eine beginnende Diabeteserkrankung. Das waren eher dürftige Ergebnisse. Trotzdem wurde die Arbeit von Snyder und Mitarbeitern als Beginn einer Medizin der Zukunft gefeiert. Aber ob das aufwendige und teure Verfahren jemals von Nutzen für die praktische Medizin sein wird, muss sich erst noch erweisen.

Viel eher werden die riesigen Datensammlungen zum Fortschritt der Biologie beitragen. Biologen waren sich ja seit jeher darüber im Klaren, dass all ihre schönen Arbeiten über einzelne Moleküle, Zellen, Organe, ja über einzelne Tier- und Pflanzenarten jeweils nur einen kleinen Ausschnitt des Lebens auf der Erde wiedergeben können. Denn wenn man allein nur das Leben einer einzigen Zelle ordentlich beschreiben will, müssen Zehn-, ja Hundertausende von Wechselwirkungen zwischen den vielen Proteinen und zwischen diesen und den verschiedenen RNA-Arten und der DNA berücksichtigt werden. Dazu kommen die komplizierten Fett- und Zuckerverbindungen. Zwischen all diesen Komponenten bestehen Netzwerke wechselseitiger Beziehungen, die nicht starr sind, sondern sich bilden und wieder lösen als Reaktionen auf die Veränderungen in der Umgebung wie Temperatur, Verfügbarkeit von Wasser und Nährstoffen und anderes. Wie will man dieses komplexe Geschehen im Wunderwerk der Zelle je in den Griff bekommen? Eine allererste Voraussetzung sind die „-omik"-Datenbanken. Sie sind wie die Wörterbücher, die Übersetzer beim Umgang mit einer fremden Sprache heranziehen.

Was für eine einzige Zelle gilt, gilt noch mehr für ein Organ oder für einen ganzen pflanzlichen oder tierischen Organismus mit den Milliarden Wechselwirkungen im Innern und den vielfachen Beziehungen zu den umgebenden physikalischen, ökologischen und sozialen Welten. Zur Erforschung dieser verwirrenden und zugleich wunderbaren Komplexität haben sich Informatik und Biologie zu einem neuen Forschungsfeld zusammengefunden: Systembiologie.

Biologie und Informatik treffen sich beim Modellieren am Computer. Gewiss, die Anfänge der Systembiologie reichen weit in die Vor-Computer-Zeit zurück, aber populär wurde sie erst um 2000, nachdem Genom, Transkriptom und Proteom Haushaltswörter der Biologie geworden waren. Seit 2005 gibt es eine Zeitschrift namens *Molecular Systems Biology*, herausgegeben von EMBO Press.

Was andere dazu sagten

„Was die Dinge so verstörend und rätselhaft macht, ist der Grad ihrer Komplexität, nicht ihre Größe – ein Stern ist einfacher als ein Insekt." Und: „Die gewaltige Hitze in den Sternen und im frühen Universum macht, dass alles in die einfachsten Bestandteile zerfällt. Es sind die Biologen mit ihren Forschungen über die verworrenen und vielschichtigen Strukturen von Bäumen, Schmetterlingen und Gehirnen, die die größeren Herausforderungen zu meistern haben", schreibt Martin Rees, Professor für Kosmologie und Astrophysik und Königlicher Astronom in Cambridge (in „Exploring our universe and others", *Scientific American*, Dezember 1999).

Und Martin A. Bucher, Mathematik-Professor in Cambridge, England, und David N. Spergel, Astrophysiker an der *Princeton University*, USA, schreiben: „Kosmologie gilt als schwierige Wissenschaft, aber in vieler Hinsicht ist das ganze Universum leichter zu erklären und zu verstehen als ein einzelliges Tier" (in „Low-density universe", *Scientific American*, Januar 1999).

Synthetische Biologie

Wenn es so schwer ist, die Komplexität lebender Systeme zu beschreiben und zu verstehen, könnte die Biologie ja auf ganz anderen Wegen vorankommen. Auf Wegen, die nicht nur durch Physik und Chemie bestimmt werden (wie in der zweiten Hälfte des 20. Jahrhunderts), auch nicht nur durch Informatik (wie in den Jahrzehnten nach 1990), sondern durch Ingenieurwissenschaften.

Das Stichwort ist synthetische Biologie. Oft genannte Ziele sind unter anderem:

* Design von Proteinen, eventuell aufgebaut aus künstlichen, neuartigen Aminosäuren, für Funktionen, die nicht in der Natur vorkommen;
* Zusammensetzen neuartiger Schaltkreise zum An- und Abschalten von Genen und Genfolgen und der Einbau solcher Systeme in die Genome von Zellen, mit der Absicht, Stoffwechselprozesse zu beschleunigen, zu optimieren oder gar erst zu ermöglichen;
* Bau neuer bakterienähnlicher Organismen für die Produktion von Nährstoffen, von Medikamenten, anderen Chemikalien, auch zur Gewinnung von Energie und zur Entsorgung von Umweltgiften.

Vielleicht bekommen Biologen über den Umweg der synthetischen Biologie eine bessere Vorstellung davon, wie die Netzwerke natürlicher Reaktionen zustande kommen, wie Entwicklungsabläufe programmiert sind, welche Stoffwechselketten überhaupt möglich sind und wie das Design von Regelkreisen und Signalwegen aussehen könnte.

Schon in den frühen 2000er-Jahren konnte man einige eindrucksvolle biosynthetische Leistungen bewundern. Ein erstes Beispiel war die Herstellung eines pharmazeutischen Produktes, Artemisinin, ein wichtiges Mittel zur Bekämpfung des Malariaerregers *Plasmodium falciparum*. Artemisinin wird vom Einjährigen Beifuß (*Artemisia annua*) gebildet, einer Pflanze aus der Familie der Korbblütler, die hauptsächlich in China und Vietnam vorkommt. Extrakte aus dieser Pflanze wurden seit vielen Jahrhunderten in der chinesischen Medizin zur Behandlung von Malariakranken eingesetzt. Es gilt heute als „das beste Malariamittel der Welt". Dies erkannt und durchgesetzt zu haben, war hauptsächlich das Verdienst der chinesischen Wissenschaftlerin Tu You You, die dafür mit dem Medizin-Nobelpreis des Jahres 2015 ausgezeichnet wurde.

Reines Artemisinin wurde hauptsächlich aus pflanzlichen Extrakten hergestellt. Das ist ein mühsames und kostspieliges Unternehmen. Deswegen die Suche nach alternativen Verfahren. Im Jahre 2006 fand eine Arbeit aus dem *Center for Synthetic Biology*, University of California, Berkeley, große Beachtung. Den Berkeley-Forschern gelang es, einige passende Gene des Einjährigen Beifuß' unter der Regulation bakterieller Promotoren in Hefezellen zu aktivieren. Tatsächlich produzierten die in Berkeley zubereiteten Hefen große Mengen einer Vorstufe von Artemisinin. Die Vorstufe kann ohne Weiteres in das fertige Medikament überführt werden. Das französisches Pharma-Unternehmen Sanofi-Aventis hat die Lizenz erworben und stellt Artemisinin aus Hefe großtechnisch her. Und die Bill-und-Melinda-Gates-Stiftung sorgt dafür, dass ein Teil der Produktion bedürftigen Menschen kostenlos zur Verfügung gestellt wird.

Die Arbeit am *Center for Synthetic Biology* in Berkeley hat wegen ihrer technischen Brillanz und ihrer praktischen Bedeutung große Beachtung gefunden. Aber eigentlich konnte sie nicht als etwas dramatisch Neues gelten. Denn herkömmliche Gentechnik hatte ja schon vor Jahrzehnten gezeigt, dass Gene in artfremden Organismen effizient exprimiert werden können. Da war dann die Herstellung eines Syntheseswegs hin zum Morphin schon deutlich komplizierter. In jahrelanger Arbeit bauten Bioingenieure aus Genen der Mohnpflanze, der Zuckerrübe und eines Bodenbakteriums ein System zusammen, mit dem sich Morphin in Hefezellen produzieren lässt (2015). Andere zusammengesetzte Folgen von Genen aus verschiedenen Organismen wurden veröffentlicht. War das nun der Beginn des Zeitalters der synthetischen Biologie oder nur eine höchst komplizierte Gentechnologie?

Da bietet die Idee, Bakterien mit minimalem Genbestand herzustellen und dann kreativ weiterzuentwickeln, eine andere und neue Perspektive. Einen Anfang machte das J.-Craig-Venter-Institut (JCVI) an den beiden Standorten Rockville in Maryland und San Diego in Kalifornien. Das Institut war im Jahre 2006 aus Venters Vorläufer-Instituten hervorgegangen, wo Genomgeschichte geschrieben worden war: die Sequenzierung des allersten Bakteriengenoms, gefolgt von vielen weiteren Bakteriengenomen, vor allem die Sequenzierung von Mensch-, Maus-, Ratten-, Fliegen- und sonstigen Eukaryotengenomen (Kap. 20). Jetzt ging es um den Zusammenbau eines ganzen Bakteriengenoms.

Nach aufwendigen Vorversuchen konnte das JCVI im Sommer 2010 Schlagzeilen machen: die Produktion der „ersten Lebensform mit einem komplett synthetischen Genom". Zuerst hatten die Forscher die Sequenz des Genoms einer besonders einfachen Bakterienart bestimmt, und zwar von *Mycoplasma mycoides*, dem Erreger einer Lungenerkrankung bei Ziegen und Rindern. Mykoplasmen sind die einfachsten Bakterien, weil sie quasi als Parasiten in oder auf ihren Wirtszellen leben, oft vorgefertigte Aminosäuren und andere Bausteine übernehmen und eine besonders einfache Zellwand besitzen. Aber es sind eindeutig eigenständige zelluläre Lebewesen mit eigenem Stoffwechsel und unabhängiger Vermehrung. Und das Genom von *Mycoplasma mycoides* besteht immerhin aus etwas mehr als einer Million Basenpaare.

Geleitet von der computergespeicherten Sequenz ließen die JCVI-Forscher ca. 1000 Genomstücke aus je ungefähr 1000 Basenpaaren vollsynthetisch von einer darauf spezialisierten Firma herstellen. Die Einzelstücke wurden dann schrittweise durch Rekombination im Reagenzglas und in Hefezellen miteinander verknüpft. Das fertige Kunst-Genom wurde in eine andere *Mycoplasma*-Art übertragen, deren eigenes Genom entfernt worden war. Das übertragene Genom übernahm bald das genetische Kommando und stellte seine eigenen Proteine her, auch die, die zur Vermehrung notwendig sind. So entstand eine höchst lebendige Bakterienart, die sich unaufhörlich teilte und vermehrte. Sie stammte weitgehend aus der Werkstatt der Venter-Forscher und erhielt deswegen einen eigenen Zusatz zum Namen: *Mycoplasma mycoides* JCVI-syn 1.0. Der Aufsatz, in dem dieses technische Meisterstück beschrieben wurde, hatte denn auch den passenden Titel „*Creation of a bacterial cell controlled by a chemically synthesized genome*" (in *Science* vom 2. Juli 2010).

Wurde hier wirklich Leben in der Retorte geschaffen? Ja und nein. Ja, weil die Bauelemente des Genoms tatsächlich durch chemische Synthese geschaffen wurden und weil es sich, anders als bei der klassischen Gentechnik, nicht nur um einige wenige Gene handelte, sondern um ein ganzes Genom. Nein, weil sich alles nach den Konzepten der viele Millionen Jahre alten Evolution richtete, was Struktur und Inhalt der Gene und des gesamten Genoms betraf.

Insofern nichts Neues, außer einer enormen technischen Leistung, die wohl nur möglich war, weil sich am J.-Craig-Venter-Institut ein perfekt eingespieltes und erfahrenes Team von zwei Dutzend hoch kompetenter Gentechniker der Sache angenommen hatte.

Es war ein Anfang. Denn nun konnte man fragen, welche Gene tatsächlich für zelluläres Leben unerlässlich sind, indem man systematisch ein Gen nach dem anderen entfernt und prüft, ob die Zelle das aushält oder nicht. Wieder trat ein Team des J.-Craig-Venter-Instituts an. Sie bauten in fünfjähriger Arbeit und nach einigen frustrierenden Anläufen schließlich „das kleinste Genom eines zellulären Organismus" zusammen. „Eine ganz neue künstliche Art", wie Venter verlautbarte: JCVI-syn 3.0. Die künstliche Zelle hat ein Genom aus 531.000 Basenpaaren mit 473 Genen (darunter 35 RNA-codierende Gene). Wie auch andere Bakterien vermehrt sich die Zelle in einer flüssigen Kultur, die alle notwendigen Nährstoffe enthält. So können sich die verbleibenden Gene auf das wesentliche konzentrieren: Replikation der DNA; Transkription und Translation für Proteine des zellulären Grundgerüstes und der Zellmembran u. a. Und dann blieben noch 149 Gene übrig, die notwendig für das Überleben und die Vermehrung von JCVI-syn 3.0 sind, aber von denen niemand wusste, wozu sie eigentlich gut sind. Das wurde zur eigentlichen Überraschung. Man wunderte sich, dass da ein dreiviertel Jahrhundert Molekularbiologie und ein Viertel Jahrhundert DNA-Sequenziererei vergangen sind und dann auf einmal noch über hundert Gene auftauchen, die offenbar für das Leben absolut notwendig sind, aber vorher nie im Fokus standen. Was uns zeigt, dass selbst die traditionelle Genetik noch längst nicht an ihr Ende gekommen ist.

Wie auch immer. Der nächste Schritt ist nun der Einbau von Genen und Genfolgen in das Minimal-Genom, auch von künstlich entworfenen Genen und Genfolgen mit eigenen Steuer- und Regulationselementen. Man denkt an Gene zur Erzeugung von Kohlenwasserstoffen als Quelle für alternative Energie; Gene zur Synthese von Zuckern, Aminosäuren, Fetten für die Ernährung von Tieren in der Landwirtschaft; Gene für Medikamente und seltene Naturstoffe und anderes mehr. Womöglich wird es bald nicht das technisch Mögliche sein, das die Grenzen setzt, sondern es wird die Phantasie der Gen-Ingenieure sein.

Die Ingenieur-Akademie in England meinte schon 2012: „Synthetische Biologie wird die Grundlagen für eine neue Industrie legen, möglicherweise mit grundlegender Bedeutung für die Zukunft der Volkswirtschaften im Vereinigten Königreich, in Europa und der ganzen Welt." Wer weiß schon, ob das zutreffen wird oder nicht. Aber eines lässt sich absehen, nämlich die Zukunft des Gens als ein Element in den Baukästen der Bioingenieure. Ob das dann zu einem besseren Verständnis des Lebendigen beiträgt, wird sich zeigen.

Noch einige Sätze zum Schluss. Die synthetische Biologie wird begleitet von Besorgnissen, nicht unähnlich den Besorgnissen, die seinerzeit bei der Einführung der Gentechnik geäußert wurden, freilich längst nicht so schrill im Ton wie damals (Kap. 13). Aber auch jetzt geht es wieder um die Gefahr des Entweichens von künstlichen Zellen in die Umwelt, mit der befürchteten Gefährdung von Mensch, Tier und Ökosystem; und es geht um die Gefahr, dass Bioterroristen die synthetische Biologie zur Herstellung von Krankheitserregern ausnutzen. Niemand nimmt die Besorgnisse auf die leichte Schulter. Das J.-Craig-Venter-Institut selbst zusammen mit Gruppen am renommierten MIT (*Massachusetts Institute of Technology*) und anderen haben den Ton angegeben. Sie organisierten Treffen und Konferenzen, wo Ethik-Fachleute, Politiker, Juristen sowie Biologen und andere Richtlinien entwerfen und der Öffentlichkeit vorlegen.

Was das unabsichtliche Entweichen in die Umwelt betrifft, so kann man den künstlichen Mykoplasmen und vergleichbaren Organismen guten Gewissens attestieren, dass sie keine Chance zum Überleben außerhalb des Labors haben. Aber sicherheitshalber kann man ihnen einen Mechanismus einbauen, der ihr Absterben in freier Wildbahn auslöst.

Und Missbrauch? Auch Bioterroristen müssten die für ihre Zwecke notwendigen Gene synthetisieren. Entweder indem sie Aufträge an entsprechende Firmen erteilen oder sich selbst eine Synthesemaschine zulegen. Hier wäre ein Zugriff möglich. So müssten die Synthese-Firmen jeden einzelnen Syntheseauftrag mit entsprechender Software durchforsten und prüfen, ob es sich um möglicherweise gefährliche Sequenzen handelt. Des Weiteren müsste jeder Besitzer einer DNA-Synthesemaschine eigens die Lizenz zum Kauf der notwendigen Chemikalien und zum Betrieb der Anlage einholen. Es sollte keine Maschine betrieben werden, die nicht registriert ist. Und schließlich sollten sich alle Wissenschaftler, die irgendwie mit synthetischer Biologie zu tun haben, durch Teilnahme an entsprechenden Kursen qualifizieren und sich gegenüber Biosicherheits-Komitees legitimieren müssen.

Ob das ausreicht, werden zukünftige Diskussionen zeigen. In Deutschland beschäftigten sich die Deutsche Forschungsgemeinschaft und andere Wissenschaftsorganisationen mit dem Thema. Sie legten einen umfangreichen Bericht vor (2009), in dem auch ethische Fragen angesprochen wurden. Die Gesamttonlage war eher verhalten optimistisch. Ohne Zweifel wird die synthetische Biologie im 21. Jahrhundert zu einem wichtigen und interessanten Zweig der Wissenschaft werden. Und im Rahmen der synthetischen Biologie wird die Geschichte des Gens weitergehen.

Literatur

Kapitel 1

Mendel und die ersten Jahrzehnte

- Fischer EP (1988) Gene sind anders. Erstaunliche Einsichten einer Jahrhundertwissenschaft. Rasch und Röhring, Hamburg
- Kühn A (1950) Grundriss der Vererbungslehre. 2. Aufl. Quelle und Meyer. Heidelberg
- Orel V (1984) Mendel. Oxford University Press
- Stubbe H (1965) Kurze Geschichte der Genetik bis zur Wiederentdeckung der Vererbungsregeln Gregor Mendels. Gustav Fischer, Jena

Kapitel 2

Chromosomen

- Carlson EA (2004) Mendel's Legacy. The Origin of Classical Genetics. Cold Spring Harbor Lab Press, Cold Spring Harbor, NY
- Crow EW, Crow JF (2002) 100 Years Ago: Walter Sutton and the Chromosome Theory of Heredity. *Genetics* 160: 1–4
- Driesch H (1951) Lebenserinnerungen. Ernst Reinhardt, Basel
- Neumann HA (1998) Vom *Ascaris* zum Tumor. Leben und Werk des Biologen Theodor Boveri (1862–1915) Blackwell Wissenschafts-Verlag, Berlin

© Springer-Verlag GmbH Deutschland 2017
R. Knippers, *Eine kurze Geschichte der Genetik*, DOI 10.1007/978-3-662-53555-4

Kapitel 3

Der Fliegenraum

- Allen GE (1978) Thomas Hunt Morgan. The Man and his Science. Pronceton University Press, Princeton
- Morgan TH (1928) The Theory of the Gene. Hafner, New York
- Shine I, Wrobel S (1976) Thomas Hunt Morgan. Pioneer of Genetics. The University Press of Kentucky, Lexington, Kentucky
- Sturtevant AH (1965) A History of Genetics. Harper and Row, New York

Kapitel 4

Gene im Mais

- Berg P, Singer M (2003) George Beadle. An Uncommon Farmer. The Ermergence of Genetics in the 20th Century. Cold Spring Harbor Lab. Press, Cold Spring Harbor, NY
- Fox Keller E (1983) A Feeling for the Organism. The Life and Work of Barbara McClintock. Freeman, NY
- Comfort NC (2001) The Tangled Field. Barbara McClintock's Search for the Patterns of Genetic Control. Harvard University Press, Cambridge, Mass

Kapitel 5

Zwischen Genetik und Eugenik – der Einfluss der Umwelt

- Carlson EA (1981) Genes, Radiation and Society. The Life and Work of H. J. Muller. Cornell University Press, Ithaka, NY
- Kevles DJ (1985) In the Name of Eugenics. Genetics and the Use of Human Heredity. Knopf, New York
- Müller-Hill B (1985) Tödliche Wissenschaft. Die Aussonderung von Juden, Zigeunern und Geisteskranken. 1933–1945. Rowohlt, Hamburg
- Plomin R, Dreary IJ. (2015) Genetics and intelligence differences: five special findings. *Mol. Psych*. 20: 98–108
- Weingart P, Kroll J, Bayertz K (1992) Rasse, Blut und Gene. Geschichte der Eugenik und Rassenhygiene in Deutschland. Suhrkamp, Frankfurt

Kapitel 6

Um- und auch Irrwege: Genetik in Deutschland zwischen 1910 und 1950

- Hagemann R (2000) Erwin Baur (1875–1933) Roman Kovar, Eichenau

- Harwood J (1994) Styles of Scientific Thoughts: the German Genetics Community 1900–1933. University of Chicago Press, Chicago
- Karlson P (1990) Adolf Butenandt. Biochemiker, Hormonforscher, Wissenschaftspolitiker, Wissenschaftl Verlagsgesellschaft, Stuttgart
- Lösch NC (1997) Rasse als Konstrukt. Leben und Werk Eugen Fischers. Eur Hochschulschriften. Peter Lang, Frankfurt
- Weingart P, Kroll J, Bayertz K (1992) Rasse, Blut und Gene. Geschichte der Eugenik und Rassenhygiene in Deutschland. Suhrkamp, Frankfurt

Kapitel 7

Ein Gen – ein Enzym

- Berg P, Singer M (2003) George Beadle. An Uncommon Farmer. The Ermergence of Genetics in the 20th Century. Cold Spring Harbor Lab. Press, Cold Spring Harbor, NY
- Karlson P (1990) Adolf Butenandt. Biochemiker, Hormonforscher, Wissenschaftspolitiker, Wissenschaftl Verlagsgesellschaft, Stuttgart
- Mocek R (2012) Alfred Kühn (1885–1968): Ein Forscherleben. Basilisken-Presse. Natur und Text, Rangsdorf

Kapitel 8

Auf dem Weg in die Molekulare Genetik

- Cairns J, Stent GS, Watson JD (Hrg) (1966) Phage and the Origin of Molecular Biology. Cold Spring Harbor Lab Press, Cold Spring Harbor, NY
- Fischer EP (1985) Licht und Leben. Ein Bericht über Max Delbrück, den Wegbereiter der Molekularbiologie. Universitätsverlag, Konstanz
- Kendrew JC (1967) How molecular biology started. *Scientific American* 216: 141–144
- Kellenberger E (1995) History of phage research as viewed by an European. *FEMS Microbiol Rev* 17: 7–24
- Luria SE (1984) A Slot Machine, a Broken Test Tube. An Autobiography. Harper & Row, NY
- Paul DB, Krimbas CB (1992) Nikolai W. Timofejew-Ressowski. Scientific American 266: 86 – 92
- Rajewsky MF (2008) Nikolaj V. Timofeeff-Ressovsky (1900–1981). In: Max-Delbrück-Centrum für Molekulare Medizin (Hrg) Genetiker in Berlin-Buch, Berlin
- Stent GS (1968) That was the molecular biology that was. *Science* 160: 390–395

- Stent GS (1969) The Coming of the Golden Age. A View of the End of Progress. The Natural History Press, NY
- Wenkel S, Deichmann U (Hrg) Max Delbrück and Cologne. An Early Chapter of German Molecular Biology. World Scientific Pub, Singapore

Kapitel 9

Watson, Crick und die Struktur der DNA

- Anker S, Nelkin D (2004) The Molecular Gaze. Art in the Genetic Age. Cold Spring Harbor Lab Press, Cold Spring Harbor, NY
- Butenandt A (1957) Biochemie der Gene und der Genwirkungen. In: Auerbach C et al (Hrg) Genetik. Wissenschaft der Entscheidung. Eine Vortragsreihe des Süddeutschen Rundfunks. Alfred Kröner, Stuttgart
- Crick F (1988) What Mad Pursue. A Personal View of Scientific Discovery. Basic Books, NY
- Fischer EP (2003) Am Anfang war die Doppelhelix. James D. Watson und die neue Wissenschaft vom Leben. Ullstein, München
- Judson HF (1996) The Eighth Day of Creation. Makers of the Revolution in Biology. Expanded Edition. Cold Spring Harbor Lab Press, Cold Spring Harbor, NY
- Maddox B (2002) Rosalind Franklin. The Dark Lady of DNA. Harpers Collins, NY
- Olby R (1974) The Path to the Double Helix. McMillan, London
- Portugal FH, Cohen JS (1077) A Century of DNA. A History of the Discovery of the Structure and Function of the Genetic Substance. MIT Press, Cambridge, Mass
- Ridley M (2006) Francis Crick – Discoverer of the Genetic Code. Harper Collins, NY
- Watson JD (1969) Die Doppelhelix. Rowohlt, Hamburg
- Watson JD (2000) A Passion for DNA. Genes, Genomes, and Society. Oxford University Press, Oxford
- Watson JD (2003) Gene, Girls und Gamow. Piper, München
- Watson JD, Berry A (2003) DNA – The Secret of Life, Alfred Knopf, NY

Kapitel 10

Der genetische Code

- Judson, HF (1996) The Eighth Day of Creation. Makers of the Revolution in Biology. Expanded Edition. Cold Spring Harbor Lab Press, NY
- Kay LE (2000) Who Wrote the Book of Life? A History of the Genetic Code. Stanford University Press, Stanford

- Portugal FH (2015) The Least Likely Man: Marshall Nirenberg und the Discovery of the Genetic Code. MIT Press
- Thieffry D (1998) Forty years under the central dogma. *Trends in Biochem Sci* 23: 312–316

Kapitel 11

Wie Gene reguliert werden

- Carrol SB (2013) Brave Genius. A Scientist, a Philosopher, and Their Daring Adventures from the French Resistance to the Nobel Price. Crown Publ, NY (Eine Biografie über J. Monod)
- Echols H (2001) Operators and Promoters. The Story of Molecular Biology and its Creators. Univ of California Press, Berkeley
- Jacob F (1988) Die innere Statue. Autobiographie des Genbiologen und Nobelpreisträgers. Amann, Zürich
- Judson HF (1996) The Eighth Day of Creation. Makers of the Revolution in Biology. Expanded Edition. Cold Spring Harbor Lab Press, NY
- Müller-Hill B (1996) The *lac* Operon. A Short History of a Genetic Paradigm. De Gruyter, Berlin

Kapitel 12

Bewegliche Gene

- Berg DE, Howe MM (1989) Mobile DNA. American Society of Microbiology Press, Washington DC
- Craig NL (Hrg) (2015) Mobile DNA III. American Society of Microbiology Press, Washington DC
- Comfort NC (2001) The Tangled Field. Barbara McClintock's Search for the Pattern of Genetic Control. Harvard Univers Press, Cambridge, Mass
- Doolittle WF, Sapienza C (1980) Selfish Genes, the Phenotype Paradigm and Genome Evolution. *Nature* 284: 601–603
- Fox Keller E (1983) A Feeling for the Organism. The Life and Work of Barbara McClintock. Freeman, NY
- Orgel LE, Crick FH (1980) Selfish DNA: the Ultimate Parasite. *Nature* 284: 604–607

Kapitel 13

Anfänge der Gentechnik

- Berg P (2008) Asilomar 1975: DNA modification secured. *Nature* 455, 290–291

- Brownlee GG (2014) Fred Sanger – Double Helix Laureate: A Biography. Cambridge Univers Press, Cambridge
- Hughes SS (2013) Genentech. The Beginning of Biotech. Univers of Chicago Press, Chicago
- Maddox J (1993) Watson, Crick, and the Future of DNA. A Season of Celebrations of the Fortieth Anniversary of DNA. *Nature* 362: 105
- Rabinow P (1996) Making PCR: a Story of Biotechnology. Univers of Chicago Press, Chicago
- Rasmussen N (2014) Gene Jockeys: Life Science and the Rise of Biotech Enterprise. Johns Hopkins Univers Press,
- Roberts RJ (2005) How restriction enzymes became the workhorses of molecular biology. *Proc Nat Acad Sci USA* 102: 5905–08

Kapitel 14

Eukaryotische Gene sind anders

- Berk AJ (2016) Discovery of RNA splicing and genes in pieces. *Proc Nat Acad Sci USA* 113: 801–805
- Gilbert W (1987) The exon theory of genes. Cold Spring Harbor Symp Quant Biol 52: 901–905
- Nilsen TW, Graveley BR (2010) Expansion of the eukaryotic proteome by alternative splicing. *Nature* 463: 457–467
- Wang ET, Sandberg R, Luo S, Khrebtukova I, Zhang L, Mayr C, Kingsmore SF, Schroth GP, Burge CB (2008) Alternative isoform regulation in human tissue transcriptomes. *Nature* 456: 470–476
- Wills C (1991) Exons, Introns, and Talking Genes: The Science Behind the Human Genome Project. Basic Books,
- Witkowski JA (1988) The discovery of split genes: a scientific revolution. *Trends in Biochem Sci* 13: 110–113

Kapitel 15

Jagd auf Gene – und die Konsequenzen davon

- Armstrong S (2014) p53 – The gene that cracked the cancer code. Bloomsbury London, New York
- Benavente CA, Dyer MA (2015) Genetics and epigenetics of human retinoblastoma. *Ann Rev Pathol Mech Dis* 10: 547–562
- Kaback M et al (1993) Tay-Sachs Disease – carrier screening, prenatal diagnosis, and the molecular era. *JAMA* 270: 2307–2316

- Moi P, Sadelain M (2008) Towards the genetic treatment of β-thalassaemia: new disease models, new vectors, new cells. *Haematologica* 93: 325–330
- Nathan DG (1995) Genes, Blood and Courage. A Boy Called Immortal Sword. Harvard Univers Press, Cambridge, Mass
- Pearson H (2009) One gene, twenty years. When the cystis fibrosis gene was found in 1989, therapy seemed around the corner. Two decades on, biologists still have a long way to go. *Nature* 460: 165–169
- Rund D, Rachmilewitsch E (2005) β-Thalasseamia. *New Engl J Med* 353: 1135–1146
- Weatherall DJ, Clegg JB (1996) Thalassaemia – a global public health problem. *Nature Medicine* 2: 847–849
- Wexler N (1992) Clairvoyance and Caution: repercussions from the Human Genome Project. In: Kevles DJ, Hood L (ed) The Code. Scientific and Social Issues in the Human Genome Project. Harvard University Press, Cambridge, Mass, pp 211–243

Kapitel 16

Gene für die Entwicklung

- Bürglin TR, Affolter M (2016) Homeodomain proteins: *Chromosoma* 125, 497–521
- Ferry G (2014) EMBO in Perspective. A half-century in the life sciences. EMBO, Heidelberg
- Gehring WJ, Affolter M, Bürglin T (1994) Homeodomain proteins. *Ann Rev Biochem* 63: 487–526
- Gehring, WJ (2000) Wie Gene die Entwicklung steuern. Die Geschichte der Homeobox. Birkhäuser, Basel
- Nüsslein-Volhard C (2004) Das Werden des Lebens. Wie Gene die Entwicklung steuern. CH Beck, München

Kapitel 17

Fortschritte. Modelle für die genetische Forschung: Hefe, Fliege, Wurm und Maus sowie einige Pflanzen

- Capecchi MR (2005) Gene targeting in mice: functional analysis of the mammalian genome for the twenty-first century. *Nature Rev Genet* 6: 507–512
- Friedberg EC (2010) Sydney Brenner. A Biography. Cold Spring Harbor Lab Press, Cold Spring Harbor, NY
- Hall MN (ed) (1993) The Early Days of Yeast Genetics. Cold Spring Harbor Lab Press, Cold Spring Harbor, NY

- Howe K et al (etwa 150 Mitautoren) (2013) The zebrafish reference genome sequence and its relationship to the human genome. *Nature* 496: 498–503
- Slack JMW (2009) Emerging market organisms. *Science* 323: 1674–1675. Eine Rezension der Buchreihe *Emerging Model Organisms. A Laboratory Handbook*, Cold Spring Harbor Lab Press, Cold Spring Harbor, NY
- Weiner J (2000) Zeit, Liebe, Erinnerung. Auf der Suche nach den Ursprüngen des Verhaltens. Siedler, Berlin. Biografie von Seymour Benzer

Kapitel 18

Das andere Genom: DNA in Mitochondrien und Chloroplasten

- Cann R, Stoneking M, Wilson AC (1987) Mitochondrial DNA and human evolution. *Nature* 325: 31–36
- Chan DC (2006) Mitochondria: dynamic organelles in disease, aging, and development. *Cell* 125: 1241–1252
- Ernster L, Schatz G (1981) Mitochondria: a historical review. *J Cell Biol* 91: 227–255
- Hagemann R (2010) The foundation of extranuclear inheritance: plastid and mitochondrial genetics. *Mol Genet Genomics* 283: 199–209
- Lane N (2005) Power, Sex, Suicide. Mitochondria and the Meaning of Life. Oxford UnivPress, Oxford
- Larsson NG (2010) Somatic mitochondrial DNA mutations in mammalian aging. *Ann Rev Biochem* 79: 683–706
- Scheffler IE (2001) A century of mitochondrial research: achievements and perspectives. *Mitochondrion* 1: 3–31

Kapitel 19

Genomik

- Amberger J, Bocchini CA, Scott AF et al (2008) McKusick's Online Mendelian inheritance of Man (OMIM). *Nucleic Acids Res* 37: D793–D796
- Kevles DJ, Hood L (Hrgb) (1992) The Code of Codes. Scientific and Social Issues in the Human Genome Project. Harvard Univ Press, Cambridge, Mass
- McKusick VA (1991) Current trends in mapping human genes. *FASEB J* 5: 12–20
- Sinsheimer RL (1994) The Strands of a Life. The Science of DNA and the Art of Education. Univers Calif Press, Berkeley
- Sinsheimer RL (2006) To reveal the genomes. *Am J Hum Genet* 79: 194–196
- Smith TF (1990) The history of the genetic sequence database. *Genomics* 6: 701–707

Kapitel 20

Humangenom-Projekt

- Collins FS (2011) Meine Gene – mein Leben: Auf dem Weg zur personalisierten Medizin. Springer Spektrum, Heidelberg
- Davies K (2001) Die Sequenz. Der Wettlauf um das menschliche Genom. Carl Hanser, München
- Olsen MV (2002) The human genome project: a player's perspective. *J Mol Biol* 319: 931–942
- Shreeves J (2004) The Genome War. How Craig Venter Tried to Capture the Code of Life and Save the World. Alfred Knopf, New York
- Sulston J, Ferry G (2002) The Common Thread. A Story of Science, Policy, Ethics and the Human Genome. Joseph Henry, Washington, DC
- Venter JC (2007) A Life Decoded. My Genome: My Life. Penguin Group. NY
- Watson JD, Mullan Cook-Deegan R (1991) Origins of the human genome project. *FASEB J* 5: 8–11

Kapitel 21

Gene des Menschen

- Baltimore D (2001) Our genome unveiled. *Nature* 409: 814–816
- International Human Genome Sequencing Consortium (2001) Initial sequencing and analysis of the human genome. *Nature* 409: 860–921
- Pääbo Svante (2015) Die Neandertaler und wir. Meine Suche nach den Urzeitgenen. Fischer, Frankfurt
- Venter JC et al (2001) The sequence of the human genome. *Science* 291: 1304–1351
- Watson JD, Berry A (2003) DNA – the Secret of Life. Alfred Knopf, New York

Kapitel 22

Genetik und menschliche Vielfalt

- Davies K (2010) The $ 1000 Genome. The Revolution in DNA Sequencing and the New Era of Personalized Medicine. Free Press, New York
- Ginsberg G (2014) Gather and use genetic data in health care. *Nature* 508: 451–453

- Ioannidis JPA et al (2009) Repeatability of published microarray gene expression analyses. *Nature Genet* 41: 149–155
- Hayden E C (2014) The $1000 genome. *Nature* 507: 294–295
- Olson MV (2008) Dr. Watson's base pairs. *Nature* 452: 819–820
- Plomin R, Deary IJ (2015) Genetics and intelligence: five special findings. *Mol Psychiatry* 20: 98–108
- Powers R (2010) Das Buch Ich #9. Eine Reportage. Fischer, Frankfurt
- Prescott SM, Lalouel JM, Leppert M (2008) From limkage map to quantitative trait loci: the history and science of the Utah Genetic Reference Project. *Ann Rev Genomics Hum Genet* 9: 347–358
- Ropers HH (2010) Genetics of early onset cognitive impairment. *Ann Rev Genomics Hum Genet* 11: 161–187
- Shendure J, Aiden EL (2012) The expanding scope of DNA sequencing. *Nature Biotechn* 30: 1084–1094
- Snyder MW, Adey A, Kitzman JO, Shendure J (2015) Haplotype-resolved genome sequencing: experimental methods and applications. *Nature Rev Genet* 16: 344–358
- Sturm RA (2009) Molecular genetics of human pigmentation diversity. *Hum Mol Genet* 18: R9–R17
- The 1000 Genomes Project Consortium (2015) A global reference for human genetic variation. *Nature* 526: 68–74

Kapitel 23

RNA-Welten

- Eddy SR (2013) The ENCODE project: missteps overshadowing a success. *Curr Biol* 23: R259–R261
- Doudna JA, Charpentier E (2014) The new frontier of genome engineering with CRISPR-Cas9. *Science* 346: 1077
- Fire A, Xu SQ, Montgomery MK, Kostas SA, Driver SE, Mello CC (1998) Potent and specific genetic interference by double-stranded RNA in *Caenorhabditis elegans*. *Nature* 391: 806–811
- Gerstein, MB, Bruce C, Rozowsky JS et al (2007) What is a gene, post-ENCODE? History and updated definition. *Genome Res* 17: 669–681
- Lander ES (2016) The heroes of CRISPR. *Cell* 164: 18–28
- Novina CD, Sharp PA (2004) The RNAi revolution. *Nature* 430: 161–164
- Quinn JJ, Chang HY (2016) Unique features of long non-coding RNA biogenesis and function. *Nature Rev Genet* 17: 47–63
- Sharp PA (2009) The centrality of RNA. *Cell* 136: 577–580

- The ENCODE Project Consortium (2012) An integrated encyclopedia of DNA elements in the human genome. *Nature* 489: 57–74

Kapitel 24

Epigenetik

- Cyranoski D (2014) The blackbox of reprogramming. *Nature* 516: 162–164
- Fraga, MF, Ballestar E, Paz MF et al (2005) Epigenetic differences arise during the lifetime of monozygotic twins. *Proc Nat Acad Sci USA* 102: 10604–10609
- Gurdon JB, Byrne JA (2003) The first half-century of nuclear transplantation. *Proc Nat Acad Sci USA* 100: 8048–8052
- Jahn I, Löther R, Senglaub K (1982) Geschichte der Biologie. Theorien, Methoden, Institutionen und Kurzbiographien. VEB Gustav Fischer, Jena
- Jittle RL, Skinner MK (2007) Environmental epigenomics and disease susceptibility. *Nature Rev Genet* 8: 253–262
- McGrath J, Solter D (1984) Completion of mouse embryogenesis requires both the maternal and the paternal genomes. *Cell* 37: 179–183
- Roadmap Epigenomics Consortium (2015) Integrative analysis of 111 reference human epigenomes. *Nature* 518: 317–330
- Van Speybroek L (2002) From epigenesis to epigenetics. The case of C. H. Waddington. *Ann NY Acad Sci* 981: 61–81
- Weaver ICG, Cervoni N, Champagne FA et al (2004) Epigenetic programming by maternal behaviour. *Nature Neurosci* 7: 847–854
- Wu J, Grunstein M (2000) 25 years after the nucleosome model: chromatin modification. *Trends in Biochem Sci* 25: 619–623
- Yamanaka S, Blau HM (2010) Nuclear reprogramming to a pluripotent state by three approaches. *Nature* 465: 704–712

Kapitel 25

Um- und Ausblicke

- Baker M (2013) The 'omes puzzle. Where once there was the genome, now there are thousands of 'omes. *Nature* 494: 416–419
- Deutsche Forschungsgemeinschaft (DFG) (2009) Synthetische Biologie. Standpunkte. Wiley-VCH, Weinheim
- Church G, Elowitz MB, Smolke CD, Voigt CA, Weiss R (2014) Realizing the potential of synthetic biology. *Nature Rev Mol Cell Biol* 15: 289–294
- Gerstein MB, Bruce C, Rozowski JS et al (2007) What is a gene, post-ENCODE? History and updated definition. *Genome Res* 17: 669–681

- Marx V (2014) An atlas of expression. The first draft of the complete human proteome has been more than a decade in the making. In the process, the effort has also delivered lessons about technology and biology. *Nature* 509: 645–649
- Smanski MJ, Zhou H, Claesen J, Shen B, Fischbach MA, Voigt CA (2016) Synthetic biology to access and expand nature's chemical diversity. *Nature Rev Microbiol* 14: 135–149
- Venter JC (2013) Life at the Speed of Light. From the Double Helix to the Dawn of Digital Life. Little, Brown Book Group, London
- Wilhelm M et al (2014) Mass-spectrometry-based draft of the human proteome. *Nature* 509: 582–587

Glossar

Allel Unterschiedliche Ausführungen eines Gens. Allele unterscheiden sich an einer oder an mehreren Stellen ihrer Basenpaarsequenzen. Eine Person (ein Tier, eine Pflanze) hat zwei Allele eines Gens, von denen eines vom Vater und das andere von der Mutter stammt. In einer Population können viele verschiedene Allele eines Gens vorkommen (s. Polymorphismus).

alternatives Spleißen s. Spleißen.

Aminosäure s. Protein.

ATP Adenosintriphosphat. Wichtigster Träger zellulärer Energie. Die Energie wird bei der Spaltung von ATP in ADP (Adenosindiphosphat) frei. ATP wird hauptsächlich in Mitochondrien hergestellt und bei allen Leistungen von Zellen und Organen benötigt. Zum Beispiel bei Muskelbewegungen und allen Funktionen des Gehirns und ganz allgemein des Nervensystems.

Basenpaar (bp) s. DNA.

cDNA copy-DNA. Die „Kopie" einer mRNA in Form eines DNA-Stranges. Es ist das Produkt einer Reversen Transkriptase.

Centromer Stelle im Chromosom, wo die beiden Chromatide miteinander verbunden sind.

Chromatide Zwei parallel laufende Chromatiden (verbunden durch das Centromer) bilden ein Chromosom. Am besten sichtbar während der Metaphase der Mitose.

Chromatin Komplex aus DNA und Proteinen im Kern eukaryotischer Zellen. Die häufigsten Chromatinproteine sind Strukturproteine mit der Bezeichnung „Histone". Davon gibt es vier verschiedene Arten. Je zwei davon, also insgesamt 8 Histonmoleküle, bilden kugel- bis zylinderförmige Strukturen (Nucleosomen), um die je ca. 200 Basenpaare der DNA in zwei Windungen liegen. So lässt sich Chromatin als eine Kette von Nucleosomen beschreiben. Außer den Histonen kommen noch andere Proteine im Chromatin vor, zum Beispiel RNA-Polymerasen und die große Gruppe der Transkriptionsfaktoren.

Chromatin-Remodeling Biochemische Reaktion, bei der Nucleosomen im Chromatin verschoben oder abgelöst werden. So entstehen Stellen ohne Nucleosomen. Dort haben Transkriptionsfaktoren leichten Zugang zu den Genen.

Chromosom Extreme Verdichtung des Chromatins als Vorbereitung auf die Mitose und Zellteilung. Ein Chromosom besteht aus einem DNA-Faden mit den gebundenen Proteinen (vor allem Histone). Menschliche Chromosomen kommen in zwei Sätzen von je 23 Stücken vor, wobei ein Satz vom Vater und ein Satz von der Mutter stammt. So bilden sich bei der Mitose 46 Chromosomen oder 23 Chromosomenpaare: zweimal Chromosom Nr. 1, zweimal Chromosom Nr. 2 usw. Die Ausnahme bilden Geschlechtschromosomen: zwei X-Chromosomen bei Frauen, aber ein X-Chromosom und ein Y-Chromosom bei Männern. Jedes Chromosom hat zwei eng parallel laufende Teile oder Chromatiden, die je einen Strang replizierter DNA enthalten. Die beiden Chromatiden sind an einer Stelle, dem Centromer, miteinander verbunden. Man unterscheidet die einzelnen Chromosomen anhand ihrer Länge, an der Lage des Centromers (in der Mitte oder mehr am Rande) und am Muster der Banden, die bei einer Färbung sichtbar werden. Das Muster der Banden ermöglicht eine Einteilung der Chromosomen in Abschnitte. Beispiel: 7q35. Das ist ein Abschnitt auf dem langen Arm (q) des Chromosoms Nr. 7. Abschnitte auf dem kurzen Arm von Chromosomen erhalten den Buchstaben p.

CNV *Copy Number Variations*.

Code s. genetischer Code.

codieren Die Folge der Codons in einem Gen bestimmt die Folge von Aminosäuren im Protein. Man sagt: ein Gen „codiert" das zugehörige Protein.

Codon Folge von drei DNA-Basen (Triplett). Siehe: DNA; genetischer Code.

Cytogenetik ein Zweig der Genetik, der sich mit der Struktur von Chromosomen beschäftigt.

Cytoplasma der Bereich der Zelle außerhalb des Zellkerns.

Deletion Verlust von DNA-Stücken mit einem oder einigen wenigen, aber auch bis zu Tausend oder Millionen Basenpaaren (s. Mutation).

Diploidie von *diploid*; griech. zweifach. Benennt die Tatsache, dass in den meisten Zellen Gene, Chromosomen und das ganze Genom in doppelter Ausführung vorkommen.

DNA Abk. für *Deoxyribonucleic acid* oder auf Deutsch: Desoxyribonukleinsäure. Der Träger der genetischen Information bei allen Lebewesen. DNA ist ein Makromolekül, aufgebaut aus zwei langen Ketten von Bausteinen. Die Bausteine heißen Desoxyribonucleotide oder einfach Nucleotide, auch (Nukleinsäure- oder DNA-)Basen. Die Ketten sind umeinander gewunden und bilden die berühmte Doppelhelix. Es gibt vier DNA-Basen: Adenin (A), Guanin (G), Cytosin (C) und Thymin (T). In den beiden DNA-Ketten sind gegenüberliegende Basen über Wasserstoffbrücken miteinander verbunden. Man spricht deshalb von Basenpaaren. Dabei paart A immer mit T und G immer mit C. Die Gesamt-DNA des Menschen besteht aus etwa 3,2 Mrd. Basenpaaren, aufgeteilt in 23 Stücke für jedes der 23 Chromosomen. Zum Beispiel enthält das größte menschliche Chromosom Nr. 1 einen DNA-Faden mit ungefähr 250 Mio. Basenpaaren und das kleinste Chromosom Nr. 21 einen DNA-Faden mit 48 Mio. Basenpaaren.

DNA-Elemente Kurze spezifische DNA-Abschnitte von vier bis zu einigen Dutzend Basenpaaren, die als Bindestellen für RNA-Polymerasen, Transkriptionsfaktoren, Chromatin-Remodeling-Komplexe u. a. dienen.

DNA-Marker DNA-Sequenzen einzelner (nicht-verwandter) Personen unterscheiden sich an etwa jeder tausendsten Stelle. Ein Beispiel: Wo in den meisten Genomen die DNA-Base A steht, mag bei manchen Personen die DNA-Base C oder G oder T stehen. Solche DNA-Basen „markieren" ein individuelles Genom. Man untersucht, ob ein phänotypisches Merkmal gemeinsam mit einem DNA-Marker von Eltern auf

Nachkommen vererbt wird („gekoppelt an einen DNA-Marker"). Wenn ja, kann man daraus schließen, dass das betreffende Gen in der Nähe des DNA-Markers liegt.

DNA-Klon Begriff der Gentechnik. Bezeichnung für ein Stück DNA, das in einen Vektor (Plasmid, Phage, artifizielles Bakteriengenom, BAC u. a.) eingebaut ist und in Bakterien vermehrt wird.

DNA-Replikation komplizierter biochemischer Vorgang, durch den die DNA vor der Zellteilung verdoppelt wird.

DNA-Sequenz Folge von DNA-Basen (s. DNA).

DNase DNA-abbauendes Enzym, s. Nuclease.

dominant „vorherrschend". So wird das Allel bezeichnet, das den Phänotyp prägt.

Elemente s. DNA-Elemente.

Endonuclease Enzym, das DNA (oder auch RNA) an inneren Stellen schneidet. Im Gegensatz zu Exonucleasen, die die DNA (oder auch RNA) vom Ende her abbauen.

Enhancer „Verstärker". Bindestelle für Transkriptionsfaktoren, liegt meist vor, aber auch nach oder innerhalb eines Gen (meist in einem Intron). Transkriptionsfaktoren am Enhancer erhöhen die Aktivität eines Gens und bestimmen, in welchem Zelltyp ein gegebenes Gen aktiv ist.

Enzym s. Protein.

Euchromatin locker gepacktes Chromatin, wo die DNA für Transkriptionsfaktoren zugänglich ist und die Expression der Gene erfolgt.

Eukaryot Lebewesen mit voll ausgebildetem Zellkern. Dazu gehören alle Tiere und Pflanzen sowie viele Einzeller (Hefe, Pilze usw.).

Exon codierender Abschnitt eines Gens (s. Gen).

Exom Gesamtheit aller Exons in einem Genom.

Expression „Ausdruck" der Information eines Gens. Die genetische Information wird abgerufen. Der erste Schritt ist die Transkription (Synthese einer mRNA). Deshalb ist mit Genexpression oft einfach die Transkription gemeint.

Gen Transkriptionseinheit: Abschnitt auf der DNA mit der Information zur Herstellung einer RNA. Dazu gehören vor allem die mRNAs für die Programmierung der Proteinsynthese. Man sagt dann: „ein Gen codiert ein Protein". Die meisten proteincodierenden Gene von Mensch, Tier und Pflanze bestehen aus zwei Bereichen: Exons und Introns. Exons sind DNA-Sequenzen, die die eigentliche Information tragen, und Introns sind die trennenden Abschnitte dazwischen. Menschliche Gene können aus mehreren bis zu vielen Dutzend Exons bestehen, im Durchschnitt sind es 8–10. Die Exons sind meist etwa 150 Basenpaare lang. Dagegen sind Introns uneinheitlich. Sie können aus weniger als 50 bis zu mehr als 100.000 Basenpaaren bestehen. Bei der Expression genetischer Information wird zuerst das gesamte Gen (Exons plus Introns) in Form einer langen RNA abgeschrieben (Transkription). Dann werden die Intron-Abschnitte entfernt und die einzelnen Exons miteinander verbunden („Spleißen"). Dadurch entsteht dann die „reife" Messenger- oder mRNA.

Genexpression Das betreffenden Gen ist aktiv („wird exprimiert") als Voraussetzung für die Herstellung des codierten Proteins oder der RNA (s. Expression).

Genprodukt Wenn nicht anders vermerkt, wird in diesem Buch der Begriff gleichbedeutend mit „Protein" verwendet.

Genvariante Gen mit veränderter Basenpaarsequenz.

genetischer Code Eine Folge von drei DNA-Basen ist ein Triplett oder Codon. Die Reihe von Codons im Gen bestimmt die Reihung der Aminosäuren im Protein. Man sagt: „ein Codon (oder Triplett) codiert eine Aminosäure" oder „die Folge der Codons eines Gens codiert ein Protein". Aus vier DNA-Basen können insgesamt 64 Tripletts gebildet werden. So stehen 64 Codons den 20 Aminosäuren gegenüber. Dementsprechend werden viele Aminosäuren durch mehr als ein Triplett (bis zu sechs) codiert. Aber drei der 64 möglichen Tripletts codieren keine Aminosäuren. Sie markieren die Enden von Genen und heißen deswegen „Stopp-Codons" oder auch „Unsinn-/ Nonsense-Codons". Demgegenüber werden die anderen Codons als „Sinn-Codons" bezeichnet.

Genom Summe der Gene eines Organismus. Je nach Zusammenhang versteht man unter Genom oft auch die Gesamt-DNA eines Organismus, was alle Gene (Exons plus Introns) und die langen DNA-Abschnitte dazwischen einschließt.

Genotyp Individuelle genetische Ausstattung. Oft angewendet auf Gene, die für ein individuelles Merkmal verantwortlich sind, etwa für die Pigmentierung von Haut und Haaren oder für die Körpergröße.

Genotyping/Genotypisierung Verfahren zur Feststellung von Unterschieden in den Sequenzen individueller Genome. Methoden sind Hybridisierung auf Mikro-Arrays/ DNA-Chips oder Sequenzieren von DNA.

Haploidie von haploid, einfach. Das Genom und somit auch jedes Gen kommen „einfach" in reifen Geschlechtszellen vor.

Haplotyp Folgen von Sequenzvarianten, meist SNPs, die hintereinander auf einem Chromosom vorkommen und als Blöcke vererbt werden. Wichtig bei genomweiten Assoziationsstudien, Populationsgenetik und medizinischer Genetik.

Heterochromatin Dicht gepacktes Chromatin. Dazu gehören Teile des Genoms, die aus repetitiven Sequenzen bestehen. Ein anderes Beispiel ist das inaktivierte X-Chromosom in weiblichen Zellen.

Heterozygot von *heteros*, griech. verschieden. „Mischerbig". Die beiden Allele eines Gens unterscheiden sich in ihren DNA-Sequenzen. Etwa die Hälfte aller Gene eines Menschen ist heterozygot.

Histone Chromatinproteine, Bausteine der Nucleosomen. Jeder der fünf Histontypen (die *Core*-Histone H2A, H2B, H3 und H4 und das *Linker*-Histon H1) hat einen festgefügten zentralen Teil und flexible N-terminale und C-terminale „Schwänze" mit vielen basischen Aminosäuren (Arginin, Lysin). Je zwei Exemplare von H2A, H2B, H3 und H4 bilden den „Kern" eines Nucleosoms. Das Histon H1 liegt im DNA-Abschnitt zwischen den Nucleosomen (*Linker*).

Histonmodifikationen Aminosäuren in Histonen (aber auch in anderen Proteinen) können durch Anheftung von Acetyl-, Methyl-, Phosphatgruppen u. a. verändert werden. Art und Anordnung solcher Modifikationen bestimmen u. a. die Struktur des Chromatins: eher aufgelockert oder eher dicht gepackt.

homozygot von *homos*, griech. gleich. „Gleich- oder Reinerbig". Die beiden Allele eines Gens besitzen die gleichen DNA-Sequenzen.

Hybridisierung/*Hybridization* Im Reagenzglas oder auf Glas- und Plastikträgern durchgeführte Basenpaarungen zwischen komplementären DNA- oder RNA-Strängen oder zwischen einem DNA- und einem RNA-Strang.

Indel DNA-Strukturveränderungen durch Insertionen und Deletionen (s. Mutation).

Insertion Zusätzlich in das Genom eingefügte DNA-Abschnitte von einem, mehreren oder vielen Basenpaaren (s. Mutation).

Interferon Als Antwort auf eine Infektion mit Viren und Bakterien bilden Zellen eine der verschiedenen Formen des Proteins Interferon (die zur großen Klasse der Cytokine gehören). Interferone werden freigesetzt und binden an Rezeptoren auf der Oberfläche benachbart gelegener Zellen. Dort werden Signale ausgelöst, die zusammen zu einer Abnahme zelleigener RNA und Proteine und damit schließlich zum Zelltod führen. Im Effekt wird dadurch eine Ausbreitung der Infektion verhindert.

Intron Bestandteil eukaryotischer Gene. Die oft langen nicht codierenden DNA-Strecken zwischen den proteincodierenden Teilen – Exons.

Inversion Umgekehrter Einbau eines DNA-Abschnitts als Folge von Brechen und Wiederverknüpfen. Gene im Bruchstellenbereich sind oft beschädigt (s. Mutation).

kb oder kbp „Kilo-Basenpaar", tausend Basenpaare.

Knockout-/Knockin-Maus Mutationen, künstlich eingeführt durch Entfernen (*knockout*) oder Einführen (*knockin*) von Genomstücken.

kovalent „feste" chemische Bindung zwischen zwei Molekülen. Beispiele: die Bindung zwischen zwei Aminosäuren im Protein.

Leseraster „offenes" Leseraster (engl. *open reading frame*): Folge von codierenden Tripletts (nicht unterbrochen durch Stopp-/Unsinn-Codons).

Leseraster-Mutation (engl. *frameshift mutation*) Ein Leseraster gerät durch Einbau („Insertion") oder Verlust („Deletion") von einem oder zwei Basenpaaren aus dem Triplett-Takt. So kann ein ordentliches Protein nicht mehr „codiert" bzw. hergestellt werden. Das gilt auch für Insertionen oder Deletionen von mehr Basenpaaren, sofern es nicht Vielfache von Drei sind. Denn dann würde das Leseraster zwar um ein oder mehr Codons verlängert oder verkürzt, aber es bliebe immer noch „offen".

Lyse Begriff aus der Phagen-Biologie: Zerstören der infizierten Bakterienzelle am Ende eines Infektionszyklus.

Lytische Vermehrung Phageninfektion, die mit der Lyse der infizierten Zelle endet.

Mb „Mega-Basenpaar", Millionen Basenpaare.

Meiose Verteilung der Chromosomen bei der Reifung der Geschlechtszellen. Zwei aufeinanderfolgende Teilungen. Bei der ersten Teilung werden die Chromosomenpaare voneinander getrennt, und bei der zweiten die Chromatiden eines jeden Chromosoms. Das Ergebnis sind vier Teilungsprodukte, jeweils mit einem einfachen (haploiden) Chromosomensatz.

Missense Austausch eines Codons gegen ein anderes (s. Mutation).

Mitose Vorgang bei der Zellteilung. Die Chromatiden eines Chromosoms werden durch einen komplizierten zellbiologischen Prozess voneinander getrennt. Dazu bildet sich ein spindelförmiges Gerüst aus langgestreckten Proteinkomplexen, den Mikrotubuli.

mRNA Messenger-RNA. „Abschrift" oder Transkript eines Gens (s. Transkription).

Mutation Veränderung der Basenpaarsequenz eines Genoms. Man unterscheidet hauptsächlich zwei Formen: (1) Nucleotidaustausch-Mutationen: Ein Basenpaar wird in ein anderes überführt. Wenn das innerhalb eines offenen Leserasters erfolgt, gibt es zwei Möglichkeiten: Ein Sinn-Codon geht in ein anderes über, oder ein Sinn-Codon wird zu einem Unsinn-Codon. Den ersten Fall bezeichnet man als Falschsinn-Mutation (*missense*), die dazu führt, dass im Genprodukt eine Aminosäure gegen eine andere ausgetauscht wird. Wenn ein Unsinn-Codon entsteht, spricht man von einer Unsinn-Mutation (*nonsense*). Die Folge ist ein Abbruch der Proteinsynthese und ein verkürztes, deswegen meist funktionsloses Protein. Außerhalb eines Gens hat eine Nucleotidaustausch-Mutation meist keine Konsequenzen. (2) Insertionen und Deletionen („Indel"). Bei einer **Insertion** kommt es zum Einbau von einem, mehreren oder vielen Basenpaaren. Bei einer **Deletion** geht ein oder gehen mehrere oder viele Basenpaare verloren. „Viel" bedeutet einige Hundert bis zu Millionen Basenpaare. Die Auswirkungen sind verschieden, je nachdem, ob sich ein Indel in einem Gen oder zwischen Genen ereignet. Im letzteren Fall haben die Mutationen meist keine Konsequenzen. Wenn sich kleine Insertionen oder Deletionen im Leseraster eines Gens ereignen, entstehen Leseraster-Mutationen (*„frameshifts"*).

Nuclease/Nuklease Klasse von Enzymen, die Nukleinsäure abbauen, indem sie die Bindungen zwischen benachbarten Nucleotiden lösen. Eine erste Unterscheidung sind DNasen und RNasen zum Abbau von DNA bzw. RNA. Eine zweite Unterscheidung sind Exo- und Endonucleasen, die Nukleinsäuren vom Ende bzw. vom Inneren her angreifen.

Nucleosom Struktureinheit des Chromatins (s. Chromatin).

Nucleotid Baustein von Nukleinsäuren, DNA und RNA.

Penetranz unterschiedliche Ausprägung eines Phänotyps bei gleichen Genen.

Phänotyp Erscheinungsbild oder beobachtetes Merkmal. Der Partnerbegriff ist Genotyp.

Plasmid ein ringförmiges DNA-Molekül, das in Bakterien als kleinere Extra-DNA neben dem Haupt-Genom vorkommt.

Polymerasen RNA-Polymerase, DNA-Polymerase. Kompliziert aufgebaute Enzyme, die DNA-Stränge kopieren und dabei RNA bzw. DNA herstellen. RNA-Polymerasen sind für die Transkription von Genen zuständig. DNA-Polymerasen sind Komponenten des Replikationsapparates.

Polymorphismus Vorkommen von mehreren Allelen eines Gens in einer Population.

Prokaryot Lebewesen ohne ausgebildeten Zellkern. Dazu gehören alle Bakterien und Archaeen.

Promotor DNA-Bereich vor einem Gen als Bindestelle für einen Proteinkomplex, dessen wichtigster Bestandteil das Enzym RNA-Polymerase ist. Die RNA-Polymerase führt die Transkription durch. Dabei wird RNA als Kopie der DNA-Sequenz gebildet, unter anderem auch die prä-mRNA als Transkript eines proteincodierenden Gens.

Protein Proteine sind Ketten von Bausteinen, den Aminosäuren. Es gibt 20 verschiedene Aminosäuren. In Proteinen kommen sie in wechselnder Reihenfolge und wechselnder Zahl (von etwa 10 bis über 1000) vor. Eine erste Einteilung der vielen Tausend verschiedenen Proteine ergibt sich aus der Funktion: (1) Strukturproteine für den

Aufbau von Zellen, Geweben und Organen. (2) Enzyme für alle möglichen Lebens-vorgänge: Stoffwechsel für die Herstellung zellulärer Energie aus Nahrungsmittel; Synthese von DNA, RNA, Fette; Bewegungen aller Art; Nervenleitung und vieles andere.

Pubmed Internet-Adresse mit Zugang zu den wichtigsten Autoren und Zeitschriften im biomedizinischen Bereich.

Punktmutation Mutation, die ein Basenpaar betrifft, z. B. Nucleotidaustausch oder De-letion bzw. Insertion eines Basenpaares (s. Mutation).

R-Plasmid Plasmid mit Genen für Antibiotikaresistenz.

Repressor Protein, Transkriptionsfaktor, bindet an Stellen vor dem Gen und verhindert (unterdrückt, „reprimiert") dessen Transkription.

Restriktionsnuclease eine große Klasse von Nucleasen (Enzyme, die DNA angreifen), die kurze DNA-Abschnitte (aus 4 bis 6 und seltener mehr Basenpaaren) erkennen, daran binden und dort die DNA durchschneiden. Werkzeuge der Gentechnik.

Reverse Transkriptase DNA-Polymerase, die eine RNA-Sequenz kopiert und eine DNA-Sequenz herstellt, *copy-* oder cDNA genannt. Werkzeug der Gentechnik.

rezessiv „zurücktretend". Bezeichnung für das Allel, das nicht am Phänotyp sichtbar wird.

Ribosom Ort der Proteinsynthese. Aus zwei Untereinheiten aufgebaute komplizierte Struktur. Jede Untereinheit besteht aus ribosomaler RNA (rRNA) und mehreren unterschiedlichen Proteinen. Zusammen bilden sie einen Komplex, an dem sich mRNA und beladene tRNAs treffen und die Synthese von Proteinen durchführen. Bakterienzellen besitzen 10.000–20.000 Ribosomen, tierische und pflanzliche Zellen mehrere Millionen, wobei die genaue Zahl vom Funktionszustand der Zelle abhängt. Eukaryotische Ribosomen sind größer als bakterielle Ribosomen und unterscheiden sich von ihnen auch sonst durch einige Merkmale.

Ribosomale RNA s. Ribosom.

Risiko-Gen Gen, dessen Mutation zur Entstehung einer Krankheit oder psychischen Störung führen oder beitragen kann.

RNA *Ribonucleic acid.* Ribonukleinsäure. Die zweite Nukleinsäurenart in der Zelle. Wie die DNA besteht auch RNA aus Ketten von Bausteinen, den Ribonucleotiden. RNA unterscheidet sich von der DNA durch einige Merkmale: Ribose als Zuckerbestand-teil (daher der Name) und Uracil (anstelle von Thymin) als eine der vier Basen. Es gibt viele verschiedene RNA-Arten, zum Beispiel rRNA oder tRNA oder mRNA als Transkript proteincodierender Gene.

RNA-Polymerase Schlüsselenzym der Transkription. Bindet an Stellen vor einem Gen (Promotor), bewegt sich entlang der DNA und kopiert dabei die Folge der Nucleo-tide eines DNA-Stranges durch die Synthese eines komplementären RNA-Stranges.

RNase RNA-abbauendes Enzym, s. Nuclease.

Sequenz Folge der Nucleotide in DNA oder RNA sowie Folge der Aminosäuren im Protein.

Sequenzelemente s. DNA-Elemente.

Sequenzierung Bestimmung der Nucleotidfolgen in DNA oder RNA und Bestimmung der Aminosäurefolgen in Proteinen.

Sinn-Codon   s. genetischer Code.

SNP   *Single Nucleotide Polymorphism.*

SNV   *Single Nucleotide Variation.* Unterschiede in den DNA-Sequenzen einzelner Personen.

Spindel   Mitosespindel, Proteingerüst, das sich während der Mitose aufbaut und unter anderem für die Trennung der Chromatiden zuständig ist. Eine ordentliche Spindel ist die Voraussetzung für einen ungestörten Ablauf der Mitose.

Spleißen   Die Exon- und Intronbereiche eines Gens werden zunächst gemeinsam als eine lange RNA transkribiert (s. Gen). In einem zweiten Schritt werden die Intronbereiche entfernt und die Exons miteinander verknüpft. In Analogie zum Verknüpfen der Enden eines durchtrennten Seils nennt man den Vorgang Spleißen. Dabei können nacheinander Exon mit Exon verknüpft werden oder ein, zwei oder auch mehrere Exons übersprungen werden. In solchen Fällen spricht man von „alternativem Spleißen".

Spleißosom   Komplex aus kurzen RNAs (snRNAs) und mehreren unterschiedlichen Proteinen. Spleißosom setzen sich an die Intron-Exon-Grenzen und führen das Spleißen der Gentranskripte durch.

Transfer-RNA (tRNA)   RNA-Moleküle aus etwa 70 bis 90 Nucleotiden. Sie werden mit Aminosäuren beladen und geleiten (*transfer*) die Aminosäuren zum Ort der Proteinsynthese, dem Ribosom. Es gibt eigene tRNAs für jede Aminosäure. Über einen exponierten Bereich (dem Anticodon) bindet eine beladene tRNA an das passende Codon in der mRNA. Da es 61 verschiedene (Sinn-)Codons gibt, gibt es in einer Zelle auch mindestens 61 verschiedene tRNA-Arten, je eine für ein Codon/Triplett.

Transposon   ein transponierbares, bewegliches genetisches Element („springendes Gen") mit einer Länge von einigen Tausend Basenpaaren, das sich unter Umständen von einer Stelle im Genom zu einer anderen bewegen kann.

Transkription   „Ab- oder Umschreiben" der DNA-Sequenz des Gens in eine RNA-Sequenz. Oft wird das Wort gleichbedeutend mit RNA-Synthese verwendet. Wenn die RNA ein Protein codiert, spricht man von Messenger-RNA, kurz mRNA, weil sie als *messenger* (Bote) die genetische Information vom Ort ihrer Speicherung (Gen) zum Ort der Proteinsynthese bringt. Transkription ist der erste Schritt bei der Realisierung der genetischen Information. Der zweite ist die Translation, die Synthese des Proteins.

Transkriptionsfaktor   Klasse von Proteinen, die sich an spezifische DNA-Stellen vor oder an anderen Stellen in oder in der Umgebung von Genen binden. Sie regulieren die Aktivität der Gene und zwar entweder positiv als Aktivatoren oder negativ als Repressoren.

Translation   „Übersetzung" der Folge von Codons in eine Folge von Aminosäuren. Das Wort wird oft gleichbedeutend mit Proteinsynthese verwendet. Translation erfolgt an den Ribosomen.

Triplett   Dreierfolge von Nucleotiden. Einheit des genetischen Codes. Deshalb auch „Codon" genannt.

Unsinn-Codon   Bezeichnung für ein nicht codierendes Codon: UGA, UAG und UAA. Eine andere Bezeichnung ist Stopp-Codon, weil dadurch das Ende eines offenen Leserasters markiert wird.

Unsinn-Mutation Umwandlung eines aminosäurecodierenden Codons in ein Stopp-(Unsinn-)Codon (s. Mutation).

Wildtyp Gen (oder auch: Genom) mit der häufigsten Basenpaarsequenz in einer gegebenen Population.

X-Chromosom Geschlechtschromosom. Zwei X-Chromosomen ermöglichen die Entwicklung in Richtung weiblich. So haben Mädchen und Frauen zwei X-Chromosomen, während Jungen und Männer ein X- und ein Y-Chromosom haben. Das X-Chromosom enthält einen DNA-Faden aus ungefähr 155 Mio. Basenpaaren mit fast 100 proteincodierenden Genen.

X-Inaktivierung Eines der beiden X-Chromosomen in weiblichen Säugetierzellen wird dicht in Chromatin verpackt und weitgehend genetisch stillgelegt. Dies dient dem Ausgleich der Gendosis zwischen beiden Geschlechtern.

Y-Chromosom Geschlechtschromosom. Es enthält das Gen *SRY* (*sex determing on Y*), das die Entwicklung in Richtung männlich einleitet. Jungen und Männer haben ein Y- und ein X-Chromosom. Es ist eine Ausnahme von der Regel, dass Chromosomen in identischen Paaren vorliegen.

Zelllinien menschliche und tierische, auch pflanzliche Zellen, die sich in Nährlösungen unter den Bedingungen des Laboratoriums (*in vitro*) unbegrenzt vermehren.

Zelluläre Energie Der wichtigste Energielieferant ist ATP.

Personen und Sachregister

5-Methylcytosin (m⁵C) 329

5-Methylcytosin (m^{5}C)   329
10-nm-Faser   133
23andMe   301
30-nm-Faser   133
100.000-Genomes-Project   308
1000-Genom-Projekt   306, 307, 308
α-Globin-Gen   160
β-Galactosidase   113, 114
β-Galactosidase   113
β-Globin-Gen   160
β-Thalassämie   183, 185, 186

A

Acetylierung   342
Ac-Gen   123, 127
Adams, M.   261, 262, 263
Adaptor-RNA   102
Adenin   81, 87, 88
Adenosintriphosphat   101 *Siehe* ATP
Adenovirus   157, 159
Adenovirus-Genom   159
Adrenalinrezeptor   251
Adrenalinrezeptor-Gene   252
Agouti   331
agouti-Gen   331, 332, 333
Alkaptonurie   238, 239
Allel   379

Allele   36
Altern   227
alternatives Spleißen   163, 164, 379
Altern   226
Altner, G.   144
amber   105
Amgen   149
Aminosäuren   95
Amylopektin   216
Anaphase   13
Anker, S.   94
Antennapedia   197
Anthocyanin   310
Antibiotikaresistenz   139, 142
Antikörper   190
Antikörpergene   190
Antirrhinum   53
Antp-Gen   198
Apaf-1   227, 228
Apoptose   227, 228
apoptosis protease activating facto   227
        Siehe Apaf-1
Applera   271
Applied Biosystems (ABI)   252, 261
Arabidopsis thaliana   215, 291, 312
Arber, W.   138
Archaeen   155, 321, 322
Argonauta argo   312

Argonauten-Proteine   312, 313
Artemisia annua   362
Artemisinin   362
Ascaris megalocephala   14
Ashkenazi   186
Asilomar-Konferenz   142
Atmungskette   221, 222
ATP   220, 379
ATP   101
Augenpigment   57
Avery, O. T.   83
Avy-Mäuse   331

B

Bacillus amyloliquefaciens   139
bakterielles Immunsystem   323
Bakterien   74, 126, 155, 322
   Hfr-   74
   springende Gene   126
Bakteriengenetik   73, 74
Bakteriengenomsequenzierung   256
Bakteriophage Lambda   140
Bakteriophagen   64, 66, 82, 98, 111,
   137
   T4   98
Bakteriophagen   65
   Nachweis   65
Bakteriophagenforschung   64, 66
Baltimore, D.   145, 146, 147, 276, 277,
   279
BamH1   139, 141
Basenpaare   88
Basenpaarungen   89
Bateson, W.   7, 336
Baur, E.   52, 53, 54, 55, 233, 235
BDNF-Gen   342
Beadle, G.   33
Beadle, G. W.   59, 60, 93
Becker, E.   56, 59
Beckwith, J.   130, 131
Beckwith-Wiedemann-Syndrom   352
Befruchtung   4, 11, 15
Benzer, S.   206

Berg, P.   139, 142, 150, 248, 249
Bermuda-Konferenzen   259
Berry, A.   282
Biene   333
Big Science   241, 261, 275
Bill-und-Melinda-Gates-Stiftung   362
Biogen NV   148
Biotech-Firmen   148, 149
Birnstiel, M.   130
bithorax   197
Blair, T.   269
Blastocyste   344, 346
Blastocyste   345
Blattner, F. R.   257
Blütenfarbe   310
Bohr, N.   61, 62
Botstein, D.   243
Boveri-Sutton-Theorie   17
Boveri, T.   12, 14, 15, 16
Boyer, H.   139, 140, 148
brain-derived neurotrophic factor   342
   Siehe BDNF
Brenner, S.   98, 102, 119, 160, 207,
   209, 275
Bridges, C. B.   22, 23, 27
Bucher, M. A.   361
Bush, G. W.   346
Butenandt, A.   56, 57, 59, 82
bx-Gen   197

C

Caenorrhabditis elegans   207
   Siehe C. elegans
Caltech   80
Cann, R.   232
Capecchi, M.   211, 213, 214
CAP-Protein   122
Cas9-Endonuclease   322, 324
Cas9-Gen   323
Cas9-Nuclease   323
Cas-Gene   321, 323
Cäsiumchlorid-Gradienten-Zentrifuga-
   tion.   90

Caspase-Kaskade 228
Cas-Proteine 322
Catalog of Published Genome-Wide Association Studies 303
Catalogue of Somatic Mutations in Cancer 308 *Siehe* COSMIC
CDKN2A-Gen 342
cDNA 147, 379
C. elegans 207, 208, 310
C.-elegans-Genom 260
Celera 263, 264, 265, 266, 267, 268, 269, 270, 271
Centi-Morgan 25
Centre d'Etudes du Polymorphisme Humain (CEPH) 243
Centromer 379
CF-Gen 174, 175
CF-Gen 172, 175, 329
CFTR-Gen 176
CFTR-Protein 175, 176
Chalcon-Synthase 310
Chargaff, E. 86, 94
Chargaffs Regeln 87
Charkravarti, A. 293
Charpentier, E. 324
Chase, M. 84
Chimäre 213
Chlorophyll 233
Chloroplasten 233, 234, 235
Chloroplasten 234
Chloroplasten-DNA 234
Chloroplastengene 235
Cholin 332, 333
Chorea Huntington 176, 177
Chromatide 379
Chromatiden 13
Chromatin 14, 132, 133, 134, 340, 341, 342, 379
Chromatin 12, 133
Chromatin-Remodeling 379
Chromosom 11, 12, 15, 21, 379
Chromosom 12
   Begriffsentstehung 12

Chromosomen 132, 134
   menschliche 134
Chromosomen 135
   menschliche 135
Chromosomentheorie der Vererbung 17
Chromosomenverteilung 16
Chromosomenzahl 15, 134
Chromosome Walking and Jumping 174
Clinton, B. 269
clustered regularly interspaced short palindromic repeats 321
   Siehe CRISPR
codieren 380
Codon 207, 380
Cohen, S. 139, 140
Cold-Spring-Harbor-Laboratorium 71
Cold-Spring-Harbor-Symposium 71, 72, 73, 106
   von 1966 106
Cold-Spring-Harbor-Symposium von 1986 248
Cold-Spring-Harbor-Symposium von 1998 262
Collins, F. 174, 255, 261, 262, 270, 321
Comfort, N. 296
Committee on Recombinant DNA 142
Community Screening 186
Community Screening 182, 187
Consortium 276 *Siehe* International Human Genome Sequencing Consortium
Copy-DANN 147 *Siehe* cDNA
Copy Number Variations (CNV) 295
Correns, C. 6
Corticotropin Releasing Factor (CRF) 336
COSMIC 308
CpG-Insel 329
Creighton, H. 31, 32

Crick, F. H.   XI, XIII, 80, 82, 83, 84,
    85, 86, 87, 88, 89, 90, 94, 96,
    97, 98, 99, 100, 102, 104, 106,
    107, 119, 129, 208, 282, 299
Crick, O.   88
CRISPR   321, 322, 323
CRISPR associated Gene   321
    Siehe Cas-Gene
CRISPR-assoziierte Proteine   322
    Siehe Cas-Proteine
Cross-over   23, 25, 31
CTCF   352, 353
Culturomics   359
C-Wert-Paradox   136, 319
cystische Fibrose   171
cystische Fibrose (CF)   329
Cystis Fibrosis Transmembrane Conductance Regulator   175
    Siehe CFTR
Cytb-Gen   230
Cytochrom c   227, 228
Cytogenetik   30, 380
Cytoplasma   156, 380
Cytosin   81, 87, 88, 98, 103
Cytosinmethylierung   329

D
D4S127   178
Dali, S.   93
Danio rerio   209
Darré, W.   54
Darwin, C.   37
Davies, K.   273
Dayhoff, M.   244
dbEST   256
deCode   301
Delbrück, M.   62, 63, 64, 65, 66, 67,
    69, 70, 71, 72, 75, 80
Delbrück, M.   68
Deletion   380, 384
Demerec, M.   71
Denaturierung   158
Denisova-Mensch   290

Department of Energy (DoE)   244,
    247
Desoxyribonucleinsäure   81
    Siehe DNA
Desoxyribose   89
Dicer   312, 315
Diploidie   380
Disaccharid   112
Ds-Gen   123
dizygote Zwillinge   43
DMD-Gen   171
DMD-Protein   170
DNA   81, 83, 85, 88, 147, 158, 220,
    222, 229, 231, 232, 233, 234,
    380
    Bausteine   88
    Chloroplasten-   234
    copy-   147
    Denaturierung   158
    Entdeckung   81
    mitochondriale   220, 222, 229, 231,
       232, 233
    Renaturierung   158
    Röntgenbeugungsdiagramme   85
DNA-abhängige RNA-Polymerase   119
DNA   94
DNA Data Bank of Japan (DDBJ)   245
DNA-Doppelhelix   87, 88, 89, 93
DNA-Elemente   380
DNA-Klon   381
DNA-Klonieren   140
DNA-Marker   380
DNA-Marker   173
DNA-Methylierung   330, 332, 334,
    335, 338, 339, 340
DNA-Methylierung   328
DNA-Methyl-Transferasen   328
DNA-Modell   88
DNA-Molekül   89
DNA-Polymerasen   92, 152, 241
DNA-Polymorphismen   294
DNA-Replikation   381
DNA-RNA-Hybrid   157

DNase 381
DNA-Sequenz 381
DNA-Sequenz-Datenbank 245
DNA-Sonde 174
DNA-Struktur 89
DNS 82 *Siehe* DNA
Dolly 347
dominant 4, 6, 381
Doolittle, R. F. 245
Dopamin 288
Dopaminrezeptor 330
Doppelhelix 94 *Siehe* DNA-Doppel-
  helix
Dosiskompensation 317
Doudna, D. 324
Down, J. L. 134
Down-Syndrom 134, 305
Dreary, I. J. 49
Drei-Eltern-Kind 225
Drei-Männer-Arbeit 63
Drei-Männer-Arbeit 62
Driesch, H. 11, 20
Drosha 315
Drosophila 56, 57
  Augenpigment 56, 57
Drosophila-Genom 267
Drosophila-Proteine 197
Drosophila melanogaster 20, 21, 24,
  193, 194, 195, 196, 205
  Embryonalentwicklung 193, 194,
  195, 196
  Entwicklungsmutanten 196
  Kreuzung 24
Dscam-Gen 163
Ds-Gen 127
Duchenne-Muskeldystrophie
  (DMD) 170
Dulbecco, R. 146, 244
duplicated pseudogenes 167
Dystrophin-Gen 171 *Siehe DMD*-Gen

E

Earth Microbiome Project 307
*Eco*RI 138, 139
E. coli 72
  genetische Rekombination 72
Ein-Schritt-Wachstum-Kurve 65
Einzel-Nucleotid-Polymorphis-
  mus 295 *Siehe* SNP
Ellis, E. 64, 65
ELSI 250, 259
EMBL 194
EMBL-Datenbank 245
EMBO 194
Embryonalentwicklung 193, 194, 195,
  198, 349
embryonale Stammzellen 212, 344
  Siehe ES-Zellen
Embryonenschutzgesetz 347
Emerson, R. A. 30
Enard, W. 285, 287
ENCODE 281, 318, 319, 356
Encyclopedia of DNA Elements 318,
  356 *Siehe* ENCODE
Endonuclease 381
Endoplasmatisches Reticulum 156
Endosymbiontentheorie 222
Engelhardt, V. A. 220
Enhancer 381
ENSEMBL 356
ENTREZ 245
*Entwicklungsmutanten (Drosophila
  melanogaster)* 196
Enzym 58, 60
Enzym 57
EPAS1-Gen 298
Ephrussi, F. B. 59
Epigenese 327
Epigenetik 327, 328, 330, 333, 334,
  335, 340, 342, 343
Epigenetik 332
Epigenom 358
Epigenomics Data Base 343
Epigenomik 358
Erbfaktor 60

Erbsen 216, 217
Erythropoetin 149
Escherichia coli 69, 112, 142
Escherichia coli K12 115, 137
*Escherichia coli*RY13 139
Escherich, T. 69
Eskimos 297
EST-Projekt 256
ES-Zellen 212, 344, 345, 346
Ethical, Legal and Social Issues 250,
    259 *Siehe* ELSI; *Siehe* ELSI
Ethnien 296
Euchromatin 381
Eugenik 37, 38, 39, 53, 187
Eukaryot 381
Eukaryoten 155
Eukaryoten-Zelle 156
Eumelanin 331
European Molecular Biology Organizati-
    on 194 *Siehe* EMBO
Evans, M. 212, 214
Evo-Devo 201
Evolution 223
Evolution 222
Exobiologie 73
Exom 381
Exon 160, 161, 162, 381
Expressed Sequence Tags 253
Expression 381

F

Falschsinn-Mutation 384
F–-Bakterien 116
Fellfarben 331
F-Faktor 74
Fingerabdrücke 330
Fire, A. Z. 311, 314
Fischer, E. 54, 55
FISH 240 *Siehe* Fluoreszenz-in-situ-
    Hybridisierung
Fisher, R. A. 45, 47, 49
Flemming, W. 12

Fluoreszenz-in-situ-Hybridisie-
    rung 240
Fly Room 22, 28
Focke, W. 5
Folsäure 333
forkhead box protein 2 285
        Siehe FOXP2
FOXP2-Gen 285, 286
FOXP2-Gen 285, 287, 288
F-Plasmid 74
F'-Plasmide 117
frameshift mutation *Siehe* Leseraster-
    Mutation
Francis-Crick-Institute 107
Franklin, R. 85, 86, 87, 90, 94
Fraser, C. 264
Freeman, F. N. 330

G

Galactose 112
Galton, F. 37, 43
Ganz-Genom-Shotgunning 276
Ganz-Genom-Shotgun-Verfahren 261
Garrod, A. 55, 238
GBF-Helmholtz-Institut 270
Geburtshelferkröte 335
Gehring, W. 198
geistige Behinderung 305
Gelée Royale 334
Gen 6, 9, 36, 165, 166, 381
    alleles 36
    Begriffsentstehung 9
    Bild 165, 166
    Prokaryoten vs. Eukaryoten 166
Genarten 279
Gen 2, 9
    historische Definition 2
GenBank 145, 245
Genbegriff 355
    im Wandel der Zeit 355
Genbibliothek 145
Gendiagnostik 180
Gendiagnostikgesetz 180

Gene   155, 157, 195, 197, 198, 353,
354
eukaryotische   155
gestückelte   157
homöotische   197, 198
maternale   353
Maternal-Effekt-   195
paternale   353, 354
Genealogien   228
Gene Editing   321
Gene hunting   190
Genentech   148, 149
genetic imprinting   318
Genetik   8, 44
Begriffsentstehung   8
quantitative   44
genetische Prägung   318
genetischer Code   95, 99, 104, 107,
223, 382
in Mitochondrien   223
genetischer Code   105
Genexpression   381
Genkarte   237, 242, 248
biologische   248
des Menschen   242
klassische   242
molekulare   248
physikalische   242
Genom   135, 382
Definition   135
Genome Editing   321
Genomforschung   237
Genomgröße   319
Genomic Imprinting   351 *Siehe* genomi-
sche Prägung
Genomik   237, 238, 240, 307
marine   307
genomische Prägung   351, 352, 353
Genomunterschiede   294
genomweite Assoziationsstudie   303
Siehe GWA-Studie
Genotyp   6, 9, 382
Genotyping   382
Genotyping   302, 303

Genprodukt   381
Genregulation   109
Gensuche   278
Gentechnik   129, 130, 137, 144
Debatten um die G.   144
grüne   144
Gentechnik   137
Grundlagen   137
Gentests   178
Gentherapeutikum   189
Gentherapie   189
Gentherapie   187
Genvariante   382
Genzahl   277, 278
Georgij Romanow   229
Gerstein, M. B.   320
Geschlechtschromosom   21
Geschlechtszellen   6
gestückelte Gene   157
Gibberellin   217
Gilbert, W.   120, 148, 150, 162, 163,
248, 250
Globin-Gene   160, 169
Globin-Gene   160
Glucocorticoid   337
Glucocorticoidrezeptor   337
Glucocorticoidrezeptorgen   338, 342
Methylierung   338
Glucose   112, 113
Glybera   189
Glycom   358
Gosling, G.   88
Green, E.   281
Guanin   81, 87, 88
*guide*RNA   324
Gunsella, J.   177
Gurdon, J.   347, 349, 351
GWA-Studie   303, 304, 305, 306

H

H19-Gen   353
H19-Gen   352, 353
Haemophilus-Genom   257

Haemophilus influenzae   139, 256
Hahn, O.   62
Hämoglobin   182
Han-Chinesen   298
Haploidie   382
Haplotyp   302, 382
HapMap Consortium   301
HapMap-Projekt   302
Hartwell, L.   205
Harwood, J.   51, 52
Hayes, W.   73
HbA   182
HBB-Gen   182
HBB-Gen   183
HbS   182
HbS-Mutation   183
HD-Gen   178
Healy, B.   250
Hefe   204, 205
Hefegenom   258
Hefegenom-Projekt   258
Heredität   47
Hereditätsfaktor   47
Hershey, A.   68, 70, 72
Hershey-Chase-Experiment   84
Heterochromatin   382
Heteroplasmie   229
Heterozygot   382
Heuschrecke   16
HEXA-Gen   187
Hfr-Bakterien   74, 115
Hfr-Stämme   74
HindIII   139
Histon-Code   342
Histon-DNA-Komplexe   133
Histone   133, 340, 341, 382
Histonmodifikationen   382
Histon-Modifikationen   342
Hochdurchsatzverfahren   289
Holley, R. W.   102, 105
Holzinger, K. J.   330
Homo erectus   232
Homogentisat   238
Homogentisat-Dioxygenase   238

Homöobox   198, 199
Homöobox-Gene   198, 199, 200, 201
Homöodomänen-Proteine   201
homöotische Gene   197, 198
Homo sapiens   232
homozygot   382
Hood, L.   251
horizontaler Gentransfer   278
Horvitz, H. R.   208
HOTAIR   317
Hotchkiss, R.   73
hot spots   302
Hox antisense intergenic RNA   317
      Siehe HOTAIR
Hox-Gene   201
Hox   198 *Siehe* Homöobox
Hox-Gene   199, 317
HUGO   249
Human-Chromosomen   134, 135
Humangene   273
Humangenom   273, 277, 281, 282, 301
      Genzahl   277
      Sequenzierung   273
Human Genome Organisation   249
      Siehe HUGO
Humangenomprojekt   242, 244, 245,
      247, 248, 254, 255, 259, 261,
      263, 265, 268, 269, 270, 271,
      276, 281, 299
Human-Insulin   148
Human Proteom Organization   358
      Siehe HUPO
Hungerwinter   338
Hunkapiller, M.   251, 261, 262
Huntingtin   177, 178
Huntington, G.   176
Huntington-Gen   177, 179
Hunt, T.   205
HUPO   358
HVS I   228
HVS II,   228
Hybrid   4
Hybridisierung   156, 383
Hybridzellen   240

Hydoxylradikale 226
hypervariable Sequenzen 228, 229

I

IC1 (imprinting center) 353
ICR (imprinting control region) 352
IGF2-Gen 352, 353
Illumina 300
Immunsystem 323
  bakterielles 323
Indel 383
Indels 294
Indels 295
Induktion 113, 118
Induktor 121
induzierte pluripotente Stammzellen 349 Siehe iPS-Zellen
Insertion 383, 384
in-situ-Hybridisierung 240
Institut Pasteur 111
Insulin 148
intellectual disability 305
Intelligenz 45
Interactom 358
Interferon 313, 383
Internationaler Biochemie-Kongress in Moskau 103
International HapMap Consortium 302
International HapMap Project 281
International Human Epigenomics Consortium 343
International Human Genome Sequencing Consortium 275, 276, 278, 280, 282, 283
International Mouse Phenotyping Consortium (IMPC) 214
Intron 160, 162, 163, 383
Inversion 383
iPS-Zellen 349, 350, 351
IPTG 114, 118, 120
IQ-Test 44, 45, 46, 48, 131
IQ-Wert 305

Isopropyl-thio-galactosid 114
  Siehe IPTG
Itano, H. 182

J

Jacob, F. 84, 110, 111, 114, 115, 116, 118, 119, 120, 125, 132, 160
Jaenisch, R. 348
Jahn, I. 327
J. Craig Venter Foundation 271
J.-Craig-Venter-Institut 362, 363, 364
JCVI-syn 1.0 363
JCVI-syn 3.0 364
Jensen, A. 131
Jirtle, R. L. 332
Johannsen, W. 9, 355
John Innes Institute 216

K

Kalckar, H. 80
Kammerer, P. 335
Kapillargelelektrophorese 261
Kaplan, N. O. 251
Kappe 165
Kappenbildung (capping) 162
Kaspar Hauser 231
kb 383
KCNMA1-Gen 163
Keimzellen 4, 5
Kendrew, J. 89, 96
Kendrew, J. C. 75, 76
Kernfäden 12
Kernschleifen 12
Kern-Transfer 347, 348
Khorana, H. G. 105
Klonen 348
Klon-für-Klon-Sequenzieren 276
Klonieren 138, 140, 141, 142, 348
  therapeutisches 348
Klonieren 141
Kloniertechnik 141
  frühe 141
Knockin-Mäuse 226, 383

Knockout-Mäuse 212, 383
Knockout-Mäuse 213
Knockout-Technologie 212, 213
Koestler, A. 336
Konkordanz 44
Kopienzahlvarianten 294
Kopplungsgruppe 21, 23, 35
Kornberg, A. 92, 241
Kornberg-Sinsheimer-Experiment 241
Körpergewicht 44
Körpergröße 44, 303, 304
kovalent 383
Krankheiten 45, 46
  monogene 45, 46
  polygene 45, 46
Krebs 192
Krebszellen 204
Kreuzung 6
Kühn, A. 2, 24, 56, 57, 60
Kunckel, L. M. 170
Kynurenin 57, 59

L

lacA 117, 118, 120
Lac-Gene 116, 117
lacI 116, 117, 121
Lac-Operon 121, 122
Lac-Operon 121
Lactose 112, 113
Lactose 113
Lactose-Toleranz 298
lacY 117, 118, 120
lacZ 113, 116, 118, 120
LacZ-Gen 130
Lamarckismus 335
Lamarck, J.-B. de 334
Lambda-Genom 75
Lander, E. 270
Landwirtschaft 144
Laughlin, H. 38
LCT-Gen 298
Lederberg, E. 74
Lederberg, J. 72, 73, 74, 112, 113

Leigh, A. D. 225
Leigh-Syndrom 225
Leseraster 383
Leseraster-Mutation 383
Levan, A. 134, 135
Lewis, E. B. 197, 198
Lewontin, R. 296
Ligase 141
Lipoproteinlipase-Defizienz 189
Little, P. 293
lncRNA 317, 318, 320
Lohmann, H. K. H. A. 220
long noncoding RNAs 317 Siehe lncR-
  NA
Lumacaftor 176
Luria, S. 41
Luria, S. E. 63, 65, 66, 67, 70, 71, 80
Luria, S. E. 68
Lwoff, A. 111, 114, 132
Lyon, M. F. 317
Lysenko, T. D. 40
Lysogenie 115
Lytische 383

M

Mais 29, 30, 31, 123, 125, 127
Mais 124
Malaria 184
Malariamittel 362
marine Genomik 307
Maternal-Effekt-Gene 195
maternale Gene 353
Matthaei, H. 103, 104, 106
Maulesel 224
Maultier 224
Maus 210, 211, 213, 287, 331
  Avy-Maus 331
  Knockout- 213
Mausgenom 262, 283
Mausgenomsequenz 283
Maus-Mutanten 211
Mb 383
MBP-Gen 164

MC1R-Gen 297
McCarty, M. 83
McClintock, B. 1, 2, 30, 31, 32, 33,
  123, 124, 125, 126, 127, 215
McGrath, J. 351
McKusick, V. A. 237, 239
McLeod, C. 83
Meaney, M. 336, 337
Meiose 383
Meitner, L. 62
Mello, C. 311, 314
Mendel, G. 3, 4, 5, 7, 156, 203, 215
Mendel, G. 3
Mendel-Regeln 7, 8
Mendels Erbsen 6
menschliche Vielfalt 293
Merkmal 4, 5, 15, 44
  quantitatives 44
Meselson, M. 90, 119
Meselson-Stahl-Experiment 90, 92
Meselson-Stahl-Experiment 91
Messenger-RNA 119 *Siehe* mRNA
Metabolom 358
Metagenom 359
Metagenomik 359
Metaphase 13
Methylierung 332, 342
Microbiom 307, 359
microRNA 310 *Siehe* miRNA
Miescher, F. 81
Mikrosatellit 294
miRBase 316
miRNA 310, 314, 315, 316
Missense 383
mitochondriale DNA 220, 222, 229,
  231, 232, 233
mitochondriale Eva 232
mitochondriale Mutationen 226
Mitochondrien 156, 219, 220, 222,
  224, 226, 227, 228
  genetischer Code 224
Mitochondrien 221
Mitochondrienentstehung 223
Mitochondrienforschung 220

Mitochondriengene 225
Mitochondrienschäden 224, 225
Mitose 383
Modellorganismen 203, 204, 205, 206,
  207, 208, 209, 210, 211, 214
Modellpflanze 215
Mojica, F. J. M. 323
Molekulare Biologie 77
Molekulare Biologie 76
Monaco, A. P. 285
Monoaminoxidase 330
Monoaminoxidase A 330
Monod, J. XI, 110, 111, 112, 114, 115,
  116, 120, 125, 132
monogene Krankheiten 45, 46
monozygote Zwillinge 43, 330
Morgan, T. H. 17, 19, 20, 21, 22, 25,
  26, 27, 28, 31, 35, 36, 203
Morphin 362
mRNA 119, 309, 383
Mukoviszidose 171
Muller, H. 52, 64
Müller-Hill, B. 120
Muller, H. J. 22, 35, 36, 37, 38, 39, 40,
  41, 80
Mullis, K. 151
Mutation 66, 67, 68, 226, 384
  mitochondriale 226
mütterliche Linie 224
Mycobacterium tuberculosis 258
Mycoplasma genitalium 257
Mycoplasma mycoides 363
Mycoplasma mycoides JCVI-syn1.0 363
Myers, E. 261

N

Nathans, D. 138
*National Human Genome Research
  Institute* (NHGRI) 255, 259
National Institute of Health (NIH) 77
Neandertaler 287, 288, 289, 290
negative Regulation 116

nekrotisierende Enzephalomyelopa-
      thie   225
Nelkin, D.   94
Neurospora crassa   33, 60, 310
New Economy   265
Newman, H. H.   330
NIH-Richtlinien   143, 144
Nirenberg, M.   103, 105, 106
Nuclear Factor kappa-B   197
Nuclease   384
Nucleinsäure-Hybridisierung   156, 157
Nucleolus   156
Nucleoprotein   41
Nucleosom   133, 134, 340, 384
Nucleotid   81, 384
Nucleotidaustausch-Mutation   296,
      384
Nurse, P.   205
Nüsslein-Volhard, C.   193, 194, 195,
      196, 198, 209

Obama, B.   346
Ochoa, S.   92, 104
ochre   105
offenes Leseraster   106, 109
offenes Leseraster   110
Olson, M. V.   258, 271, 299
Onkogene   191
*Online Mendelian Inheritance in Man
      (OMIM)*   239
opal   105
open reading frame *Siehe* offenes Lese-
      raster
open reading frame (ORF)   109
Operator   117, 120
Operator   118
Operon   118, 120
Operon   118
Out-of-Africa-Hypothese   232, 233
Out-of-Africa-Theorie   289
oxidative Phosphorylierung   220
oxidativer Stress   226
Oxykynurenin   57

P
p53   191
Pääbo, S.   285, 287, 288, 289
PaJaMo-Experiment   116, 118
PaJaMo-Paper   117
PaJoMo-Experiment   119
Paläoanthropologie   231
Paläogenetik   288
PAM   322
Pardee, A.   116
Parentalgeneration   6
Patentstreit   253
paternale Gene   353, 354
Patrinos, A.   262, 268
Pauling, L.   76, 85, 94, 182
Pax6-Gen   200
Payne, F.   20, 22
PCR   151
PCR   152
      Methode   152
PE Corporation   266
Pelargonium zonale   233
Penetranz   384
Perkin Elmer   261, 264, 266
Perutz, M.   76, 89, 96
Pferd   224
Pferdespulwurm   14
Pflanzengenom   291
Phagen   64 *Siehe* Bakteriophagen
Phagenforscher   76
Phänotyp   6, 9, 384
Phäomelanin   331
Pigmentierung   297
Plaques   65
Plasmid   74, 384
Plasmide   117, 140
Plate, L.   1
Plomin, R.   49
Pneumokokken   83
Poly(A)-Schwanz   162, 165
Poly(C)-RNA   104
polygene Krankheiten   45, 46
polygene Vererbung   45, 304
Polymerase Chain Reaction   151
      Siehe PCR

Polymerasekettenreaktion   151
     Siehe PCR
Polymerasen   384
Polymorphismus   172, 295, 384
   Definition   172
Polymorphismus   294
Poly(U)-RNA   103
positive Regulation   122
positive Selektion   298
posttranscriptional gene silencing   311
Powers, R.   300
Präimplantationsdiagnostik   181
prä-mRNA   159, 161
Prinz Philipp, Herzog von Edin-
     burgh   230
probe   174
programmierter Zelltod   227
     Siehe Apoptose
Prokaryot   384
Prokaryoten   155, 166
Prolin   104
Promoter   119, 120
Promotor   122, 384
Prophage   114, 115, 118
Protein   384
Protein-DNA-Komplex   132
Proteine   81, 95, 96
Proteinsynthese   101
   im Reagenzglas   101
Proteom   358
Proteomik   358
protospacer adjacent motif   322
     Siehe PAM
Prozessierung   162
Pseudogene   167, 168
Pubmed   316, 385
Punktmutation   385
Purin-Basen   81
Pyrimidin-Basen   81

Q

quantitative Genetik   44
quantitative Merkmale   44, 49

R

Rabl, C.   14
Rachmilewitz, E.   183
Ras-Protein   191
Ras-Gen   191
Ras-Protein   191
Rasse   55, 296
Rasse   296
Rassenhygiene   53, 55
Ratte   214, 336
Rattengenom   284
Rb-Protein   171
Recombinant DNA Technology   140
Reduktionsteilung   16
Rees, M.   361
regulatorische RNA   310
Rehoboth   54
Rekombination   24, 32, 68, 72, 74
   bei Bakterien   74
   bei E. coli   72
Renaturierung   158
Replikation   91
   semikonservative   91
Repressor   116, 118, 120, 121, 385
Repressor   117
Reprogrammierung   349
Restriktionsfragment-Längenpolymor-
     phismus   172, 243 *Siehe* RFLP
Restriktionsnuclease   385
Restriktionsnucleasen   137, 138
Restriktionsnucleasen   139
Retinoblastom   171
Retinoblastom-Protein   171 *Siehe* Rb-
     Protein
Reverse Transkriptase   100, 145, 146,
     168, 385
rezessiv   4, 6, 385
RFLP   173, 174
Rhodopsin-Gene   169
Ribonucleinsäure   97 *Siehe* RNA
Ribose   97
Ribosom   385
Ribosomen   101, 102, 104
Richtlinien für gentechnisches Arbei-
     ten   143

Ridley, M.   104
Risiko-Gen   385
RNA   97, 98, 101, 310, 385
  in Viren   97, 98
  regulatorische   310
RNA-Arten   167, 309
RNA-Gene   166
RNAi   311, 312, 313, 314
RNAi   313
RNA-Interferenz   311 *Siehe* RNAi
RNA-Polymerase   119,.120, 122, 161,
  167, 385
RNase   385
RNasen   145
RNA-Tumorviren   190
RNA-Viren   313
Roberts, R.   157, 160, 161
Rockefeller-Stiftung   65
Röntgenkristallographie   76
Röntgenstrahlen   36
Röntgenstrahlenbeugung   75
R-Plasmid   139, 142, 385
rRNA   309
Rubin, G. M.   263
Ruddle, F. H.   237, 239

S

Saccharomyces cerevisiae   204
Saedler, H.   126
Salamander   14, 15
Sampson, L. V.   19
Sanger Center   259, 260, 265, 266, 270
Sanger, F.   150, 182, 221, 230
Sanger-Verfahren   150
Sanofi-Aventis   362
Sarazin, T.   49
Sauerstoffradikale   226
Schaf Dolly   347
Schimpanse   287
Schimpansengenom   284
Schizophrenie   338
Schizosaccharomyces pombe   204
Schramm, G.   97

Schrödinger, E.   XII, 63, 95
Schwachsinn   305
SCID   188
Science for the People-Gruppe   130
Screening-Programme   187
Second Generation Sequencing   289
Secretom   358
Seeigel   11
segmentale Verdopplungen   283
Segmentbildung   194, 195
Segmentierungsgene   195
Selektion   298
  positive   298
semikonservative Replikation   91
Sequenz   385
Sequenzieren   150
Sequenzierung   385
Serotonintransporter   330
Severe Combined
    Immunodeficiency   188
    Siehe SCID
SGR-Gen   216
Shapiro, J.   126, 130, 132
Sharp, P.   157, 159, 160, 161, 310
Shotgun-Verfahren   252
Sichelzellanämie   182
Sichelzell-Hämoglobin   182 *Siehe* HbS
Siemens, H. W.   38
Single Nucleotide Polymorphism   264,
    295 *Siehe* SNP
Single Nucleotide Variant   295
    Siehe SNV
Sinsheimer, R. I.   275
Sinsheimer, R. L.   240, 241, 242, 244,
    261
siRNA   310, 312, 316
SLC45A2-Gen   297
small interfering RNA   310 *Siehe* siR-
    NA
small nuclear RNA   161 *Siehe* snRNA
small nucleolar RNA   310 *Siehe* snoR-
    NA
Smith, H. O.   138, 256, 268
Smithies, O.   211, 214

snoRNA 310
SNP 264, 294, 295, 299, 300, 302, 303
snRNA 161, 309
SNV 295
Snyder, M. 359
Solter, D. 351
somatische Zellhybride 239
Somatostatin 148
Spacer 323
Spendersamen 42
Spindel 386
Spindel-Chromosomen-Komplex-Transfer 226
Spleißen 161, 162, 163, 164, 386
  alternatives 163, 164
Spleißosom 161, 386
split genes 161
Sprachgen 285
springende Gene 124, 126
  in Bakterien 126
Stadler, L. J. 32
Stahl, F. W. 90
Stammzellen 344, 349, 350, 351
  embryonale 344
  induzierte pluripotente 349, 350, 351
Stammzellen 344
Standard-Genkarte 25
Standard-Genkarte 26
Standard-Genomsequenz 299
Starlinger, P. 126
Start-Codon 106
Stefansson, K. 301
Stent, G. 107
Stent, G. S. 61, 93
Sterilisierung 38
Stern, C. 31
Stoffwechselstörungen 238
Stoneking, M. 232
Stopp-Codons 105, 110
Streisinger, G. 209
Strukturforscher 76
Strukturvarianten 294
Sturtevant, A. H. 22, 23, 25, 27, 31

Subpopulationen 296
Subpopulationen 296
Sulston, J. 260, 262, 269
Sulston, J. E. 208, 209
Sutton, W. S. 15, 16, 17
Swanson, R. A. 148
synthetische Biologie 361, 364, 365
Systembiologie 360
Szilard, L. 116

T
T4 98
Tabak-Mosaik-Virus 97, 106
Tatum, E. 60, 72, 93
Tay-Sachs-Krankheit 181, 187
Temin, H. 145, 146, 147
temperente Bakteriophagen 111
Thalassämie 181, 184, 185
Thal; J. 215
The Arabidopsis Book 215
The Crick 107
The Huntington's Disease Collaborative Research Group 177, 178
The Institute of Genome Research 254
  Siehe TIGR
The J. Craig Venter Institute 271
therapeutisches Klonieren 348
Thiogalactosid-Transacetylase 117
Thymin 81, 87, 88
Tibetaner 298
TIGR 254, 256, 257, 271
TIGR 254
Tijo, J. H. 135
Timofejew-Ressowski, N. 62, 63, 70
Tjio, J. H. 134
*tracr*RNA 322
tracrRNA 322
tracrRNA 323
transactivating CRISPR-RNA 323
transaktivierende crRNA 322
  Siehe tracrRNA
Transfer-RNA 102 *Siehe* tRNA
Transformation 83

Transkription   96, 146, 386
  reverse   146
Transkriptionsfaktor   386
Transkriptionsfaktoren   169
Transkriptom   358
Transkriptomik   358
Translation   96, 103, 386
transponierbare genetische Elemen-
        te   124
Transposase   127
Transposition   124, 125, 126
Transposon   126, 386
Triplett   99, 386
Triplett   99
Triplett-Wiederholungen   177
Trisomie 21   134, 305
tRNA   102, 309, 386
Tryptophan   57, 59
Tschermak-Seysenegg, E. v.   7
Tsui, L-C   174
Tumorsuppressorgene   192
Tuschl, T.   314
Tyrosin   238, 239

U

Ubiquitin   224
Umwelt   47, 49
Unger, F.   3
University of California   241
Unsinn-Codon   386
Unsinn-Mutation   384, 387
Uracil   97, 98, 105, 119

V

Varianz   45, 47
Variegation   123
Variegation   124
Vektor   140, 141
Venter, C.   251, 252, 253, 256, 262,
        263, 266, 267, 268, 269, 270,
        271, 275, 281, 283, 299, 300,
        359
Vererbung   45

  polygene   45
Verhalten   336
Verhaltensgenetik   205
viable yellow agouti   331
Vitamin B12   332, 333
Vogt, O.   62
Vorkern   351
Vries, de H.   7
VX-809   176

W

Waddington, C. H.   328
Waldeyer, H. W.   12
Washington University School of
        Medicine   260
Waterland, R. A.   332
Waterston, R.   260
Watson-Crick-Modell   88, 89
Watson, J.   129, 282
Watson, J. D.   XI, XIII, 41, 71, 79, 80,
        82, 83, 84, 85, 86, 87, 88, 89,
        90, 94, 247, 249, 250, 254, 262,
        293, 299, 300
Weaver, W.   76
Weber, J.   261
Weidel, W.   56
Weiner, A. J.   198
Weismann, A.   334
Wellcome Trust   259, 263
Wexler, N.   179
Whitehead Institute   265, 270
White, T.   261
whole genome shotgun   261
Wiedemann, H.-R.   352
Wieschaus, E.   193, 194, 195, 196, 198
Wildtyp   387
Wilkins, M. H. F.   85, 89
Wilmut, I.   347, 348
Wilson, A. C.   232
Wilson, E. B.   15
Wittmann, H. G.   106
Wolff, C. F.   327
Wollman, E.   73, 115

X

X-Chromosom   21, 25, 387
X-Chromosominaktivierung   317
Xenopus laevis   130
X-inactive specific transcript   317
      Siehe XIST
X-Inaktivierung   387
XIST   317

Y

Yamanaka, S.   349, 351
Yamanaka-Verfahren   350
Y-Chromosom   233, 387
You You, T.   362

Z

Zarenfamilie   231
Zar Nikolaus II.   229, 230
Zebrafisch   209, 210
Zelllinien   387
Zelluläre Energie   387
zentrales Dogma   99, 100
Zhang, F.   324
Zimmer, K.   62, 63
Zwillinge   43, 330
   eineiige   43
   monozygote   330
   zweieiige   43
Zwillingsforschung   42, 43

Printed in the United States
By Bookmasters